“十四五”普通高等教育本科部委级规划教材
北京市科委科学技术课题项目

FUZHUANG SHUZIHUA
ZHIZAOJISHU YU GUANLI

服装数字化制造技术与管理

詹炳宏　宁俊　编著

中国纺织出版社有限公司

内 容 提 要

本书为“十四五”普通高等教育本科部委级规划教材，是由北京市科委科学技术课题支持、北京服装学院与宁波经纬数控设备有限公司的专家学者共同编撰完成。本教材从智能制造的数字化视角，结合数字化制造技术与管理在服装生产中的应用，全面、系统地讲述了服装数字化信息管理、数字化纸样技术以及服装数字化模板上下装缝制工艺等内容，详细介绍企业利用服装数字化技术进行服装工业样板制作、成衣工艺流程设计及生产工艺文件的制订等知识及操作要点，并结合三家服装生产企业的数字化技术应用典型实操案例进行说明。

本书视角新颖、结构安排合理，既有理论的前瞻性又具有实践和可操作性。论述简洁明了，实用易学，可作为服装类专业院校的教材，也可供服装企业技术人员学习参考。

图书在版编目（CIP）数据

服装数字化制造技术与管理 / 詹炳宏，宁俊主编.
--北京：中国纺织出版社有限公司，2021.1（2025.1重印）
“十四五”普通高等教育本科部委级规划教材
ISBN 978-7-5180-8282-7

Ⅰ.①服… Ⅱ.①詹… ②宁… Ⅲ.①数字技术－应用－服装工艺－高等学校－教材 ②数字技术－应用－服装工业－生产管理－高等学校－教材 Ⅳ.①TS941.6-39 ②F407.866.2-39

中国版本图书馆CIP数据核字（2020）第250964号

策划编辑：魏 萌　　责任编辑：苗 苗
责任校对：楼旭红　　责任印制：王艳丽

中国纺织出版社有限公司出版发行
地址：北京市朝阳区百子湾东里 A407 号楼　邮政编码：100124
销售电话：010—67004422　传真：010—87155801
http://www.c-textilep.com
中国纺织出版社天猫旗舰店
官方微博 http://weibo.com/2119887771
三河市宏盛印务有限公司印刷　各地新华书店经销
2021 年 1 月第 1 版　　2025 年 1 月第 3 次印刷
开本：787 × 1092　1/16　印张：17.5
字数：280 千字　定价：56.00 元

服装数字化制造技术与管理
编委会

主　编

詹炳宏　　宁　俊

副主编

林立雪　　刘正东　　周厚东

编委会成员（按姓氏笔画排序）

马玉铭　　车倩楠　　龙　琼　　刘　荣　　李卓茜

席　阳　　麦迪乃木·吐尔逊　　张萍萍　　倪　艳

赵瑞雪　　徐朝阳　　龚立超　　蒋星辰　　韩　燕

戢运东　　穆雅萍

前　言

中国是世界上最大的纺织服装生产国、消费国和出口国，服装生产已形成比较完整的产业链。随着世界经济增长和国际贸易呈现放缓的趋势，中国服装行业的国内外市场压力加大，制造成本逐年增加。服装制造业迫切需要进行结构调整和务实创新，加快增长动能转换，向服装智能制造转型升级。

《中国制造2025》是中国制造业的行动纲领，其明确提出把智能制造作为两化深度融合的主攻方向，核心是加快推进制造业创新发展、提质增效，中国制造业向智能制造转型升级已成为大势所趋。

智能制造的基础是数字化与信息化的快速发展。所谓数字化服装业是指以数字化、信息化为基础，以计算机技术和网络为依托，以标准化及模式化技术为手段，通过对服装设计、加工、物流、销售等产业链各环节中信息的收集、整理、存储、解读、传输和应用，最终实现服装行业及企业资源的最优化配置和最高效的运营，其中，服装数字化制造技术与管理是数字化服装业的重要环节。最早实现服装数字化技术的是服装计算机辅助设计（服装CAD），其发展至今已四十余年。到目前为止，我国服装业CAD应用普及率已接近50%，并且各大系统正朝着智能化、三维化和快速反应的方向发展，数字技术的应用范围也不断扩大。数字化服装生产技术的普及和推广应用，是我国现在和未来服装业技术制造的重要内容和中长期任务，随着计算机应用技术的不断成熟与推广，软硬件技术的不断成熟，适用性和功能性更趋合理和实际，适用于服装行业发展的数字化生产制造技术特征也会越来越显著。

本书受“北京市科委科学技术课题”支持，由北京服装学院与宁波经纬数控设备有限公司的专家学者共同编撰完成。本书从智能制造的数字化视角，结合北京、青岛和台湾三地服装生产企业的数字化技术应用典型实操案例，系统介绍了企业利用服装数字化技术进行服装工业样板制作、成衣工艺流程设计及生产工艺文件的制订等知识及操作要点，视角新颖、结构安排合理，既有理论的前瞻性又具有实践和可操作性。

本书在撰写过程中得到了北京威克多制衣中心、青岛酷特智能股份有限公司和亨嵘国际有限公司的支持，以及中国纺织出版社有限公司的大力协助。同时，笔者也查阅了大量有关图书、文献以及兄弟院校的教材和资料，有些加以引用，在此特予说明，并致以诚挚感谢。

作　者

2020 年 3 月于北京

教学内容及课时安排

章 / 课时	课程性质 / 课时	节	课程内容
第一章 /4	公共必修 /14	·	概述
		一	服装生产流程概述
		二	服装产业发展历程
		三	服装数字化制造的前沿与趋势
第二章 /4		·	服装数字化生产运作与供应链管理概述
		一	生产运作管理发展历程与趋势
		二	服装生产运作管理的数字化制造技术
		三	服装数字化供应链管理
第三章 /6		·	服装数字化信息管理
		一	服装企业资源计划
		二	数字化服装产品数据管理
		三	数字化服装客户关系管理
第四章 /10	专业必修 /18	·	数字化纸样技术
		一	服装纸样与服装 CAD
		二	数字纸样绘制
		三	数字裁片处理
		四	纸样的数字化仪输入
		五	服装纸样 CAD 实例：女衬衫的制作
第五章 /8		·	服装数字化模板工艺概述
		一	数字化模板工艺概述
		二	服装数字化模板与开槽
		三	数字化模板切割缝纫设备
		四	数字化服装模板 CAD 功能应用
第六章 /10	实践必修 /30	·	服装数字化模板下装缝制工艺
		一	数字化模板裙装缝制工艺
		二	数字化模板牛仔裤缝制工艺
		三	数字化模板休闲裤缝制工艺
		四	数字化模板西裤缝制工艺
第七章 /10		·	服装数字化模板上装缝制工艺
		一	数字化模板绗线缝制工艺
		二	数字化模板针织衫 /POLO 衫缝制工艺
		三	数字化模板衬衫缝制工艺
		四	数字化模板西装缝制工艺
		五	数字化模板夹克、拉链衫缝制工艺
第八章 /10		·	数字化组合模板缝制工艺
		一	数字化下装组合模板缝制工艺
		二	数字化羽绒服组合模板缝制工艺
		三	数字化短袖女衬衫组合模板缝制工艺
第九章 /6	实践选修 /6	·	案例解读
		一	北京威克多制衣中心
		二	青岛酷特智能股份有限公司
		三	亨嵘工厂数位进化

注 各院校可根据自身的教学特点和教学计划对课程时数进行调整。

目　录

第一篇 背景篇

第一章 概述

教学目的：

通过教学，使学生掌握服装生产过程与管理的基本内容，了解服装数字化制造的前沿和趋势。

教学要求：

1. 详细阐述服装生产过程的基本内容；2. 结合实际分析我国及世界服装产业发展历程及特征；3. 结合案例介绍服装数字化制造前沿和趋势。

第一节　服装生产流程概述

一、服装生产流程

服装生产流程对企业经营十分重要，涉及服装企业从产品开发、生产加工到组织架构以及市场营销等各个阶段，环环相扣，相互制约。现阶段，服装市场的竞争越来越激烈，现代服装产品经营具有品牌化、短周期、小批量、个性化、多品种等特点，这对服装生产流程的要求也越来越高。生产流程不仅会影响最终成品质量，而且会影响服装企业经济效益乃至未来的发展。服装的生产流程主要分为三个阶段：生产准备阶段、生产阶段、后整理阶段，总体上由面辅料检验、裁剪、缝制、熨烫、检验、包装几道工序组成。

1. **生产准备阶段**　生产准备阶段是生产开始的首要一步，也是十分重要的一步，它主要是由服装设计和样品生产过程、材料检验过程和服装材料的预算控制三个阶段组成的。整个过程要经过严格的审核，多次复核，保证零误差，并且在保证质量的同时还要科学合理地使用材料，降低生产成本，从根源保证质量。

（1）服装设计和样品生产过程：所谓服装设计就是根据消费者的要求进行构思，然后绘制效果图、平面图。服装设计分为两种情况，一种是大规模生产，即根据大多数人的号型比例，进行放码生产；另一种是根据流行趋势设计出各种时尚的服装，通过发布会进行展示。设计完成之后就进行样板制作，其中样板制作的检验也是必不可少的一环，通常是由专业人员进行反复审核，比如企业生产技术部门、产品开发部门中有丰富经验的工人。同时应记录审核后的样品，并在样品周围的关键部位加上型号检验和检验印章，未经验证和盖章的样品不得交付使用。

（2）材料检验流程：在服装大规模生产前，通过核查避免裁剪后出现无法挽回的质量问题，把好批量裁剪的第一道质量关，主要包括对使用的材料进行数量复核、瑕疵的检验以及一些伸缩率、缝缩率、色牢度和耐热度的测试工作。

（3）服装材料的预算控制：预算管理可以帮助企业合理使用材料，节约开支及进行成本核算。由于面料的性能不同，一些面料会出现缩水现象，因此在做预算时应该以标准用料为基础，即生产过程材料的正常损耗，还必须结合材料的自然回缩率等进行合理调整。

2. **生产阶段**　生产阶段是指基础产品的生产过程，包括裁剪、黏合、缝纫和熨烫的“四大”过程，在这些过程中完成的产品质量将对最终产品质量起决定性作用。

裁剪首先要根据样板绘制出排料图，本着合理与节约的原则，使布料发挥最大的使用价值，然后按照排料图把整匹布料裁剪成服装生产所需要的裁片，以供缝制成衣。裁剪主要是制定裁剪方案，以最优组合进行排板，然后铺布进行裁剪，根据服装样板将面料裁剪成服装的各部分，然后给缝制车间加工熨烫成成衣。

黏合首先就要检验黏合工艺所使用的基本材料黏合衬的质量是否达标。其次，由于黏合时，织物和黏合设备都会影响黏合工艺参数的设置，因此应根据不同的情况选择合适的黏合工艺参数，最后，黏合质量应在黏合完成后进行检查。

缝纫是服装加工的核心过程，只有缝制完成才能被称为服装，其缝制可根据款式、工艺的不同分为机缝和手缝。机缝速度比较快，手缝对工艺的要求比较高，比如西服缲边，黏合衬在服装加工中的应用比较广，其功能是简化缝制工艺，使服装质量均匀，防止变形和皱折，并在服装造型中起到一定的作用。

熨烫是服装生产中的一道重要工序，对于熨烫的技术要求，应该是“三好”和“七防”，即熨烫温度掌握好、平整质量好、外观折叠好；防烫、防热焦、防变色、防硬化、防水溅、防极光、防渗胶。熨烫可以分为生产中的熨烫和成衣的熨烫，通过熨烫的热湿定型，可以熨平褶皱，使服装外观平整，塑造立体服装的效果。熨烫主要的目的是使衣服的形状处于理想状态，在熨烫过程中，要合理调整设备的工艺参数，做好熨烫设备的维护和保养。

3. *后整理阶段*　服装成品出厂之前应该严格检验服装成品的质量，而且应该严格检查产品整理、包装等各项工序，确保服装在出厂时整洁、干净、平整、无线头、无污渍等，进而提高产品质量及档次。产品的包装一方面要起到保护、美化、宣传产品的效果，另一方面也要求方便携带、运输和储存。后整理阶段是保证服装质量的最终阶段，主要包括检验和包装。

服装的检验必须贯穿于裁剪、缝制、熨烫等每一步加工过程中。在包装入库前对成衣进行全面的检验，包括污渍整理、褶皱平整、色差辨识、布疵修理、毛梢整理等。通过各项检验来消除成衣的瑕疵，以保证服装产品的质量。

包装是服装生产的最后一步，也是必不可少的一步，主要起到保护和宣传作用。服装的包装可分挂装和箱装两种，对于怕影响服装熨烫效果的一般采用挂装，箱装则是将服装折叠好，占据较小空间，放入箱内。箱装一般又有内包装和外包装之分，内包装是将若干件服装组成最小包装整体，加强对商品的保护，同时便于分拨、销售时的计量；外包装是在内包装外再加一层包装，以保障商品在流通过程中的安全，便于装卸、运输、储存和保管。

二、服装生产过程管理发展历程

服装生产过程管理，也称服装生产技术管理，是有关生产活动方面一切管理工作的总称，它的含义有广义和狭义之分。概括地说，广义生产管理是指通过生产转化为产品信息输出和使用反馈信息的过程，对控制人、财富、商品等资源以及计划、标准输入的所有活动进行管理。狭义通常是指对产品生产过程的管理，即根据企业的生产类型和生产过程进行规划、组织、控制和协调，使企业的各种生产要素和生产过程的不同阶段在时间和空间上实现平衡和联系，形成协调的生产体系，实现行程、时间和成本的最佳组合，为实现企业的经营计划和经营目标创造有利条件，提供可靠的物质基础。

在工业生产的初始阶段，生产阶段为完全手工业。那时，生产规模小，生产技术落后，分工程度低，相应的管理也处于较低水平。18世纪80年代，工业革命爆发，工厂应运而生。此后，以家庭手工业为主的生产组织形式逐渐转向了以机器代替手工的工厂生产模式。随着生产效率的提高，企业某些部分的完善程度有所提高，协作要求也有所提高，对生产流程的管理提出了更高的要求。生产管理的兴起与发展大致经历了如下过程：

（1）18世纪60年代，工厂手工业逐渐过渡到工厂制时期。机械时钟的重大发明使人的生产活动精确地协调一致，零件部标准化的价值得到认同。英国经济学家亚当·斯密在《国富论》一书中指出“劳动分工能够有效地提高生产效率”，这为后来发展的现代的工作简化、过程分析和时间研究打下了基础。

（2）查尔斯·巴贝奇在1832年《论机器制造业的经济》一书中进一步阐明了分工合作的优点，并提出生产中使用机器的经济价值，这是生产管理理论的开端。

（3）由于新技术的不断出现，企业生产规模逐渐扩大，进而导致生产管理的快速发展。管理之父弗雷德里克·温斯洛·泰勒出版了第一本研究生产管理的专著《科学管理原理》，文中指出管理中的一切问题都应当而且能够用科学的方法去研究并解决。

（4）美国福特汽车的创始人亨利·福特，设计并实施了汽车装配流水线，利用传送带把装配分成若干工序，并实行零件和操作的标准化，大大提高了劳动生产率。

（5）从20世纪60年代开始，系统工程被引入了生产管理。20世纪70年代以来，计算机在管理中的应用成为时代的特征，比如美国和西欧的计算机制造商推出的管理软件包COPICS、MRP，以及柔性制造系统、无人工厂，解决了多品种、小批量生产所带来的一系列问题。20世纪70年代的日本制造业闻名世界，丰田式的管理模式得到了国际的认可，丰田管理专注于现场管理和精益管理，适用于当今产品的生产开发模式，具有风格多样、数量少、变化速度快的特点。在服装制造领域，为适应市场变化，逐步采用丰田式计时方法管理理念改革，取得了良好的经济效益。

（6）20世纪80年代，模板技术得到应用，以美国IBM企业为代表，提出TOC（Theory Of Constraints）瓶颈约束管理理念，即“集中力量来改善阻碍企业达成目的的方法”，并取得巨大的商业成功。

服装生产流程管理包括整个服装产品的开发、生产、加工等过程。具体分为生产前、生产中、生产后三个环节的管理，生产过程管理对于产品质量、包装以及物流等过程具有至关重要的作用，这也意味着其在企业的生产活动中扮演着重要角色，对企业的生产效率，成品质量、市场经营都有着举足轻重的影响。近年来，随着技术进步、全球制造一体化的加快以及信息技术的飞速发展，企业的经营环境发生了根本性变化。消费者需求多样化、技术创新、新材料层出不穷，产品生命周期不断缩短，市场竞争日趋激烈，生产管理的思想、手段和方法也在不断更新。

服装产品过程信息化成为发展趋势，从未来的消费角度来看人们越来越倾向于选择面料安全且具有功能性质的服装。从国内外技术角度看，服装企业传统的设计流程、制造流程、营销方式和经营模式均可以通过服装CIMS系统改变，该系统可以集CAD、PDM、CAPP、CAM和企业管理、营销网络为一体，以应对瞬息万变的市场变化。伴随产业的升级、市场竞争激烈程度的提升，许多服装企业为提高自身的市场竞争力、企业生产技术和产品科技含量，积极引进高新技术，加快信息化建设脚步。

第二节 服装产业发展历程

一、世界服装产业发展阶段

服装工业是历史悠久的传统产业，从18世纪产业革命开始到1951年诞生第一台服装缝纫机，其经历了由普通脚踏式缝纫机到电动缝纫机再到电子缝纫机的发展，此时西方发达国家拥有明显的技术优势，服装工业领先。20世纪70年代，发达国家开始进行产业转移，服装工业由发达国家转移到发展中国家。现如今随着经济全球化，资本、信息和商品等各种要素在全球范围内流动更加自由，亚洲凭借廉价的劳动力和独特的资源优势成为世界服装生产基地，但发达国家仍然在技术、工艺和创新方面保持优势。

世界纺织服装业经历了四个阶段：第一阶段，手工纺织阶段，纺织业从最早的手工纺织，可以追溯到农业社会，当时的纺织业基本上是自给自足的家庭作坊，在亚洲、非洲、南美洲和欧洲，有纺纱、编织和加工等行业。中国和印度，有着悠久的历史，曾经销售过丝绸、棉布等纺织品，成为当时世界纺织品生产中心，在世界市场上占有重要地位；第二阶段，纺织机械阶段，第一次工业革命使纺织工业进入纺织机械阶段，一系列纺纱机的发明迅速提高了纺织效率，纺织厂的建立使纺织品生产从手工作坊过渡到工业生产阶段，英国是世界上第一个开始纺织品工业化的国家，当时英国纺织业在世界市场的地位和作用，使其成为当时的“世界工厂”和“世贸中心”；第三阶段，第二次世界大战后至20世纪90年代的现代纺织阶段，纺织设备不断创新，纺织技术不断提高，现代环锭纺纱机和自动织布机的发明以及非织造技术的出现，是纺织生产中的质的突破，特别是化纤的出现和发展，改变了过去完全依赖农业的天然原料的限制，在此期间，美国、德国、日本等发达国家已成为世界纺织大国；第四阶段，智能纺织阶段，自20世纪90年代以来，纺织结构不断升级，产品适用范围不断扩大，发达国家的纺织工业已从劳动密集型产业转向资本密集型产业，并逐渐转向知识产权和知识产业，电子商务系统、快速响应系统和各种纺织工业专用软件已被广泛使用，企业管理方式也从传统制造产品转向消费者需求。在此期间，中国和东南亚的某些发展中国家成为世界纺织品生产的主要区域。

二、中国服装产业发展历程及特征

我国是服装生产和消费大国，目前，中国服装业正处于从制造业到创新的过渡阶段，企业要全面提高技术创新能力，从而鼓励服装企业不遗余力地在管理模式和信息应用方面提升技术水平，保持领先。CAD、CAP和CAPP等计算机技术正在逐渐被应用，在服装品牌和商品策划、款式设计以及裁剪、缝纫、整烫等方面，服装三维立体设计和服装自动生产技术也在生产和营销的过程中得到开发。但是与发达国家相比，我们必须认识到目前的技术缺陷。目前最紧迫的是要借鉴国外经验和技术，培养专业技术人才，利用高新技术加快服装业的技术进步和升级，制定符合中国国情的发展战略，利用其独特优势，提升服装业在国际舞台上的竞争力。

1. **中国服装产业发展历程**　19世纪60～70年代至1949年，中国服装产业在乱世中生存。在外国资本主义势力不断入侵的背景下，民族资本主义纺织业兴起。抗日战争爆发后，中国纺织业几乎完全被日本占领，遭受了巨大破坏。在抗日战争结束时，中国政府在中国接管了69家日本纺织工厂，并成立了一家名为“中国纺织建设公司”的垄断企业，这是一家国有的官僚资本企业。1928年，上海协昌缝纫机厂生产出第一台国产工业缝纫机。然而，在1949年之前，中国的服装机械都处于维修、仿制和小规模生产缝纫机的萌芽阶段。现代服装纺织企业开始采用机器生产，提高了劳动生产率，引起了生产变化和社会变化，但总体发展不平衡，外资比例大，机械设备依赖国外。

1950～1978年，中国服装产业在政治运动中艰难发展。中华人民共和国成立后，缝制机械行业全面发展，形成了一批重点企业，主要生产普通家用缝纫机和低档工业缝纫机。后来，开发了专用缝纫机，优化了缝纫设备。在1956年之前，中国的服装业由个人缝纫或小作坊主导。1956年以后，大部分旧工业被取消或重组为国有企业，主要生产中式服装。在改革开放之前，服装业处于基础阶段。

1979～2000年，中国服装产业迎来发展的春天。改革开放后，中国进入了经济转型发展期和战略发展阶段，服装业也迎来了黄金发展期。服装工厂开始大量出现，成为许多大品牌的代工厂。与此同时，服装品牌集体创世纪，雅戈尔、七匹狼、报喜鸟、依文、江南布衣等品牌已成为未来中国服装的中坚力量，在此期间，中国的服装生产能力和出口能力继续增加。到1994年，中国服装出口位居世界第一，成为世界上最大的服装出口国。

2001年至今中国服装产业跨入新时代。随着中国加入WTO，经济全球化和信息技术的普及，中国服装业的发展进入了一个新的时代。服装业也在推动工业化和信息化的深度融合，加快产业结构和产品结构的调整，步入“转型升级”阶段。近年来，中国服装业出口出现负增长。面对复杂多变的国内外市场形势，中国服装业积极推进供给侧改革，经济运行呈现稳中有升的发展态势。目前我国的服装产品正由产品数量优势向数量质量优势转化。

从我国改革开放四十年服装企业的进程来看，服装生产过程管理发展分三个阶段：第一阶段，1980~1995年，这十五年间我国服装企业主要完成了服装工业化的发展。我国的服装产品在短缺时代，是以大批量标准化的生产制造模式开展的，所以从1993年开始我国就一直保持着世界服装制造大国的地位。第二阶段，1996 ~ 2005年，这十年之间整个传统制造业进入了以工业化靠近经济化、以经济化代替工业化的发展。经济也有了一定的增长，所以这个阶段实际上是工业化和经济化的相互交集、相互变动的阶段，企业也有了初步经济化。第三阶段，从2006年开始到现在，整个服装企业进入了智能化制造发展阶段。

中国服装行业的智能制造总的来说可以分为三个阶段：第一阶段，用一到三年，实现单机和流程自动化；第二阶段，用两到三年，完成部分功能流程自动化；第三阶段，用三到五年，完成智能制造车间和智能制造工厂。从目前来看，第一阶段基本结束，正在第二阶段向第三阶段进军。

2. **中国服装产业特征**　中国作为一个服装大国，却没有产生在世界上有竞争能力的服装品牌，目前，我国的服装行业仍然处于增长期的后期，还没有达到黄金期的最佳成长期。未来一段时间，我国服装行业还有很大的发展空间，增长趋势仍将持续，行业日益发展成熟。具有以下特征：

从计划经济型向市场经济型转变，从政府监管到市场监管。

从单一国有制企业向多种所有制企业并存转变，使得三资企业和民营企业蓬勃发展，显现出较强的竞争力。

从数量增长型向质量效益型转变，产品质量有了很大的提升，开始为国际大牌加工中高档次的服装，提高了中国服装的国际竞争力。

从需求导向型向出口导向型转变，推动产业结构调整，产生了一批具有国际竞争力和生存力的服装企业。

从资源密集型、劳动密集型企业向资金、技术和知识密集型企业转变，服装产业开始注意款式设计和品牌形象的建立，涌现出一批中国知名的品牌服装。

从基本物质消费需求向注重服装文化内涵精神需求转变，将中西方服饰文化有机结合，形成具有中国特色的服装品牌。

第三节　服装数字化制造的前沿与趋势

数字化服装业是指以数字化、信息化为基础，以计算机技术和网络为依托，以标准化及模式化技术为手段，通过对服装设计、加工、物流、销售等产业链各环节中信息的收集、整理、存储、解读、传输和应用，最终实现服装行业及企业资源的最优化配置和最高效的运营。数字化服装设计、生产和营销已成为企业的核心竞争力。通过整个行业的数字化和信息化改造，将为企业带来新的发展机遇。服装数字化生产的发展趋势主要体现在以下四方面。

（1）三维测量及电脑试衣：人体测量是服装设计和生产中最基本的因素之一，人体测量为衣服的合身性提供基本数据支持。传统的人体测量使用软尺、人体测高仪、角度计、测距计、手动操作的连杆式三维数字化仪等作为主要测量工具，对人体进行接触测量，可以获得比较细致的数据。但也存在许多问题，比如异性接触测量和疲劳测量会对测量工作产生影响。另外人体是一个有弹性的生物体且人体表面具有复杂的形状，因此存在较大的误差，三维测量是利用三维人体扫描技术，快速准确获得人体数据，是实现服装信息化、数字化的基础。电脑试衣是通过三维人体测量将人体尺寸扫描在电脑里形成人体模型，或者直接用数码相机把人体形象摄进电脑中，顾客就可以根据自身的需要及型号，从服装款式库里随意挑选试穿评估。

（2）服装CAD的智能化和参数化：服装CAD的智能化和参数化就是在电脑和操作者之间形成人机对话，通过改变参数来改变需要变动的部分，而不是对整个部分进行修改。服装CAD是整个服装生产数字化的核心，包括款式、结构样板、图案配色、面料、放码以及排料等设计，毫无疑问，其智能和参数化已成为数字服装的发展趋势之一。

（3）CAPP、CAM与整个模块的集成化：CAPP和CAM是服装制造信息化的核心技术，属于CIMS的核心技术。它们主要支持和实现CIMS产品的设计、分析、工艺规划，数控加工和质量检验等工程活动的自动化处理。整合模块的关键是数据交换和共享。为了实现集成制造系统，需要相应的硬件设备，如计算机控制的服装面料检查设备、自动模板缝纫机、智能悬挂传输缝纫系统等。从电脑裁布机到自动切割机，再到智能柔性悬挂系统的自动化制造过程，大大地减少了人为的技术因素对产品质量的影响，使得人工减少、面料节约、效率提高成为可能，并缩短了生产周期，从而在整体上降低了成本，增强了企业的市场竞争力（图1–1）。

图 1-1　智能悬挂传输缝纫系统

（4）信息管理的网络化：ERP与PDM的结合是整合和封装每个模块的信息单元，使它们之间的信息能够有效共享，并与外部信息相互交换，形成完整的企业内联网、企业外联网和互联网系统。为了实现企业管理信息系统的网络化，更有必要建立完善的数字网络系统，以帮助企业快速应对。

一、智能化服装 CAD 系统

计算机辅助设计系统（Computer Aided Design，CAD）是将信息技术、计算机网络技术、智能控制技术等应用到服装设计之中。服装CAD的发展是服装行业成熟的计算机应用领域，主要包括打板、推板、排料系统。最早的服装CAD系统是美国1972年研制的MARCON系统，随后法国、日本、西班牙等国家纷纷推出类似系统，20世纪60~70年代，CAD系统应用于排料系统，在服装行业最大限度地提高面料利用率和生产效率。20世纪80年代，CAD在引进、消化、吸收国外经验下传入中国，随着CAD系统功能的不断扩大，已经可以根据基础板推出其他全部号型的板，即放码功能开始出现。这一功能可以节省大量人力、物力及时间，随着计算机技术、图形学和服装技术等相关技术门类的发展，服装CAD技术的发展总体趋于标准化、智能化、集成化、立体化、网络化和虚拟化。

国内外的CAD有几十种，可以分为基于定数的系统、基于参数的系统及两种方式相结合的系统。基于定数的CAD系统操作自由，开发系数难度较低，不能自动放码，如美国格柏（Gerber）、法国力克（Lectra）；基于参数的CAD系统可以自动放码、连动修改、参数化记忆等，自由度有所限制；两种方式相结合的CAD系统有两种不同的类型，一种是具备两种操作模块，如国内的富怡CAD软件，另一种是将两种操作模块合二为一，公式制图和定寸法制图可以同时实现，在自动放码的同时又可以点放码，如博克服装CAD软件，这些系统基本实现了利用科学技术代替手工技术。国外CAD主要与最新科技相融合，如3D扫描、3D打印系统，从而提高服装设计的效率。国内主要是通过将CAD、CAM及ERP系统进行融合，虽然两者的发展方向不大相同，但是都促进了服装产业的发展。

智能化服装CAD可以提高设计质量，避免较大误差，控制产品质量，可以提高生产效率。一套普通的服装，将全套的板型制作出来需要2~3天时间，使用服装CAD则只需要3 ~ 4小时，大大提高了效率，可以降低生产成本。CAD系统减少了样板设计方面的人员，为企业节省了一大批费用；可以提高对市场的反应能力，缩短生产周期；另外还可以方便管理与存档，预计生产数据，实现远程打板和资料传递，提高顾客满意度，降低劳动强度，改善工作环境。

智能化服装CAD是服装CAD发展的必然，它能够满足服装生产的更高要求，把计算机领域富有智能化的学科和技术应用到CAD系统，融合机器学习、智能推理和技术，可以启发设计灵感，激发创造力和想象力，如打板师可以根据自己想要的款式在系统中寻找与之相匹配的衣身、衣领、衣袖，并且可以根据输入的尺寸进行自动的调整，打板效率大幅度提升。

二、智能化服装CAM系统

计算机辅助制造系统（Computer Aided Manufacture，CAM）应用于服装生产的缝制阶段，即在服装CAM系统之后，对完成的排料方案进行裁剪和缝制。其主要包括服装裁剪CAM系统、服装吊挂传输CAM系统、服装整烫CAM系统。智能化服装CAM系统的应用，在提高服装企业生产效率的同时，使得生产过程更易于控制，产品质量也有了更好的保证。

美国格柏公司和法国力克公司等在这一领域处于领先位置的公司研发的服装CAM/CAD系统中，服装CAD系统和服装裁剪CAM系统是一个整体，样板师在CAD系统中完成的排料图可以直接传输到CAM裁剪系统中进行裁剪。

服装吊挂传输CAM系统是在缝制过程中，由计算机控制衣片或衣片组合按照缝制顺序，通过轨道式吊挂传输被输送到各个缝制工位上，并将工位上工人的状态信息反馈到电脑控制中心，通过人机交互的方式来调节运输平衡。例如，当某一工位上悬挂等待的衣片或衣片组合少于一定数量时，计算机便会控制轨道把相应的衣片运送到该工位上。服装吊挂传输CAM系统的轨道往往同时运行几个不同的流水线，大大提高了服装生产效率。

服装整烫CAM系统是在后整理的整烫工序中，使用计算机控制整烫过程中蒸汽加吹时间、热风干燥时间、成形压力大小以及检测温度高低等各种参数，对不同的面料、款式选择不同的工艺参数和流程以及不同形状的烫压模具，降低了整烫工序的劳动强度，保证了服装整烫的效果，提高了产品的质量。

目前，智能化服装CAM系统主要还是应用于西装和高档女装等较少服装品种的生产当中，且在服装生产之后的仓储、物流和管理过程中，并没有得到很好的应用，也就是说在服装机械相关的环境的优化方面，并没有发挥应有的作用。

三、智能化服装CAPP系统

计算机辅助工艺设计（Computer Aided Process Planning，缩写CAPP），利用计算机技术将服装款式的一系列设计数据转化为制造输出系统模块，代替人工进行工艺设计，形成工艺流程图、工艺分析表、工艺单及自动加工的控制指令，是现代服装生产管理中的重要技术。服装CAPP是连接CAD和CAM的桥梁，既可以连接CAD的设计信息，又可以制作工艺信息，是建立服装计算机集成制造系统（CIMS）的关键环节，实现了CAD、CAPP、CAM一体化，主要由信息输入模块、工艺数据库模块、输出系统模块组成，其中工艺数据库模块是工艺设计的核心。服装CAPP系统可以优化服装工艺设计、减少设计周期、降低设计费用，另外提高了企业适应当今社会小批量、多品种、短周期和高质量的生产能力，推动了服装企业的信息化管理。

服装CAPP系统中相当一部分还处于研发阶段，一旦发展成熟将极大地促进服装行业的自动化与智能化发展。服装CAD、CAM及FMS已经经历了较长时期的发展，国内外都急于将CAD、CAM及FMS集成或一体化，可是缺少CAPP系统，是不能将CDA与FMS集成的，在计算机集成制造系统（CMIS）的研究与开发过程中，CAPP是较薄弱的一环，也是难度较大的领域，CAPP系统不发展到一个相当高的水平，就不能实现CAD与FMS整个CIMS的集成。

服装CAPP系统自成立以来经历了三代，并且一直保持智能化。第一代CAPP系统始于20世纪80年代，CAPP开发的目标是实现过程设计自动化，即解决CAPP系统的自动过程设计问题。在一段时间内，CAPP系统的目标一直都代替工艺人员，在工艺决策环节强调自动化，因此开发了若干创程式、检索式以及派生式的CAPP系统。第二代CAPP系统是在20世纪90年代中期，CAPP系统改变其发展目标，并优先考虑处理事务、客户服务和管理工作概念的开发，以实现开发优先级。这类系统的主要目标是解决过程管理问题。CAPP工具系统发展迅速，在实用性和商业化方面取得了重大突破。第三代CAPP系统自1999年以来突破迅猛，可以直接从二维或三维CAD设计模型中获得工艺输入信息，根据自身数据库和知识库、关键环节采用交互式设计方式并提供参考工艺方案，在保持了管理性工作和解决事务性等优点的同时，将发展致力于提升CAPP系统的智能化水平，将CAPP技术与系统视为企业信息化集成软件中的一环，为CAD、CAPP、CAM、PDM集成提供全面基础。

CIAPP是结合AI和CAPP技术的综合研究领域。它在CAPP中运用AI的理论和技术，使CAPP系统在一定程度上具有工艺设计师的智慧和思想，能处理许多不确定性问题，可以模拟专家的工艺设计，解决工艺设计中的许多模糊问题，CIAPP系统汇集许多工艺专家的经验和智慧，并充分利用这些知识进行逻辑推理，探索解决问题的途径与方法，给出合理的甚至是最佳的工艺决策，CIAPP的研究为进一步发展开辟了新的道路。

相对于国外，我国的CAPP系统发展比较滞后，目前瑞典ETON、美国GGT、法国力克等公司的工艺设计系统早已实现与CAM系统的集成，针对不同的款式要求对工序进行分解，自动计算劳动时间的成本，并将结果传送给单元生产系统，实现了对吊挂运输及缝制生产线的控制。随着CAPP智能化的发展，已经具备能够根据环境和任务的变化产生实时反应的智能性。

四、服装智能制造的应用

在服装企业缝前工段，服装专用3D-CAT、CAD、CAM系统的集成控制和运行，以及自动人体测量、自动铺布、自动排板、自动裁剪系统一体化，更高级的已经做到缝前工段面料不落地的自动生产，如我国的上海长园和鹰、台州杰克、宁波经纬科技JWEI、法国力克、美国格柏等企业推出这些设备总的来说，缝前工段流程自动化程度较高（图1–2）。

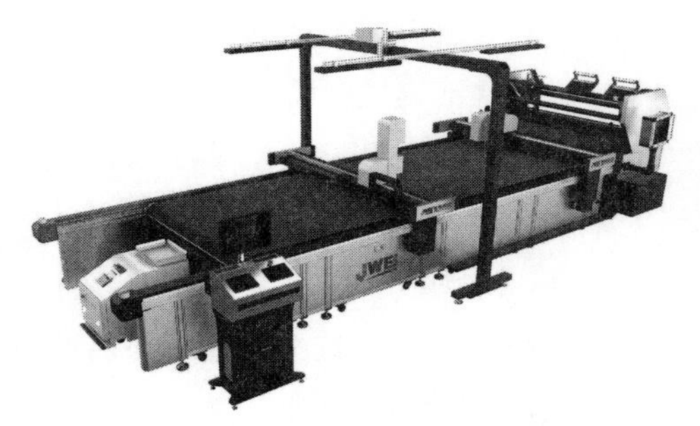

图1-2　经纬科技 JWEI 自动裁剪系统

在服装企业缝制工段，以“智能吊挂输送+自动平/包缝纫机+自动缝制专用机+自动缝制单元或自动缝制模板机”为主的流程自动化得到了普及应用，如上工申贝、北京大豪、上海长远和鹰、上海威士、上海富山、美机Euromac、川田、祖克、大森、中缝重工、INA、ETON、欧泰克等企业相继推出了这些设备。随着人工智能的发展，机器人也被应用于服装智能制造的环节中。早在1964年，德国KUKA机器人公司发明了缝制塔夫绸服装的第一台机器人缝纫机；2004年日本进行了机器人参与的“成衣加工自动化”研究课题，同年我国从德国KSL公司进口裤子缝纫机器人；2012年美国进行“机器人裁缝”研发计划，德国在这一年则推出3D双针锁式线迹缝纫机器人；2013年我国纷纷成立缝制机器人公司，另外，上海申贝公司收购德国KSL公司标志着我国3D缝制机器人开始商业化。目前，越来越多的服装企业将机器人用于裁剪和缝制环节中，在很大程度上提高了服装制造过程的智能化。

在工业4.0时代，服装行业竞争日趋激烈，服装产品向多元化、个性化、短周期的方向发展，企业只有充分利用服装智能制造，才能在当今多变的服装市场快速反应，在竞争异常激烈的服装市场处于有利地位。智能工厂、智能生产和智能物流相继出现，服装智能制造正以一种全新的面貌给服装行业带来勃勃生机，同时也给现代服装行业带来了一场巨大的变革。如今，服装智能制造的发展取得了一些成果，如虚拟现实技术（VR）、三维人体测量、立体裁剪样板数字化、RFID技术、GST系统、APS等。

1. **虚拟现实技术**（VR）　VR最早是由美国人Jaron Lanier提出的，在20世纪90年代被科学界和工程界所关注的技术。它的兴起为人机交互界面的开发开辟了一个新的研究领域，为智能工程提供了新的应用，为各类工程的大规模数据可视化提供了新的描述方法。这种技术的特点在于计算机产生一种人为虚拟的环境，这种虚拟的环境是通过计算机图形构成的三维空间，是把其他现实环境编制到计算机中去产生逼真的“虚拟环境”，从而使用户在视觉上产生一种真实环境的感觉。这种技术的应用，改进了人们利用计算机进行多工程数据处理的方式，它的应用可以带来巨大的经济效益。

2. **三维人体测量技术**　基于三维人体测量的三维服装CAD，在服装设计、生产以及销售等环节都显示出前所未有的潜力，在服装设计方面，三维服装CAD可以根据人体测量数据模拟人体，使服装设计更加直观。另外还可以虚拟展示着装状态，实现虚拟购物试穿的过程。在结构设计和生产方面，首先通过系统获得客户的精准尺码数据，通过网络传输到服装CAD系统，系统根据尺码数据以及客户对服装款式的选择，找到与之匹配的样板，进行快速生产。在服装展示方面，应用模型动画模拟时装发布会进行网上时装表演，不仅可以减少表演费用，而且对传播时尚信息也十分重要，三维人体测量技术弥补了传统手工测量人体的不足。

3. **立体裁剪样板数字化**　立体裁剪包括初始样板形成和样板修正，初始样板的形成是在人台上，通过坯样造型，然后平面展开所获得的结构图；样板修正指的是综合考虑面料、工艺等要素，修正坯样所形成的结构图，并在此基础上增加工艺参数使之成为工业样板。随着二维和三维技术的成熟和普及，给数字化样板制作带来了极大的方便，它不需要将坯样假缝，也不需要制成样衣校对，只需要在人台上造型和坯样制作，形成初始样板。借助数字化仪导入CAD系统形成数字化样板，然后在系统中进行修改和测试，避免了没有合适面料的尴尬，使得样板制作更快、更准、更便捷，效率是人工修正样板的数倍。

4. **RFID技术**　对于采购业务，服装企业通常凭经验计算采购点。采购作业无法及时了解产品的销售状况，导致原材料库存积压，库存成本升高。通过RFID技术满足生产现场数据的采集，实现生产过程中物流与信息流的同步，提高服装企业管理水平，满足其快速反应的需求。RFID系统使企业在服装中可以采用铭牌、吊牌、水洗标牌，甚至可以衣片植入，减少了服装企业在物流仓储和配送中商品盘点的时间和失误率，使企业的管理效率得到提升。

5. **GST系统**　GST系统由基础设置、静态数据、动态数据、报表应用四个部分组成，通过这四个部分，可以根据企业的实际情况为企业建立起一整套技术标准、品质标准及标准工时数据库，用来分析包括裁剪、缝纫、熨烫、检验及包装的标准时间，是缝制工业的时间标准。GST一般用代码来表示动作，每个代码都有一个固定的时间值，时间值因移动的距离和动作难度而不同。GST代码共有52个，常用代码40个，补充代码12个。该系统同时与企业的ERP、PLM、RFID、3D虚拟系统、电子看板、智能吊挂等信息系统实现数据对接与整合，从而全面提升企业价值。

6. **APS**　APS利用数学建模及复杂的运筹学知识，充分考虑服装行业可能存在的各种约束条件，对生产计划进行多目标（准时交期最大化、生产成本最小化、生产效率最大化、库存积压最小化等）整体优化，生成整体最优的生产排程方案。通过直观可视化排产器实时显示排期结果，企业可以根据自身实际情况对各种优化目标设置合适的权重。

在新一代信息技术迭代演进、改变生产要素结构的新趋势下，我国纺织产业亟须加快向智能制造新业态、新模式转型升级，进一步创造国际竞争新优势，迈向全球同类产业价值链中的高端。只有积极拥抱变革，以新的商业模式、新的消费价值、新的生产理念彰显时尚产业新活力，产品创新、制造技术创新、产业模式创新才能给服装行业发展带来新动能。

第二篇　管理篇

第二章　服装数字化生产运作与供应链管理概述

教学目的：

通过本章的内容，让学生掌握服装数字化生产运作与供应链管理的相关概念，并了解相关技术的特点与应用。

教学要求：

1. 详细阐述生产与运作管理的概念和发展过程；2. 详细阐述服装生产运作管理的数字化制造技术的相关概念与内容；3. 结合案例详细阐述服装数字化供应链的相关概念与内容。

第一节　生产运作管理发展历程与趋势

一、生产运作管理的概念

按照马克思主义的观点，生产是以一定生产关系联系起来的，人们利用劳动资料，改变劳动对象，以使其适合人们需要的过程。这里所说的生产，主要是指物质资料的生产。通过物质资料生产，使一定的原材料转化为特定的有形产品。

服务业的兴起，使生产的概念得到延伸和扩展。过去，西方学者把与工厂联系在一起的有形产品的制造称作“production”，而把提供服务的活动称作“operation”。

西方学者将有形产品和劳务都称作“财富”，把生产定义为创造财富的过程。从而把生产的概念扩大到非制造领域，这是有道理的。虽然，搬运工人和邮递员转送的都不是他们自己制造的东西，但他们付出了劳动，也同样属于生产活动。现代社会已经很难将制造产品与服务完全区分开来，单纯制造产品不提供任何服务的企业几乎是不存在的。一个汽车制造厂如果只将汽车销售给顾客，而不提供售后服务，是不会有顾客愿意购买他的产品的。不同社会组织只是提供产品和服务的比例不同，汽车制造厂提供产品的比重大一些，餐馆提供服务的比重大一些，教育则提供服务的比重更大一些。然而，单纯提供服务而不提供任何有形产品的活动也是存在的，如咨询服务。因此，根据社会和企业的需求，生产管理的概念也已经拓展为“生产运作管理”。

二、生产运作管理的发展阶段

1. **产业革命阶段**　产业革命始于18世纪70年代的英国，19世纪又扩展到欧洲其他国家和美国。此前，产品是由手工艺人和他们的徒弟在作坊里生产出来的，工匠自始至终负责制作一种产品，如马车、家具等，使用的工具非常简单。

发明创造逐渐改变了生产的面貌，机器代替了人力。其中意义最重大的是1764年瓦特发明的蒸汽机，正是它为工厂里的机器提供了动力。珍妮纺纱机（1770年）和电动织布机（1785年）使纺织业发生了革命。充足的煤和铁为发电和制造机器提供了原料，由铁制成的机器比先前使用的简单木制工具效率更高、更耐用。

在工业化初期，少量的定制品是由技术高超的工人利用简单的工具生产出来的。手工艺生产本身有严重的缺陷，表现为生产效率低、成本高。此外，生产成本并不随产量的增加而下降，结果出现了很多小型企业，每个企业都有自己的标准体系。

促使产业革命快速发展的一个重大变化是标准度量制度的产生，它大大减少了定制品的需求，工厂得以迅猛发展，大量农业人员被吸引到工厂去工作。

尽管发生了这些巨大的变化，但管理理论与实践并未获得长足的发展，这时迫切需要有一个比较系统、切实可行的管理方法作指导。

2. *科学管理阶段* 科学管理的创建给工厂管理带来了巨大变化，效率工程师、发明家泰勒（F. W. Taylor）是其创始人，泰勒被称为科学管理之父。泰勒依据对工作方法的观测、分析和改进以及经济刺激，将管理建立在科学之上，他通过对工作方法进行详细的研究来确定做每一项工作的最佳方法。泰勒认为管理部门应负责制订计划、认真挑选和培训工人，找出完成每一工作的最佳方案，实现管理部门与工人的合作，并主张管理活动从工作活动中分离出来。

泰勒强调产出极大化。这一指导思想并不总能受到工人的欢迎，因为他们认为采用这些方法后产出增加了，而他们的劳动报酬并未得到相应的提高。确实存在着有些企业为追求效率而让工人过度劳动的问题。最终，国会在公众呼声下就此举行了听证会。1911年泰勒被要求到会作证，也就是这一年他最重要的著作《科学管理原理》（*The Principles of Scientific Management*）出版了。那次听证会事实上促使了科学管理原理在工业领域的推广。

还有很多先驱者也对科学管理做出了重大贡献，其中具代表性的有弗兰克·吉尔布雷斯（Frank Gilbreth）、利·甘特（Henry Gantt）、哈林顿·埃默森（Harington Emerson）和亨利·福特（Henry Ford）等。吉尔布雷斯是一位工业工程师，被称为动作研究之父，他提出了动作经济原理。甘特认识到非货币报酬对激励工人的价值，提出了获得广泛应用并被称为甘特图的生产进度安排法。埃默森将泰勒的观点应用于组织结构，并鼓励聘用专家以提高组织的效率。他在一次国会听证会上证实，通过采用科学管理原理，铁路一天能节省100万美元。

汽车业采用大量生产是福特众多贡献中的一个。大量生产是指由技术不高或技术一般的工人使用极专业化且通常昂贵的设备生产出大量标准化产品的一种生产系统。福特之所以做到这一点是因为他提出了许多重要概念，其中一个关键概念是零件互换性，其最早由美国发明家埃尔·惠特尼（Ell Whitney）于1090年提出。将这一概念用在汽车业生产上即零件标准化，从而使批量中的任一零件适合装配线上的任一辆汽车。这就意味着与手工艺生产不同，零件无须定制，标准化的零件可替换使用。福特通过使生产中测量零件的量具标准化和采用生产标准化零件的新工艺，实现了零件的可互换性，结果装配时间和成本大为减少。

福特采纳的第二个概念是劳动分工。这是亚当·斯密在1776年出版的《国富论》（*The Wealth of Nations*）中提出的一个重要概念。劳动分工意味着一个工作被分解成一系列很多小的作业，以使每个工人完成整个工作中的一小部分。与每一工人需要一定技术负责许多作业的手工艺生产不同，利用劳动分工使分解的作业涉及面很窄，结果工人几乎不需要什么技术。

3. **管理科学阶段** 数学方法在管理领域的广泛应用使管理科学得到了大力发展。哈里斯（F. W. Harris）1915年提出了第一个库存管理数学模型，从此将数学引入管理领域。1930年，贝尔电话实验室的道奇（H.F. Dodge）、罗明格（H.G. Romig）、休哈特（W. Shewhart）提出了抽样和质量控制的统计方法。1935年，梯培特（L.H.C. Tippett）提出统计抽样理论。最初，数量方法在实业界的应用并不广泛，但是，到了第二次世界大战期间，由于战争对军需物资供应的要求，使得这些方法得到了广泛的应用。在第二次世界大战期间，美国政府组织各方面的专家对战争中遇到的各种问题进行研究，使得作业研究或称运筹学（Operations Research，OR）发展起来。OR在第二次世界大战中发挥了很大作用。战后，人们将其用于企业管理领域，发展成为管理科学（Management Science）。管理科学通过建模、提出算法、开发软件，有效地实现了需求预测库存控制、生产作业计划编制、项目管理等。

4. **全面质量管理与JIT生产** 全面质量管理的理念是由美国的质量管理专家提出来的，日本引入并将其应用全面推广开来。日本企业重视人的因素，并将质量控制方法简化，使普通工人而不只是专家都懂得如何使用，从而使质量管理成为全员参与的工作。全面质量管理是指在全社会的推动下，企业的所有组织、所有部门和全体人员都以产品质量为核心，把专业技术、管理技术和数理统计结合起来，建立起一套科学、严密、高效的质量管理体系，控制生产全过程影响质量的因素，以优质的工作、最经济的方法，提供满足用户需要的产品或服务的全部活动。全面质量管理的核心内容可以概括为“三全一多”，即全面的管理、全过程的管理、全员参加和多种管理方法并用。

日本的制造业以其高质量、低成本而具有强大的竞争力。许多日本制造商推行或改进了一些管理方法，使得工作效率和产品质量都得到了很大提高。日本企业强调不断改善和团队精神，创造了准时生产方式JIT（Just In Time），是现代生产运作管理需要的。日本企业认为库存是万恶之源，通过JIT生产方式实现供需协调，即供方完全按需方要求提供产品和服务。具体讲就是按照需方需要的时间、地点，将需方所需的产品和服务按需方要求的数量和质量，以合理的价格提供给需方。JIT是一种极限，生产活动可以无限接近这个标准却永远达不到，这就使得企业可以一直处于持续改进的状态中。

三、服装生产运作类型

产品或服务的专业化程度可以通过产品或服务的品种数量、同一品种产品的产量大小和重复程度来衡量。显然，产品或服务的品种数越多，每一品种的产量越少，生产运作的重复性越低，则产品或服务的专业化程度就越低；反之，产品或服务的专业化程度越高。

按照服装产品生产的品种、数量和生

产重复性，可以将服装企业的生产运作划分为不同类型。

1. **大批量生产运作** 传统生产企业的大量生产运作方式品种单一、产量较大，生产运作重复程度高，常见于规模较大的生产企业。但对于款式多变的服装生产来说，大部分情况并不适合大量生产的方式，因此对于产量较大的成衣生产来说采取的是大批量生产。服装大批量生产对应的是成衣化生产，按照工业化标准生产方式，以国家制定的标准服装型号为基准，结合款式工艺特征，按照特定的工序要求，由工人按流水线作业分工合作而成。常见于款式变化小、市场需求大的成衣生产，如衬衣、睡衣、牛仔裤等。

服装大批量生产过程往往是连续的，具有效率高成本低、质量稳定的特点，标准化程度和自动化程度较高，强调科学管理和数字化管理。

2. **单件生产运作** 单件生产运作与大量生产运作相对立，是另一个极端化生产。单件生产运作品种繁多，每种仅生产一件，生产的重复程度低。服装的成衣定制就是以个人体型和爱好为准，量体裁衣单件制作。成衣定制又分为高级成衣定制和普通定制，生产流程相似，但产品品质和定位不同。

高级定制服装凭裁剪师的经验和灵感设计打板，强调手工缝制，对细节要求高。高级定制源于欧洲，在法国巴黎，对高级定制的企业有着严格的要求。定制的衣服必须原创，一般只有一套，最多不能超过3套；在面料设计、款式造型上必须具有国际潮流气息，走在时尚的尖端，甚至引领时尚的走向。

3. **多品种小批量生产运作** 多品种小批量生产运作介于大批量生产运作与单件生产运作之间，即品种不单一，每种都有一定的批量且批量较小。多品种小批量的生产方式更适合服装行业的特点，其中比较常见的是大规模定制，实现低成本、高效率、多品种、单元化个性定制化生产。服装大规模定制是市场需求的反映。为了追求个性化，服装生产逐渐走向单元化，为了实现快速反应，借助于现代数字化生产技术、网络技术、虚试衣技术综合利用，进行生产快速反应生产。

第二节 服装生产运作管理的数字化制造技术

一、服装数字化生产运作管理系统

服装数字化生产管理应用现代化信息技术，从整体优化的角度出发，通过应用科学的管理方法把服装企业中的人、财、物、产、供、销等各种资源，实行合理有效的计划、组织、控制和调整，使上述资源在生产经营过程中得以协调有序，并充分发挥各部门的作用。其最终目的是连续均衡地进行生产，消除一切无效的劳动和制造资源，进而提高企业的生产管理水平和经济效益。

1. **数字化管理系统** 企业数字化管理是一个系统工程，是对先进管理理念的挖掘，借助先进的计算机网络技术对企业现有的生产、设计、经营、制造、管理进行整合，为企业的“三层决策”（战略层、战术层、业务层）提供实时精准有效的数据信息，从而使企业对于不同需求都能迅速做出响应，加强企业的核心竞争力。从组织结构上来讲，数字化管理系统应该由企业顶层设计，逐步推动执行，其组织关系如图2-1所示。

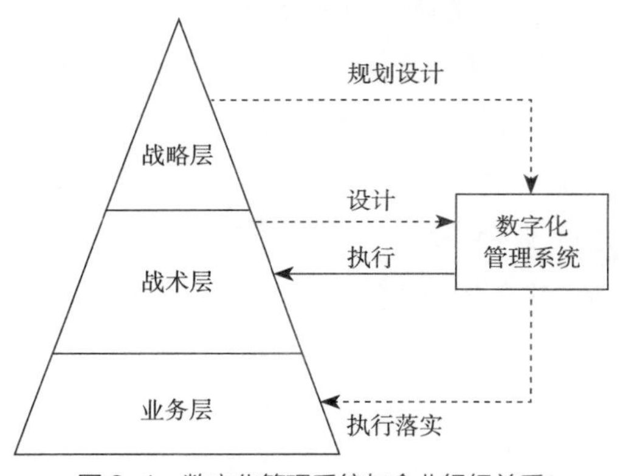

图2-1　数字化管理系统与企业组织关系

企业数字化包括人、计算机网络硬件、数据库平台、系统平台、通用软件，以及应用软件和终端设备（如数码裁床等），对于身处数字化时代的服装企业来说，有着无限的机遇和挑战。

2. **服装计算机集成制造系统** 计算机集成制造（CIM）是通过计算机硬件、软件，将企业中许多单项自动化技术，如柔性生产系统（FMS）、计算机辅助设计（CAD）、计算机辅助生产（CAM）、管理信息系统（MIS）等日趋成熟的单元，在计算机网络和数据库管理系统的基础上进行集成一套体系，从而使企业的生产管理达到迅速、准确和便捷，在提高产品质量、降低生产成本、缩短交货周期等方面达到总体最佳，有效地提高企业对市场的快速反应能力。目前，在很多服装生产厂家，单独的计算机设备已经基本普及了，如众所周知的计算机辅助设计（CAD）、计算机辅助生产（CAM），它包括电脑控制的缝纫机、样板制作机械和裁剪机械等。但计算机的巨大作用在于其联网功能，这样计算机就可以从款式设计到服装成品的全过程发挥作用。在计算机集成制造系统中，服装生产企业可以把从设计到成品阶段的众多电脑联网起来，由于大量减少了重复数据输入，出错率也大大降低，节约成本的效果非常显著。

在服装业，将CAD及CAM连接到CIM，便可以将款式设计、板型制作、样板缩放与裁床相连接，并且与编制成本报表及说明书的计算机相连接。在某些生产厂家，这样的计算机网络甚至已经能和缝纫机相对接。

3. **快速反应系统** 美国是最早在服装企业成功应用快速反应系统（Quick Response，QR）、条形码、因特网等技术的国家。新的贸易形式和新的市场特征，决定了服装业已经不可能再靠“价格+成本”来立足贸易了。它要求服装企业必须具备对各种需求作出精确、有效的快速反应能力，即要求建立信息化收集处理和QR机制。QR的目的就是在适当的时间内提供适当的产品。QR的主要优势在于，当消费者需要某种产品时，厂家可以保证零售商在同一季度再次订货。零售商通过检查销售数据中的卖点，快速实现小批量的重复定购。这样既可以避免因过量的订货而导致库存过多，也可以避免因缺货而脱销的现象。

QR的重点不仅仅在于方便再订购，而且还可让零售商和生产商都及时地看到顾客喜欢什么，他们大多穿什么号码区间的服装——这是预测和制作下一季度服装系列的重要依据。这样，QR就把过去使用的“推”的策略，转变为“拉”的策略。在“推”的体系中，产品被生产出来，然后推销给消费者。取而代之的是，顾客的需求信息从消费者“流向”生产者，于是生产者就及时生产出顾客所需要的产品，从而把顾客“拉”过来。

服装企业要实现快速反应，必须要具备基本的信息技术和条件，包括条形码技术、条形码信息处理技术、条形码扫描（POS）系统、电子数据交换（EDI）、出货包装箱标志技术、互联网与电子商务、ERP信息化管理系统等。

4. **量身定制系统**　量身定制（Made to Measure，MTM）属于半定制化，是通过三维人体测体仪获得个体三维尺寸，生产自动电子订单并将尺寸输送给生产部CAD系统，生产系统自动生产样板，根据各种号型规格自动组合并形成优化裁剪方案，方案进入自动裁床程序制成衣片，接着进入调挂缝制生产系统快速生产。

MTM是随着社会的发展，服装产业针对人们的需求而产生的新技术形式。从某种程度上讲，MTM与“量体裁衣”有着异曲同工之妙，但也有区别。“量体裁衣”只能针对个体对象，根据其体型特征来制定相应的板型，再做出衣服；而MTM是在已有板型的基础上，针对特定体型自动做出相应调整，从而在新的角度上同时达到“个人定制”和“批量定制”的目的。美国格柏公司称，在实用化的软件系统中包含MTM系统，但在修改规则等功能上还存在差距。

我国香港地区制衣技术中心着重于对量裁技术的开发，但MTM技术正处于研究阶段。从实践上来说，目前国内应用MTM比较好的是位于山东的红领集团。

二、服装生产与运作管理的数字化技术

数字技术的快速发展，使云计算、物联网、移动互联网、大数据、人工智能等为代表的新一代信息技术，凭借其强大的影响力，逐渐渗透到各行各业，对服装企业也产生了深远的影响。

服装数字化技术可理解为利用现代计算机技术，将服装的各种信息如文字、图形、色彩、关系等，以数字形式在计算机中储存并运算，再以不同的表现形式呈现出来或用数字形式发送给执行机构的一种技术手段。在整个服装的设计、生产过程中，以信息化和互联网技术为基础，数字化技术得以广泛应用。

1. **计算机辅助款式设计**（Computer

Aided Styling Design，CASD） CASD指利用计算机技术辅助设计师进行构思和服装款式的系列设计，并准确快速地展示出设计成果。利用计算机图形技术及图像处理技术为设计师提供款式设计所需的色彩库、面料库、图案库、款式库等各种数据库，设计师可以通过数据库进行款式的设计、修改、变形、调色组合等操作。

2. **计算机服装结构设计**（Computer Aided Pattern Design，CAPD） CAPD是指利用计算机技术结合服装结构设计、数据和网络等技术，辅助服装结构工程师进行服装纸样的设计和开发。利用计算机的存储功能及服装结构设计软件，为结构设计师提供尺寸规格、基础结构图、零部件结构图、成衣结构图等数据库，结构工程师可以通过制图、修改、组装等方法进行结构图设计。

3. **计算机辅助工业放码**（Computer Aided Grading Design，CAGD） CAGD是指利用计算机技术结合服装放码原理及规则对基础服装样板进行放缩，系统生成各种号型的成套标准生产用样板。利用计算机的存储功能及放码软件，放码工程师可以通过逐点推放、复制规则等方法进行放码操作，并进行检查、测量、调整等，生成各号型生产用样板。

4. **计算机服装排料**（Computer Aided Marking Design，CAMD） CAMD是指利用计算机技术结合样板排料原理和规则，对裁剪用服装样板进行合理的排列，生成排料图。排料系统模拟裁床，排料技术人员输入布料的幅宽、图案、布纹方向、裁剪分配方案等指标，调取所需数量的各号型成衣工业样板，确定所有裁片在布料上的位置。

5. **计算机辅助工艺设计**（Computer Aided Process Planning，CAPP） CAPP是指利用计算机技术将服装款式、结构、生产工艺、面辅料、包装等转化为生产制造数据，进行服装工艺设计。CAPP系统还可以对确定的款式进行工艺分析、工序分解、动作分析，并利用系统内部的数据库完成工时和劳动成本的计算，综合完成工艺文件编制、生产线平衡、生产成本核算、工人工资计算等。

6. **计算机辅助产品生命周期管理**（Product Lifecycle Management，PLM） PLM是指利用计算机技术规定和描述产品生命周期过程中产品信息的创建、管理、分发和使用的过程和方法，给出一个信息基础框架，使用户可以在产品生命周期过程中协同开发、生产和管理产品。

7. **计算机辅助人体测量**（Computer Aided Testing，CAT） CAT是指利用计算机技术结合光学测量技术、图像处理技术等对人体表面轮廓进行三维立体扫描，获得人体各部位的尺寸及人体表面形态特征，为提升服装的合体性提供基础数据，同时为建立人体数据库和服装标准号型提供依据。

8. **计算机虚拟服装设计**（Virtual Garment Design，VGD） VGD是指利用计算机技术及3D虚拟交换技术模拟服装的制作过程、模特试衣效果及穿着环境，进行服装款式设计。利用VR（虚拟现实）技术及计算机的存储功能对面料进行仿真处理，模拟服装动态穿着效果，设计师可以利用视觉、听觉、触觉，根据计算机显示的虚拟的服装设计效果、面料及图案的变化情况等进行设计和修改。

三、服装数字化生产与运作管理的应用技术

1. **电子数据交换**　电子数据交换（Electronic Data Interchange，EDI）是指一个公司与另一个公司的计算机之间以机读标准格式进行的电子数据交换。EDI 取代了以往制造商和零售商之间大量的书面单据往来，包括定购单、发票、包装通知单、装船文件、存货清单和报关单等。

从经济效益方面看，EDI比邮寄、快速、空运等方式更快捷。通过缩减单据往来，大公司可以节约大量人员、时间、纸张和邮资费用。与传统的纸张传输相比，运用EDI可以节约员工成本，降低单证处理成本，减少库存量，降低时效成本，避免重复操作降低出错率。

从战略效益方面看，运用EDI还可以加强客户服务，改善公司内部的数据流程，提高运行效率，增强企业应变能力，有助于实现管理决策的科学化，提高企业竞争力。

EDI在美国、日本、加拿大、新加坡等国都已得到广泛的应用，其中美国、日本已将EDI技术应用于服装业，成效显著。我国于1990年5月首次引入EDI概念，随后海关、运输业、零售业都在积极探讨和采用EDI技术来发展自己，以便与国际接轨，但目前我国运用EDI技术的服装企业还是寥寥无几。上海作为我国纺织服装贸易的中心，发展EDI起步较早，目前已有五家纺织服装企业开始应用EDI。另外，浙江茉织华集团在日方合作伙伴的配合下，也实现了EDI技术应用。能够真正发挥EDI作用，将它与企业内部的生产、管理计算机系统连成完整供应网络的服装企业，这在国内可谓凤毛麟角。

2. **无线射频识别技术**　无线射频识别技术（Radio Frequency Identification，RFID）是一种非直接接触方式的通信技术，其能够快速、精准地识别目标对象，并能够读写相关数据，传输的介质为无线电讯号，在识别系统与被识别目标对象之间不需要任何方式的接触，包括机械接触或光学接触。RFID 与条码技术有一定的相似之处，都是通过特有专门的读写器将数据读入电脑统计，大大减少了人工的操作。但是两者在本质上有较大的不同。条码必须通过读写器红外线光束接触才能读取数据，即一定要有光接触。最大的不足就是一定要人为地对单一物品进行逐一光接触扫描，由于人为介入和操作比较多，在一定程度上会出现漏扫等问题。RFID不需要通过接触式的扫描，而是利用无线电电讯频率，用读写器在一定距离范围内自动识别和读取信息，不需人工操作和干预。相比传统的条码技术，RFID具有时效高、精度准、距离远、非接触、适用性好等诸多的优点。

一个常规典型的RFID设备，通常由四个部分组成：电子标签（Tag）、阅读器（Reader）、传输天线（Antenna）以及应用支持系统（Application-supporting system）。

电子标签包括射频标签、数据载体和

应答器等不同类型。根据标签是否与电源相连则又可以分为无源射频标签、半无源射频标签和有源射频标签。无源射频标签又称为被动式，半无源射频标签称为半被动式，有源射频标签称为主动式标签。

RFID 阅读器主要可以分为两大类，固定式和手持式。RFID 阅读器为自主识别系统，只需通过无线射频信号与被识别目标对象产生数据联系，其优势主要为操作简易，同时既能清晰识别高速运动物体，还能连续识别多个不同的对象。电子标签与阅读器两者之间相互通过电子耦合元器件来实现射频信号之间的空间耦合，即非直接接触方式的信号接合。

传输天线即接收和发射射频信号的装置，是电子标签与阅读器之间相互接收和传递信号的载体。天线的工作原理是将标签上的信息通过无线电收发机以电磁波形式传导出去。天线作为信息读写的传输载体，被看作是RFID系统中电子标签与阅读器之间的传导媒介。

RFID应用系统是RFID阅读器和标签能否正常运作的关键所在。在信息传输、存储等相关处理中起至关重要的作用。它是标签与读写器之间的处理系统，不仅能够记录上传信息至服务器或企业管理系统，同时还能够分类和归纳信息数据，其主要通过汇总、存储、分析和再规划的数据管理系统以及用户应用层操作系统来发挥电子标签与读写器之间信息的传输与互动。

供应链管理的目标是通过一系列的规划、设计、控制、优化来更多地满足客户的需求，实现供应链运作的效率最优化，保证其供应链的每个成员都可以获得相应的利益。各个节点有机结合形成供应链，他们包括供应、生产、物流和需求等方面，各个节点的绩效直接影响供应链的效率。因此实现供应链各个节点及其节点间的信息实时互通和流程的平滑的链接，变得尤为重要。而RFID正是为此提供了高效、快速、安全的传递准确的信息，增强了供应链过程中信息的透明度，减少由于信息不对称而造成的各个节点运作效率低下，并且提供了一体化和标准化的信息。RFID在供应链管理中的应用，从整体上优化了供应链的流程，提高了效益。

RFID在物料供应环节中起到的作用主要表现在：为制造商和供应商提供信息平台共享；快捷、准确地辨别原材料并促进其提高周转时效；追溯采购源头，提升对供应商的实时管控能力。

RFID在产品生产环节中起到的作用主要表现在：提高生产的自动化，极大地提高了生产效率；为采购和生产的衔接起到积极的可视化作用；更加有利于产品的质量控制。

RFID在物流环节中起到的作用主要表现在：实时把控货物位置和信息，更加精益化计量，对货物信息的变化做出快速积极响应；透明化采购、销售和库存三者的实时情况，减少误差；减少物料的积压，加速库存的周转速率。

RFID在销售环节中起到的作用主要表现在：实现即时调整货物或补充货物，降低滞销率和脱销率；强化对产品质量的追溯，维护产品质量机制；提升了客户的体验，提高了客户的满意度。

对于服装行业，由于其特性为批量小、

品种多、颜色与尺码多样、交期紧等，这就更加要求供应链上的各个环节和流程在供应链的运作过程中，环环相扣而又相互制约。服装企业必须要实时地、详细地、精准地全面掌控和了解整个供应链上的人员流、信息流、资金流和物流四者之间的流向和具体变化。设计基于RFID技术的应用方案来解决服装行业面临的库存问题和供应链效率低下问题，可以使企业大大提高市场占有率，满足客户的需求。

其主要的应用工作原理为：将RFID电子标签附着在待识别的布料或是服装上面，电子标签在进入读写的范围区域后，将接收到的读写器通过天线发出的特定射频信号，标签中的原有存储信息会被激活，对射频信号做出反应。读写器可无接触地获得标签上面的信息，将数据交给计算机系统处理。这一应用原理可以衍生到服装供应链的每个环节，如原材料的采购、制造、仓储、运输和销售等方面，都可以通过RFID标签来实现半成品或是成品的追踪。

RFID技术目前已经在服装行业有了广泛的应用，并且技术相对成熟，世界知名的服装公司，如优衣库、ZARA、H&M、GAP等都已经使用了RFID技术。其最主要的作用在于高效地解决了服装资源分配问题，对服装的每个供应链环节有着巨大的影响。

3．**电子产品代码**　电子产品代码（Electronic Product Code，EPC）网络系统是指在计算机互联网的基础上，利用无线射频识别RFID、无线数据通信等技术构造的一个实现全球物品信息实时共享的开放性的全球网络，也叫物联网。服装行业由于其特性，是合适且需要应用EPC技术的行业之一。

在服装行业全程实施EPC系统，即从工厂里生产出来的每一件服装产品都贴上唯一标识的EPC电子标签，在各价值链成员之间建立一个全球性的或者区域性的EPC网络数据系统进行信息共享，这不仅能大大提高供应链能见度，而且使得价值链上各成员能够更好地把握服装市场的瞬息万变。

第三节　服装数字化供应链管理

一、服装供应链管理概述

1．**供应链管理概述**　供应链管理（Supply Chain Management，SCM）是指对整个供应链系统进行计划、协调、操作、控制和优化的各种活动和过程，其目标是将顾客所需的正确的产品（Right Product）能够在正确的时间（Right Time）、按照正确的数量（Right Quantity）、正确的质量（Right Quality）和正确的状态（Right

Status）、送到正确的地点（Right Place）、交给正确的客户（Right Customer）——即“7R”，并使总成本最小。

供应链中的“三种流”即物流、信息流、资金流是供应链管理的主要对象。物流涉及从供应商到客户的物料流，以及产品返回、服务、再循环和最后处理的反向流；信息流涉及需求预测、订单传送和交货状态报告；资金流包括链上各个企业之间的款项结算以及资金的相互渗透，涉及信用卡信息、信用期限、支付日期安排、发货和产品名称拥有权等。

供应链管理是一种集成的管理思想和方法，其实质就是合作，它使供应商、制造商、分销商和客户多方受益。供应链合作关系旨在实现物流、信息流、资金流的集成，它改变了企业间的合作模式，与传统的企业合作关系模式有着很大的区别。

供应链管理把供应链中的所有节点企业看作一个整体，是一个涵盖整个物流、资金流和信息流，从供应商到最终用户的采购、制造、分销、零售等职能领域的过程（图2-2）。

由于供应链牵涉到多方，因此对供应链的管理能力就可以构成企业的核心竞争力。这便形成了供应链管理的三个层次：战略层、战术层、作业层。

（1）战略层：上、下游厂商的选择与谈判，工厂、仓库及销售中心的数量、布局和能力，以及供应链协同的管理。

（2）战术层：配额的分配、采购和生产决策、库存策略和运输策略。

（3）作业层：具体的生产计划、运输路线安排等。

要对供应链不同的层面实施协调统一的策略，方可充分发挥供应链管理的作用。

2. 服装供应链管理 服装供应链管理是指围绕服装企业，通过对物流、信息流、资金流的控制，从采购原材料（包括主、辅料）开始，制成中间产品以及最终产品，最后由销售网络把产品送到消费者手中的将供应商、制造商、分销商、零售商和最终用户连成一个整体的功能网链结构模式。

随着社会化分工越来越细化、越来越专业，企业虚拟经营模式令许多品牌服装企业将生产制造剥离出来，委托专业服装加工企业生产制作，体现在服装供应链中，则是合作伙伴的多样化，以品牌服装为例，其供应链模型如图2-3所示。

在品牌服装供应链中，品牌运营商负责服装品牌的建设与维护、市场规划与定位、产品设计与管理等工作，以产品价值

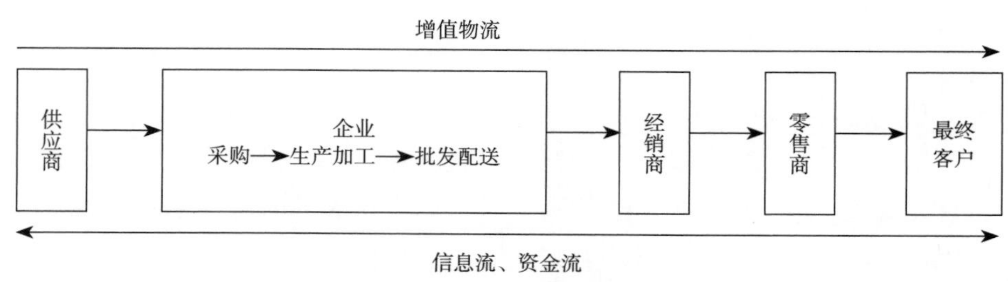

图2-2 供应链的内容

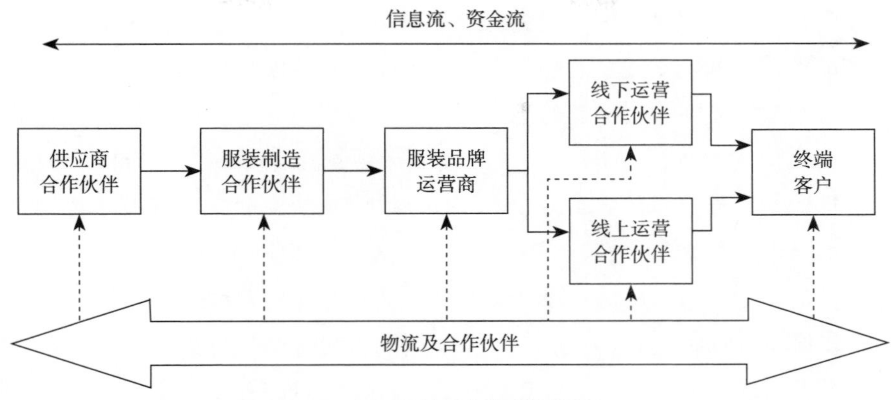

图 2-3　品牌服装供应链模型

链为主线将供应链串联起来。供应商合作伙伴包括提供符合要求的面辅料供应商、专业设备供应商、信息技术供应商等。服装制造合作伙伴包括品牌商自建服装加工生产线或符合资质要求的外包服装生产企业。线下运营合作伙伴包括传统的经销商、代理商、合作商场等；线上运营合作伙伴包括线上经销商、代运营服务商、网络销售平台等；终端客户是指所有通过线上或线下渠道获得产品的消费者。物流涉及从供应商到客户的物料流，以及产品返回、服务、再循环和最后处理的反向流。物流合作伙伴包括物流快递企业、汽车租赁企业等。信息流涉及需求预测、订单传送和交货状态报告。资金流包括链上各个企业之间的款项结算以及资金的相互渗透，涉及信用卡信息、信用期限、支付日期安排、发货和产品名称拥有权等。

二、服装数字化供应链采购与库存

1. 服装数字化供应链采购管理　采购是指企业为实现企业销售目标，在充分了解市场要求的情况下，根据企业的经营能力，运用恰当的采购策略和方法，取得适销对路商品的经营活动过程。采购管理是指为保障企业物资供应而对企业采购进货活动进行计划、组织、指挥、协调、控制活动。

在一个企业的经营中，物料采购成本占很大比重，因此通过物料采购管理降低物料成本是企业增加利润的一个有效途径。但是物料采购的目的不仅仅是要采购成本最低，而且要保证企业所需要的物料能够保质、保量、适时地获得。

（1）采购需求。接受采购要求：采购要求的内容包括需要采购物料的品种、数量、质量要求以及到货期限。采购部门从生产计划部门、各种职能部门以及库存管理部门获得它们对各种物料的需求情况，并进行汇总，做出相应的采购计划。在制造企业中，物料采购计划往往是根据生产日程计划来安排的。

决定自制还是外购：在很多种情况下，企业所需的某些物料是企业能够自己加工生产的零部件或半成品，这时，企业就需要对自制还是外购做出决策。因为它会直接影响到产品的质量和成本。企业在进行自制和外购分析时，主要考虑下面的几个问题：

①零部件成本，当自制的零部件成本比外购的成本低时，选择自制，否则外购。

②零部件的质量，当供应方提供的零部件质量不能得到保证时，选择自制。

③零部件的可获性，当所需的零部件无处采购时，只能选择自制。

④技术保密性，当这种零部件的生产涉及保密技术时，应当自制，防止技术扩散。

（2）供应商管理。供应商的选择：好的供应商是确保供应物料的质量、价格和交货期的关键。因此，如何选择和保持与供应商的良好关系是采购管理的一个主要问题。在对供应商进行选择时，可对多个候选供应商进行综合评价，最后确定供应商。在选择时，往往需要考虑多个方面的问题：

①设备能力：主要了解供应商的设备能否加工所需要的物料并保证质量。

②生产能力：主要了解供应商的生产能力是否能满足本企业的物料需求。

③质量保证：主要对供应商提供的产品的质量进行确认，以保证企业原材料的质量。可通过了解供应商是否建立质量管理体系或是否通过质量认证来评价。

④财务状况：通过调查供应商的财务状况，了解供应商承担市场风险的能力。对于财务状况不佳的企业，一旦发生财务危机导致生产中断，则会对本企业的物料供应造成不良影响。这时，不仅会产生短货风险，而且还会因为重新选择供应商而产生额外的成本。

⑤供应商的管理水平：供应商管理水平的高低会影响到双方合作的程度。好的供应商应该有科学的管理方法和较高的办事效率，成本结构合理，供货稳定，从而会降低企业的采购成本。

⑥供应商发展潜力：企业都希望能够有一个长期合作的供应商，因此就需要对供应商的发展潜力进行分析。对于有较强发展潜力的供应商，应予以鼓励，希望其能够不断改善技术和管理水平、提高产品质量、降低成本、增强抗风险能力，从而能够使双方获益。

⑦合同执行情况：过去的合同执行情况可以反映供应商的信誉。

供应商管理的模式：传统的企业与供应商的关系是一种短期的、松散的，相互间作为交易对手、竞争对手的关系。在这样一种基本关系下，企业与供应商是一种“0-1”博弈，一方所赢则是另一方所失。买方总是试图将价格压到最低，而不考虑供应商的接受能力；供应商则是以特殊的质量要求、特殊服务和订货量的变化等各种理由尽量抬高价格，哪一方能取胜主要取决于哪一方在交易中占上风。

如今越来越多的企业认识到，与供应商的这种以竞争为主的关系模式已经不适应现代企业持续发展，另一种与供应商的关系模式——合作模式成为企业供应商管理的一个核心。在这种模式下，企业（买方）和供应商（卖方）互相视对方为“伙伴”，建立起战略合作关系，实现“双赢”。前面提到，企业应当选择有发展潜力的供应商，并在技术或管理上对其实施一定的支持，这样，在提高供应商竞争力的同时，也提高了供应商对本企业的供货能力。

（3）订货。订货过程有时可能很复杂，比如昂贵的一次性订货物品，或专门的定做大量货物，需要双方不断地对各种情况进行商榷；也可以很简单，比如在长期合作的情况下，固定量、固定时间的订货可能一个电话就可以完成。如果一个企业的采购品种非常多，采购频率也很高，日常的订货管理工作量就非常大，发生大量的管理成本，还有可能带来很高的差错率，从而进一步增加了成本。

在供应链当中，如果企业与供应商建立了良好的合作伙伴关系，并充分利用现代信息技术来进行管理，可以通过网络与供应商进行业务往来，不需要通过任何纸的媒介，就可简洁、迅速地完成订货手续，节省大量的管理成本。对于订单的变更手续也可以简化许多，订单发出后，还要进行订货跟踪。

（4）基于供应链管理的采购管理特点。基于供应链管理环境下的采购管理，是实施供应链管理的基础，作为核心企业连接供应商的纽带，具有以下多个特点。

①管理从企业内部逐渐延伸到企业外部：传统采购注重企业内部资源整合，强调内部管理的改进，缺乏对外部资源的有效管理。供应链管理模式下的采购管理，不断将外部供应商纳入企业管理之中，不仅减少了不必要的投资而且将供应商的资源变成了自己的资源，通过让供应商参与本企业的产品研发设计、本企业参与供应商的质量控制，实现风险共担、利益共享。

②从为库存采购到为订单采购：传统采购多是为了补充库存，采购部门对供应商的生产进度和客户需求变化了解较少，采购过程缺乏主动性，造成采购部门制定的计划经常脱离实际生产需要，造成大量库存。供应链管理模式下的采购是以订单为驱动，按订单生产、采购，使供应链及时响应用户需求，从而降低了库存成本，提高了企业库存周转率和物流速度。

③从一般买卖关系向战略协作伙伴关系转变：传统模式双方是临时买卖关系，关系不稳定，而战略采购不但提高了双方工作效率，同时这种稳定的关系也大大降低了采购成本，缩短了交期，提高了整个供应链的竞争力。

④事前事中控制的质量管理：通过让供应商参与核心企业的研发设计、核心企业参与供应商的质量控制，将质量控制从事后把关变为事前事中控制。

2. 服装数字化供应链库存管理

（1）库存：所谓库存，是企业用于今后销售或使用的储备物料（包括原材料、半成品、成品等不同形态）。按照管理学上的定义，库存是“具有经济价值的任何物品的停滞与贮藏”；在企业的财务报表上，库存表现为给定时间内企业的有形资产。服装企业布仓里的布匹、辅料仓里的辅料、成品仓里的成衣都属于库存。

库存的存在有利有弊。库存的作用主要在于能防止短缺、有效地缓解供需矛盾，使生产尽可能均衡地进行；另一方面库存占用了大量的资金，发生库存成本，减少了企业利润，甚至导致企业亏损。

一定量的库存有利于调节供需之间的

不平衡，保证企业按时、快速交货，可以尽快地满足顾客需求，缩短订货周期。对于服装生产企业而言，由于服装产品的生命周期很短，时效性比较强，因此，对于成品的库存量要严格控制。而对于一些常用原料或辅料，需要有一定量的库存，以保证生产过程的顺利进行，能够按期交货。

（2）库存的类型：按其在生产过程和配送过程中所处的状态，库存可分为原材料库存、在制品库存和成品库存。三种库存可以放在一条供应链的不同位置。原材料库存可以放在两个位置：供应商和生产商。原材料进入生产企业后，依次通过不同的工序，每经过一道工序，附加价值都有所增加，从而成为不同水准的在制品库存。当在制品库存在最后一道工序被加工完后，变成完成品，形成成品库存。

按库存的作用，库存可分为周转库存、安全库存、调节库存和在途库存。

①周转库存是由批量周期性形成的库存。采购批量或生产批量越大，单位采购成本或生产成本就越低，从而每次批量购入或批量生产，则会产生周转库存。每次订货批量越大，两次订货之间的间隔就越长，周转库存量也越大。

②安全库存是为了应付需求、生产周期等可能发生的不测变化而设置的一定数量的库存。

③调节库存是为了调节需求或供应的不均衡、生产速度与供应速度不均衡、各个生产阶段的产出不均衡而设置的。

④在途库存指正处于运输以及停放在相邻两个工作地点之间或相邻两个组织之间的库存，这种库存是一种客观存在，而不是有意设置的。在途库存取决于运输时间以及该期间内的平均需求。

按用户对库存的需求特性，库存可分为独立需求库存和相关需求库存。

独立需求库存是指用户对某种库存物品的需求与其他种类的库存无关，表现出对这种库存需求的独立性。独立需求库存是指那些随机的、企业自身不能控制而是由市场所决定的需求，这种需求与企业对其他库存产品所作的生产决策没有关系。

相关需求库存是指与其他需求有关的库存，根据这种相关性，企业可以精确地计算出它的需求量和需求时间。

（3）服装行业供应链中存货的作用：服装行业的存货在供应链中占有非常重要的地位，具体表现如下：

①减少由于突发情况带来的影响。因为对服装行业来说，一年四季的产品需求量都不同，不管是哪个环节出现了问题，对服装行业造成的影响都非常大，供应链中的存货可以在季节交替的时候对供求关系起到一个保护和缓冲的作用，保证生产和经营的继续。

②在对于一些特定的款式预测会有大量需求时，可以适当地储备一些服装存货，这样可以较好地避免缺货成本。

③提升客户满意度。对零售店来说，服装的陈列、店里的摆设、尺码的齐全程度都会很大程度地影响顾客的购买欲望。有一定数量的存货可以在一定程度上保证门店服装的销量，并且可以吸引更多的顾客，在保证服务质量的同时也提高了企业的信誉，提高了利润水平。

不恰当的存货将会给服装企业带来如

下弊端：

①资金占用量过大。在一定程度上，存货会被认为是“无须存在的”，因为存货不能推动资金流的运转，反而会带来存货成本的增加，这相当于失去了这些资金的机会成本。

②存货有可能会积压成为滞销商品，不光带来存货成本的增加，还有可能造成损失。服装的更新换代以及季节性特别强，如果服装不能及时售出，发挥其价值，很有可能因为过季及款式过时等原因成为积压品。时间拖长就会有过季和存货囤积的情况发生。

③可以对企业存在的管理问题进行掩饰，并且会掩盖质量问题。每当质量问题出现的时候，人们会倾向保护已有的存货，这样也就导致了投入给纠正质量问题的资金减少，质量问题并没有得到真正的解决。这样的话，管理的问题依然存在，供应商依然可能没法保质保量的交货。

④除去存货积压，缺货也是一个很大的问题。当客户有需求却没办法满足，这也体现了存货的问题。

三、案例：韩都衣舍柔性供应链系统的发展进程

韩都衣舍在成立初期，处于为了满足销售的基本需求寻找供应商的阶段，打造供应链可谓困难重重。依托网络销售的快时尚所具备的服装数量少、品类多、批次多、当季返单快等特点，与国内OEM配套的供应商很不适应，韩都衣舍不得不投入大量人力和资金帮助上游企业进行柔性制造改造。2013年，韩都衣舍开始循序渐进地实施柔性供应链改造计划。第一，以大数据采集、分析、应用为核心，以公司IT为依托，完善软件研发和基础硬件设施，SCM、CRM、BI系统陆续上线，并与供应商同步，增强管理的精准度和时效性。第二，确立“优质资源原产地、类目专攻”的供应链布局战略。第三，与原产地供应商联手，模块化切分生产流程的资源配置，并重组服装加工业的组织架构。第四，扩大柔性供应链的服务外延。2015年，积淀7年之久的柔性供应链正式开放，成为日后韩都衣舍生态运营平台的重要组成部分。同年，韩都衣舍也逐步建立自己的自营生产基地，拥有更多的主动权。

1. 大数据为驱动的柔性供应链系统

韩都衣舍要建立“款式多、更新快、性价比高”的竞争优势，不仅需要产品小组的快速运作，还需要柔性供应链管理的匹配。在韩都衣舍的供应链管理中，营销企划、产品企划和供应商生产紧密结合，具有即时互动的互联网特征。营销端针对各个电子商务平台制定了年度营销计划和细节；产品端根据营销端计划，合理规划产品结构和供货周期；生产端根据产品端的规划与生产商高效合作，安排充足的时间和预留产能。韩都衣舍秉持“多款少量，以销定产”的原则解决传统服装产业开发周期长、款式数量少、滞销库存率高的弊端。

在互联网时代，消费者无时无刻不在贡献着大量的数据，即便是在消费者没有真正消费的情况下，也贡献着浏览量、浏览时长、收藏等非常具有市场价值的数据，基于这样的大数据，韩都衣舍采用了“以

爆旺平滞算法为核心的C2B运营体系”，使得能够更加精准地进行快速返单。在新产品上架的5~10天，即可根据运营数据将产品分为“爆、旺、平、滞”四个类型，使小组能够迅速决定是否对产品的款式及结构进行调整或及时转向，以精准契合消费者的最新时尚需求。不同级别的产品，企划中心也有统一的营销政策，产品小组在企划中心的标准政策范围内，根据市场行情进行商品营销策略的确定和实施，爆款旺款就会迅速追单，平款和滞销款就会迅速打折。这样的C2B运营体系为建立以大数据为驱动的供应链系统带来可能。

以大数据为驱动的数字商业智能化柔性供应链系统，使得韩都衣舍“多款少量快速返单”模式成为可能，极大地解决了服装企业因生产周期长而带来的市场需求预测不准以及大量库存的问题。

2. *以智能为依托的柔性供应链系统*

传统服装企业由于产品开发周期长，一般实行反季节生产的模式，夏季生产冬季服装，冬季生产夏季服装，从而导致企业对市场的反应迟钝，极易因为市场需求变化而造成库存积压。针对这一问题，韩都衣舍配合“单品全程运营体系”的销售特点，建立了以“多款少量、快速返单”为核心的柔性供应链体系，在向生产厂商下订单时采用多款式、小批量、多批次方式，以便快速对市场做出反应，避免高库存风险。

区别于传统企业的供应链，韩都衣舍的柔性供应链以精确的大数据管理为支撑，是数字商业智能化的柔性供应链系统。韩都衣舍通过信息化手段大力改造和提升自身的供应链管理水平，将30家核心物料供应商、240多家生产商整合到供应链体系中，并不断完善后台服务体系，形成以商业智能集成系统（BI）为核心，整合供应商协同系统（SRM）、供应商管理系统（SCM）、订单处理系统（OMS）、仓储管理系统（WMS）、物流管理系统（TMS）、企划运营管理系统（HNB）和活动管理系统（PAM），为小组和上游供应商以及下游在线交易平台和物流快递平台的有效连接创造条件，为小组创新创意转化为实际产品并进入市场提供强大的资源支持。

为保证效率，韩都衣舍要求供应商适应“快速反应”的柔性供应链模式，并建立了供应商分级动态管理系统，包括供应商准入机制、供应商绩效评估和激励机制、供应商分级认证机制、供应商升降级调整机制和供应商等级内订单调整机制。从供应商的遴选、分级、合作模式、绩效测评、订单激励和退出等方面进行严格的动态管理。

在供应商准入方面，由供应商管理小组、相关业务部门、品控管理小组到生产供应商进行实地访厂和现场打分，重点评估厂家的信用等级、生产能力、运营状况以及品质管理等。通过审查的厂家在试单测试通过后，方可成为韩都衣舍的正式供应商。

合作模式方面，为了确保订单配置灵活性，使供应商既重视韩都衣舍大客户，又不让其完全依赖韩都衣舍。韩都衣舍一般采取半包模式，即只包下工厂50%~60%的生产线。对于优秀生产供应商的扩充产能和生产线，韩都衣舍会追加包生产线，保持在生产供应商的一半产能。

在供应商绩效测评和激励方面，韩都衣舍根据季度测评结果将供应商动态划分为5A级战略供应商、4A级核心供应商、3A级优秀供应商、2A级合作供应商、A级新供应商，采取不同的激励。例如，针对A级新供应商，韩都衣舍会评定其合作规模、合格率、交期完成率三项评定数据，再进一步根据沟通交流是否流畅、理念是否一致等主观判断进行打分。如果得分较好，会将其升级为2A级合作供应商。

在退出机制方面，供应商如果连续两个季度测评等级下降或者产品品质连续两次降至规定的标准以下，将给予暂停合作、缩减订单甚至停止合作的惩罚。

以商业智能为依托的柔性供应链体系灵活调配营销企划、产品企划和供应商生产，使企业得以与供应商进行高效合作，供应商有足够的时间和产能，根据韩都衣舍企划端的方案来及时完成生产任务。整合后的供应链系统能够完成最小30件起订的供应量，平均下单周期保持在20天，每天90～100款，每年能够支持3万款，产品当季售罄率达到97%左右，仓储周转率达到6.8次/年，合作供应商累计超过1000家，供应商90%的业务量来自韩都衣舍。许多供应商结合“快速反应”需求，将原有大批量生产方式转变为小批量多批次生产的模式，保证夏季产品接单后12天入库，冬季产品30天入库，双11等销售高峰产品7天入库。

第三章　服装数字化信息管理

教学目的：

通过教学，使学生了解服装信息化管理数字化的基本内容，掌握服装企业资源计划技术与管理、服装产品数据管理、客户关系管理的核心功能和体系结构。

教学要求：

1. 详细介绍服装企业资源计划的技术、资源业务重组的方式及资源计划系统的类型；2. 详细介绍服装产品管理数字化系统的核心功能和体系结构；3. 详细介绍服装客户关系管理数据化系统的核心功能和体系结构。

第一节 服装企业资源计划

一、服装企业资源计划概述

1. 企业资源计划的概念 企业资源计划（Enterprise Resource Planning，ERP）的概念最早由美国著名的IT咨询公司加特纳集团（Gartner Group）提出，被认为是新一代MRPⅡ，是企业将所有资源进行整合集成的新型管理信息系统，是根据企业的各个环节进行信息化功能划分的软件包。

2. 企业资源计划的产生与发展 企业资源计划产生于激烈的市场竞争局面和对过往信息管理的总结，用来满足企业进行信息整合以及规范生产经营活动的需求。20世纪90年代以来，经济全球化趋势显著，新科技革命迅猛发展，制造型企业竞争加剧。为了更好地整合市场、供应商、中间环节的资源，实现企业内部信息的集成，从而做到企业各部门的协同运营和外部环境的快速反应，ERP应运而生。

ERP的发展历程依托于信息技术和信息管理大致分为4个阶段：订货点法、MRP阶段、MRPⅡ阶段、ERP阶段。

20世纪40年代初，西方经济学家在对库存物料随时间推移而被使用和消耗的规律研究中，提出了订货点法。订货点法用于企业的库存计划管理，在控制物料消耗与安全库存量的平衡中起到了重要作用。但是，订货点法要求物料需求具有连续性且相互独立，其需求日期的确定常依赖于订货点，在产品复杂性增加和市场环境变化的情况下，订货点法的发展受到了很大的限制。

20世纪70年代，企业管理者更清晰地认识到了有效的订单交货日期的重要性，且意识到了物料需求的匹配问题，在解决订货点法缺陷的基础上，物料需求计划MRP被提出。MRP注重对物料清单进行利用与管理，为了将生产能力、车间作业管理、采购作业管理纳入考核范围，形成更加完整的生产管理系统，在MRP的基础上闭环MRP系统又被提出。

20世纪80年代，为了说明企业的经营效益，管理会计的思想融入MRP，实现了物料信息与资金的信息集成，在闭环MRP的基础上产生了MRPⅡ的概念。MRPⅡ将企业中的各级子系统有机统一，形成了集合制造、供销和财务的一体化系统，为企业管理提供更高效准确的方案。

20世纪90年代，随着经济全球化的发展和科学技术的进步，制造型企业的市场竞争进一步加剧，使得企业的经营战略从传统的以企业为中心转向以客户为中心。为了在客户与供应商之间形成完整的供应链系统，企业资源计划ERP形成。ERP的精髓就在于高度的信息集成，一个面向供需链管理的信息集成。相较于MRPⅡ已有的制造、财务、供销等功能外，ERP还拥有运输管理、业务流程管理、产品数据管理、人力资源管理和定期报告系统等功能，实时掌握市场需求的命脉，支持多种生产类型或混合型制造企业。ERP包含的集成功能范围实现了对MRPⅡ的超越，且ERP起源于制造业，但同时也适用于金融、服务、建筑、医药等其他行业。

3. *物料需求计划系统*　物料需求计划是企业资源计划系统的核心组成部分，其解决的是物质资料在产供销上的混乱问题及财务与业务间的脱节问题。物料需求计划系统的核心功能可以用What、How、When、Many四个单词进行概括，即根据需求和预测来进行未来物料供应和生产计划与控制，并提供物料需求的准确时间和数量。

如前所述，物料需求计划系统包含两个发展阶段的内容。这里的物质所有“物”包含原材料、在制品和产品，涉及的部门分别有采购部门、生产部门和销售部门。因此，在发展的第一阶段（也称MRP阶段），物料需求计划系统的任务便是实现这三个核心业务部门的信息集成和统一管理。这一阶段，物料需求计划系统的主要依据为主生产计划（MPS）、物料清单（BOM）和库存信息，其基本思想是围绕物料进行组织制造转化，从而实现按需准时生产。在基本思想的指导下，系统需要完成的主要内容包括：（1）根据最终产品的生产计划导出相应物料的需求量和需求时间；（2）根据物料的需求时间和生产周期确定其开始生产的时间。MRP系统的信息集成，让企业铲除了产供销环节的屏障，对企业的生产计划有着有效的管理和控制作用。但是，MRP系统缺少对生产企业现有生产能力和采购条件的全面掌控，也无法对生产的具体实施情况作出及时的反馈，尚不完善。

为了弥补MRP系统的缺陷，闭环MRP系统逐渐形成，在物料需求计划的基础上，融入了生产能力需求计划、车间作业计划和采购作业计划。闭环MRP系统以客户和市场需求为主要目标，会首先确立一个现实可行的主生产计划，在优先考虑合同订单和市场需求的同时，根据企业生产能力条件的约束编制具体计划，使物料资源和生产能力得以相匹配。闭环MRP系统的出现实现了生产活动方面各级子系统的有机统一，起到了协调生产的作用。

MRP系统实际上解决了产品从生产到流通的过程问题，却忽略了资金流在其中的作用。但是，资金也是物料需求计划编制中不可或缺的重要考虑事项。20世纪80年代，为了更加完善系统的协同作用，财务开始整合进物料需求计划系统。由此，物料需求计划系统进入发展的第二阶段（也称MRPⅡ阶段）。MRPⅡ的基本思想在于，从企业出发，以企业整体最优为原则，运用科学的方法对企业物质资料和生产、供应、销售、财务等各环节进行有效的计划、组织和控制，使之得到充分、协调的发展。从本质上说，MRPⅡ系统实现了一种新的生产方式，是企业物流、信息流、资金流的综合的动态反馈系统，是企业资源计划系统的核心。

二、企业资源计划技术与管理

企业资源计划是一个能够对企业的资源进行整体规划与调控，使收益最大化的集成体系。它的出现是基于全球经济环境下信息管理的需要，其技术目的是实现供需链管理。目前，企业资源计划技术已面向制造业、电子行业、服装行业、机械行业、化工行业、医药行业等，将企业的基础资源、需求链、供应链管理与竞争核心等连接起来，从而构筑成企业战略决策的应用模式。企业资源计划技术通过各方数据的整合，向企业提供财务管理、生产制造、网络分销、供应链管理、人力资源管理、电子商务等多方面的应用方案。

企业资源计划的应用是企业管理模式的改革，是企业在信息化变革前的重要抉择，且在企业资源计划系统的选择上也要与企业现行发展需求相匹配。因此，企业资源计划既是一门技术，也是一种管理，其管理思想主要体现在以下几个方面：

1. 整合供应链资源，促进有效管理 在信息化时代的背景下，信息传播的速度异常之快，且变化无常，这就要求企业与企业之间、企业内各部门之间快速进行信息同步，以更好地配合企业运作，实现信息畅通和有效管理。一方面，随着行业专业化程度的加深，企业需要突出自己的核心价值链并舍弃发展不完善的生产资料。这就需要企业整合上下游企业的资源，与之达成供应链的密切联系和快速资源整合。另一方面，大中型企业的部门之间有效交流的缺乏或传统低效的线下信息传递已无法满足现代企业快速运作的要求，企业资源计划能对企业活动中的生产、采购、库存等多方面活动进行一体化设计，从而形成对市场信息的高效反馈，在供应链层面上提高运营效率，获得竞争优势。

2. 敏捷制造与精益生产相结合，进行高效管理 企业资源计划以灵活性为特征，支持不同企业或同一企业不同业务间的混合型生产模式，但“敏捷制造”和“精益生产”思想贯彻生产模式的始终。敏捷制造强调面对不可预测的环境作出灵活应对策略，其摒弃了“大而全、小而全”的发展理念，发扬的是一种协同文化，要求主导企业或部门在面对市场特定需求时强强联手、同步制造，根据形势变化重组供需链。精益生产（LP）强调资源的有效利用，认为没有创造价值的行为都是浪费行为，其实质是一个增值链的概念，集中优势力量高效转化为产品从生产到流通的最优配置，实现企业经济效益的最大化。

3. 计划与控制相统一，协调经营运作 计划与控制是协调企业各项生产经营的重要抓手，也是协调各个核心业务运作的神经中枢。企业资源计划的思想是一种集成的思想，这在对企业经营对象的事先计划、事中控制和事后分析上也有所体现。“计划”将主生产计划、物料需求计划、采购计划、销售执行计划、财务预算和人力资源计划等模块信息汇集到整个供应链系统中，协调运作，促使企业的产出（产品的数量、服务和时间）满足市场和客户的要求，使投入以最经济的方式转化为产出。“控制”对计划执行的结果进行严格监控，并将执行情况反馈给计划编制部门，使其得以对反馈信息进行综合分析，完成信息闭环，为企业的平衡决策提供解决方案。

综上，利用高度集成的系统功能和先进的管理思路，企业资源计划的成功应用有助于优化企业资源的整体价值，提升企业管理水平，从而实现有效、灵活、高速反应的企业运作模式，保持企业的持续旺盛的生命力。

三、数字化服装业务流程重组

业务流程重组（Business Process Reengineering，BPR），又称业务流程优化，指通过对企业战略、增值运营流程以及支撑它们的系统、政策、组织和结构的重组与优化，达到工作流程和生产力最优的目的。BPR的概念最早在1990年由美国MIT的Hammer教授提出。但Hammer在业务流程重组的方法中并没有为企业提供一种基本范例。不同行业、不同性质的企业，流程重组的形式不可能完全相同。

ERP作为崭新的管理手段引入国内较晚，但随着服装市场的竞争日益激烈，要求企业对市场需求快速反应，近年来ERP也受到了国内许多大中型服装企业的青睐。ERP这种反映现代管理思想的软件系统的实施，必然要求有相应的管理组织和方法与之相适应。因此，ERP与业务流程重组的结合是必然趋势。

为实现企业的战略目标，达到服装企业的经济效益最优，对企业进行业务流程重组时首先必须根据企业类型选择出对企业的重要程度高且当前效率表现差的关键业务流程。选择关键业务流程并有条不紊地展开优化是企业ERP成功实施的重要保障。

我国服装企业根据产品结构和生产方式的不同大致可分为贸易型企业、品牌型企业和混合型企业三种。不同类型的企业结合自身特点所进行的业务流程重组的方式也有所不同。

贸易型企业通常承接外部订单，并根据订单要求组织生产，库存风险小但市场主动性较弱。其涉及的业务流程通常包括生产计划管理、面辅料管理、成品管理、销售合同签订、出口报关、核销手续等。每个流程都存在逻辑关系，流程的通畅程度决定了企业完成业务的效率水平。例如销售合同签订环节，其涉及的业务组成包含样衣制作管理、成本核算程序、供应商报价等，只有对每个环节的各个组成部分进行合理流程设计、重组，才能提高业务完成效率，以便更顺利地完成生产。

品牌型企业通常要根据市场情况进行产品预测，再进行产品生产和供给，市场主动性较强，但伴随有较大的库存压力和市场多变带来的设计压力。因此，品牌型服装企业要求能灵活地运用市场营销策略应对多变的市场状况，企业内部更加关注设计管理、商品管理和销售管理。其设计的业务流程主要包括市场预测、产品设计、销售管理等。品牌型服装企业的核心主要是新产品的开发，企业在进行业务流程重组时围绕新产品开发展开，并通过市场、关键意见领袖、消费者等的共同评判投入市场。

业务流程重组是服装企业增强市场快速反应的关键，对企业的供需平衡也有重大作用，能进一步提高服装企业的核心竞争力。

四、数字化服装业务资源计划系统

服装企业的信息主要包括项目计划、设计数据、成衣样衣、样板图、技术管理、工艺资料等数据。利用服装ERP使企业内部形成有效完善的信息化管理机制，帮助企业有条不紊地发展，表现为：简化解决服装复杂的款号、面料、颜色、尺码难题；数字化管理服装设计、研发、打样，实时掌握项目进度、费用与成果；解决服装BOM的录入与自动生成的难题；采用条形码，解决服装生产难以跟踪的问题；全面、集成管理服装工艺难题；快速解决服装流程瓶颈问题，实时了解人力、设备能力；解决服装分类、成本核算等问题；随时监控物料、成品库存情况，减少物料浪费和重复、过度生产等。

1. **服装工厂ERP系统** 传统的服装企业实行粗放式的生产管理，服装行业管理难点包括盲目的手工式采购，不能及时准确地了解需要采购的原材料数量，缺乏准确依据的采购计划造成大量的盲目采购以及资金的无效占用。库存管理问题重，物料的出入库、移动、盘点、生产补料等业务处理过程复杂而琐碎，大量库存积压或短缺，造成企业成本的居高不下。自产与委托加工管理，需要管理面辅料出库、半成品或是成品回收、加工费结算等，难于实时掌握面辅料库存情况，还容易造成面辅料浪费。费时的工时工价管理，频繁的手工记录，很难保障准确性；加上由于缺少实时的生产数据，生产进度无法跟踪，工薪统计费时费力。企业内部各部门之间信息无法共享，业务流程相互脱节，数据透明度低，缺乏有效整合，形成信息孤岛。

传统劳动密集型服装工厂，流水线生产大量的劳动力，生产工序多，工艺复杂，ERP数字化有效帮助企业提高生产效率。专为服装工厂量身定制的精细化管理ERP系统称为服装工厂ERP系统。例如，华遨服装工厂ERP系统其功能涵盖企业日常管理所涉及的所有业务流程，将物流、资金流、信息流有效地进行整合。实现企业各部门、各流程环节上的协调管理、相互制约、互相监督，确保各部门信息传递的畅通，有效避免信息孤岛的形成，减少企业重复劳动。从打板到大货出运，对工厂进行精细化管理。服装工厂ERP系统整体业务流程如图3-1所示，功能模块主要包括订单管理、技术管理、采购管理、仓储管理、生产管理、出货管理、质量管理以及财务管理。

2. **服装外贸ERP系统** 针对服装外贸型企业，开发服装外贸ERP系统。例如，华遨服装外贸ERP系统功能全面，其功能包括邮件管理、客户关系管理、商品管理、报价管理、合同管理、跟单管理、单证管理、财务管理等多维数据衔接的服装外贸管理系统。该系统行业针对性强，深谙服装外贸行业运作流程，报价自动生成合同以及自动生成繁杂的外贸单证，解放劳动力同时规范公司合同单证格式。

ERP系统的运用使繁杂多变的样板处理过程变得清晰，系统自动算出样板的成本，可以保留多个版次与报价单。灵活处理替代物料和客供物料，将开发样板变得更为快捷。解决样板用量分尺码报料、物料单位自动转换的问题，使物料用量更加

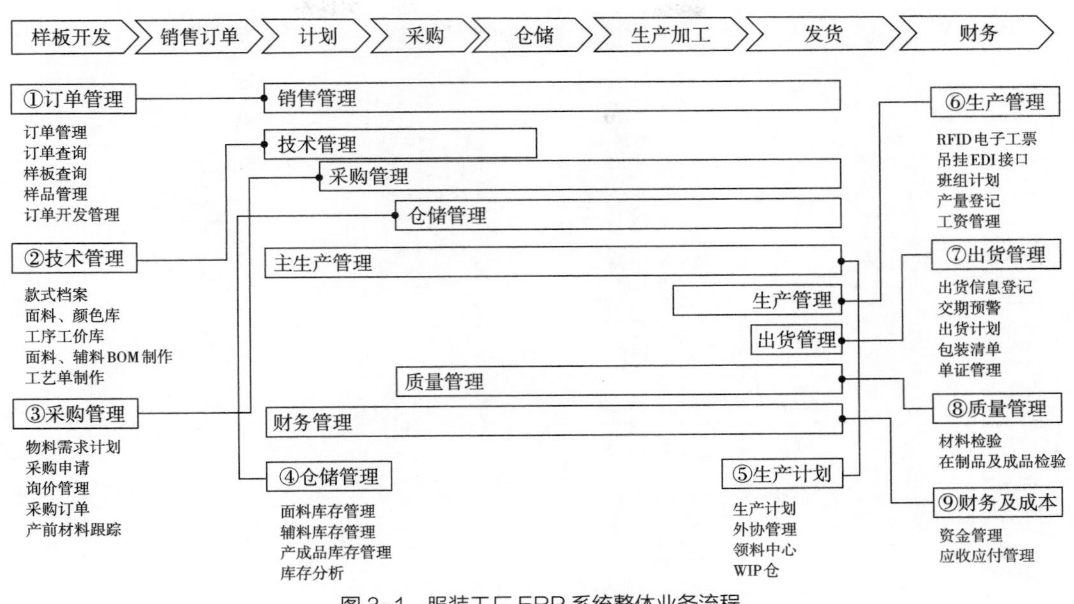

图 3-1　服装工厂 ERP 系统整体业务流程

精确。样板排程表让管理者及时准确地掌控样板的开发进度，跟进每个环节。

同时准确快捷地根据公司利润分配而自动计算并生成报价单，自动生成制造单和物料清单，减少人手计算，提升工作效率。解决繁杂的订单跟进环节，让订单的每个跟进工作有计划、有目标。ERP智能优化方案，可节省30%的成本，解决款式多、数量少、重复工作量大的问题。解决仓库分类、多库位、多色多码分类保存，保证后期发货的准确及时。自动生成付款单，简化财务出纳支付货款的手续，提升效率。自动生成相关凭证，统计各类资料，生成各类财务报表。系统功能模块（图3-2）主要包括以下几个方面。

（1）样板开发：服装行业的基础资料设置、开发样板变得更为快捷，繁杂多变的样板处理过程变得清晰明了。

（2）跟单管理：解决繁杂的订单跟进环节，创造全面的采购订单和销售计划环境，实现全程控制和跟踪。

（3）生产制造：管理者可以随时掌控每订单、每车间、每个人的实际生产进度，烦琐的生产流程变得清晰和条理。

（4）库存控制：全面的安全库存预警机制，准确的即时查询，丰富的统计分析报表，与采购、销售、生产等部门无缝融合。

（5）财务管理：提供集成的应收应付、出纳管理、工资管理、成本归集、财务报表等，加强财务在运营流程的把关作用。

（6）外贸管理：PACKING LIST、INVOICE、合同备案、海关核销等外贸管理功能，深谙外贸行业运作流程。

（7）报价管理：根据外汇的变化实时调整报价。

（8）其他应用：包含手机移动端ERP系统，指派工作、任务管理、短信中心、传真中心、消息中心、预警中心等。

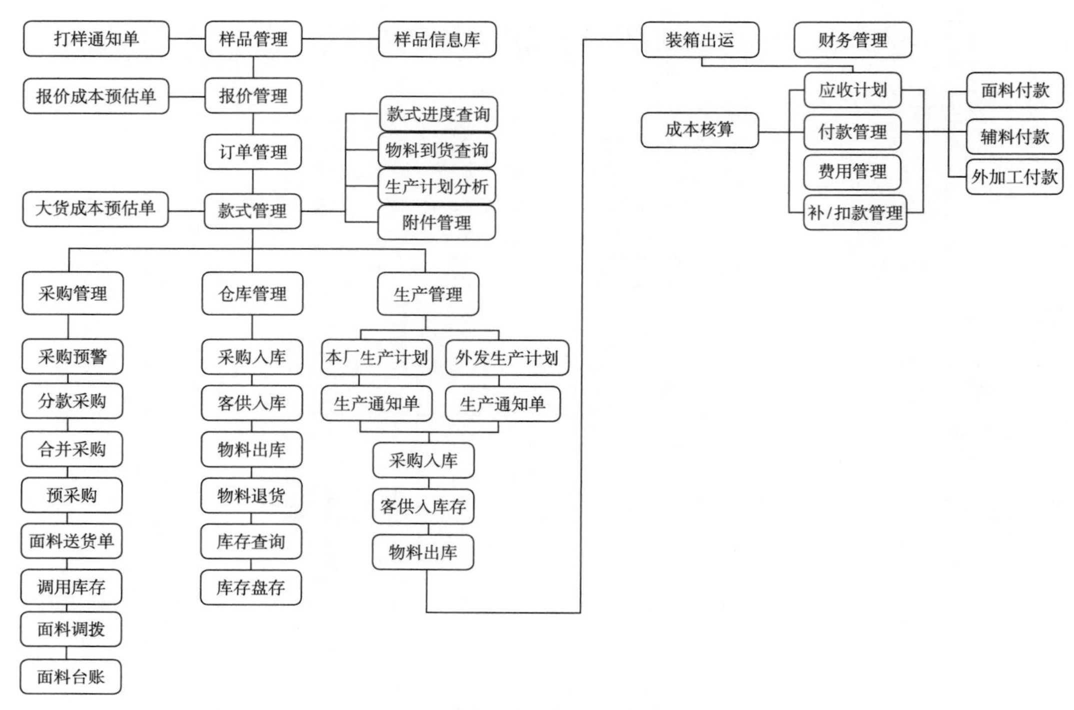

图 3-2 服装外贸 ERP 系统主要功能模块图

3. **服装内销ERP系统** 内销企业产品从设计到上货只需要很短的时间，必须对企业外部与内部环境有深刻的洞察，针对服装内销企业，开发服装内销ERP系统。服装内销ERP系统功能全面，涵盖了企业日常管理所涉及的所有业务流程，包括样板管理、订单管理、采购管理、生产管理、库存管理、财务管理等。适用于服装内销行业，提供多币别、多税率、多仓库、产品序号（批号管理）、组合拆解、应收/付账款、信用额度、客户关系等功能，从业务报价到接单、采购、库存、交货追踪、账款或财务总账以及统计分析，可快速导入，快速让企业提升管理效率。系统功能模块主要包括以下几个方面。

（1）样板开发：服装行业基础资料设置、开发样板、样板处理等。

（2）销售订单：解决繁杂的订单跟进环节，创造全面的采购订单和销售计划环境，实现全程控制和跟踪。

（3）智能采购：根据订单、生产、安全库存等情况自动生成采购建议；实时检测生产需求和库存请求等。

（4）生产制造：管理者可以随时掌控每订单、每车间、每个人的实际生产进度，烦琐的生产流程变得清晰和条理。

（5）库存预警：全面的安全库存预警机制，准确的即时查询，丰富的统计分析报表，与采购、销售、生产等部门无缝融合。

（6）财务管理：提供集成的应收应付、出纳管理、工资管理、成本归集、财务报表等，加强财务在运营流程的把关作用。

（7）条码管理：包括物料条码、成品条码、工序条码等管理，引入先进的条码识别技术等。

（8）其他应用：包含手机移动端ERP系统，指派工作、任务管理、短信中心、传真中心、消息中心、预警中心等。

第二节　数字化服装产品数据管理

一、产品数据管理概述

1. ***产品数据管理的概念***　产品数据管理（Product Date Management，PDM），是企业利用信息集成系统来辅助产品研发和制造的一门用来管理所有与产品相关的数据信息和所有与产品相关过程的技术。PDM系统可以将企业中产品设计和制造全过程的各种信息和产品不同设计阶段的数据文档组织在一个统一的环境中，并对其进行有效、实时、完整的管理。

2. ***产品数据管理的产生与发展***　产品数据管理的产生与发展与社会环境的发展密切相关，企业为满足市场需求而寻求自我改变和完善的强烈需求，也是推动PDM技术进步的巨大驱动力。PDM起源于制造业，是CAD、CAM技术发展的产物。20世纪60~70年代，企业为提高生产效率，增强市场竞争力，大力发展CAD、CAM技术。尽管CAD、CAM等技术得到充分利用，但却存在信息无法集成的问题，出现了信息断层的现象，“信息孤岛”情况时有发生。且随着市场需求的转变，客户对产品结构和性能的要求越发严苛，使得产品的研发与制造的难度越来越大，生产周期不断加长。为改变企业在激烈竞争中的不利地位，数据共享和管理技术催生，PDM技术以产品为核心，以实现产品数据、过程、资源集成为技术手段，成为企业引进的重要的技术和管理思想。

产品数据管理技术产生于20世纪80年代初，并在20世纪90年代迎来繁荣发展，其发展历程大致可以分为三个阶段。

（1）配合CAD工具的PDM系统阶段：伴随着CAD技术在企业的广泛应用，为设计提供所需信息数据存储和获取的需求变得极为迫切，在这一需求的驱使下，第一代PDM系统应运而生。但这一阶段，PDM技术只能提供简单的信息存储和管理功能，集成功能、系统功能等还有待改善。

（2）专业PDM系统阶段：这一阶段，PDM技术的发展是第一代PDM技术的功能延伸，形成了企业“自上而下”逐层分解的信息管理思想。在技术发展和市场需求的推动下，PDM技术向专业化、系统化、功能化方向发展，实现了对产品生命周期内各种形式产品数据的管理、对产品结构与配置的管理以及对电子数据信息的更改控制管理等。

（3）PDM的标准化阶段：OMG组织公布的PDMEnabler草案是PDM向标准化发展的标志。在这一发展阶段，企业的生产发展方式发生重大改变，由独自运作向企业联合发展，受生产方式变革的影响，PDM系统的信息集成和分析思路也随之发生改变，开始形成以“标准企业职能”和“动态企业”思想为中心的新的企业信息分析方法，并随着互联网的繁荣发展逐渐与“电子商务”产生了联系。

3. **产品数据管理的重要作用** 产品数据管理依托于计算机技术，成为企业优化信息管理的有效方法，在实现企业的信息集成、提高企业的管理水平及产品生产效率等方面有十分重要的作用。一方面，PDM系统可以协助进行产品设计、完善产品结构的修改等，有利于跟踪确保设计、制造所需的大量数据和信息，并及时提供支持和维护。另一方面，PDM系统可协调组织整个产品生命周期内诸如设计审查、批准、变更、工作流优化以及产品发布等过程，有利于企业工作流程的规范化。

二、产品数据管理的核心功能和体系结构

1. **产品数据管理的核心功能** 产品数据管理以产品为核心，对企业产品相关信息进行整合、分析和管理，并将其统一于企业的管理思想下，成为企业提升产品竞争力的重要信息平台。PDM 系统在企业得到越来越广泛的应用，其功能也随之向集成化、系统化、多元化方向发展，其核心功能主要有以下三个方面。

（1）电子仓库及文档管理功能：电子仓库运用于数据存储控制，它妥善安全地保存了与产品有关的物理信息数据和文件指针，方便用户可以快速地信息访问和检索。其具备的主要功能包括分布式文件管理和数据仓库、文件的检入或检出、动态浏览导航、属性搜索等。

文档管理功能，顾名思义，即对以文件形式呈现的产品信息进行管理。在产品生命周期中，文件形式的产品信息类型主要有五种：图形文件、文本文件、数据文件、表格文件和多媒体文件。PDM的文档管理功能主要为其提供文档的入库和出库、文档信息的定义与编辑、文档查询和文档浏览与批注等，使用户得以便捷地对相关信息进行访问。

（2）产品结构与配置管理功能：这一功能以电子仓库和物料清单为基础，将二者进行有机统一，从而对最终产品的相关工程数据和文档信息相结合，完成对集合信息数据的组织、控制和管理，为用户或应用系统提供产品结构的不同视图和描述。

（3）工作流程管理控制：这一功能为实现数据的沟通和流动，其核心是对企业产品设计开发和修改过程的所有信息数据进行定义、执行、跟踪和控制。系统会根据事先设置好的工作流程、工作人员和安排事项对相关用户进行精确通知，只要用户成功登录PDM系统，即可通过任务信息表明确自己的工作安排，并在工作过程中实时跟踪工作完成进度，实现更高效的工作执行。

产品数据管理在技术发展的变迁中不

断适应企业需求，从最初的产品设计信息相关管理向产品设计制造全流程延伸，在企业信管化管理中占据越来越重要的地位。

2. **产品数据管理的体系结构**　产品数据管理的一般体系结构（图3-3）以网络技术和分布式数据处理技术为支撑，以用户为服务对象，对产品整个生命周期的数据信息进行协调、控制和管理，其体系结构可以从四个层次进行说明。

（1）用户层：PDM系统在用户层为用户提供的是一个人机交互的界面，系统会根据不同用户的使用范围权限提供不同的界面，以协助用户更加明确自己的职责范围和流程完成情况。

（2）应用功能层：这一层级是PDM系统的主要操作层级，可通过调用系统的各功能模块执行相关应用程序的操作。其中，电子仓库及文档管理、产品结构与配置和工作流程管理是最常用的模块。同时，这一层级还能实现PDM系统与ERP、CAX、MIS等系统的集成。

（3）应用服务层：应用服务层是连接应用功能层和系统服务层的纽带，具有承上启下的作用。对上，这一层级将协调应用功能层各模块间的相互关系，并为其提供基本支持；对下，这一层级为应用功能层提供数据库和网络的访问服务，并为应用软件提供API接口，从而实现软件集成。

（4）系统服务层：这一层级为整个系统提供环境支撑，包括异构分布的操作系统、数据库、网络与通信协议等。

PDM系统体系结构的设置具有灵活性和开放性的特点。尤其在应用服务层的设置上，其纽带作用的实现使得技术人员只需开发编写支持底层各种操作系统、数据库、网络环境的API接口程序，就能实现PDM系统在多种环境下的运行。为了便于PDM系统功能的扩展，这一层级提供了专门的系统集成和开发工具，用户可根据实

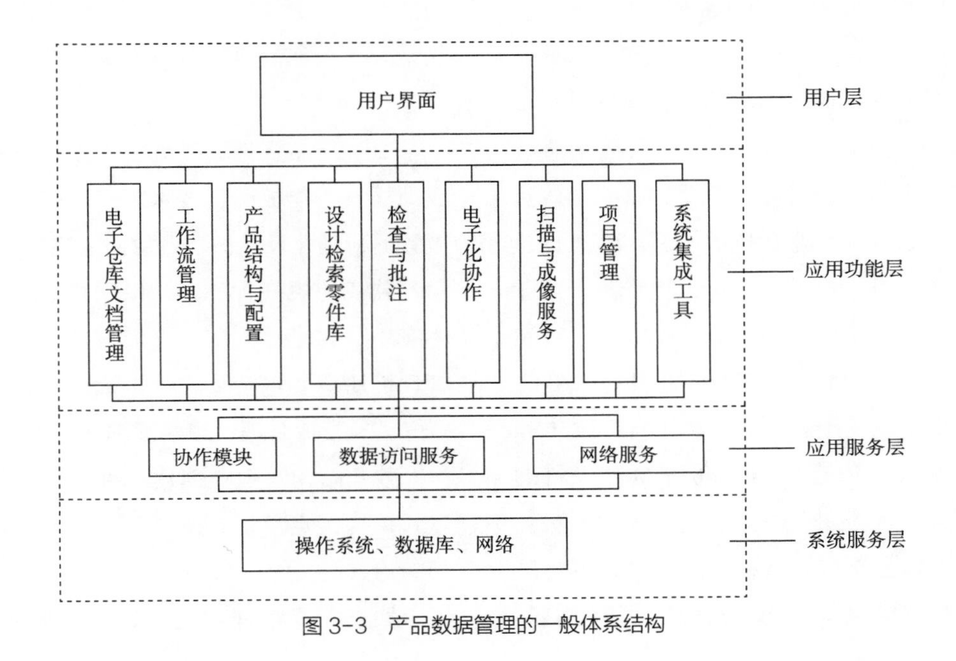

图3-3　产品数据管理的一般体系结构

际所需开发特定的功能模块，有利于减少开发人员的工作量。与此同时，PDM系统基于分布式数据库技术，使得系统的实施可由部门扩展至整个企业，系统功能模块的选择也可由用户根据企业的不同情况作出具体选择。

三、数字化服装产品数据管理系统

数字化服装产品数据管理以服装产品为中心，将数据管理功能、网络通信功能和过程控制功能融为一体，把服装企业产品生命周期内的所有信息汇聚在一个统一平台中，为企业进行产品管理提供了极大便利。其中，服装企业的产品信息大体包括款式数据、成品样衣数据、样板图数据、技术规格数据和工艺资料数据等。服装PDM系统的运用为产品信息的交互、共享提供了可能，有效提高了产品开发的效率，能进一步强化企业竞争力。

1. **数字化服装PDM系统应用现状** 在我国服装产业链的设计、制造和销售的三大环节中，设计环节的信息化发展水平最为薄弱，因此当下大力开发数字化服装PDM系统是十分必要且重要的事。尽管近些年我国服装企业在技术创新和信息化建设方面取得了长足的进步，但受制于行业发展水平和供应商的产品开发能力，PDM系统在我国的应用情况并不理想，仅在一些大批量服装生产企业开始了自己的PDM系统研发，如格柏的WebPDM和爱科的PDM。究其原因，一方面是因为我国服装产业的信息集成和过程集成水平还不足以将产品数据管理覆盖产品的整个生命周期，另一方面是因为服装行业的特殊性使得传统行业既有的成熟的PDM系统很难运用到服装产业中。

在发达国家，数字化服装PDM系统已经得到了很好的应用，如知名品牌服装企业阿迪达斯、耐克等已经使用了PDM系统，且得到了不错的数据管理效果。

服装PDM系统包括计算机网络及操作系统、数据库管理以及应用软件等三个层次。网络及操作系统保证工作流程的自动执行，数据库管理系统实现了对服装所有数据的管理工作。爱科服装PDM系统吸纳众多服装PDM系统的精粹，以产品为中心，集数据库的管理功能、网络的通讯能力和过程控制能力于一体，将产品生命周期内与产品相关的信息和所有与产品相关的过程集成到一起，使参与产品生命周期内的所有活动的人员能自由地共享和传递与产品相关的所有信息。它提供产品全生命周期的信息和过程管理。根据系统功能划分，服装PDM系统的功能包括产品管理、工作流管理及辅助管理三大组成部分。

（1）产品管理：实现管理服装款式的成品样衣、样板图、技术规格、工艺资料等数据，创建及维护款式数据结构、编码，实现款式的规格管理、结构配置管理，同时实现款式设计数据的查询与发放。产品管理模块主要包括款式结构管理、款式配置管理、发放管理、规格管理、编码管理。

款式结构管理：创建和维护复合服装款式结构，定义款式说明、规格、样板及相应的数据文件。

款式配置管理：根据各种服装款式，

建立款式配置方案，提供交互式定义个性化服装方法。

发放管理：按系统设定的流程提供服装设计数据和图形，如样板图、工艺卡等。

规格管理：根据不同的服装款式设计不同的规格系列和分类方法。

编码管理：设计服装的编码及编码规格。

（2）工作流管理：创建流程模板，实现款式设计、样板设计、推档、排料、工艺编制等流程控制。工作流管理模块主要包括流程管理及项目管理。

流程管理：提供各种服装设计过程的管理模板，用户可创建工作流程、系统监控设计流程、可视化显示工作流程执行状态。

项目管理：定义新款服装完整的开发和实施过程，包含款式设计、打板、试制、批量生产等过程。

（3）辅助管理：主要包括款式数据的备份管理、日志管理、系统邮件管理等。

备份管理：对系统的设定、电子仓库中的数据定期自动备份。

日志管理：保存系统用户的近期工作，如设计工作、数据修改等行为，并提供指定用户查询。

邮件管理：实现系统用户之间的邮件通讯，指定各种特定的邮件类型和通讯方法。

2. 实施数字化服装PDM系统面对的问题

（1）多元化企业经营模式下的适用范围：服装行业是我国的传统行业，且准入门槛较低，历经几十年的发展已形成大小规模不等、经营方式多样的多元化发展局面。多元化发展模式的形成也意味着PDM系统在实施过程中要根据不同的企业经营模式制定不同的系统，因此，服装企业的数字化PDM系统大多针对性极强，几乎没有复制的可能。这大大提高了企业实施PDM系统的成本，使得PDM系统的实施只能在一些成熟且形成一定规模的服装企业实施，不具备广泛适用性。

（2）产品开发数据的交互与管理：服装产品开发过程会产生款式设计、色彩方案、材料参数、工艺流程、包装配货等大量数据信息。围绕一件产品展开的数据来源众多，不同设计开发人员所使用的设计软件也有所差异，导致设计开发数据调取困难。并且，繁杂冗长的信息形成大多依靠人工核对录入，信息生成过程还伴随有许多变化因素。这些问题共同导致了产品开发效率减慢，产品数据的交互性较差，给数据的管理带来了困难。

（3）相关软件应用人才的管理培训：服装产品设计开发人员在长期的软件操作中易形成自己的软件习惯和偏好，这对服装PDM系统的开发造成了困扰。因此，在进行软件操作人员的培训时，要尽可能统一相关人员的软件使用情况，以方便PDM系统数据的收集和管理，提高产品开发效率。

3. 数字化服装PDM系统的发展趋势

（1）系统设计模块化：针对我国服装企业规模迥异、运营模式多元的发展现状，服装PDM系统推行功能模块化设计思路，以便更好地提升PDM系统产品化程度。功能模块化可以根据企业运营模式有针对性地进行系统设计，避免了企业的架构重组，也有效扩大了系统的适用范围，对中小型服装企业也是一种利好的方式。

（2）数据采集轻量化：伴随着人们办公方式的转变，服装企业的工作人员需要在不同地域实现对相关产品数据的查看和编辑，为强化数据的共享性。数字化服装PDM系统可以实现数据的轻量化集成，即针对不同类型的文件不同使用者可以根据自己的软件使用情况进行编辑、上传处理，实现数据共享。并且，PC端的PDM系统与CAD软件、移动APP能实现系统数据的共融，多方联动进行数据收集和处理，实现交互无缝的产品数据管理。技术的革新保证了PDM系统的精准性和科学性，将极大提高产品开发设计的效率。

此外，PDM系统的“文档完整性检查”功能，可自动监测产品数据的完整性，有效防止关键文档缺失，使产品数据的安全性得到更强保障。系统还能对数据进行加密存储，具备严密的权限管理功能，使数据的安全性得到进一步提高。

第三节　数字化服装客户关系管理

一、客户关系管理概述

1. *客户关系管理的概念*　客户关系管理（Customer Relationship Management，CRM），是企业为改善与客户的关系将客户资源转化为企业收益的一种管理方法，是企业通过从客户信息中深入分析客户需求和消费行为等与客户形成良好的关系，并最终更好地为客户提供服务的一种管理机制。其本质是信息技术下的管理方法，并在信息系统的统一运作下与企业的营销、销售、服务等方面形成一种协调的关系。

2. *客户关系管理的产生及发展*　客户关系管理强调以客户为中心，是市场竞争加速下市场营销思想发展的产物，其为识别客户需求提供了直接或间接的手段。CRM凭借先进计算机技术与优化管理思想的结合，形成有关新老客户、潜在客户的档案，成为建立、收集、使用和分析客户信息的系统，并从中找到有价值的信息，不断挖掘客户潜力，开拓企业市场。客户关系管理作为电子商务的重要组成部门，经历了三个发展阶段：

（1）前端办公室阶段：这一阶段的系统主要为销售部门提供支持，销售部门是企业与客户产生联系的前端窗口，CRM就是为销售部门服务的前端办公室。

（2）电子商务型阶段：这一阶段的客户关系管理系统依旧为销售部门服务，只是服务的平台发生了变化，相比前一阶段为实体部门提供服务，此阶段系统提供的服务可以在网络平台上完成，被认为是一种新颖的销售方式。

（3）分析型阶段：这一阶段的系统可以完成智能分析工作，系统可以通过为决策者提供与客户有关的决策信息来辅助决策，提供强有力的数据支撑。

CPM在互联网技术的助力下，更好地实现了企业与客户的无障碍交流，极大地提高了工作效率。它既是一种崭新的、以客户为中心的企业管理理论，也是一种以信息技术为手段并有效提高企业收益、客户满意度以及雇员生产力的软件系统和实现方法。

3. **客户关系管理的重要作用**　在信息泛化的时代，客户忠诚锐减，因此，企业进行完善的客户关系管理工作，将有助于对市场动向的把控，并对市场需求作出有效及时的反馈。客户关系管理作为一种新的管理思想和企业战略手段，在企业的稳健发展中起着非常重要的作用。

（1）保障企业在市场营销中保持优势地位，降低营销风险。随着信息时代的到来，客户需求越来越向多元化多样化方向发展，企业与客户间的信赖度降低。维持良好的客户关系有利于构建企业与客户的信赖关系，保持企业在市场竞争中的优势地位。随着信赖度的传递，企业产品信息从老客户流向新客户，为企业的市场营销建立坚实的客户基础，有效降低其营销风险。

（2）有利于开拓市场，为企业制定发展战略提供参考。客户关系管理为企业与客户增加了更多的交流机会，也扩大了企业进行销售和服务活动的范围，这有利于企业更迅速地发现商机，掌握市场动态，把握竞争机会。与此同时，企业掌握了全面而细致的客户数据和信息，可以借助网络技术实现对它的精准分析和整合，为企业发展战略的制定提供了很好的参考。

（3）提高企业的运行效率。良好的客户关系管理体系的构建，使得企业业务人员能以客户和市场需求为中心，在工作团队中找到自己的定位，加强协调与配合，有利于系统在企业内部资源分配时起到承前启后的作用，提高企业的资源配给，提高企业工作人员的效率。

二、客户关系管理的核心功能和体系结构

1. **客户关系管理的核心功能**　CRM主要涉及企业的销售、服务和市场三个核心管理部门，致力于提高销售能力，加强服务质量和开拓市场，形成了销售自动化、客户服务及支持和市场营销活动管理及分析三大核心功能。

（1）销售自动化（Sales Force Automation，SFA），即利用信息化技术实现传统销售流程和管理的自动化。销售自动化是面向销售人员的功能，销售人员可以通过互联网及通信工具对销售进度进行实时监控和管理，可以了解产品和服务的市场定价、商机、交易意见、信息传播渠道、客户画像等，有利于提高人员工作效率，缩短销售周期，提升企业经营效益。

（2）客户服务及支持（Customer Service & Support，CSS），即基于呼叫中心和互联网平台为客户提供纵向或横向销售业务的功能，它是客户关系管理中的重要内容，

也是提高服务质量、加强客户满意度的重要功能。其提供的服务主要包括现场服务、订单跟踪、维修调度、解决纠纷、业务研讨等。其主要功能包括安装产品的跟踪、服务合同管理、求助电话管理、退货和检修管理、投诉管理和客户关怀等。

（3）市场营销活动管理及分析，是销售自动化的补充，即运用基础营销工具通过对营销计划的编制、执行和结果的分析和预测，提供营销百科全书，并进行客户跟踪和分销管理，以达到营销活动的最终目的。它的主要功能包括营销活动管理、营销百科全书、网络营销、日历日程表等。

2. **客户关系管理的体系结构** 客户关系管理的体系结构严格围绕客户展开，涵盖了技术、信息及管理等多方面内容，其系统结构可以划分为四层：客户层、表现层、应用程序层和数据服务层。这四层分别由浏览器、Web服务器、应用软件服务器和数据库服务器构成，具体如图3–4所示。

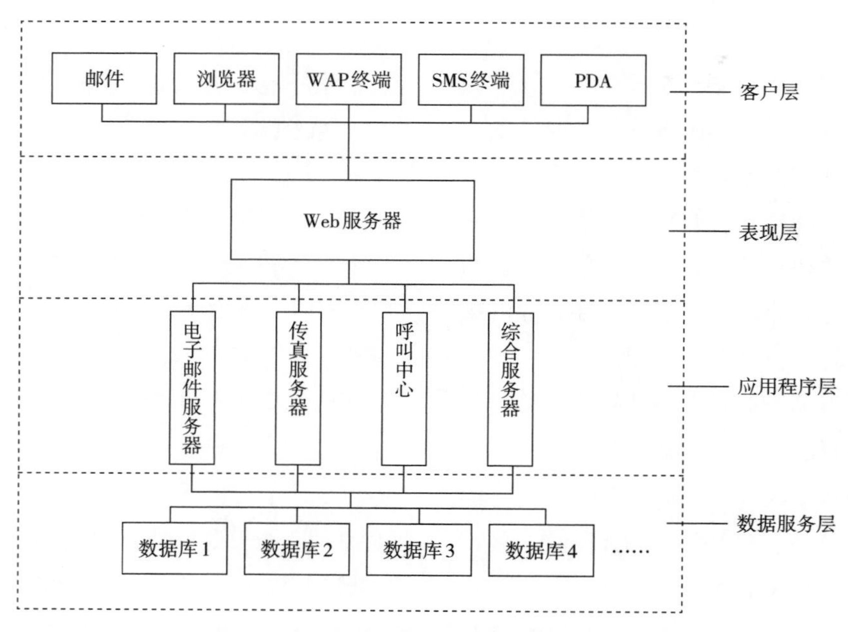

图3–4 客户关系管理的一般体系结构

三、数字化服装客户关系管理系统

服装企业是我国传统企业的一大支柱性产业，涉及的客户信息较为繁杂。因此，数字化服装CRM系统的实施对服装企业来说是一大福音，有利于增强企业的信息集成和沟通能力，提高工作效率。

1. **服装企业CRM系统应用现状** 目前，随着服装产业的发展壮大，服装企业由原来的OEM模式向ODM模式转型升级，将企业核心竞争力聚焦于微笑曲线的两端，有的企业甚至于专攻零售，不同的企业面对的客户大有不同，在CRM系统的选择上也存在较大差异。

对于传统的服装制造企业而言，其主要承接外部订单、团购服务等，主要为国内外的服装品牌企业和零售企业提供OEM生产，主要客户是国内外的品牌厂商和需要进行团队服、工作服定制的企事业单位。在这样的客户需求下，CRM系统的功能不需要特别强大，主要集中在信息集中共享、销售管理、服务管理和合同管理等基础管理功能上，为发现更多的潜在客户，系统还要具备支持相应的销售线索管理、销售过程管理。简而言之，服装企业客户关系管理CRM系统的功能与作用主要有两方面：

（1）服装企业客户关系管理CRM系统是集中共享客户信息。集中是指客户信息从原来分散在许多个人手中集中到系统当中，从个人资源转化为企业资源，同时借助数据标准化，避免关于客户信息的各种"口径不一"。共享是指原来分散在销售、市场、服务等不同部门的客户信息，在设定的权限控制下通过系统能够被不同部门共享，实现客户信息的"一处录入、多处引用"。对于纺织服装企业而言，客户信息的集中共享更多解决的是生存的问题，保证企业不会因为个别销售人员流失而导致客户信息的流失，而市场、销售、服务及各种营销工具的整合协同，更多解决的是发展的问题，保证企业的营销活动能够形成体系、有效运转。

（2）服装企业客户关系管理CRM系统是通过对市场、销售、服务等各种活动及其管理需求的分析和实现，同时通过对呼叫中心、网上营销等功能的集成，使得客户关系管理软件系统能够实现各种营销活动、营销工具的整合协同。与此同时，对原来纷繁无序的营销活动进行梳理，制定和优化各种业务流程，实现营销业务的标准化、规范化和可控化。

对于一些品牌服装企业而言，其常将主要精力集中在品牌打造上，而将制造、零售外包出去，主要客户是经销商、代理商、供应商及其合作伙伴等。因此，这类型的企业在运用CRM系统时就主要集中在CRM的基本功能上。

对于服装零售企业而言，其产品常由代理或代工生产的企业提供，因此，其客户主要是消费终端的消费者。针对这类企业而言，其CRM系统在功能上会与上述两种企业有较大差异。服装零售企业时常要关注两方面的信息：顾客购买行为信息、顾客购买态度和习惯信息。为关注顾客信息，企业在零售系统（POS）中加入会员管理功能，一方面通过相关折扣、积分兑换等形式提高顾客忠诚度，另一方面，企业通过客户信息的收集分析，细化客户市场，为企业活动提供决策。此外还有呼叫中心、网上商店等功能，整合市场、销售、服务等职能，实现企业营销模式的转变和提升。

2. 服装CRM系统存在的问题

（1）缺失以CRM为导向的企业文化构建：企业文化是企业持续发展的不竭动力，也是企业经营的灵魂所在。企业文化的构建是客户价值和员工价值的双向构建，企业既要重视员工的思想行为与企业文化的匹配，也要重视客户价值观的塑造和引领。在员工培训方面，CRM系统不应该只是一个操作软件，而应该深入了解CRM的知识内涵，认识其作为客户管理、信息集成和销售管理的交流平台的重要性。在客户方面，虽然很多企业都打出了顾客为王的旗号，但很少有企业注重客户价值观的引领，这对企业内外部资源的整合是不利的，缺失消费者忠诚度的服装企业在竞争中也将处于劣势地位。

（2）缺乏深入的客户大数据：随着市场竞争的日益加剧，虽然很多企业已经注意到了“客户价值”的重要性，也开始以客户大数据进行相关决策制定，但在数据深入挖缺方面还很欠缺。对于客户信息的收集企业仅靠交易数据，浮于表面，一旦遇到客户需求的重大转变，企业往往难以做出快速反应，导致决策失误等。

（3）相关综合类人才的匮乏：服装企业CRM系统的实施涉及两类人才，即数据库技术工程师和数据分析人员。而如今企业人才的现状是综合类人才相当匮乏，尤其是数据分析人才。许多企业的营销部门几乎没有专业的数据分析人员，营销分析工作交由信息技术部门负责，而企业相关营销策划人员又不了解基本的分析方法，甚至没有接触过客户数据库的实际数据。因此，培养服装企业CRM系统的综合类人才极为迫切。

3. **数字化服装CRM系统的未来发展趋势** 面对激烈的竞争，在客户价值不断提升的今天，数字化服装CRM系统的发展也进一步被重视起来。随着移动信息技术的不断发展，CRM系统也将推陈出新，向智能化、科技化方向发展延伸。

针对服装企业客户数据挖掘不够深入的问题，企业将借助新媒体来主动构建客户沟通平台，通过新媒体发布的软文宣传和广告信息提高目标消费者的精准定位，强化客户和企业的关系，将“潜在消费者”转化为“消费者”。另一方面，CRM系统也将与新媒体平台之间实现数据打通。客户通过新媒体平台对品牌、企业作出的相关评价将形成客户的独立档案，并导入到CRM系统，以便企业进行更精准的营销。

此外，系统还将实现移动端的联通。为了配合人们对网络工具使用习惯的变迁，也为了更方便人们的操作，CRM系统将向移动端转移。由此，人们将可以随时随地实现对系统的操作，破除时间和空间的局限性，进一步提高工作效率。

第三篇　技术篇

第四章　数字化纸样技术

教学目的：

通过对服装CAD软件的学习，使得学生能够利用数字化的手段制作服装的样板。了解服装CAD初步的功能和操作步骤，为进一步的工业制板和复杂定制款式的制板打下扎实的基础。

教学要求：

1. 清晰地了解服装纸样和服装CAD之间的关系；2. 能够掌握服装CAD软件的基本操作；3. 综合纸样模式和裁片模式对服装基础款式进行电子制板、裁片设置和推板工作。

服装行业具有劳动密集型的特点，信息化的发展相对较为缓慢。服装CAD技术是在服装行业中发展较为迅速的信息技术之一，大部分的企业都采用CAD技术对纸样进行数字化的操作。国内的服装CAD软件很多，操作方法各有不同，但是掌握了一个软件的方法，其他软件的操作也能很快上手。本章主要讨论数字纸样的绘制方法，以博克CAD软件为例阐述软件的操作过程。

第一节　服装纸样与服装CAD

一、服装纸样

在服装行业中，服装纸样是服装结构最具体的表现形式，可以说，服装纸样等同于服装结构。服装纸样的制作是服装生产程序中最重要的环节，当设计师在设计出服装效果图以后，必须通过结构设计来分解它的造型。即先在打板纸上画出它的结构图，再制作出服装结构的纸样，然后利用服装纸样对面料进行裁剪，并由车间制作出样衣。如果需要修改，也是在纸样上进行更改，样衣经过多轮的审板确定后，这套服装纸样就被定型，这套纸样就被作为这个款的标准纸样。随着电脑CAD纸样的应用和普及，如今工业纸样都是电脑自动化设计，排唛架也是根据纸样尺寸自动生成，甚至自动连接到电脑裁床系统。

二、服装CAD系统

在多个行业中，利用计算机辅助设计（Computer Aided Design，CAD）能帮助设计人员进行设计工作。服装行业也不例外，在服装设计中通常要对不同方案进行大量的计算、分析和比较，以决定最优方案。利用电脑代替手工完成服装制板的工作，极大地提高了服装生产的效率。服装CAD远比手工快，多品种小批量的生产特性迫使企业加快生产周期，加速有效沟通。服装CAD在基本码的基础上推板，其他号型的板型就自动修改生成，号型越多，体现的效率越高。

服装数字化是必然趋势，CAD是服装数字化的开始，服装CAD已经成为制衣厂的必备工具之一。下面以博克服装CAD为例说明数字纸样的制作方法，博克智能服装CAD系统吸纳了众多优秀服装CAD的精粹，而且创造性地发明了无须任何工具便能实现复杂设计功能的智能模式。另外还具备数字化自动放码、智能化的联动修改及数据记忆等功能。相较传统的服装CAD，其具备更高的效率和可操作性。图4–1为博克CAD软件启动界面。

图4–1　博克CAD软件启动界面

第二节　数字纸样绘制

一、尺码表

尺码表用于保存各规格及各部位的尺寸，方便设计时直接调用，也是自动放码的依据之一。单击主菜单的【尺码表】项，会弹出如下界面（图4–2）。

建立尺码表的具体方法如下。

（1）规格确立：通过增加规格和删除规格可以设置规格数量（也可以直接点选最大规格后面的空白处直接增加规格），选中表格上面的各规格名称可以修改。注意，在任一规格名称上按右键，可以选择在前面或后面插入新的规格，也可以选择删除该规格。

（2）选择部位名称：在表格左侧位置单击左键后可以从系统内选择需要的部位名称（也可以直接点选部位名称最下面的空白处直接增加部位名称），当然也可以通过打字输入需要的名称。注意，在任一规格部位上按右键，可以选择在前面或后面插入新的部位名称，也可以选择删除该部位。

（3）基码设置：点选需要的码号，然后点选【设为基码】即可。

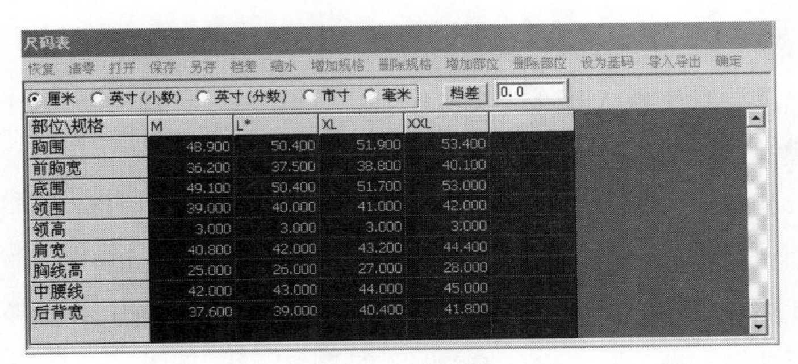

部位\规格	M	L*	XL	XXL
胸围	48.900	50.400	51.900	53.400
前胸宽	36.200	37.500	38.800	40.100
底围	49.100	50.400	51.700	53.000
领围	39.000	40.000	41.000	42.000
领高	3.000	3.000	3.000	3.000
肩宽	40.800	42.000	43.200	44.400
胸线高	25.000	26.000	27.000	28.000
中腰线	42.000	43.000	44.000	45.000
后背宽	37.600	39.000	40.400	41.800

图4–2　尺码表

（4）尺寸输入：在部位右边的任一规格内输入必要尺寸，然后选择档差，输入跳档尺寸，确定后系统自动算出每个规格的尺寸。注意，这些尺寸可以分别修改（可以改为不等差）。

（5）输入缩水率：选择缩水率后可以输入所有部位的缩水率。注意，缩水率数据显示在部位名称后面。

建立好尺码表以后，还可以做如下的操作。

（1）恢复：尺码表恢复到改动前的状态。

（2）保存尺码表：建好的尺码表确定后就可以进行结构设计了。尺码表也可以通过选择保存单独另外保存起来，方便以后设计同类款式时直接调用或修改后使用，这是简化尺码表输入的有效方法。

（3）打开尺码表：在开始设计一个新款之前，可以先打开已经保存过的同类尺码表，如果必要可以进行修改。

（4）打印尺码表：做好的尺码表可以通过打印机打印出来。

（5）导出数据到办公软件：选择导出后再选择word或excel，则该尺寸表数据自动导出到word或excel内。

二、关于智能模式

启动软件之后，系统默认为进入智能模式。在智能模式下系统会自动判断操作者的设计意图，根据操作的方式及对象不同，系统会自动实现绘图、编辑等不同的功能。智能模式中包含了结构设计所需要的绝大部分常用功能，操作人员完全不必选择其他烦琐的工具就能实现所有的操作。可以通过按键盘最左上角的［Esc］键重新进入智能模式，也可以通过系统工具上面的【纸样智能模式】进入智能模式。

三、绘图功能用法

1. **方框**　在空白处按鼠标左键拖动鼠标即可画出方框，松开鼠标后会弹出【输入参数】对话框，如图4-3所示。

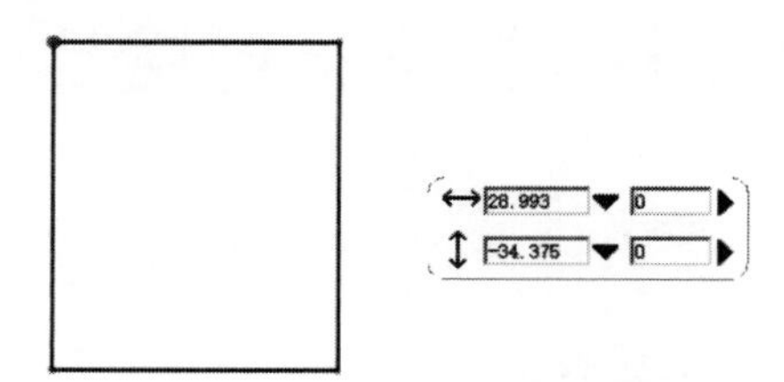

图4-3　方框

如果需要从尺码表内调用公式，就选择▼，系统会出现【参数设置】窗口，如图4-4所示。在其中输入必要的公式，也可以在参数栏直接输入任意所需数值，然后在其后的方框内输入档差（注意，调用公式的无须输入档差）。以后的操作中参数的输入方法都与此相同。

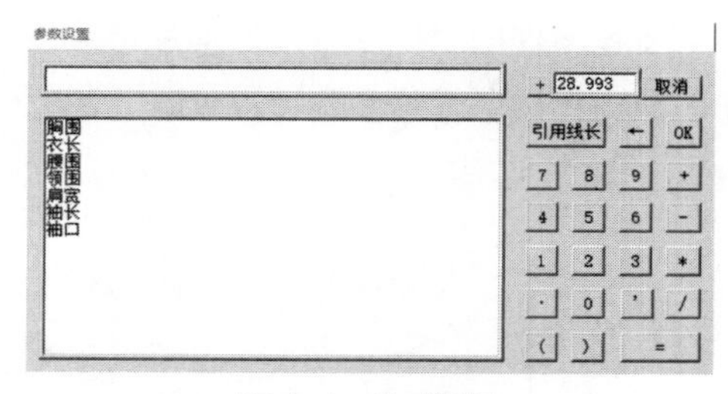

图4-4　公式调用

2. **平行线**　单击参考线，从参考线上左键拖动鼠标至目标侧。松开鼠标后，弹出【参数设置】栏，在参数栏内输入平行线的根数和间距即可（图4-5）。

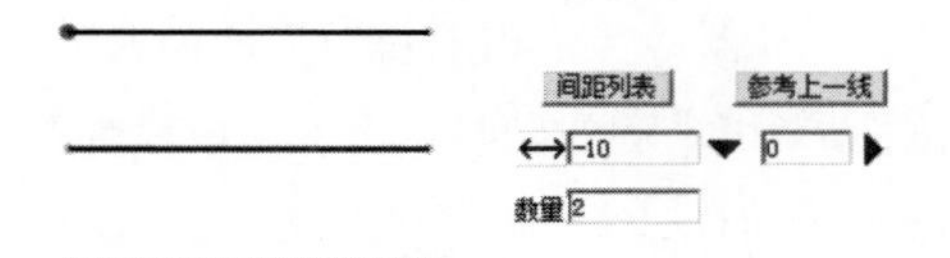

图4-5　平行线

3. **直线**　直线绘制与方框相似，在空白处或坐标点单击左键确定直线的始端，在空白处或另外一个坐标点上再次单击左键确定直线的末端，右键结束并输入有关参数数据即可（若结束点在已知点上则不需要输入数据）。

4. **曲线**　从任一坐标点或空白处单击左键开始绘制曲线，根据需要移动鼠标并单击左键确定曲线点（可以在空白处或在已知的固定点上）绘制曲线的形状，按［Z］键可以产生转折点。根据需要绘制多个曲线点，最后单击右键结束绘制。

注意，绘曲线点的过程中可以直接在线上取点，也可以直接以某点为中心产生偏移点（需要按住［Ctrl］键求偏移点）。线上取点自动以靠近一端开始量取，也可以选择【参考另一端】或【参考附近点】及【参考指定点】，读者可自行决定。

5. **垂线**　垂线有两种情况：线外点作垂线、线内点作垂线，如表4-1所示。

表4-1　垂线的两种方式

情况	方法
线外点作垂线	通过线外一点开始后，将鼠标放在需要画垂直的线上，点击键盘上的［T］键，即可画出该线的垂线
线内点作垂线	若从线上某点开始，先左键单击该点，然后将鼠标放在线上点击键盘上的［T］键，然后移动鼠标画该线的垂线

6. **偏移点**　偏移点是针对某一个点作为对照的。首先鼠标对准已知的开始点，然后按住左键拖动鼠标。松开鼠标之后，会弹出一个对话框，在其中设置偏移点相对于开始点的偏移量。系统默认为设置【横向纵向】的偏移量，即输入框中输入的是横向和纵向的偏移量。可以通过选择设置【点距横向】以及【点距纵向】设置不同方式的偏移量（图4-6）。

7. **交叉线**　交叉线是由一个已知点开始，找到和另外一个点或者线的交叉线。如图4-7所示，具体过程是由已知点*A*开始按住左键拖动鼠标至点或线，鼠标对准点

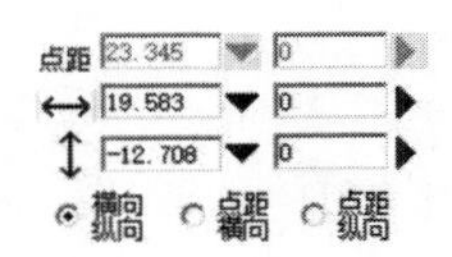

图4-6　偏移点

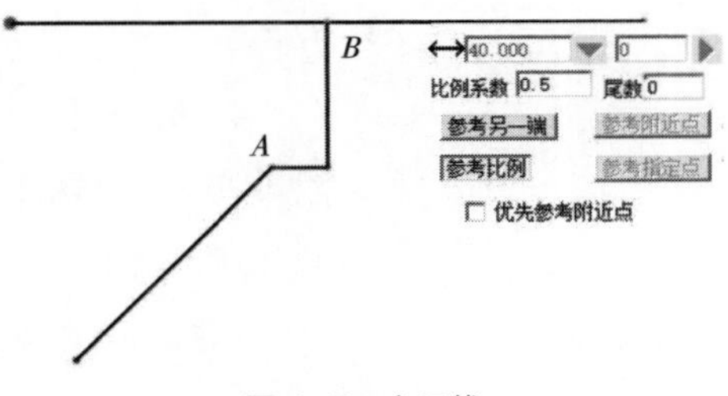

图4-7　交叉线

或线后松开鼠标。在弹出的对话框中输入线上点B的数据（若至点则不必输入数据）。

注意，系统默认水平直线。［Alt］+左键拖动则是竖直平行线。

8. **线上点** 线上点比较简单。鼠标对准直线，在线上单击左键，在弹出的对话框中输入距离参考点的长度。需要注意的是，线上取点自动以靠近一端开始量取，也可以选择【参考另一端】或【参考附近点】及【参考指定点】。

9. **线等分** 对于一个直线或者曲线的等分只需要将鼠标放在线上按需要等分的数字进行等分即可。需要注意的是，一定要把操作系统的输入方式设定到英文状态。

10. **单圆规** 单圆规可以通过一个已知点，找到另外一条线上的点，使得这两个点之间的长度是一定的。如图4-8所示，单击已知的起始点A，移动鼠标至目标直线上，按右键，在弹出的对话框中输入长度，系统会自动找到线上的B点。

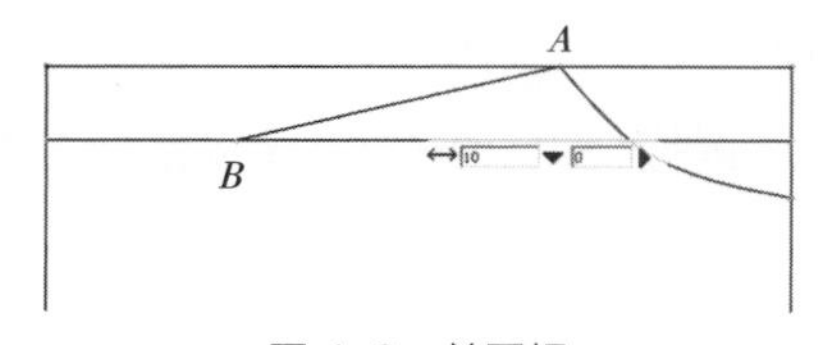

图4-8 单圆规

四、编辑功能用法

1. **曲线调整** 曲线调整的步骤是，首先右键单击需要调整的线，然后左键拖动调整点或任意点即可调整曲线的形状，最后在空白处点右键确认。

需要注意的是，拖动任意处可以增加调整点，点上双击可以将曲线点改为转折点，在调整点上点击右键可以取消调整点。按住［Ctrl］键的同时点击线可以增加调整点（无须拖动）。调整线时按［S］键可以显示曲线的线长数据以及调整点到两端点连线的垂直长度，也可通过控制点的相对移动数值进行调整曲线。

2. **修改参数** 在对象点上单击鼠标右键，系统会弹出参数对话框，修改相应的数据即可。如图4-9所示，A点是线段相对于B的线上点，右键单击A之后，可以修改偏移量的值。

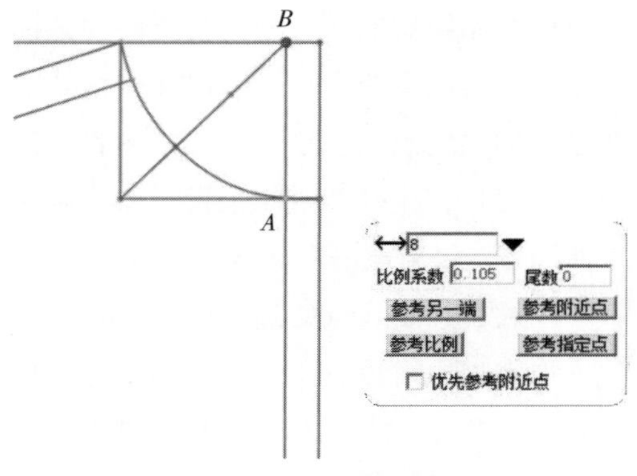

图4-9 修改参数

3. **调整线长** 对于一个线段来说，经常会调整其长度与另外一个参考线相等。步骤为：首先框选参考线，按住［Ctrl］键点选调整线靠近移动端，弹出参数对话框之后，选择不同的调整方式，输入相关数据并确定。

注意，可以分别选择等长、差值以及斜度三种不同的调整方式，也可选择移动方式。

4. **线切割** 线切割的快捷键为［Q］。假设有A、B两条线交叉，需要参考其中的一条线A切割另外一条线B。首先按住［Q］键，同时点选切割线A，然后按住

［Q］键的同时点选被切割线B的保留端。

5. **线打断**　线打断的快捷键是［H］。首先点选［H］键（注意按一下即松开），在需要断开的线上点击左键，弹出参数对话框之后，输入相关的数据即可。

以线上点断开时，点［H］键后，点选点，再点选线即可。

6. **量角器功能**　量角器的目的是参考一条线，以它的一个端点为圆心，做另外一条直线，与参考直线具有一定的角度关系。具体做法是，首先点选参考线的一个端点A作为圆心，鼠标移到线的另外一个端点B单击，并拖动。输入相应大小、角度（或者BC的弦长）来确定C，如图4–10所示。

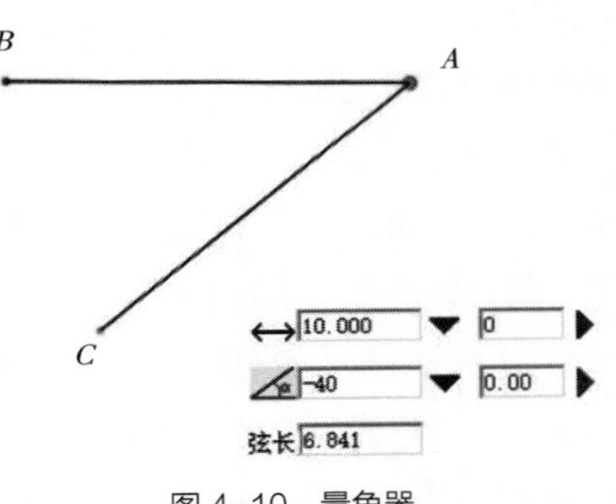

图4–10　量角器

7. **选取编辑**　连续框选对象，点选对象结束后点击右键，出现一个快捷菜单，菜单具有以下功能选项：其他工具、生成裁片、图元放缩、自由平移、定量平移、点对点平移、关联复制、非关联复制、水平对称复制、竖直对称复制、区域复制、旋转复制、对称复制、平移复制、假缝复制、修改线型、修改颜色、曲线控制点、泡泡袖、省转移、加省山、角连接、接角圆规、取交点、外公切线、内公切线、保存部件库、取消关联、截图复制、删除、取消。下面对其中的部分功能加以说明。

生成裁片：其功能是将按顺序所选中的线条自动生成裁片。在选取的过程中，系统会提示选择内部线，点选或框选以后右键结束（如果没有内部线就直接按右键），然后进行裁片信息的设置。对于【内部线自动加剪口】选项，若内部线的端点在边沿上，则自动加剪口，如图4–11所示。

自由平移：将对象移动到任意位置。

关联复制：复制一个同样的图形，与原图形有关联。

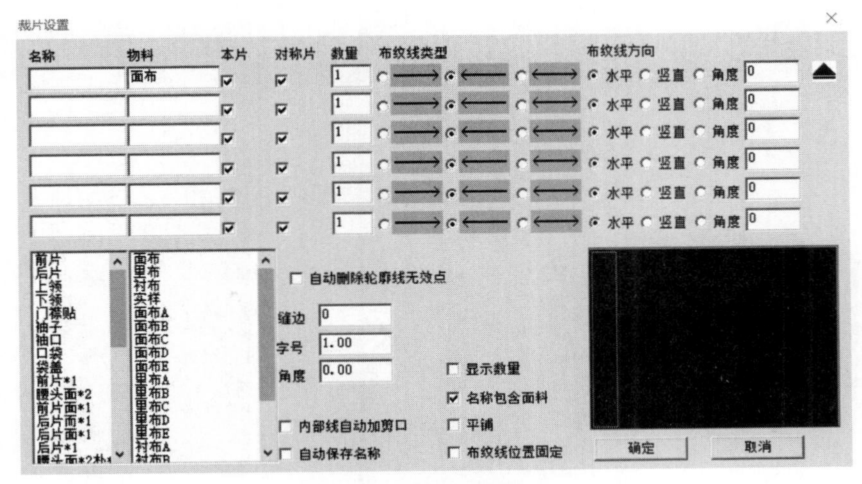

图4–11　生成裁片

非关联复制：复制一个同样的图形，与原图形没有关联。

水平对称：水平对称复制一个与原图相同的图形，与原图没有关联。

竖直对称：竖直对称复制一个与原图相同的图形，与原图没有关联。

区域复制：复制一个封闭的框选区域。区域复制要以生成裁片的方式选线。

旋转复制：先选择旋转中心，然后拖动任一点进行旋转。

对称复制：点选对称轴或对称点即可。注意，连续选择两点即认为两点连线为对称轴，若在点上单击两次为以该点对称。

平移复制：分别选择图形上的一点和平移后的对应点即可。

假缝复制：分别选择被复制的一点和它的对应点，以及被复制的另一点与该点的对应点。

修改线型：可以将选中的线型修改为虚线、波浪线等。

曲线控制点：设置该曲线控制点的个数。

保存素材库：可以将框选的对象保存到素材库（方便以后调出使用）。需要输入名称，确定即可。

取消关联：框选的部分解除关联关系（解除关联后可以随便删除某一部分，会影响自动放码）。

五、省的用法

1．**尖省**　将鼠标光标放在需要加省的线上按［V］键，会弹出参数对话框，输入自参考端的距离，然后按确定，如图4-12左图所示。

拖动鼠标画出垂直于省打开线的省线（注意角度可以修改），既可以在空白处单击左键确定省尖，也可以在已知的点上单击左键确定省尖。之后会弹出一个设置框，如图4-12右图所示。在弹出的设置框内进行必要的设置确定即可。

通过点选“直线边/曲线边”可以设置省线为直线和曲线，曲线可以调整弧度。省打开方向可以选择【双向】或【顺时针】或【逆时针】。选中孔位后可以设置孔位距离省尖的大小。选择插入省后可以按照顺时针或逆时针方向插入省量，使加省的线长保持不变。另外，插入的长度可以选择【沿线】或【水平】或【竖直】等不同的方式。选中

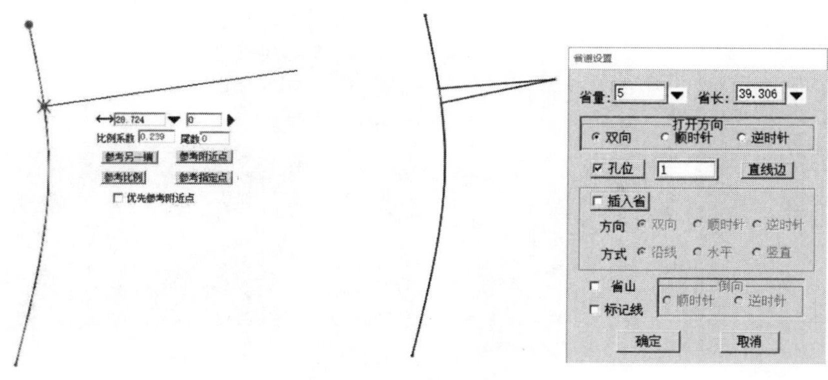

图4-12　尖省

【省山】后可以设置省山的倒向。

2. **菱形省**　与尖省的设置类似。首先在省中心点上点［W］键，输入相关数据后确定即可。

省长、省宽等数据可以随意修改（确定后也可以在智能模式中修改数据）。孔位有两个，分别是距离省长尖的孔位和省宽尖的孔位。倾斜角默认为90°，也可以修改为任意角度。通过点选“直线边/曲线边”可以设置省线为直线和曲线，曲线可以调整弧度（可以通过拖动曲线调整滑块进行调整，也可在确定后用智能模式或曲线调整方式继续调整曲线形状）。

3. **转省**　如图4–13所示，拟将胸省转到肩部。首先依次选择a、b、c、d、e五条线，线会变成红色。在空白处点击右键，在弹出的快捷菜单中，选择【旋转复制】。然后，如图4–13右图所示，点选A点作为旋转圆心，再点选B，向C点做移动，确定即可。

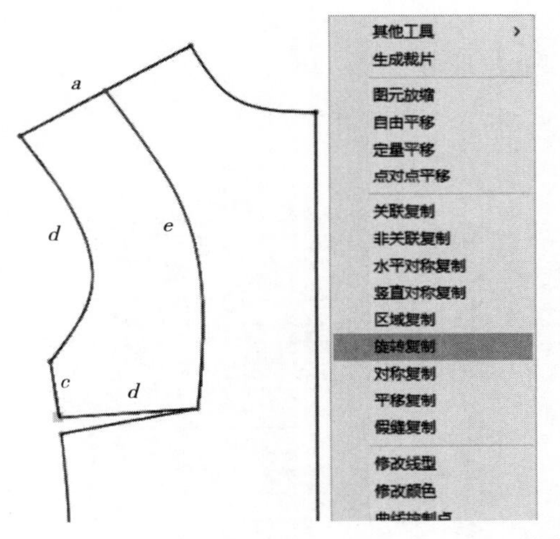

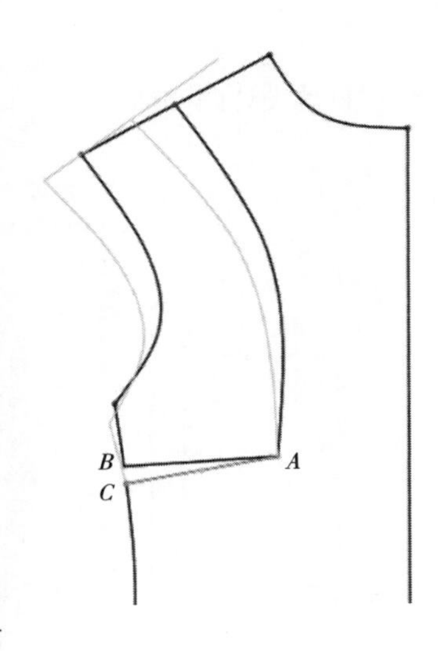

图4–13　转省

六、右键功能菜单

智能模式，在没有选定任何对象的情况下，在空白处单击右键，可以快速进行如图4–14所示的切换。

圆角工具：选中圆角工具后，分别单击两个相接的线段，然后移动鼠标，两个线段的交点处就会出现圆角，单击后出现对话框可以设定圆角参数。

线形设置：对以后所画线形进行设置。

一片袖：自动设计一片袖，输入相关数据即可（图4–15）。

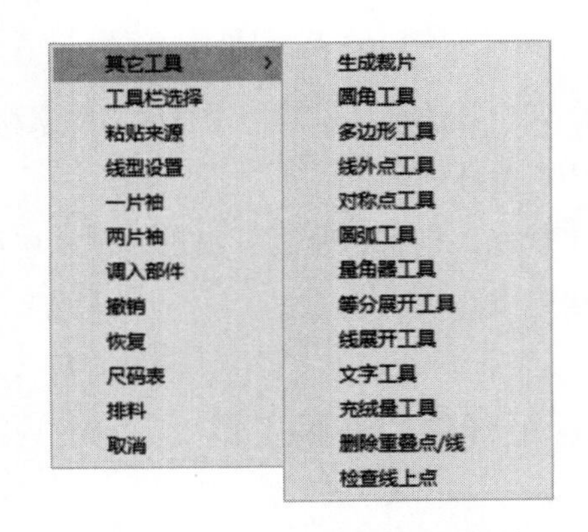

图4–14　空白处点选右键快捷菜单

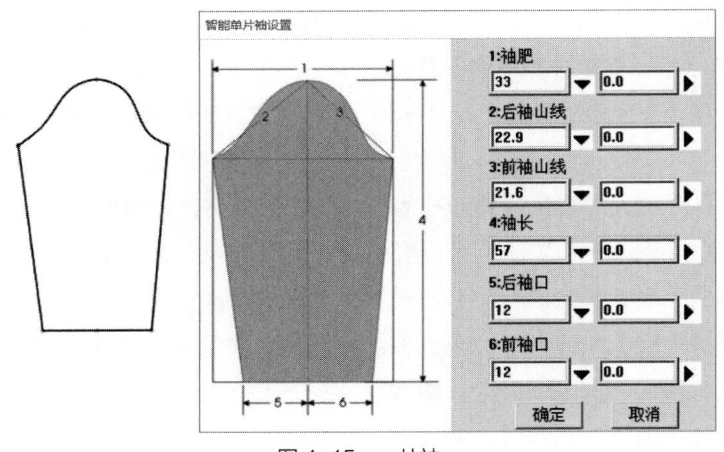

图4-15 一片袖

两片袖：自动设计两片袖，输入相关数据即可（图4-16）。

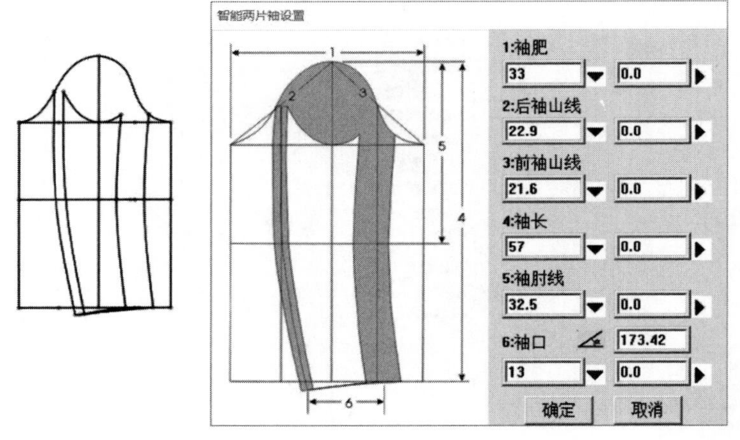

图4-16 两片袖

调出其他素材：调用素材库内的素材，选中后打开即可。

裁片、排料：分别可以进入裁片中心及排料中心。

七、纸样中心常用工具

界面的快捷工具栏是纸样中心常用的工具列表，其中是一排图标。当鼠标停留在其中一个图标的时候，系统会显示其名字。此节只介绍其中的几个（图4-17）。

1. **放大镜**　用于改变局部或整体显示比例。框选局部或点击局部进行放大，右键缩小至全屏显示。任何工具下滑动滚轮键可以放大或缩小整体显示比例。

2. **测量**　用于测量直线、曲线长度和两点之间的距离，并能设置是否显示曲线长度。操作方法如表4-2所示。

图4-17　快捷工具栏

表4-2　各种测量方法

情况	方法说明
直线或曲线的测量	直接点选线段即可。连续测量可以同时显示多个数据以及求和结果，加号可以通过鼠标点击改为减号。选择添加到变量表，该长度即可保存到变量表，以备其他部位调用
曲线上两点之间曲线长的测量	单击一端点，在曲线上的任意位置单击左键，再选另一端点，即可显示该曲线的长度
两点之间的距离测量	分别单击两点即可，可以分别显示两点间的水平距离和竖直距离
测量点到直线（曲线）距离	分别点选点和直线（曲线），则测量的是点到直线（曲线）的垂直距离，数据显示在参数栏中
测量任意位置到直线（曲线）距离	点击任意位置然后点选直线（曲线），则测量任意位置到直线（曲线）的垂直距离，数据显示在参数栏中
测量任意位置到点的距离	点击任意位置然后点选点，则测量任意位置到点的距离，数据显示在参数栏中
测量两任意位置间的距离	连续点击两任意位置测量任意位置间的距离，显示在参数栏中。注意，如果任意位置在线上，则按住［Ctrl］键

3. **文字**　用于输入文字，具体操作步骤如下。首先单击左键确定文字位置，拖动光标确定文字方向，然后单击左键弹出文字输入对话框，输入文字内容，并选择字号及角度（角度为相对于水平右向的角度），确定即可。

如果要修改文字，在文字起始位置点上单击左键弹出修改对话框，单击［Ctrl］+左键修改；拖动光标修改方向；若要修改位置则选择图元修改工具，移动位置点即可完成。当光标在标注上时（此时光标显示文字光标），单击左键修改，单击右键（或点击［Delete］键）删除。

第三节　数字裁片处理

裁片中心的【裁片模式】包含了裁片中心各个工具组的大部分功能。根据操作的方式及对象不同，分别可以实现缝边设置、剪口标记、内部线及工艺线设置、裁片分割、裁片旋转移动，以及点放码等各类处理。

一、缝边标记

1. **缝边设置**　直接点选裁片轮廓（净样）线，输入需要的缝边大小即可（图4-18）。系统默认为缝边两边相等，通

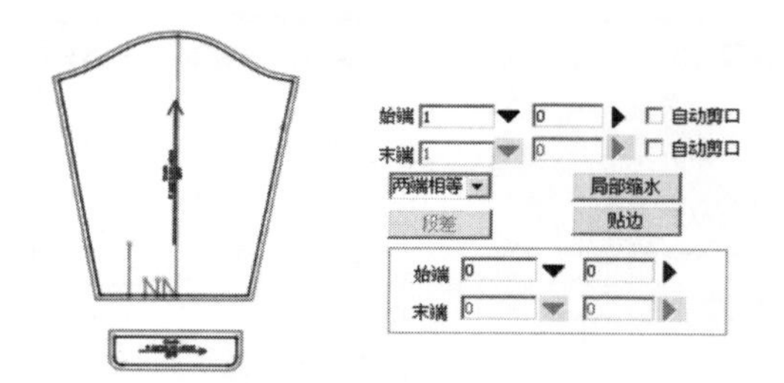

图 4-18　缝边设置

过点击下拉的箭头按钮可以将缝边设置为【两端不等】或【对折】。

2. **局部缩水**　选中某缝边后，点选【局部缩水】，在弹出的设置框内输入需要的数据，确定即可。其中的【面料缩水率】是指该面料排料系统内的统一缩水率。

3. **贴边**　选中某缝边后，点选【贴边】。输入贴边宽度和缩进大小并确定。贴边宽度是指在该面料缝边的基础上另外增加的宽度。可以按住［Ctrl］键点选缝边直接设置贴边，其他相同宽度的贴边可以按住［Shift］键快速生成。对折裁片下脚不能直接取贴边，只有取了贴边再对折。

4. **布纹线调整**　可以点选布纹线始端后将布纹线移动到任何位置，也可以点选布纹线末端后任意调整布纹线的方向。如果需要与某直线平行，请分别点选该直线的两个端点。按住［Shift］键设置成0°、45°、90°移动光标选择。

5. **剪口设置**　在轮廓线上的已有点上单击左键，或者在轮廓线的任意位置单击右键，输入该点的距离即可。连续单击不同轮廓线，可以设置相同距离的剪口。若希望设置不同的剪口，请将鼠标放在空白处单击右键结束后再执行下一步操作。

6. **纽位设置**　按住［N］键，直接单击线或连续点击两点，输入必要的纽位信息，确定即可。在同一个点上单击左键两次可以设置单个纽位。设多个纽扣时如果不选择等分，可以通过间距列表设置不等距离（图4-19）。

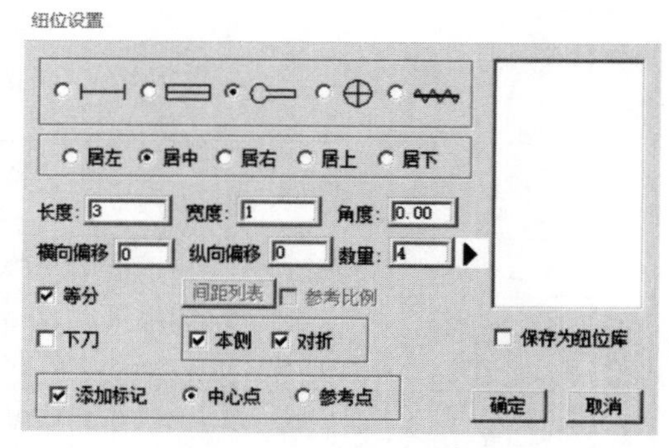

图 4-19　纽位设置

二、内部线及工艺线设置（表 4-3）

表4-3　内部线的处理

情况	方法说明
添加内部线	点选需要添加的结构线即可，若同时按下［Ctrl］键则不做自动切断处理
删除内部线	点选需要删除的内部线即可
增加工艺线	按住［G］键的同时，连续选择需要设置的轮廓线，右键结束并设置线型、间距等，确定即可
增加网格线	按［W］键，在需要的裁片上单击左键即可，也可以选择转折点、曲线、转折点，对裁片的局部区域设置网格线

三、裁片右键功能菜单

在裁片模式下，在裁片上单击右键，会出现便捷菜单。此次解释其中的几个功能。

修改裁片：重新设置裁片名称、面料名称、裁片数量、布纹线等裁片属性（图4-20）。

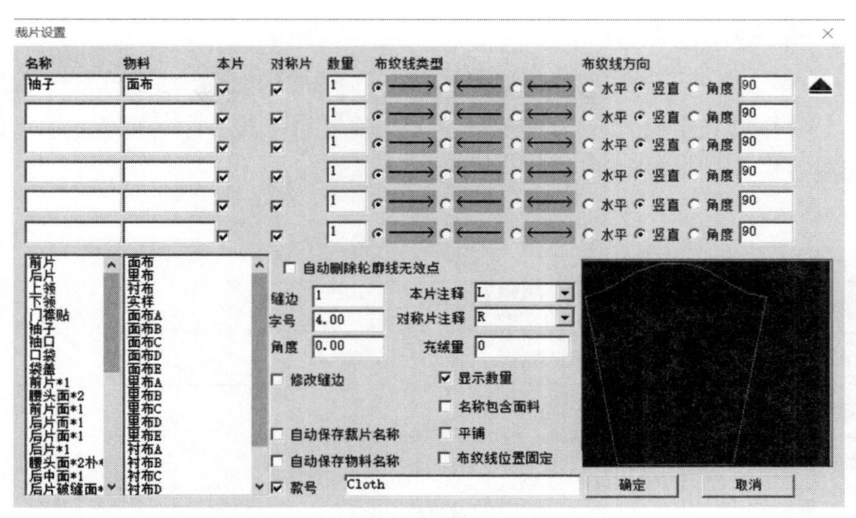

图4-20　修改裁片

裁片推板：整个裁片按“比例”或“档差”放码（鞋类放码）。需要注意的是，采用此放码方式，布纹线要水平。

裁片拼接：将两个裁片拼接成一个裁片。首先在裁片上单击右键，在快捷菜单上选择【裁片拼接】，分别选择对应拼接点。

对条对格：将需要对条格的裁片设置好对应点，排料时就可以实现自动对条格功能。具体操作步骤为：首先在裁片上点右键，选择【对条对格】，然后分别选择条格对应点，再选择对条格方式，系统会自动将该点编号。

裁片放缩：对裁片整体进行放缩处理。

设绗缝线：在裁片上增加网格线。具体操作步骤为：首先在裁片上按右键，选择【设绗缝线】，然后点选网格线起始点，在弹出的设置对话框中进行必要的设置并确定（图4-21）。

设工艺线：对裁片设置一周的工艺线，选择必要的线型、间距等，确定即可。

裁片旋转：对裁片进行一定角度的旋转，点选需要的旋转方式，确定即可。【全部裁片】选项，选中后所有裁片一起旋转。

复制：复制一个相同的裁片。

旋转复制：复制一个旋转180°的裁片。

水平对称：复制一个水平对称的裁片。

竖直对称：复制一个竖直对称的裁片。

面料编辑：对面料名称进行修改或删除等处理。

导出DXF：将该裁片单独导出为DXF文件。

删除：删除当前裁片。

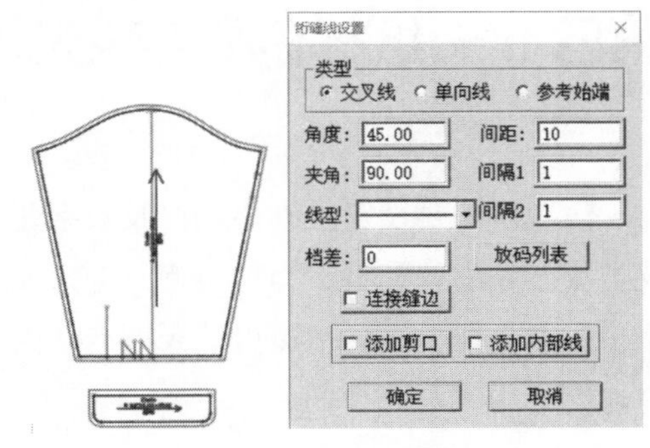

图4-21　设绗缝线

四、空白处右键快捷菜单

当在【裁片模式】时，不选择任何对象的情况下，单击右键也会弹出一个快捷菜单。其中的一些功能描述如表4-4所示。

表4-4 空白处快捷键菜单选项

菜单选项	说明
全屏显示	全屏显示操作区，工具和菜单全部隐藏
裁片数量	用于显示裁片数量
放码公式	调出公式放码规则
面料编辑	对面料名称进行修改或删除等处理
面料缩水	对当前面料统一设置缩水率，该方法与排料中心内的缩水率功能相同
修改全部裁片	统一修改裁片的缝边、布纹线类型等裁片属性，只有选中【全部面料】后，修改的内容可以作用于所有面料类型的裁片，否则只作用于当前面料的裁片
显示基码/网状图	裁片分别以基码显示或网状图显示
显示净样/毛样	网状图以净样或毛样显示
设置显示规格	可以设置显示不同的规格
显隐结构线	显示或隐藏结构线
撤销	撤销上一步操作
恢复	恢复上一步撤销的操作
尺码表	进入尺码表编辑
纸样	进入纸样中心
排料	进入排料中心

第四节 纸样的数字化仪输入

输入前需要设置正确的端口及数字化仪类型、布纹线类型、面料类型。缝边大小也可以设置，当然也可以输入以后在系统内设置。

输入尺寸如果有偏差，可以通过校正系数进行校正。输入图形如果有倾斜，可以通过校正偏移进行校正（一般情况并不需要）。

样片代码可以通过修改默认裁片名称表进行修改（图4-22）。

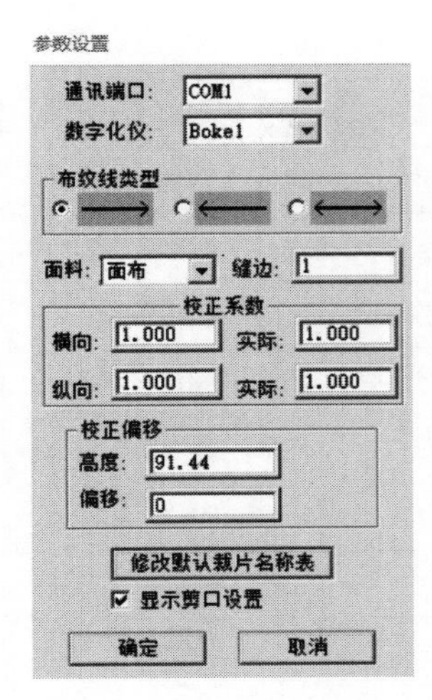

图4-22　数字化仪串口设置

输入顺序：外轮廓线—内部线。剪口及标记—布纹线—（裁片名称）—生成样片。

数字化仪上配有一个手柄，其上的游标定义如表4-5所示。

普通对称片输入方法：正常输入外部线各内部内容后在布纹线末端输入“F+样片代码”。

普通单片输入方法：正常输入外部线各内部内容后在布纹线末端输入“F+A+样片代码”。

双片对折片输入方法：正常输入外部线各内部内容后在布纹线末端输入“F+B+样片代码”。

单片对折片输入方法：正常输入外部线各内部内容后在布纹线末端输入“F+A+B+样片代码”。

注意，所有样片的布纹线始端均为FA*。

样片代码如表4-6所示。

表4-5　游标键的定义

游标键	定义说明
A	起点，端点
B	曲线自动圆顺点
C	网状图中基码以外的任何放码点
D	删除上一点（必须在成功生成布纹线以前）
E	结束当前部分的内部线
F	封闭外部线，开始输入布纹线，作为布纹线的结束点并开始输入样片代码
1	直线上的剪口点
2	带剪口的曲线上的放码点，如果在封闭外部线后加入则为沿线放码点
3	不带剪口的曲线上的放码点
4	转折放码点，与A点的区别在于不将线段打断
5	数字化输入下一版面
6	输入带剪口的外部线端点
7	吸附到点上（外部点，内部点）的内部线起始端
8	吸附到线上（外部线，内部线）的内部线起始端
9	封闭内部图形的始末端
0	内部标记点（钻孔点、孤立点、纽位点等）

表4-6　样片代码

编号	名称	编号	名称	编号	名称	编号	名称	编号	名称	编号	名称
00	前	10	前片	30	后片	50	翻领	70	前袖	90	上袋
01	后	11	前侧	31	后侧	51	领座	71	后袖	91	上袋盖
02	领	12	前中	32	后中	52	领底	72	袖中	92	下袋
03	袖	13	左前	33	左后	53	领面	73	袖口	93	下袋盖
04	袋	14	右前	34	右后	54	领脚	74	袖口贴	94	上袋贴
05	袋盖	15	前脚	35	后脚	55	帽中	75	大袖衩	95	下袋贴
06	袋贴	16	前腰	36	后腰	56	帽侧	76	袖捆条	96	袋唇
07	挂面	17	左前腰	37	左后腰	57	帽里	77	袖绑带	97	大袋
08	耳仔	18	左前腰	38	右后腰	58	帽檐	78	袖耳	98	小袋
09	机头	19	前担干	39	后担干	59	帽贴	79	左袖	99	内袋
		20	前上	40	后上	60	帽中里	80	右袖		
		21	前下	41	后下	61	帽舌	81	前袖侧		
		22	前贴	42	后贴	62	门襟	82	后袖侧		
		23	前肩	43	后领贴	63	里襟	83	袖章		
		24	左前襟	44	左后脚	64	纽子	84	肩章		
		25	右前襟	45	右后脚	65	纽牌	85	挂耳		
		26	前膝	46	后膝	66	腰牌	86	捆条		
		27	前腰贴	47	后腰贴	67	后中耳仔	87	脾袋		
		28	左前腰贴	48	左后腰贴	68	前耳仔	88	脾袋盖		
		29	右前腰贴	49	右后腰贴	69	纽门贴	89	脾袋风琴		

以上代码在“输入—数字化仪—修改默认裁片名称”中任意编辑，亦可输入任意代码后再到裁片信息中修改。

第五节　服装纸样CAD实例：女衬衫的制作

以一个简单的女衬衫为综合案例，了解利用服装CAD软件进行制板和推板。其过程有如下27步。

（1）建立服装尺码表：选择菜单上的【尺码表】选项，弹出如下尺码表对话框。在对话框中使用【删除部位】和【增加部位】功能建立胸围、衣长、肩宽、袖长、袖口、领围6个部分名称，通过【删除规格】和【增加规格】建立S、M、L、XL共4个服装规格。选中M规格，使用【设为基码】将M号设置为打板的基本码，如图4–23所示。

（2）绘制方框：拖动鼠标画方框，宽设置为胸围/2，高设置为衣长（图4–24）。

（3）画胸围线：从上平线拖动鼠标，画出平行线作为胸围线，距离设计为胸围/5+5.4cm（图4–25）。

（4）画侧缝线：从左侧线拖动鼠标，画出平行线作为侧缝线，距离设计为胸围/4（图4–26）。

（5）画后领弧线：求出后领宽*OA*，计算公式是领围/5=7.5cm。后领深*OB*为2.3cm。曲线连接*A*、*B*两点，并点击右键选择直线，调整至圆顺（图4–27）。

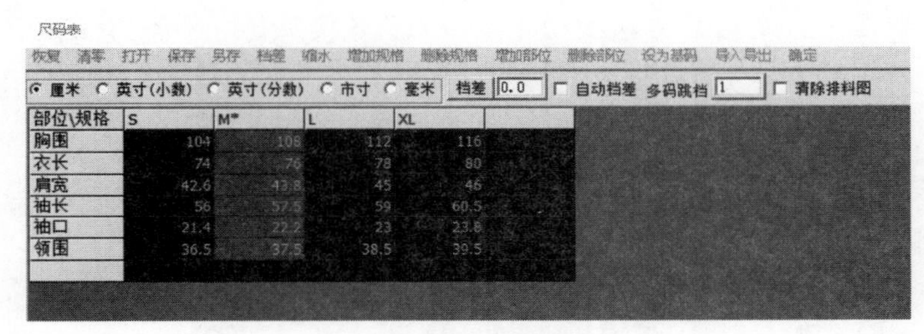

尺码表

恢复　清零　打开　保存　另存　档差　缩水　增加规格　删除规格　增加部位　删除部位　设为基码　导入导出　确定

厘米　英寸(小数)　英寸(分数)　市寸　毫米　档差 0.0　自动档差　多码跳档 1　清除排料图

部位\规格	S	M*	L	XL
胸围	104	108	112	116
衣长	74	76	78	80
肩宽	42.6	43.8	45	46
袖长	56	57.5	59	60.5
袖口	21.4	22.2	23	23.8
领围	36.5	37.5	38.5	39.5

图4–23　建立服装尺码表

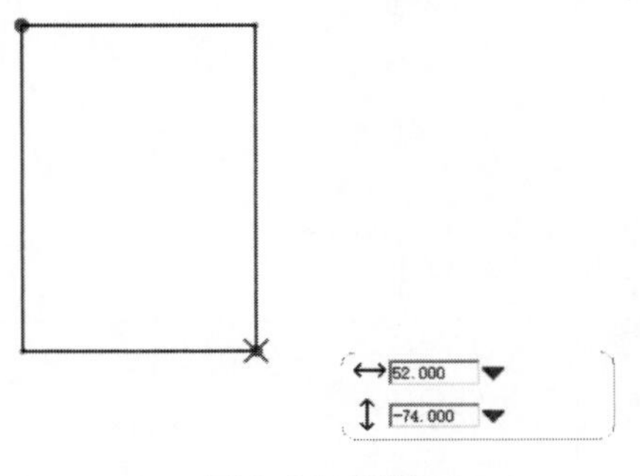

图4–24　画框

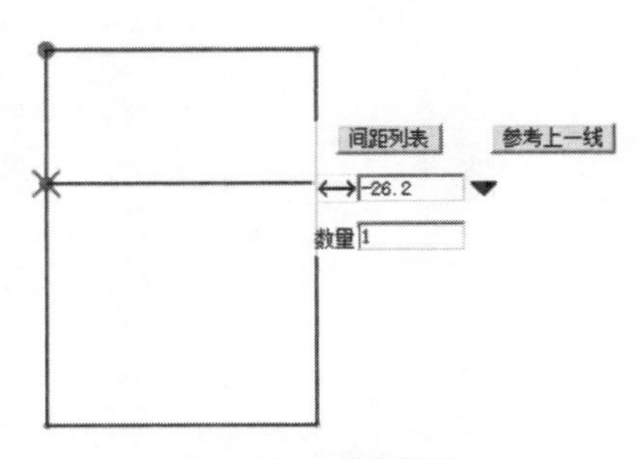

图4–25　画胸围线

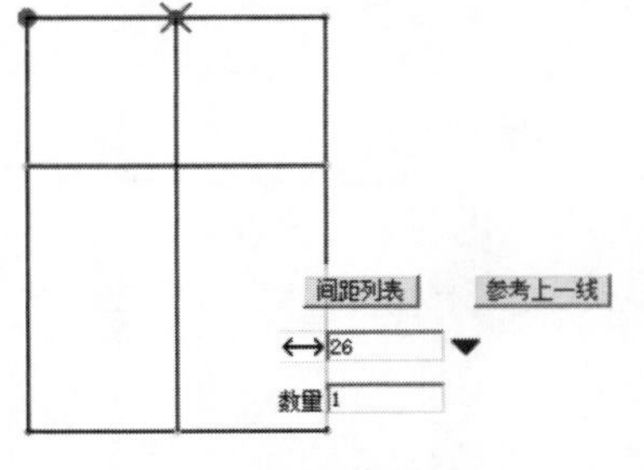

图4–26　画侧缝线

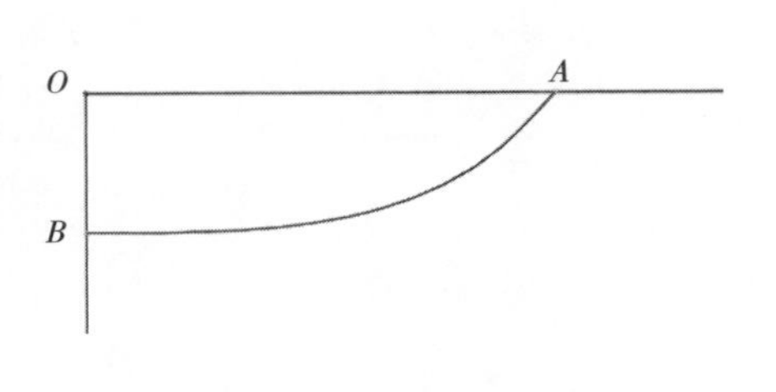

图4–27　画后领弧线

（6）画肩线：从后中上端拖动鼠标，求出肩点，宽度设置为肩宽/2=21.9cm，深度设置为胸围/20−1.6=3.8cm。直线连接肩点至侧颈点（图4−28）。

（7）画背宽线：从肩点画水平线往左2cm，再垂直向下画背宽线交胸围线一点（图4−29）。

（8）后袖窿线：通过肩点A，背宽中点*B*，胸围线与侧缝交点*C*，画出后袖窿线，并调整至圆顺（图4−30）。

（9）前领弧线：与后片方法类似求出前领宽、前领深。1/2前领宽*OA*为领围/5=7.5cm，前领深*OB*为领围/5=7.5cm，画出前领弧线并调整圆顺（图4−31）。

（10）画前肩线：与后片方法类似画出前肩缝线，肩宽设置为肩宽/2=21.9cm，深度设置为胸围/20−0.3=5.1cm，直线连接肩点至侧颈点（图4−32）。

（11）画胸宽线：肩点水平向右2.4cm，再垂直向下画出胸宽线，交胸围线于一点（图4−33）。

（12）前袖窿线：经过前肩点、胸宽线三等分点、胸围与侧缝交点，画出前袖窿线，调整至圆顺（图4−34）。

（13）画下摆线1：侧缝自下往上10cm画一点，后中下端点水平向右11cm画另一点，连接两点并三等分该线（图4−35）。

（14）画下摆线2：曲线连接各点画出下摆弧线，并调整圆顺（图4−36）。

（15）画前下摆线3：同样的方法画出前下摆弧线（图4−37）。

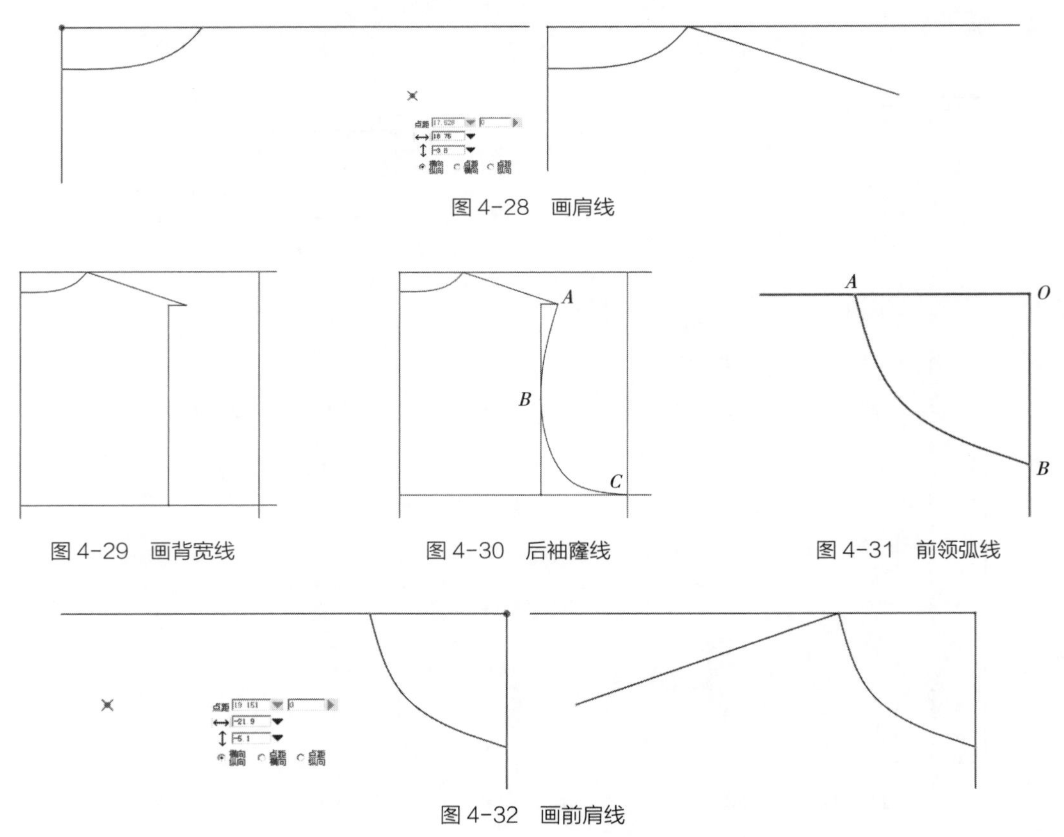

图4−28　画肩线

图4−29　画背宽线

图4−30　后袖窿线

图4−31　前领弧线

图4−32　画前肩线

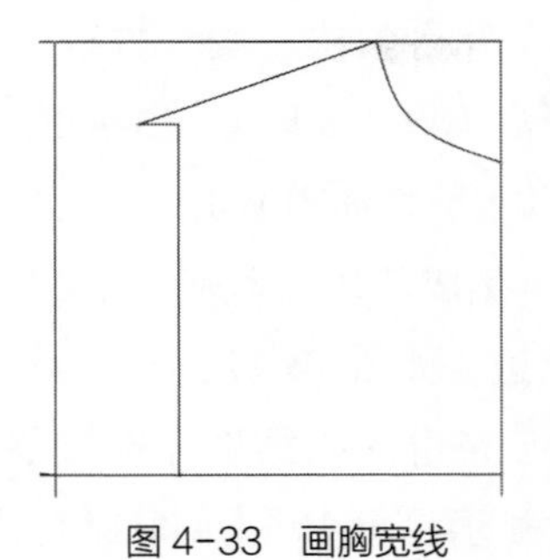

图 4-33　画胸宽线

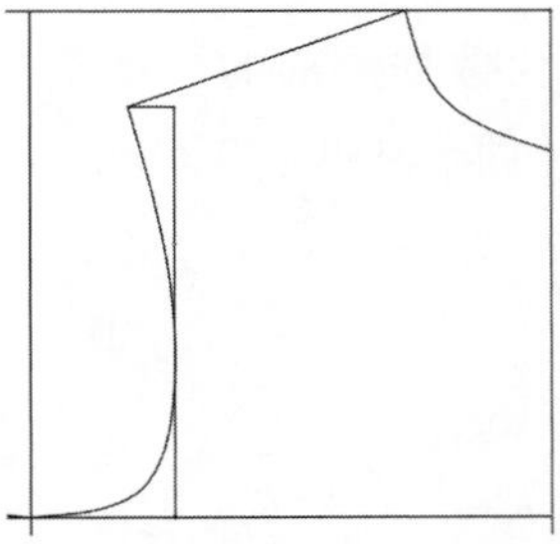

图 4-34　前袖窿线

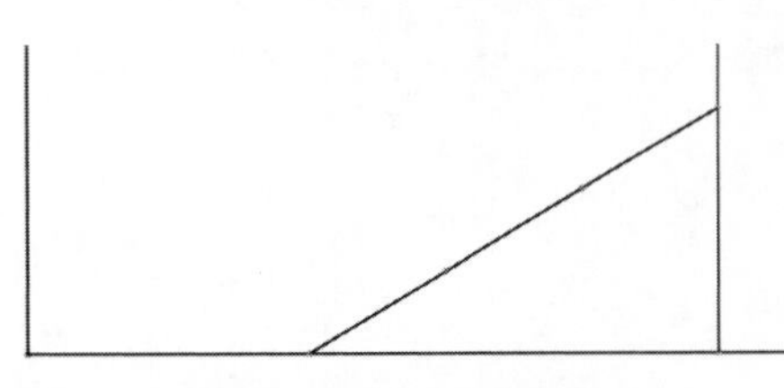

图 4-35　画下摆线 1

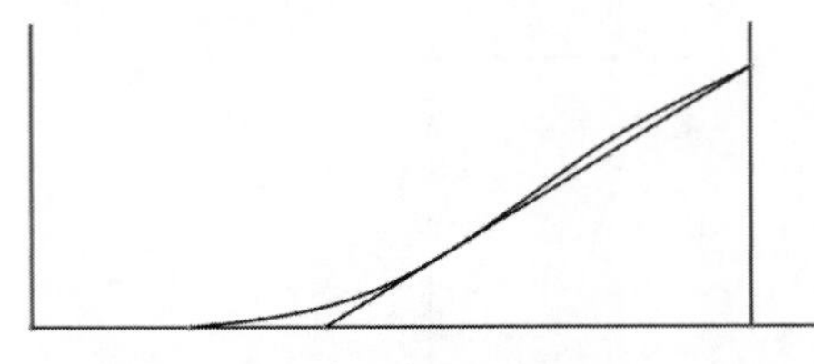

图 4-36　画下摆线 2

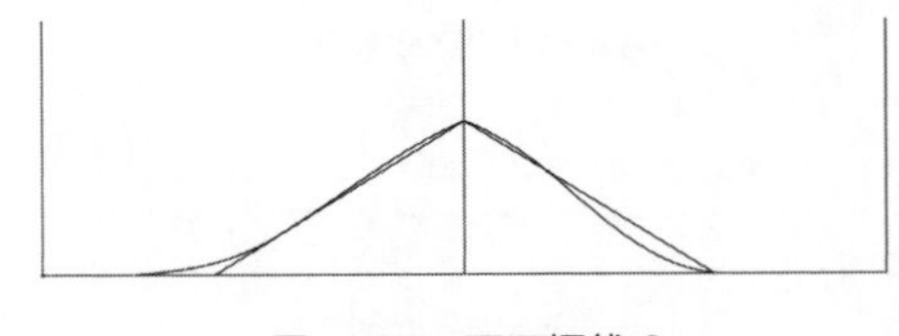

图 4-37　画下摆线 3

（16）画前门襟：画出门襟宽度3.5cm（图4–38）。

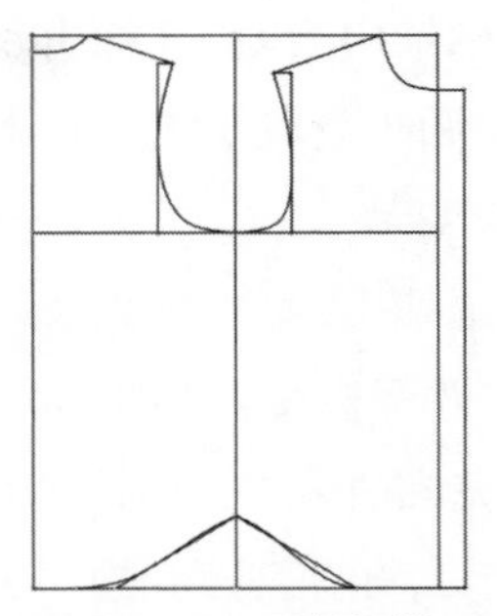

图 4-38　画前门襟

（17）画口袋：自胸宽线向右2cm处定口袋位置，袋宽14cm，胸围线上部袋高5cm，下部11cm，袋盖宽4cm。口袋下面的圆角使用圆角工具绘制（图4–39）。

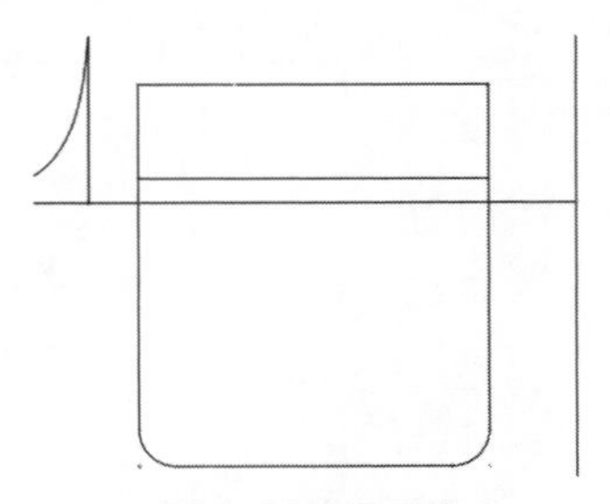

图 4-39　画口袋

（18）测量前后袖窿弧线长：利用测量工具，分别测量前后袖窿的长度并分别保存变量为FAH、BAH（图4–40）。

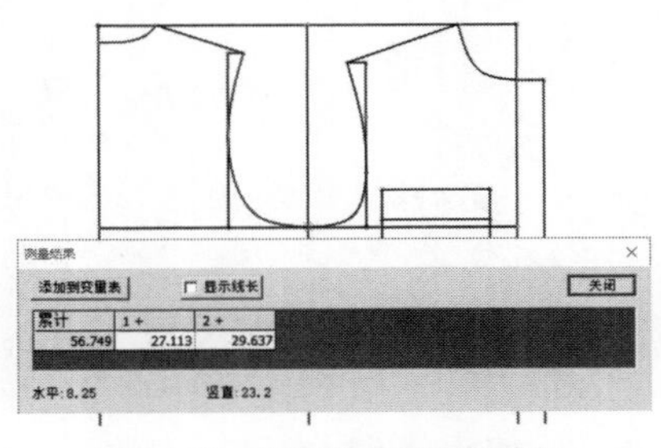

图 4-40　测量前后袖窿弧线长

（19）画袖山辅助线：画直线长度定为袖长，袖山高设为胸围/10+4cm，从袖山高点画水平线为袖肥线（图4–41）。

（20）画袖山线1：从袖山顶点至袖肥线分别用单圆规量取BAH、FAH，作为袖山线（图4-42）。

（21）画袖山线2：使用曲线功能画出袖山弧线，并调整圆顺（图4-43）。

（22）完成袖子：自袖长线下端分别往两侧画袖口/2，前后分别增加4.5cm、5cm。连接袖山弧线端点（图4-44）。

（23）画袖衩：在后袖口1/2处画袖衩，长设置为8cm（图4-45）。

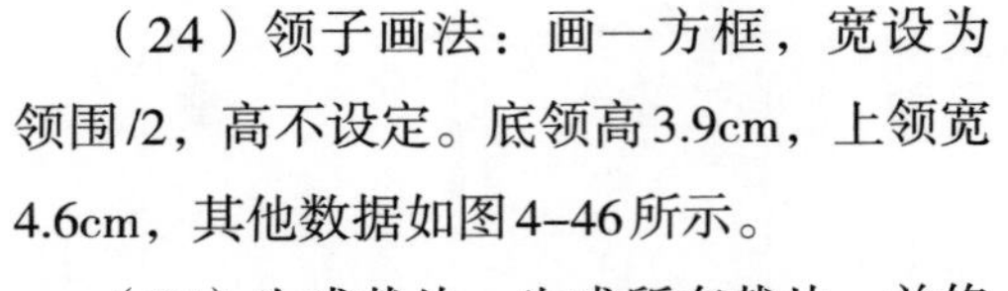

（24）领子画法：画一方框，宽设为领围/2，高不设定。底领高3.9cm，上领宽4.6cm，其他数据如图4-46所示。

（25）生成裁片：生成所有裁片，并修改所有缝边，如图4-47所示。

（26）查看放码结果：选择菜单【设置】—【显示设置】—【网状结构线】，可以在视窗中显示放码结果，放码尺寸是以尺码表中的数据为准的。本例中共有S、M、L和XL四个尺码（图4-48）。

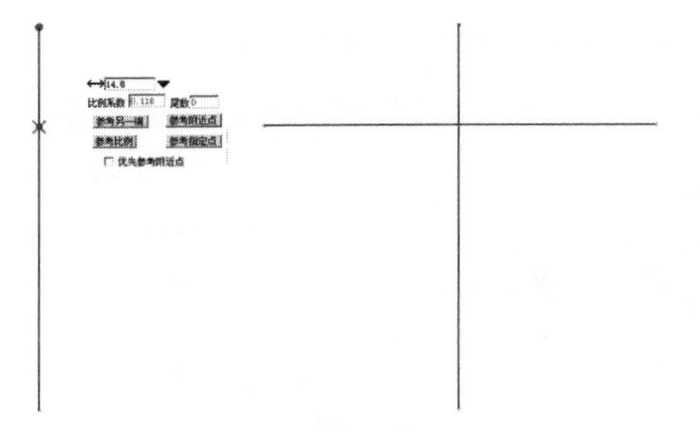

图4-41　画袖山辅助线

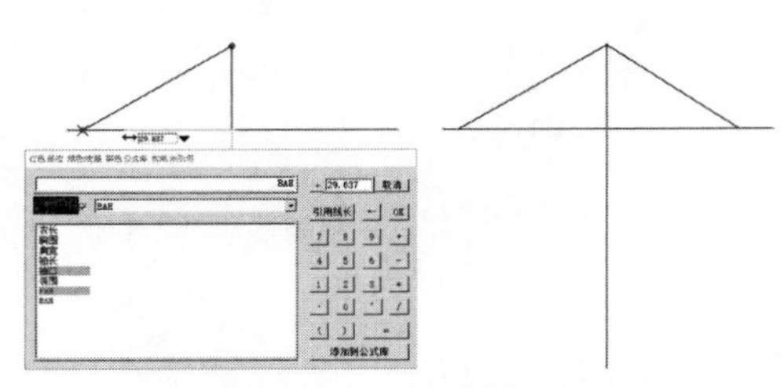

图4-42　画袖山线1

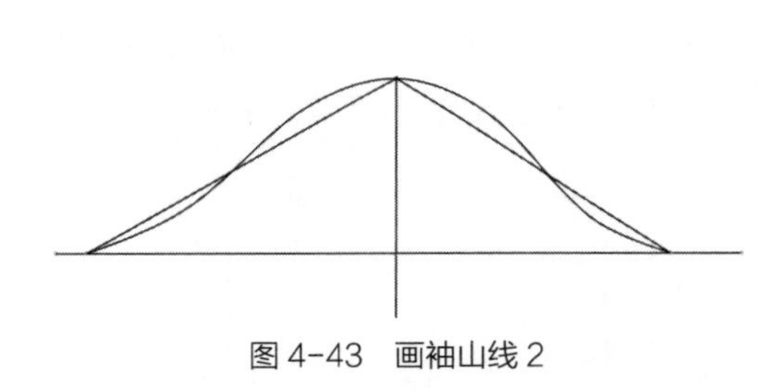

图4-43　画袖山线2

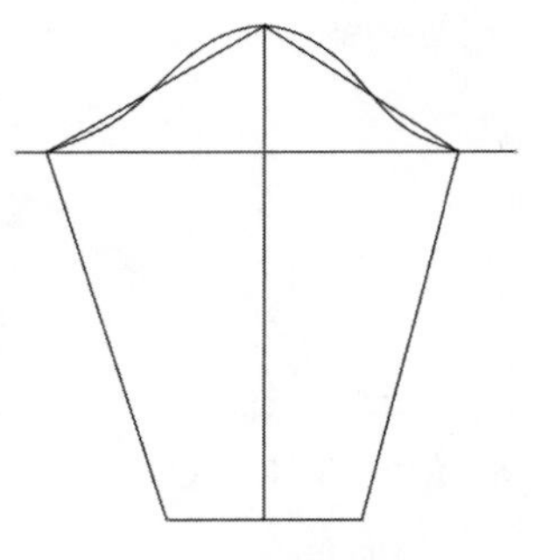

图4-44　完成袖子

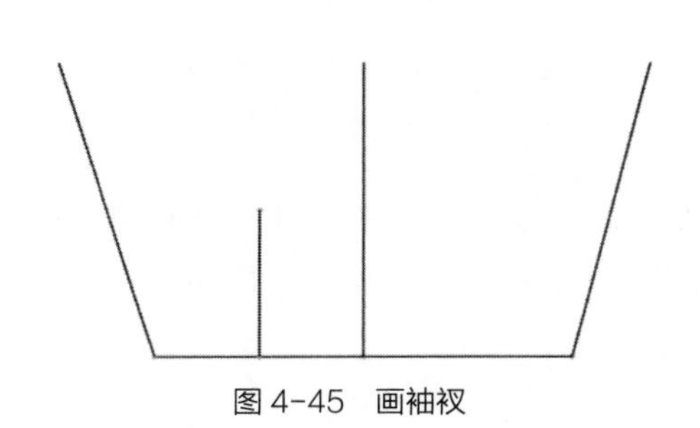

图4-45　画袖衩

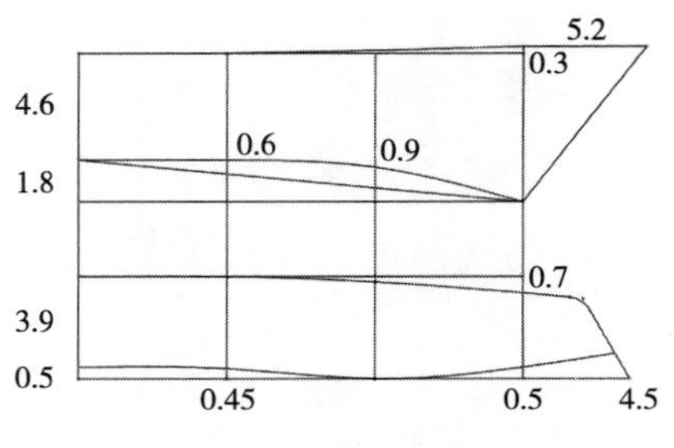

图4-46　领子画法

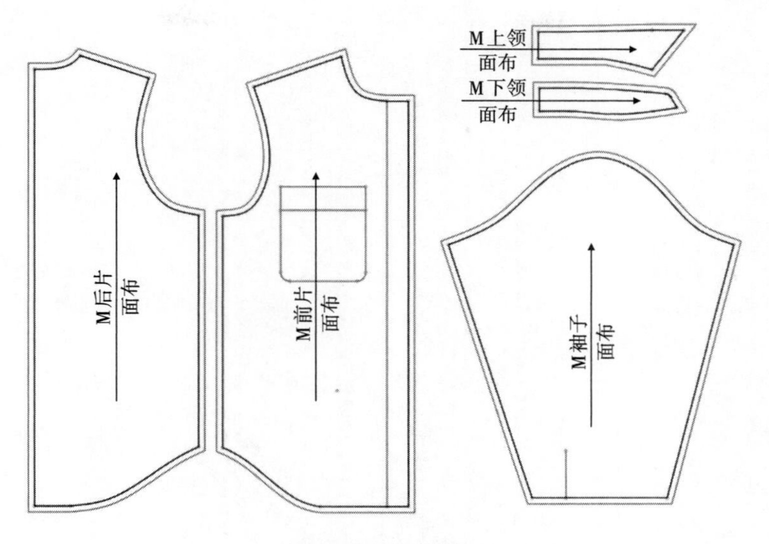

图 4-47　生成裁片

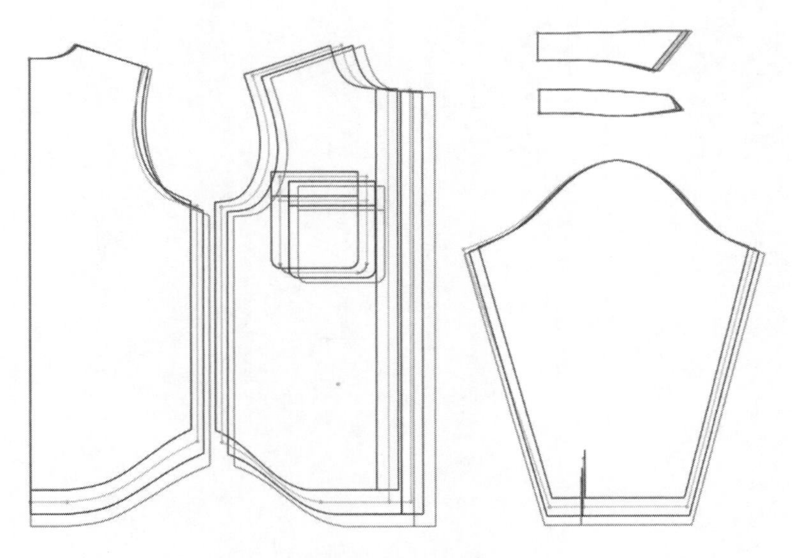
图 4-48　放码结果

第五章　服装数字化模板工艺概述

教学目的：

通过教学，使学生了解服装模板与数字化模板工艺的内容及原理，熟悉服装数字化模板开槽所需材料、零部件及切割缝纫设备，熟练掌握服装数字化模板CAD应用的原理和方法。

教学要求：

1. 详细阐述服装模板与数字化模板工艺的内容及原理；2. 详细介绍服装数字化模板开槽所需材料、零部件及切割缝纫设备的种类和用途；3. 结合实际分析服装数字化模板CAD应用的原理和操作方法。

服装数字化模板工艺分为两大种类，一种是使用智能CAD/CAM系统设计制作出服装工艺缝制生产制造的辅助生产应用工具服装模板，另一种是CAD/CAM设计制作出的辅助生产应用工具模板，应用于缝纫机或者自动缝纫机缝制生产。这两大种类包括计算机CAD服装结构样板设计与CAD模板样板设计，以及数控机械切割与组装粘贴固定、缝纫机模板缝制使用三大类。本章分别讲述服装数字化模板工艺概述、数字化模板原理及数控系统的应用。

第一节 数字化模板工艺概述

服装工艺与服装数字化模板工艺是两个不同的概念。所谓服装工艺，是指服装从工艺纸样设计、工业推板、工业排料、画样、裁剪、缝制、熨烫、整理等整个加工过程。而服装数字化模板工艺主要是解决现代化服装缝制工艺的规范化、标准化、同质量化的一种工具。服装数字化模板工艺工序包含服装样衣和电子版本纸样工艺分析、CAD模板工艺设计制作、数控自动模板样板切割、模板样板组装粘贴固定、缝纫机缝纫等。

随着社会的发展与科技的进步，现代化的成衣生产已成为服装工业生产的主要方式。这种社会化的大生产，要求同一种款式的服装批量化生产达到统一质量标准。在现代化生产方式下数字化、模板化生产是必不可少的生产辅助工具。

一、服装模板特性

早期的服装模板是利用切割工具在硬质纸板、金属板、环氧树脂板、PET胶板、PVC胶板等材料上按照服装工艺纸样切割开槽。这种设计制作开槽模板需要结合缝纫机缝制使用的压脚、针板、送布牙等部件设计制作开槽。这种服装模板在普通缝纫机设备上缝制使用时，需要缝纫机改装相对应的模板压脚、针板、送布牙等零部件。服装模板在自动缝纫设备上缝制使用时，按照自动模板缝纫机工作属性进行模板设计开槽制作，这种模板设计开槽制作需要用专用高精度数控模板切割机械完成，才能配套在自动模板缝纫机上使用。

数字化模板设计制作需利用服装工艺模板CAD软件系统进行模板的设计制作，服装模板的制作更应该注重细节的处理以及线条的流畅、精度的控制，易学易用。

服装模板工艺应用主要表现在以下方面。

1.**劳动力问题**　随着社会的发展、人文水平的提升，越来越多的区域和企业出现了用工荒、招工难的问题。服装模板技术的应用普及，实现了复杂服装工艺工序的简单化作业，效率化、同质化降低了对复杂工艺缝制工人的技术要求，减少了生产环节配套人员，减少了企业对于全能型技术工人的依赖。面对如今劳动力问题，解决了行业招工难问题，尤其是招全能型技术工人更难的问题，并且减少了企业招聘用人成本，弱化了工人流失造成的影响。

2.**生产方式问题**　传统服装生产需要大量的工人去完成每一道单一的缝制工艺，而服装模板化生产改变了传统的作业方式，给企业整合出了新时代需要的高效生产方式，实现了生产效率的最大化，而且大幅度降低了产品返修率，提高了产品品质统一生产技术标准，节约了生产时间，平衡安排生产工序，流水线更畅顺，确保生产计划、生产进度的合理把控，提高了企业的核心竞争力，实现了利润的最大化。

3.**生产管理问题**　服装模板改变了生产方式，同步影响了生产管理的协调化，企业直接根据模板技术建立统一的生产工艺技术标准，建立统一的验收标准，建立公正、公平、合理的加工单价，对款式的变化作出准确的前期评估，建立有效的生产安排计划，从而不断提升企业信誉与企业形象，助力企业走上品牌化经营。

二、数字化模板工艺步骤

1.**模板工艺分析CAD设计制作**　模板设计制作之前需要对服装款式结合样衣、CAD纸样、面料、生产工艺单进行分析，寻找出需要或者可以模板辅助生产加工制造的服装工艺，可以在不影响服装整体工艺要求的基础上对传统缝制工艺进行拆分或者整合。将需要或者可以模板辅助生产加工制造的服装工艺纸样或CAD纸样（PLT、DXF格式），导入专业模板设计制作软件进行电脑设计制作。

2.**模板切割**　因为模板切割的方式方法不同，既有传统的手工切割方式，又有现代化全自动数控系统切割技术。保证切割样板精度和速度以及痕迹流畅是模板切割的基本要求，同时减少对环境的污染和原材料的浪费，现代化全自动数控系统切割技术是时代发展的需求。

3.**模板组装固定制作**　模板切割完成后需要进行与原图样的对比和整理，保证切割出来的模板样板达到工艺要求。粘贴固定精度是直接影响模板在服装生产加工中使用的关键，因此需要高精度细致的粘贴固定，除此之外还会依据实际工艺缝制需求加设垫层、防滑砂纸条、海绵条、定位针等辅助部件。

4.**模板最终确认**　模板组装固定制作完成之后需要进行对相关工序的缝制测试作业，缝制测试结果达到实际缝制工艺要求才算此工艺模板设计制作完成，反之进行相关设计制作工艺的修改，达到要求以后才可以进行最后服装工业化生产加工使用。

三、模板工艺分类

在模板制作之前，先进行对传统服装制作工艺基本分类，将不同款式不同种类服装相同制作工艺划分在一起，提高模板制作工艺水平，具体划分如表5-1、表5-2所示。

表5-1　服装模板在服装应用中的分类1

<table>
<tr><td rowspan="6">机织类
针织类
皮革类</td><td rowspan="2">男装</td><td colspan="2">上装</td><td>中山装，西装，马甲，衬衫，夹克，风衣，拉链衫，风帽衫，T恤，POLO衫，皮衣，棉衣、羽绒服，户外装，雨衣</td></tr>
<tr><td colspan="2">下装</td><td>西裤，休闲、运作裤，牛仔裤</td></tr>
<tr><td rowspan="3">女装</td><td colspan="2">上装</td><td>西装，马甲，衬衫，夹克，POLO衫，风衣，拉链衫，风帽衫，T恤，皮衣，棉衣、羽绒服，雪纺，户外装，雨衣，内衣</td></tr>
<tr><td rowspan="2">下装</td><td>裤装</td><td>西裤，休闲裤，运动裤，牛仔裤</td></tr>
<tr><td>裙装</td><td>连衣裙，褶裥裙，直筒裙，斜裙</td></tr>
</table>

表5-2　服装模板在服装应用中的分类2

<table>
<tr><td rowspan="14">男上装
（正装、
休闲装）</td><td>中山装</td><td>缉缝领，合上下级领，绱领子，门襟，袋盖，贴袋，省位，拼肩，后中拼缝，袖外侧拼缝及袖衩，手巾袋，双嵌线袋和装袋盖，里袋单、双嵌线，贴铭牌标，合下摆</td></tr>
<tr><td>西装</td><td>缉缝领，合上下级领，绱领子，门襟，袋盖，贴袋，省位，拉链口袋，装饰拉链，拼肩缝，后中拼缝，袖外侧拼缝及袖衩，手巾袋，双嵌线袋和装袋盖，里袋单、双嵌线，贴铭牌标，合下摆</td></tr>
<tr><td>马甲</td><td>门襟，拼合领圈，夹袖窿圈，袋盖，贴袋，省位，拉链口袋，装饰拉链，拼肩线，后中拼缝，手巾袋，双嵌线袋和装袋盖，里袋单、双嵌线，肩襻，腰襻，贴铭牌标，合下摆，绗线</td></tr>
<tr><td>衬衫</td><td>缉缝领，合上下级领，绱领子，拼过肩、门襟，袋盖，贴袋，腰省，后褶，袖衩，袖克夫，对格对条</td></tr>
<tr><td>夹克</td><td>缉缝领，合上下级领，绱领子，门襟挡风牌，门襟绱拉链，袋盖，贴袋，省位，拉链口袋，装饰拉链，合肩线，双嵌线袋和装袋盖，里袋单、双嵌线，肩襻，袖襻，腰襻，贴铭牌标，绱袖，绱下摆，合下摆</td></tr>
<tr><td>风衣</td><td>缉缝领，合上下级领，绱领子，门襟，袋盖，贴袋，省位，后育克，拉链口袋，装饰拉链，拼肩线，后中拼合，袖外侧拼缝及袖衩，手巾袋，双嵌线袋和装袋盖，里袋单、双嵌线，肩襻，袖襻，腰襻，贴铭牌标，合下摆</td></tr>
<tr><td>拉链衫</td><td>绱拉链，贴后领贴，贴口袋，开口袋，贴标</td></tr>
<tr><td>风帽衫</td><td>贴后领贴，贴口袋，开口袋，贴标</td></tr>
<tr><td>T恤</td><td>贴标，贴花</td></tr>
<tr><td>POLO衫</td><td>缉合领，合上下级领，绱领子，缉缝门襟，贴后领贴，门襟绱拉链，开衩</td></tr>
<tr><td>皮衣</td><td>合、缉拼块，开口袋，缉装饰线，绗线，绱拉链</td></tr>
<tr><td>棉衣、羽绒服</td><td>绗线，开口袋，绱拉链，绱袖</td></tr>
<tr><td>户外装</td><td>挡风牌，定魔术贴，合领子，绱领子，绱拉链，缉合袋盖，合帽檐，开口袋，贴标，贴花，绱袖</td></tr>
<tr><td>雨衣</td><td>开拉链口袋，绱门襟拉链，绱袖</td></tr>
</table>

续表

<table>
<tr><td rowspan="2">男下装（正装、休闲时装）</td><td colspan="2">西裤</td><td>单双线开口袋，缉合口袋盖，后省，前褶，前插袋，门襟绱拉链，合前后裆侧缝，缉门襟明线，缉腰，绱腰，缉裤襻</td></tr>
<tr><td colspan="2">休闲、牛仔裤</td><td>单双线开口袋，口袋盖，后省，贴袋，前褶，前插袋，门襟绱拉链，合前后裆侧缝，缉门襟明线，缉腰，绱腰，缉裤襻</td></tr>
<tr><td rowspan="15">女上装（正装、休闲时装）</td><td colspan="2">西装</td><td>缉缝领，合上下级领，绱领子，门襟，口袋盖，贴袋，省位，拉链口袋，装饰拉链，合肩线，后中合缝，袖外侧拼缝及袖衩，手巾袋，口袋双嵌线和装袋盖，里袋单、双嵌线，肩襻，袖襻，腰襻，贴铭牌标，合下摆</td></tr>
<tr><td colspan="2">马甲</td><td>门襟，拼合领圈，夹袖窿圈，口袋盖，贴袋，省位，拉链口袋，装饰拉链，拼肩线，后中拼合，手巾袋，口袋双嵌线和装袋盖，里袋单、双嵌线，肩襻，袖襻，腰襻，贴铭牌标，合下摆，绗线</td></tr>
<tr><td colspan="2">衬衫</td><td>缉缝领，合上下级领，绱领子，门襟，口袋盖，贴袋，腰省，胸省，后褶，袖衩，袖克夫，对格对条缉合</td></tr>
<tr><td colspan="2">夹克</td><td>缉缝领，合上下级领，绱领子，门襟挡风牌，门襟绱拉链，袋盖，贴袋，省位，拉链口袋，装饰拉链，拼肩线，口袋双嵌线开袋和装袋盖，里袋单、双嵌线，肩襻，袖襻，腰襻，贴铭牌标，绱袖，绱下摆，合下摆</td></tr>
<tr><td colspan="2">风衣</td><td>缉缝领，合上下级领，绱领子，门襟，袋盖，贴袋，省位，后育克，拉链口袋，装饰拉链，拼肩线，后中拼缝，袖外侧拼缝及袖衩，手巾袋，口袋双嵌线和装袋盖，里袋单、双嵌线，肩襻，袖襻，腰襻，贴铭牌标，合下摆</td></tr>
<tr><td colspan="2">拉链衫</td><td>绱拉链，贴后领贴，贴口袋，开口袋，贴标</td></tr>
<tr><td colspan="2">风帽衫</td><td>贴后领贴，贴口袋，开口袋，贴标</td></tr>
<tr><td colspan="2">T恤</td><td>贴标，贴花，开衩</td></tr>
<tr><td colspan="2">POLO衫</td><td>缉缝领，合上下级领，装领子，缉缝门襟，贴后领贴，门襟绱拉链</td></tr>
<tr><td colspan="2">皮衣</td><td>缉合拼块，开口袋，缉装饰线，绗线，绱拉链</td></tr>
<tr><td colspan="2">棉衣、羽绒服</td><td>绗线，开袋，绱拉链，绱袖</td></tr>
<tr><td colspan="2">雪纺</td><td>各种工艺辅助定位线，样片缉合</td></tr>
<tr><td colspan="2">户外装</td><td>挡风牌，定魔术贴，拼领子，绱领子，绱拉链，做袋盖，合帽檐，挖口袋，贴标，贴花，绱袖</td></tr>
<tr><td colspan="2">雨衣</td><td>挖拉链口袋，绱门襟拉链，绱袖</td></tr>
<tr style="display:none"><td></td></tr>
<tr><td rowspan="5">女下装（正装、休闲时装）</td><td rowspan="2">裤装</td><td>西裤</td><td>单双线开袋，后省，前褶，前袋，门襟绱拉链，合前后裆侧缝，缉门襟明线，缉腰，绱腰，缉裤襻</td></tr>
<tr><td>休闲、牛仔裤</td><td>单双线开袋，缉合袋盖，后省，贴袋，前褶，前袋，门襟绱拉链，合前后裆侧缝，缉门襟明线，缉腰，绱腰，缉裤襻</td></tr>
<tr><td rowspan="3">裙装</td><td>连衣裙</td><td>收省，腰带，绱隐形拉链</td></tr>
<tr><td>褶裥裙</td><td>缉活褶，缉合暗褶，烫褶裥，缉合隐形拉链，缉腰，绱腰</td></tr>
<tr><td>直筒裙</td><td>收前后省，开后衩，拼侧缝，缉合隐形拉链，缉腰，绱腰</td></tr>
</table>

四、服装模板制作耗材

服装模板在设计制作过程中需要多种材料组合使用，常用材料如PVC胶板、高温板、布基胶带、勾刀、透明胶带、强力双面胶、美工刀、大剪刀、海绵条、砂纸条、强力磁铁、马尾衬、大头针、大头钉、铆钉、尖嘴钳、油性笔等辅助材料（表5–3）。

表5-3 服装模板制作耗材

名称	规格	照片	用途
PVC 胶板	0.5mm × 0.915m × 1.83m		做不同工艺模板材料
	1.0mm × 0.915m × 1.83m		
	1.5mm × 0.915m × 1.83m		
	2.0mm × 0.915m × 1.83m		
高温板	0.5mm × 0.915m × 1.83m		做不同工艺模板和熨烫材料
	1.5mm × 0.915m × 1.83m		
布基胶带	26mm × 1500mm		模板粘贴固定
	35mm × 1500mm		
透明胶带	25mm		模板特殊部位粘贴固定
强力双面胶	10mm		特殊部位和多层模板重复叠加粘贴固定
强力布基双面胶			
勾刀	7 字型		模板边角修整处理使用
美工刀	一般规格		辅助使用
大剪刀	一般规格		剪材料辅助使用
海绵胶条	0.5mm × 5mm/1.0mm × 5mm 1.5mm × 5mm/2.0mm × 5mm		定位辅助使用
砂纸胶条	5mm		防滑使用

续表

名称	规格	照片	用途
强力磁铁	1.0~2.0mm		大模板吸附辅助灵活固定使用
马尾衬	一般规格		小部位、特殊面料缝纫辅助使用
大头针	一般规格		面料固定定位辅助使用
大头钉	一般规格		面料固定定位辅助使用
铆钉	一般规格		模板固定定位辅助使用
模板夹	常规		面料固定定位辅助使用
油性笔	极细		划线辅助使用
尖嘴钳	常规		辅助使用

注意，在选择服装模板制作材料时尽量选择质量偏好的材料，避免因选择质量差的材料，造成在制作时材料破碎、融化、不耐用、不好使用等浪费和达不到模板制作的要求。本模板设计开槽使用数控模板切割机为例，切割铣刀直径为3mm。

1. **服装模板制作材料分析**　服装模板材料的选择在模板设计制作使用过程中有着至关重要的作用，任何一幅实用性模板在选择材料时都需要对材料有清楚的认识和了解。

2. PVC**胶板**　PVC胶板是模板中最常

用的材料，通常模板的构成所有板块都离不开PVC胶板。PVC模板原料一共有十几种，主要有聚氯乙烯树脂粉、增强剂、塑化剂、稳定剂、内外滑、分散子、AB蓝、硫醛甲基锡等。

材料的韧性是由增强剂决定的，增强剂加的多少直接关乎材料的强度和韧性，型号也比较多，参考数量为100kg拌料里面加7kg增强剂。

材料的软硬度是活料的硫醛甲基锡决定的，是一种油活料专用，油加得越多材料越软，加得越少材料硬度越好。

AB蓝影响材料的颜色，一般都是添加0.5g，加多材料颜色会很深，加少了材料无色还会偏黑。

活料的原理跟面粉加水和面一样。融化和变形是PVC塑料材料的特性，PVC塑料材料不是耐温材料，使用环境温度高，材料容易软化；温度低，比如冬天，材料很硬，特别容易脆裂，所以材料的韧性也要看环境的温度，还有夏天材料不能放在室外暴晒，暴晒的材料容易变形、软化。

任何塑料材料都有软化点温度，PVC的玻璃软化点温度大概在60~70℃，从设备出来的材料很软，经过冷却材料才越来越硬。

辨别PVC材料是原材料加工还是回收料加工比较难，一般都是看表面，原材料板表面很光洁，没有晶点和流纹杂质，表面平整，透明度好。切割时声音柔和，切割碎屑呈粉尘状，大小比较均匀，切割面光滑。回收料也分很多种，有的叫仿新料，有的叫全回料。仿新料的意思是在新材料里面参回收料，比如做1t材料，800kg是新材料，200kg即20%是回收粉碎材料，加工出来的材料表面很好，这个就不容易辨别。全回料就是全部都是用回收材料生产，里面杂质很多，表面有晶点流纹，而且透明度很差。回收料加工的PVC材料切割时声音刺耳，切割碎屑呈颗粒状，大小不均匀，切割面呈锯齿状，不光滑且容易破裂。

3. 高温板 高温板学名环氧树脂板，又称绝缘板、环氧板、3240环氧板，环氧树脂是泛指分子中含有两个或两个以上环氧基团的有机高分子化合物，除个别外，它们的相对分子质量都不高。环氧树脂的分子结构是以分子链中含有活泼的环氧基团为其特征，环氧基团可以位于分子链的末端、中间或成环状结构。由于分子结构中含有活泼的环氧基团，使它们可与多种类型的固化剂发生交联反应而形成不溶的具有三向网状结构的高聚物。环氧树脂板一般使用的行业比较广，颜色和种类也比较多，服装行业一般在使用中都会选择较为实用型的黄色材料。在设计制作服装模板中具有高熔点、优良的力学性能、电性能等，在扣烫净样等时使用可以发挥更好的作用。

4. 布基胶带 布基胶带也称牛皮胶，布基胶带以聚乙烯与纱布纤维的热复合为基材。涂高黏度合成胶水，有较强的剥离力、抗拉力、耐油脂、耐老化、耐温、防水、防腐蚀，是一种黏合力比较大的高黏胶带。颜色有不同种类，选择时可根据个人喜好选择，在模板组合粘贴固定中起到重要作用，一般在模板制作工艺粘贴固定时选择宽窄不同规格可以达到最佳效果。

5. **透明胶带**　透明胶带是工作生活中的常用物品，透明胶带是在BOPP原膜的基础上经过高压电晕后使一面表面粗糙，再涂上胶水，经过分条分成小卷就是日常使用的胶带。多层模板工艺粘贴固定制作过程中，需要在中层薄模板反面固定材料，一般在反面使用透明胶带可以减少模板折边厚度，使模板在实际使用中更方便。

6. **强力双面胶、强力布基双面胶**　强力双面胶是以纸、布、塑料薄膜为基材，再把弹性体型压敏胶或树脂型压敏胶均匀涂布在上述基材上制成的卷状胶黏带，由基材、胶黏剂、离心纸（膜）或者硅油纸三部分组成。强力布基双面胶以纤维织物为基材，使用厚的、黏稠的、不含溶剂的天然橡胶为胶黏剂涂在上述基材上制成卷状胶黏带。在模板工艺制作过程中可以选择以纸、布为基材涂布弹性体型压敏胶或树脂型压敏胶强力的双面胶。多层模板需要复合固定在一起时使用，或者固定面料使用。

7. **勾刀、美工刀、大剪刀**　勾刀、美工刀、大剪刀是以金属元素为基材冶炼制作的刀具，在模板工艺制作过程中可以修剪PVC胶板和模板材料。

8. **海绵胶条**　海绵胶条是以厚薄不同的海绵为基材，粘贴覆盖双面胶，然后根据需求切割出不同宽度。在模板使用工艺制作时根据实际需求选择厚薄不同规格做定位或者辅助使用。

9. **砂纸胶条**　砂纸胶条是在沙皮纸背面粘贴覆盖双面胶，然后根据需求切割出不同宽度。一般选择纸质材料砂纸，砂的密度控制在200目和300目，颗粒大小均匀，砂粒附着牢固，不易掉砂。在模板使用工艺制作时可以增加摩擦力，对面料在模板实际车缝过程中起到防滑效果。

10. **强力磁铁**　磁铁又称吸铁石，是一种天然矿物。一般在模板制作和车缝中可选择圆形状，厚度、大小可依据实际模板设计需求和车缝需求确定。一般在组合模板或者工艺模板中多层灵活固定和特殊工艺车缝时使用。

11. **马尾衬**　马尾衬又称鱼刺、鱼骨，是类似鱼骨的服装辅料。使用时粘贴双面胶剪切成需要的形状或者涂抹强力胶水在模板车缝时开槽处做衬托和辅助，在特殊工艺部位做辅助使用。

12. **大头针、大头钉**　大头针、大头钉可以直接刺穿模板板材固定在板材上，或在模板车缝时对面料进行强制性定位。

13. **模板夹**　一种使用金属材料制作成的夹具，在夹具底面粘贴强力胶或者涂抹胶水，粘贴固定在模板相应位置可以有效地以夹紧的方式固定面料在模板上的位置，防止在车缝过程中面料位置移动。

14. **油性笔**　油性笔使用油墨为油性，难溶于水，不易褪色和化开，不易被擦去。常用于在模板上划线写字等辅助使用。

15. **尖嘴钳**　尖嘴钳别名修口钳、尖头钳、尖嘴钳。常用于制作大头针形状和固定大头钉位置。

第二节　服装数字化模板与开槽

一、服装模板概念

所谓服装模板是指辅助服装工艺生产使用的一种工具。这种辅助工具是在硬质材料上按照服装生产工艺开槽，开完槽将服装需要工艺缝制的衣片放置在辅助工具上，然后合上两层或者多种辅助工具的硬质材料，在缝纫机上缝制服装。缝制之前改进相应的缝纫机压脚、送布牙、针板等部件，然后将开槽好的辅助工具硬质材料直接放置在缝纫机上，开槽卡住改进后的针板，辅助服装缝制制作。这种辅助服装裁片缝制使用的工具称为服装模板，使用服装模板缝制服装的模式无须熟练的缝纫师傅，只需缝纫工辅助服装模板即可缝制服装。

服装模板所使用的材料与服装模板发展和应用的普及程度有关，既有早期牛皮纸模板、金属材料模板，也有现在普遍使用的PVC、环氧树脂、PET等材料的塑料材质模板。

二、服装模板开槽

服装模板开槽宽度基本与针板凸出小圆柱型号相同，开槽略宽于凸出的小圆形柱子，预留出一定的缝制使用时活动缝隙。开槽卡住凸出的小圆形柱子不能过于卡紧和过于宽松，需使缝纫时更方便。根据服装模板车缝开槽尺寸需求和针板压脚的实际使用规格尺寸，开槽一般也需要配相应规格尺寸的铣刀（图5-1）。

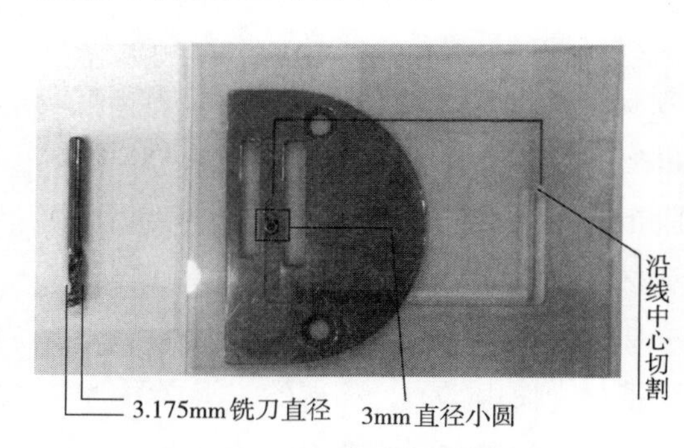

图5-1　服装模板开槽

三、服装模板缝纫机零部件

服装模板开槽是由服装模板缝纫时采用的各种缝纫机器压脚、送布牙、针板等零部件所决定，服装模板使用的这些零部件与常规缝纫机器有所不同，压脚、送布牙、针板都是经过特殊改进的。针板针孔处有特殊凸出的小圆形柱子，小圆形柱子中心有与常规缝纫机器在工作时机针上下可以活动的空间间距，空间间距量必须可以使最大号机针和最小号机针都正常上下活动工作（图5-2）。

1. 压脚　普通模板缝纫机压脚由两个或者四个圆形滚轮替换底部平整的平压脚，

这种压脚可以直接在PVC材质的模板胶板上滚动运行，根据使用属性的不同，压脚材质分塑料滚轮压脚和金属滚轮压脚两种。

2. **送布牙**　普通模板缝纫机送布牙一般由两排向上锯齿状金属齿组成，或者由两排橡胶片粘贴在送布牙金属板上。这两种送布牙使用特性都是增加模板在缝纫机车缝使用时的摩擦，使模板能顺畅在缝纫机上运行。

3. **针板**　普通模板缝纫机针板与普通缝纫机针板类似，不同之处在于机针孔处，普通模板缝纫机针板的机针孔有向上凸出的小圆柱。这种小圆柱可以卡住模板开槽，将模板固定在缝纫机上，让机针可以按照开槽轨迹运行。

在使用特殊服装工艺模板缝纫时，缝纫机压脚也需要使用与针板相同、有特殊凸出的小圆形柱子，小圆形柱子压脚的型号可以与针板的型号同步（图5-3）。

在实际生产使用时，服装模板设计制作加外框时要注意，机针缝纫位置的所有开槽缝线至外边框的距离不能超过缝纫机的有效缝纫臂展间距。因为模板材料是硬质板材，不具备面料的柔软性，所以在缝纫机缝纫各种工艺类型模板时，有效缝纫臂展间距不能超过缝纫机的臂展间距。各种工艺类型的模板可以在实际生产应用时360° 缝纫无影响，不同品牌缝纫机有效操作范围不同，一般尺寸范围245mm（图5-4）。

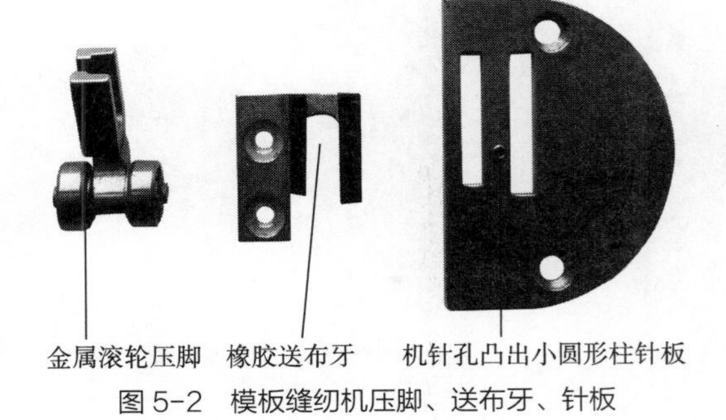

图5-2　模板缝纫机压脚、送布牙、针板

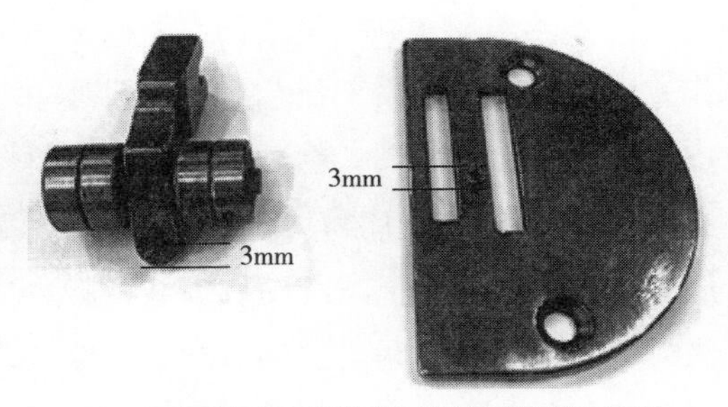

图5-3　特殊凸出单边圆形柱子压脚和针板

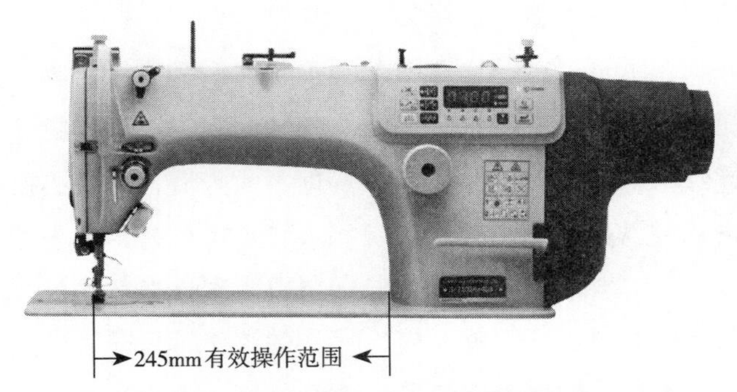

图5-4　普通模板缝纫机缝制有效操作范围
（图片来源：网络）

第三节 数字化模板切割缝纫设备

一、数字化模板切割设备

模板切割设备是由刀具在模板板材上进行划、刻、切等工作。模板切割设备伴随着服装模板的推广应用和普及发展，切割机械和切割方式也迅速发生着演变。主要有早期手工模板切割、半机械模板切割机、激光模板切割机、现代化数控系统全自动模板切割机等模板切割机械。

1. **手工模板切割** 原始的启蒙模板制作方法，板师应用手工技艺在白纸或者牛皮纸上画服装结构图，然后将特殊部件单独剪开（口袋盖、肩襻等），在工艺缝制时放置在面料裁片之上，缝纫机高低压脚边缘靠齐纸板边缘缝制。这种缝制方式可以减少画服装裁片辅助缝制线的时间，同时提高了缝制工作效率，提升了缝制工艺质量。长期使用纸板磨损严重，需要缝制技术相对成熟的师傅使用，在此技术发展的同时，老师傅便想到在纸板上开槽让缝纫机压脚在开槽处缝制，这样可以在服装工艺缝制时不再依赖技术成熟的老师傅，只需要会使用缝纫机就可以在开好槽的纸板上缝制服装。

这种在纸板上开槽的模板缝纫机上缝制使用技术，需要技术科板师完全依靠手工将多层牛皮纸复合在一起，在复合好的硬质纸板上画出需要设计制作模板的工艺样板，借助硬质尺具和刀具按照纸板工艺线进行缓慢划切开槽，制作出可以在普通缝纫机上缝制使用的槽，这种模板长时间使用后开槽边缘容易受到机油腐蚀磨损，后来开槽完成后用固体胶水涂抹在开槽的边缘，使开槽边缘硬度增强（图5-5）。

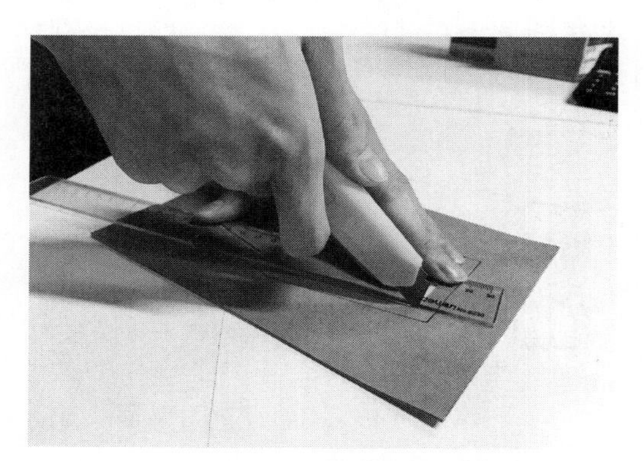

图5-5 手工制作纸板服装模板开槽
（图片来源：网络）

由于这种模板制作方法效率极低，划切难度较大，精准度低，在使用过程中因为长时间和滚轮压脚、橡胶送布牙、针板接触磨损、被机油腐蚀等使用寿命和精准度不断降低，需要更换新的模板。往往在大订单生产时，同一订单的同一道工序就需要多次更换新模板，加大了划切模板制作的工作量，同时产品的统一质量不能完全保证。于是在此基础上很快便有了金属材质模板的出现和使用，金属材质模板虽然使用寿命长，服装缝制精准度高，但是模板设计制作难度大，成本高，使用不够灵活多变。在这种模板发展情况下人们开始寻找模板材料耐用、模板设计制作难度小、成本低的新材料和模板加工简单的方法。

在模板材料的寻找和模板加工制作方法突破的时候，便有了使用广告塑料板材料PVC胶板代替原有的金属材质模板，这种PVC塑料模板相比金属材料服装模板，材料价格成本低，具有良好的柔软性、抗腐蚀性和高透明的灵活使用性。

2. **半机械切割机**　在使用金属材质制作服装模板时利用电钻床开槽，使用PVC材料服装模板时同样使用电钻床开槽，这种开槽操作模式非常费力，且钻床是立体工作模式，不好给模板开槽，在此基础上使用缝纫机电机马达加装铣刀，电机马达外围用木板做盒子形状包裹，电机马达电线上设置开关键，盒子顶部外置铣刀，盒子边设计可上下铣刀刃的升缩把手和粉尘收纳盒。使用时先将PVC胶板按照需要把设计制作模板的大小剪切好，多层模板设计时先粘贴固定好，用油性笔在PVC胶板上画出需要设计制作模板的工艺样板，或者直接将CAD纸样粘贴在已经粘贴固定好的PVC胶板上，手工辅助推动PVC胶板按照设计制作要求的开槽线在电动缝纫机马达做的切割机上开槽，制作模板（图5–6）。

图5–6　半机械化模板切割机
（图片来源：网络）

这种半机械化的切割机对模板开槽操作人员的技术要求高，准备工作多。同时模板制作时间长、效率低，手工推动比较难控制精度，必须由熟练的技术员操作。因为是手工推动，PVC材料开槽制作出的模板成品精度不高，制作成品率低、操作难，很多精细复杂工艺部件做不出来，成功率大约80%，产生20%废品，加大了原材料成本的过度浪费，于是需要再一次对新材料模板切割技术的突破。

3. **激光模板切割机**　激光切割机的中文名也叫作“镭射切割机”“莱塞切割机”，是它的激光英文名称laser的音译。激光的意思是“受激辐射的光放大”，受激辐射是在组成物质的原子中，有不同数量的粒子（电子）分布在不同的能级上，在高能级上的粒子受到某种光子的激发，会从高能级跳到（跃迁）低能级上，这时将会辐射出与激发它的光相同性质的光，而且在某种状态下，能出现一个弱光激发出一个强光的现象，这就叫作“受激辐射的光放大”，简称激光。激光切割机有着多种标志性的工作原理，其中激光管最为重要，激光管是采用一种硬质的玻璃制造的，因此是一种易碎易裂的物质。

由于激光切割机在运作过程中，激光管会产生很大热量，影响了切割机正常工作，因此需要特域冷水机来冷却激光管，确保激光切割机在恒温状态下正常工作。

激光切割机的应用需要选配独立的CAD系统，在CAD系统中设计制作好模板样片，直接将PVC材料放置在切割工作区域，盖好安全防护罩，CAD系统和激光切割机进行网络连接输出打印切割。激光切割机切割精度高，服装模板开槽需要激光烧一圈，比较耗时间，所以对激光管的损耗比较大，长期工作需要半年换一次激光管。激光切割机工作完全取决于温度和材料，不同材料的厚度需要不同的温度，材料放不平或起翘就会烧不透，激光烧过留下去不掉的黄色粉末和刺鼻气味，模板使用时对于浅色面料会沾色，从而影响品质，产生次品服装。激光的有毒气体也对机器有腐蚀作用，对机器耗损大，激光切割机在激光切割服装模板PVC时会产生化学反应，产生有毒气味，对人体和环境产生污染和伤害，严重者会致癌。随着人们生活水平的提高和对环境保护意识的加强，激光模板切割机也越来越不被认可（图5-7）。

4. 数控系统全自动模板切割机

（1）数控雕刻模板机：电脑全自动切割机又称数控切割机、数控雕刻机，电脑全自动模板切割机与数控雕刻机的工作原理基本上相同，都是电脑系统控制机器运行工作。不同点是数控雕刻机没有笔画、写字功能，没有吸风，需要周围采用夹片式固定PVC模板板材。数控雕刻机操作、固定定位烦琐，切割时因为固定方式为夹片式固定，所以PVC材料有夹片固定的地方就不能切割使用，而且也不能直接切割到PVC材料边缘，不能最大程度使用PVC材料，会造成一定的浪费，传送数据输出切割不方便，操作复杂，机器略显笨重，占用空间大，防尘能力弱，耗电多（图5-8）。

（2）电脑全自动模板切割机：电脑全自动模板切割机采用真空分区吸风式固定PVC材料，对各种大小形状的材料都能牢牢吸附，可以选择性单层切割、多层切割，切割效率高，操作快捷。切割机与大吸力吸尘器配套组装，切割碎屑可直接由大吸

图5-7 激光模板切割机
（图片来源：网络）

图5-8 数控模板雕刻机
（图片来源：网络）

力吸尘器吸收，样片切割干净、整洁。切割铣刀与笔、刻字刀可以同时工作，以满足不同服装模板设计制作需求。兼容各种服装CAD软件，网口输出快速便捷，使用环保安全，对人体无害。配备专业的服装模板设计制作软件，针对各种模板的制作、设计，自由简捷创作。宁波经纬科技（JWEI）2010年推出的专业的RC服装模板切割机和JWCS模板设计CAD，兼顾了服装模板切割和模板设计的需求，填补了服装模板发展前端的空白（图5-9）。

图5-9　电脑全自动模板切割机

经纬科技电脑全自动切割机不仅具有模板设计切割使用需求的四种不同工具，分别是笔画工具、刻字刀工具、切纸刀工具、铣刀工具，还具备自由分区域真空吸附功能，最小可以吸附A4纸张大小的PVC材料，真正意义上做到物尽其用，最大化使用模板原材料，减少模板原材料因切割制作不合理造成的浪费。

电脑全自动切割机的切纸刀工具和铣刀工具在同一组件上，切割时不能同时使用，因为切纸刀工具比铣刀工具更接近切割机平台台面，使用铣刀工具时需要拆卸掉切纸刀工具，切纸刀工具和铣刀工具可以单独配合其他两种工具一起使用。切纸刀工具和铣刀工具在单独使用时需要更改切换刀模式，切割机SP值刀笔属性根据需求设置，一般默认SP1属性笔工具画线写字，SP2属性铣刀工具切割模板开槽，SP3属性铣刀工具切割模板边框，SP4属性刻刀工具刻字，SP8属性切纸刀工具切割样板纸。

二、数字化模板缝制设备

伴随着服装模板的推广应用，服装生产加工制作工艺的变化和需求，服装款式工艺的多样性变化，服装模板缝制方式也迅速发展着。其主要有手动模板缝纫机、半自动长臂模板缝纫机、全自动服装模板缝纫机三种。

1. **手动模板缝纫机**　手动模板缝纫机是在普通平缝机或高速电脑平缝机、绷缝机等缝纫机械上进行模板缝纫机零部件的改造、缝纫机台板的改进，更换专业滚轮压脚、橡胶送布牙、凸出圆柱针孔的针板，并对送布牙、压脚杆的高低与同步性调整，达到使用的效果。使用手动模板缝纫机时需要手动辅助推动模板在缝纫机上运行，受限于人工辅助推动操作，普通手动模板缝纫机是服装模板发展的起始，也是普及度最高的模板缝纫机。普通手动模板缝纫机只适合操作各种类型小幅面尺寸模板，容易控制，操作简单方便，灵活性高（图5-10）。

2. **半自动长臂模板缝纫机**　半自动长臂模板缝纫机与普通模板缝纫机一样，都需要改造零部件。2007年台州莱蒙推出第一台皮

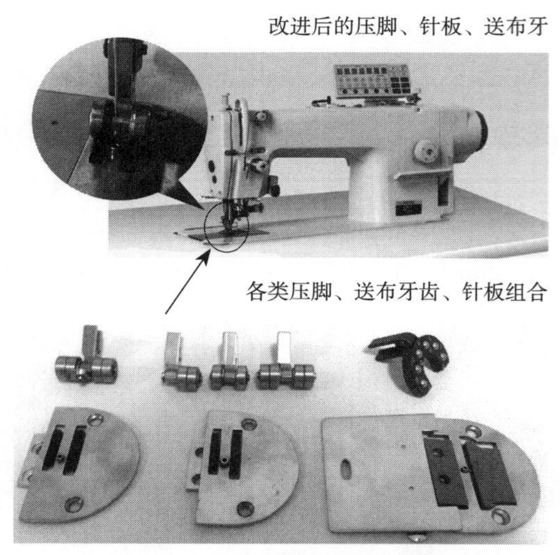

图5-10 普通平缝机改装模板缝纫机

带款长臂缝纫机，更新了使用服装模板缝制时的专业滚轮压脚、橡胶送布牙、针板，并对送布牙、压脚杆的高低与同步性进行了调整。不同之处在于，半自动长臂模板缝纫机可根据服装加工生产需求设计制造加长缝纫机有效使用空间臂展，加宽使用空间操作台面，增加气垫或者滚珠台面，增加电子同步拖轮等辅助智能工具，使模板在缝纫时更轻便灵活，也可以操作大幅面尺寸的模板，同时兼容小幅面尺寸模板。电子同步拖轮等辅助智能工具的应用可以更好地控制缝纫时的针距和平整度，也可以达到简单的自动缝纫的目的（图5-11）。

3. **全自动模板缝纫机** 全自动模板缝纫机是在手动模板缝纫机、半自动长臂式模板缝纫机的基础上融入现代化高科技数控技术全新创造的全自动化缝纫设备。2009年深圳九零九推出第一台全自动模板缝纫机，其由智能电脑控制，智能缝制，无须人工去按照普通模板缝纫机的方式工作，只需将工艺缝制电子版缝线文件导入计算机CAD中，按照模板缝制工艺需求转换设置为缝制线迹图，然后再导入全自动模板缝纫机中，结合全自动模板切割系统进行模板缝制。定位好缝纫机针第一针车缝的位置，启动“开始”按钮，可循环自动完成缝纫工作，无须其他高技术人工辅助操作，快速标准缝纫手工难以完成的特殊缝制工艺效果，推动服装产业实现云端集成、智能控制、智能生产的服装工业全新运行模式（图5-12）。

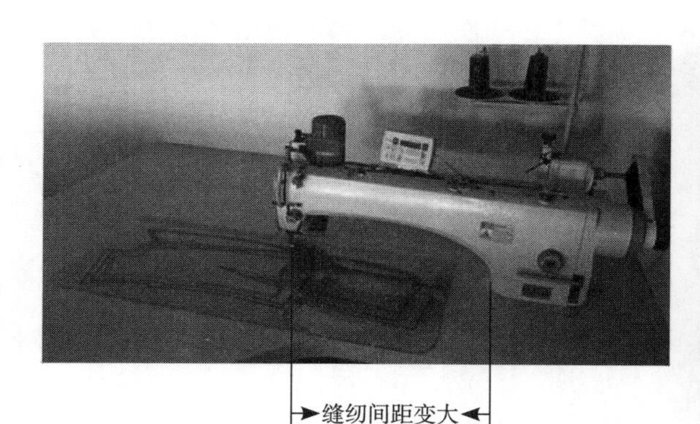

图5-11 半自动长臂模板缝纫机
（图片来源：网络）

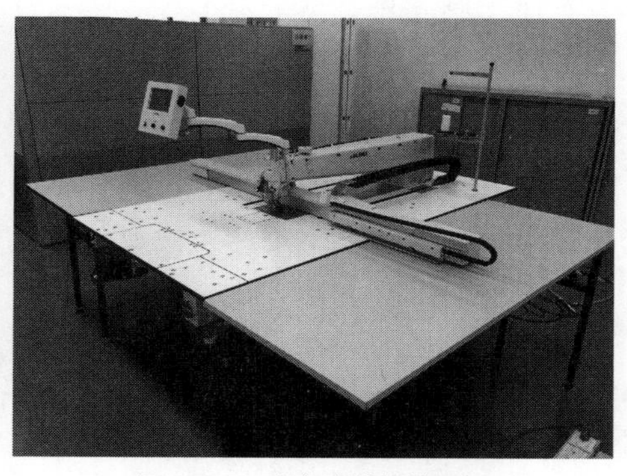

图5-12 全自动模板缝纫机
（图片来源：网络）

第四节 数字化服装模板CAD功能应用

一、数字化模板CAD简介

经纬科技专业数字化服装模板CAD设优化制作软件具有强大的兼容功能，可以与市场上的服装CAD软件兼容，网口输出快速便捷，根据用户实际需求研发，让学习使用者自由简捷操作。

经纬科技数字化服装模板CAD设计优化软件操作简单方便快捷，不同颜色工具号可更改设置不同线条颜色，让使用者在操作时一目了然。可根据切割要求更改和设置样片，模板切割时根据实际情况设置线条的先后顺序以及样片先后切割的顺序。

各种操作、调整、修改、优化工具均依照CAD模板设计制作需求研发编程，满足各个层次人士学习操作和使用。

设置刀起点工具和模拟显示工具更加体现了数字化模板CAD设计优化软件的独特功能，初学者可以用模拟显示工具来查看实际切割样片在电脑CAD中的模拟切割效果、模板样片是否操作完整与正确。因为模板样片和PVC材料的特殊性，设置刀起点工具完美地表现出了在材料切割时的重要性。因此，可根据排料来设置刀起点，使材料切割得更准确美观，更节约材料。自动模板设计优化功能简化了服装模板设计，使模板设计制作完成后快速便捷地配合全自动模板缝纫机使用。另外，模板设计软件在解压安装时也达到了简单快捷。

二、软件安装

1. **建立文件夹** 在软件压缩包压缩安装之前为了方便整理电脑磁盘，可以先将软件压缩包备份一个在计算机中，也可以选择单独备份在其他地方，选择在计算机D盘中建立一个新文件夹，将解压包解压到新建的文件夹，方便使用和整理（图5-13）。

2. **软件安装**

（1）鼠标左键双击软件压缩包或者鼠标右键单击打开压缩包（图5-14）。

（2）鼠标左键双击压缩包中需要安装的语言类型文件夹（图5-15）。

（3）鼠标左键单击下一步（图5-16）。

（4）选择安装文件夹（一般默认C盘），为了方便整理和使用计算机也可以点击浏览，选择安装在D盘新建文件夹下，确定继续点击下一步（图5-17）。

（5）软件安装完成，鼠标左键单击关闭完成软件安装（图5-18）。

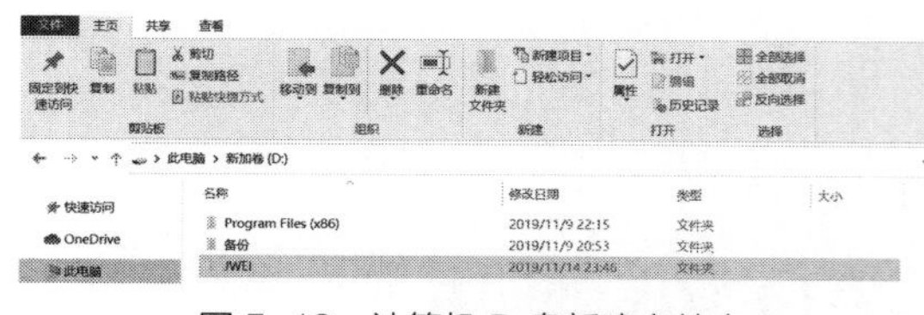

图 5-13 计算机 D 盘新建文件夹

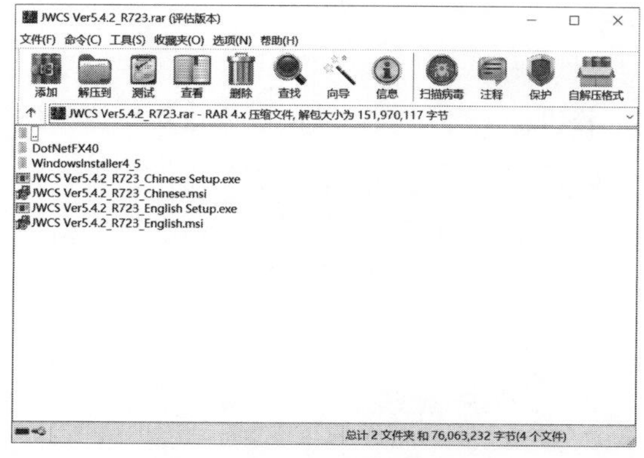

图 5-14 打开软件压缩包

图 5-15 选择安装语言

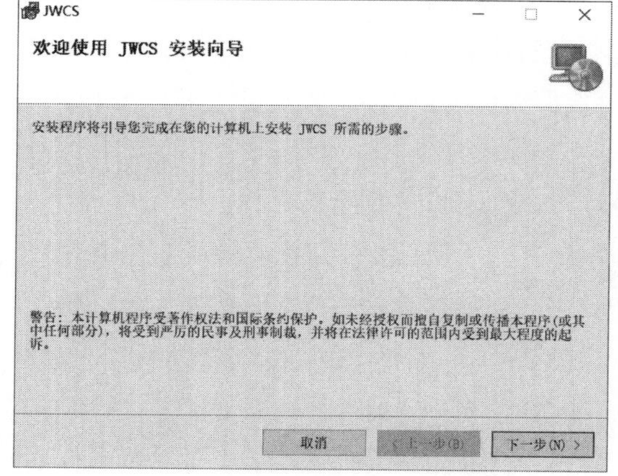

图 5-16 下一步安装

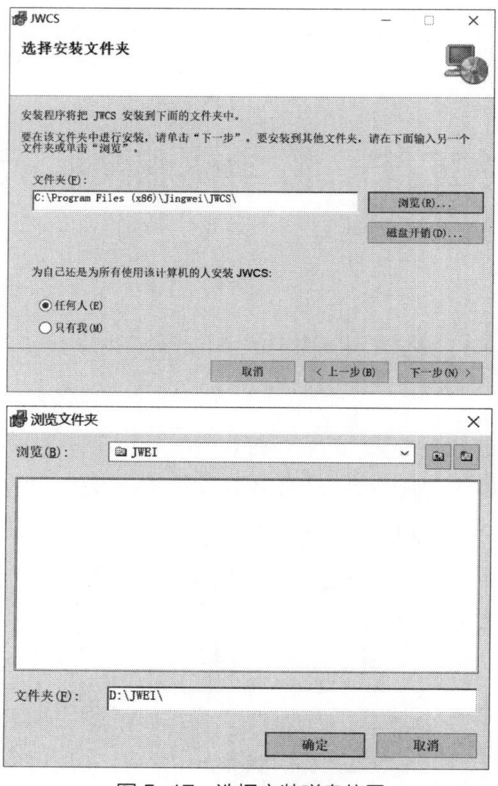

图 5-17 选择安装磁盘位置

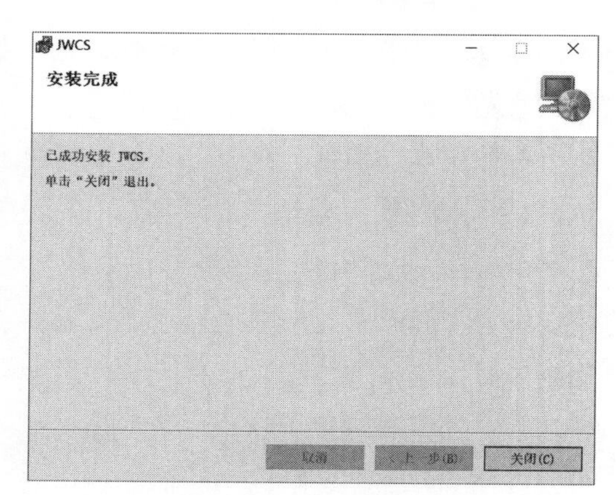

图 5-18 软件安装完成

三、CAD 工作界面

鼠标左键双击计算机显示器上 快捷图标打开软件，进入操作界面，在模板设计制作之前对CAD界面进行完整设置。主要有标准工具栏、绘图工具栏、操作工具栏、RC工具栏、文件列表（图5-19）。

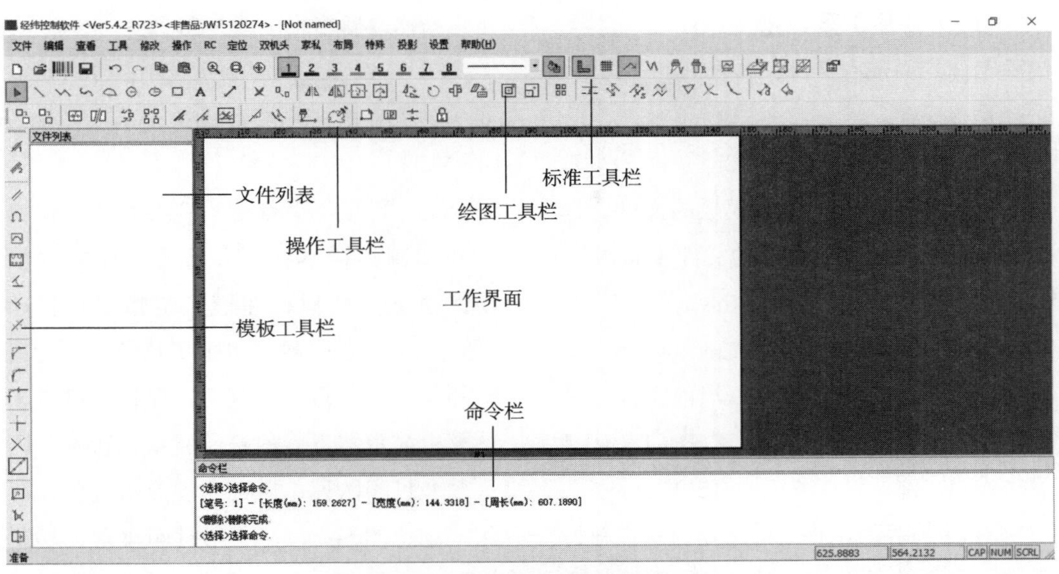

图 5-19 模板软件操作界面

该软件主要有以下特点。

（1）专业的模板设计制板工具、人性化的设计、传统手工设计与制作在软件上完美体现。

（2）简单易懂，学习容易，快速上手。

（3）对多种线条顺序属性，刀、笔、半刀、全刀、刻刀选择，以及各种样片部位进行设置。

（4）可直接将数字化服装CAD系统文件导入模板CAD系统，进行模板工艺设计制作处理。

（5）可以直接在模板CAD系统里设计优化制作模板样板。

（6）可以直接导入兼容其他CAD系统的PLT、DXF等格式的通用文件，具有专业高效的文字注解工具，可在样片上标注所需任何形式的文字，节省时间，方便样板查阅。

在软件中制作模板时，每使用完一步工具，需要操作下一步之前都需要退出到上一步或复位操作工具选择或点击［Esc］（双击鼠标右键）。选择工具栏中标尺和轨迹显示显示在操作区域，在软件操作过程中可以随时进行样片优化，优化快捷键为［Shift］+［T］。

四、数字化模板 CAD 工具简介

1. 文件（图 5-20）

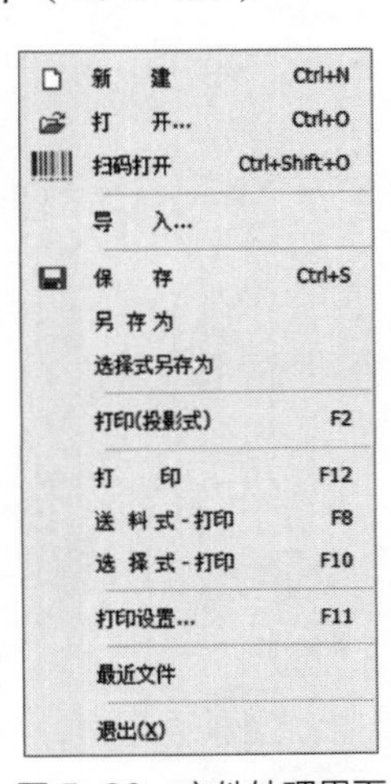

图 5-20 文件处理界面

（1）【新建】点击［Ctrl］+［N］，清除工作界面现有文件，打开新的工作区，选择是否保存。

（2）【打开】点击［Ctrl］+［O］打开计算机中需要设计制作模板的文件，选择后缀名为可以兼容格式的文件（如PLT、DXF），可打开并读入到工作区。

（3）【保存】点击［Ctrl］+［S］将当前工作界面的样板数据以当前文件名进行存盘，保存为后缀名为JW、PLT、DXF等格式的文件，直接覆盖原有文件。

（4）【另存为】将当前工作内容重新另存为一个新的名称，选择自己所需要的磁盘后缀名文件再确定保存，保存的格式一般建议为PLT、DXF、JTP格式，保存后不可重新修改新格式（图5-21）。

（5）【选择式另存为】选中操作区域需要单独保存的样板或者线条，单独另存为（图5-22）。

（6）【打印】点击［F12］打印输出需要切割的样本数据，选择打印需要输出的页面，在鼠标左键点击指定页打印（图5-23）。如果错误点击了打印，可迅速暂停（取消）自动切割机，鼠标左键点击计算机显示器下方的打印驱动，暂停监测目录和打印队列，鼠标左键点击选项，清除记录（图5-24），关闭打印驱动，切割机复位。只有一个页面打印时，可以不需要选择页面直接打印，选择没有排料的单一样片，打印时可以直接选中需要打印的

图5-21　另存为

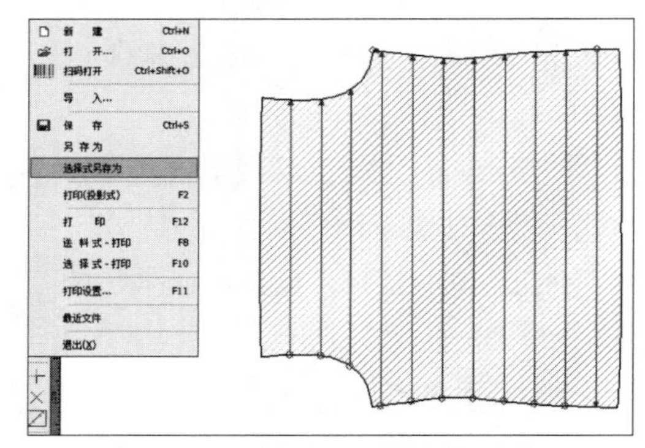

图5-22　选择式另存为

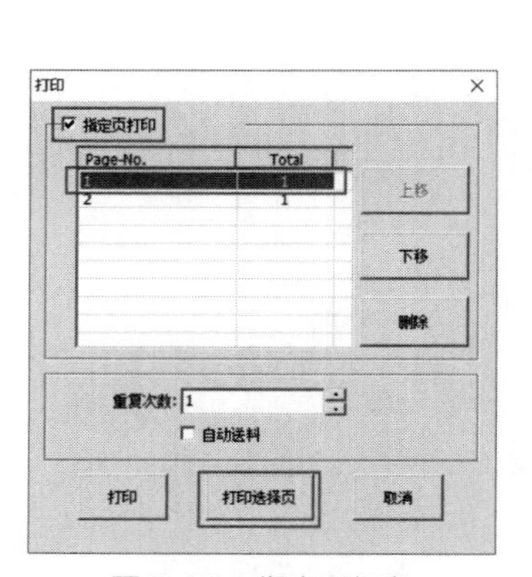

图5-23　指定页打印

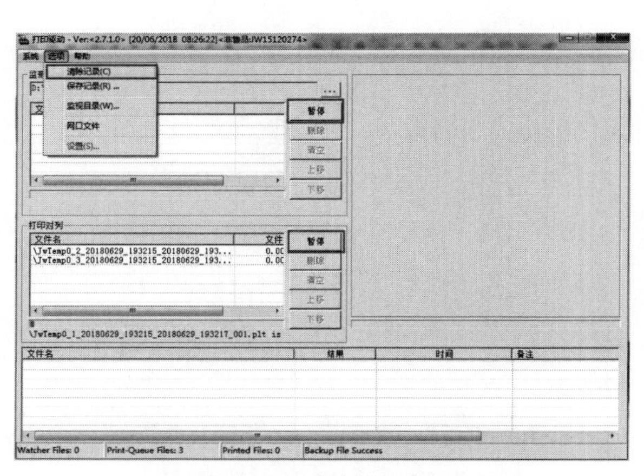

图5-24　清除打印内容

样片按［F10］(图5-25)。

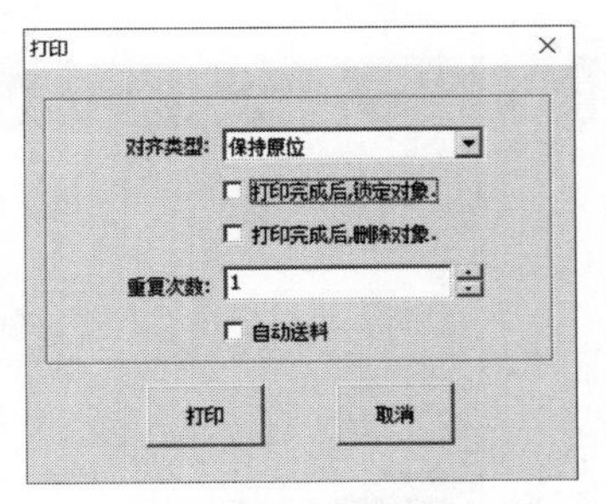

图5-25　选择样片位置打印

（7）【打印设置】点击［F11］设置切割机型号或者有效切割长度、宽度，长度和宽度的设置也可以根据切割后剩余材料设置，最大不能超出有效切割操作面积1500mm×900mm（图5-26）。打印方式设置IP地址、输出参数、兼容性（图5-27），CAD的IP设置根据计算机的本地连接网络IP地址设置（图5-28），CAD的IP地址设置选择IP-1，前三位数字相同，第四位可以自己设置，设置的数值不能与其他数字化系统冲突。

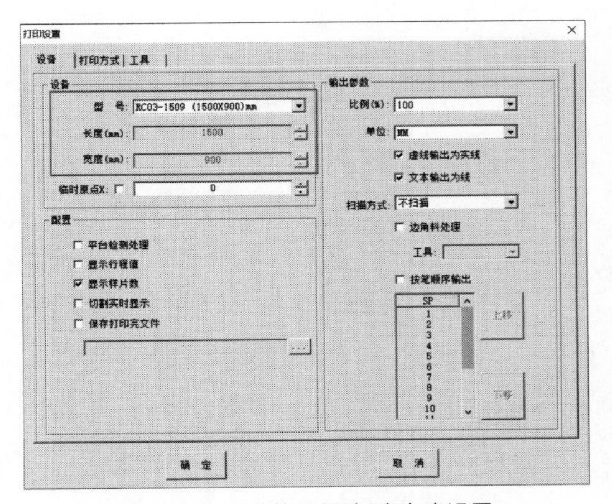

图5-26　切割机型号长度宽度设置

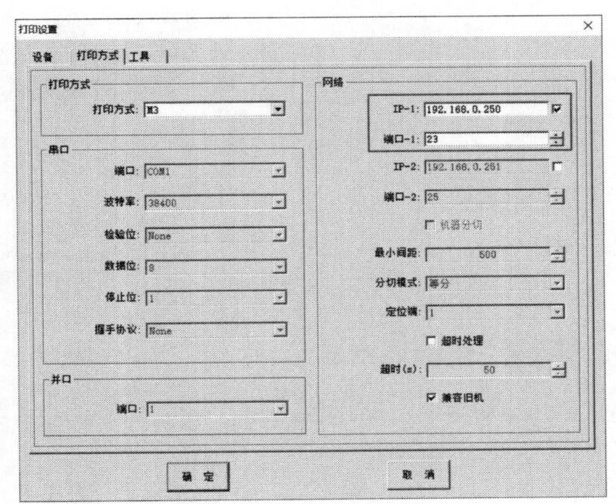

图5-27　设置IP地址

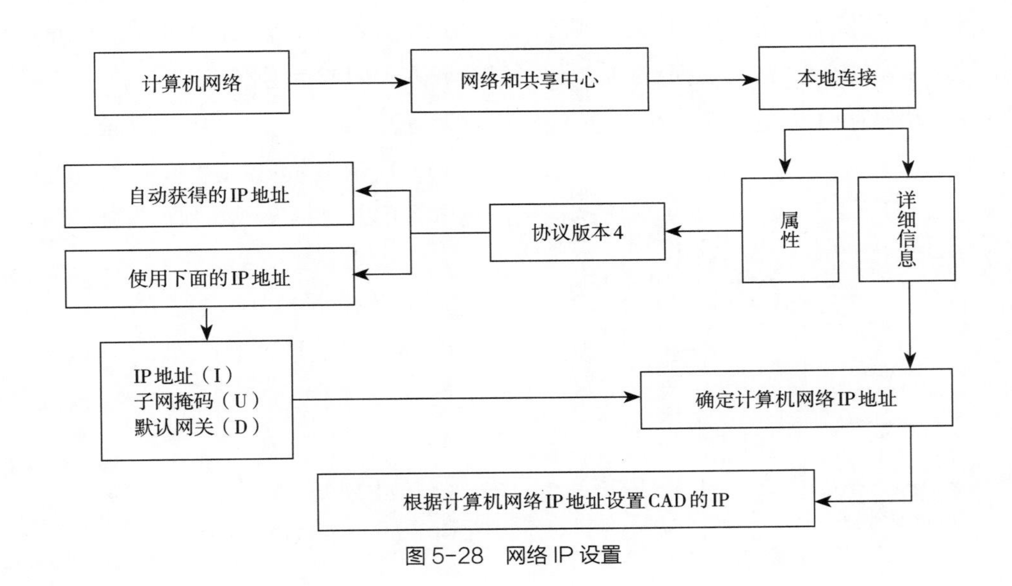

图5-28　网络IP设置

具体计算机网络设置和CAD网络IP如图5-29所示。

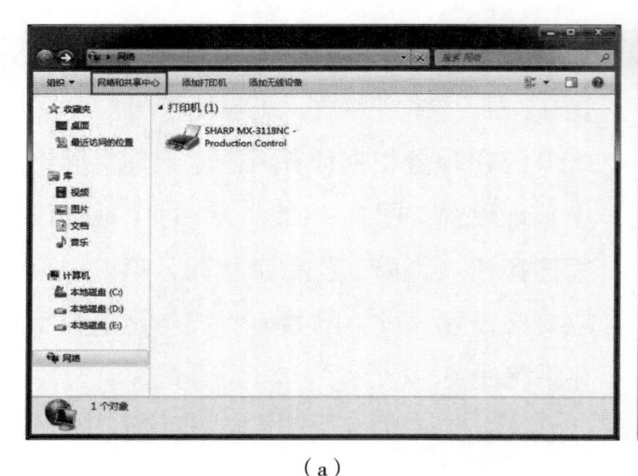

（a）

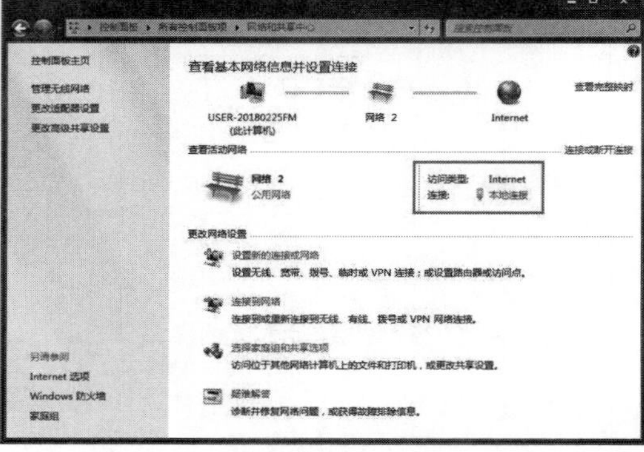

（b）

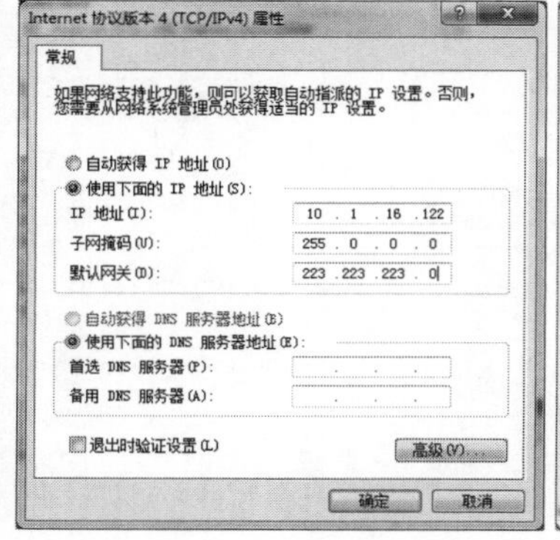

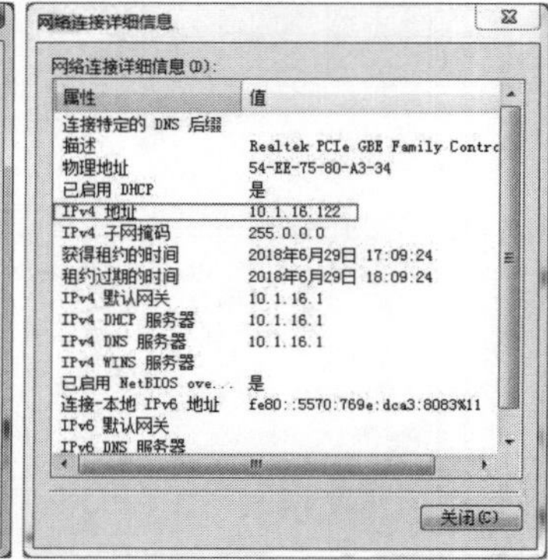

（c）　（d）

图5-29　IP设置

（8）【最近文件】打开CAD关闭或者退出时未保存的文件样片，打开恢复步骤可以在自动保存中设置（图5-30），一般设置参数不小于5，即文件样片打开恢复步骤在关闭或者退出前操作的5个步骤以前所有的内容，5个步骤以内不能打开。

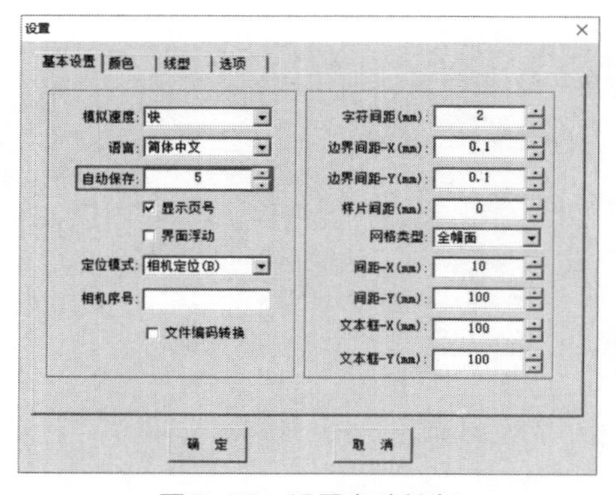

图5-30　设置自动保存

（9）【退出】直接退出数字化CAD系统，退出前可以选择是否需要保存当前文件。

2. 编辑（图5-31）

（1）【撤销】点击［Ctrl］+［Z］，取消上一步操作，还原原来执行的操作。

（2）【恢复】点击［Ctrl］+［Y］，对样板进

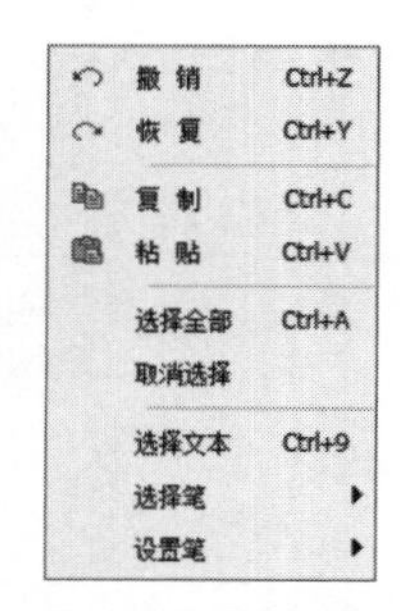

图5-31　编辑菜单

行编辑修改时，恢复上一步操作。

（3）【复制】点击［Ctrl］+［C］，在退出工具选项时，左键单击或框选目标后呈红色，框选有从左侧向右侧红色虚线框选和从右侧向左侧红色实线框选，两种选中方式。从左侧向右侧红色虚线框选覆盖到的或者接触到的所有样片、线条、文字都可以选中，从右侧向左侧红色实线框选覆盖到的所有样片、线条、文字都可以选中，只接触到但没有完全在红色选中框范围内的不可以选中。点击选择复制工具，目标选项被复制。

（4）【粘贴】点击［Ctrl］+［V］将复制的内容粘贴到目标位置单击鼠标左键确定。

（5）【全部选择】点击［Ctrl］+［A］自动把工作页内的内容全部选中。

（6）【取消选择】取消选中的内容，或者直接鼠标右键单击工作页面。

（7）【选择文本】点击［Ctrl］+［9］同时选中操作页面所有文本。

（8）【选择笔】可以同时选中操作界面中相同颜色属性的所有线条、文字。

（9）【设置笔】1 2 3 4 5 6 7 8

SP1：点击［Ctrl］+［F1］，选择SP值为1的线条。

SP2：点击［Ctrl］+［F2］，选择SP值为2的线条。

SP3：点击［Ctrl］+［F3］，选择SP值为3的线条。

SP4：点击［Ctrl］+［F4］，选择SP值为4的线条。

SP5：点击［Ctrl］+［F5］，选择SP值为5的线条。

SP6：点击［Ctrl］+［F6］，选择SP值为6的线条。

SP7：点击［Ctrl］+［F7］，选择SP值为7的线条。

SP8：点击［Ctrl］+［F8］，选择SP值为8的线条。

可以同时设置修改选中相同颜色属性的所有线条、文字、文本，可以选中线条、文字、文本。鼠标左键单击SP值，在操作页面区域单击右键结束，可以改变线条、文字、文本SP值颜色。

不同颜色的SP值与自动模板切割机的SP值相对应，SP值均可以设置为笔工具、铣刀（切纸刀）工具、刻刀工具，CAD的SP值在模板设计制作使用时与切割机的设置对应。

3. 查看（图5-32）

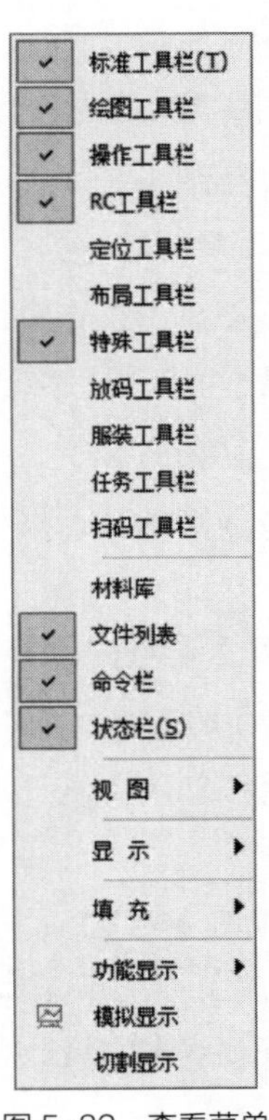

图5-32　查看菜单

（1）【标准工具栏（T）】在操作页面显示标准工具栏。

（2）【绘图工具栏】在操作页面显示绘图工具栏。

（3）【操作工具栏】在操作页面显示操作工具栏。

（4）【RC工具栏】在操作页面显示RC工具栏。

（5）【状态栏（S）】在操作页面显示状态栏。

（6）【视图缩放】选择视图缩放工具，将鼠标光标移动至需要放大区域，左键框选要放大的内容，选中内容就能自动放大。可以在选择工具状态下，滚动鼠标中间滑轮，操作页面可以在光标停留的位置随着鼠标中间滑轮滚动放大和缩小操作页面。

（7）【全屏缩放】点击［Ctrl］+［Enter］，鼠标左键点击工具，全屏显示当前页面所有的内容。

（8）【视图移动】鼠标左键点击工具，在鼠标左键点击操作页面，在视图大小不变的情况下可以任意移动当前的页面。可以在选择工具状态下，按住鼠标中间滑轮不松开，移动鼠标，操作页面可以任意移动。

（9）【标尺】点击此工具，在操作页面显示操作界面的大小。

（10）【模拟显示】计算机模拟显示机器切割路线。

4. 工具（图 5-33）

（1）【选择】点击［ESC］，鼠标左键点击工具或者双击右键或鼠标点选退出工具操作。

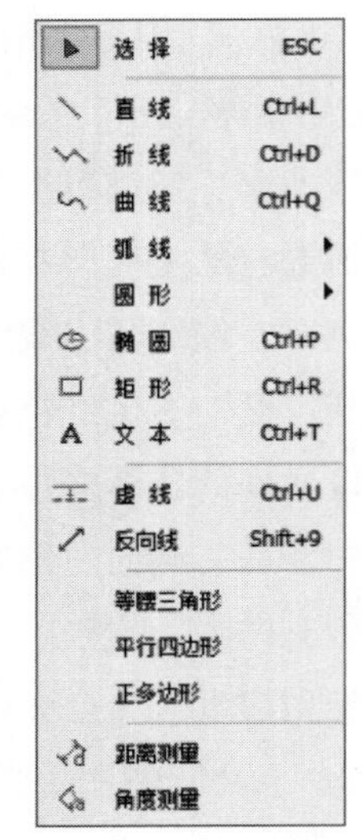

图 5-33　工具菜单

（2）【直线】点击［Ctrl］+［L］，鼠标左键在操作页面点击起始点，向外移动鼠标再次点击左键，在弹出的对话框中输入长度、角度，鼠标左键点击确定。鼠标左键点击起始点后自动生成x轴与y轴的坐标，坐标右端±0°，左端±180°，上端+90°，下端−90°。箭头端点为前端，圆圈端点为后端（图5-34）。

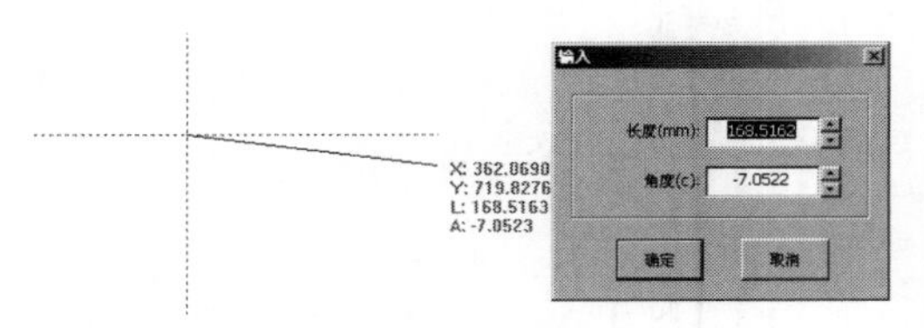

图 5-34　画直线

（3）【曲线】点击［Ctrl］+［Q］，鼠标左键在操作页面点击起始点，移动鼠标再点击下个点成弧点角，点右键结束（图5-35）。

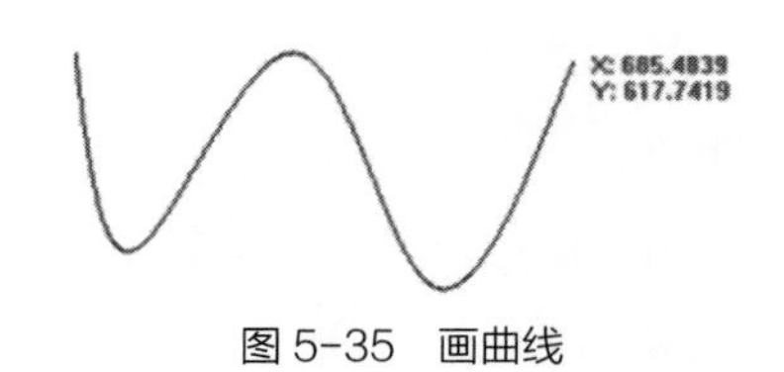

图 5-35　画曲线

（4）【弧线】点击［Ctrl］+［H］，鼠标左键单击操作界面生成圆心起始点，移动鼠标、单击左键形成第一弧线点，再移动鼠标单击左键形成第二点，生成圆弧半径，最后在弹出的对话框中输入半径、角度确定生成圆弧。如果需要在线条上或者角度线上做弧线，直接鼠标左键单击需要做弧线的起始点，移动鼠标光标至需要做弧线的线条上，单击左键形成第一弧线点再移动鼠标光标至第二条线上，单击左键形成第二点，在弹出的对话框中输入半径，确定生成线条上或者角度线上的弧线（图5–36）。

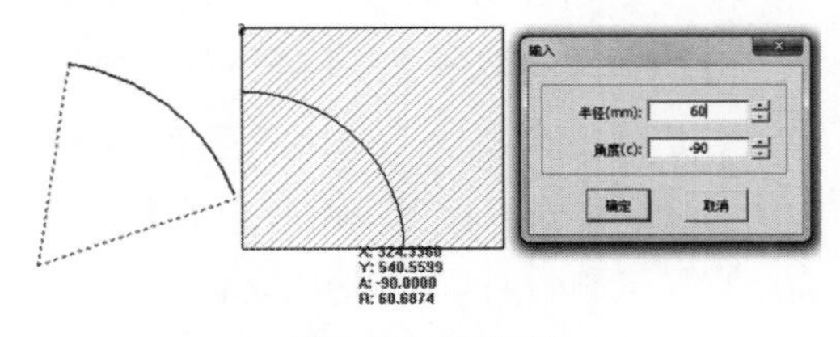

图 5-36　画弧线

（5）【圆形】点击［Ctrl］+［E］，鼠标左键单击操作界面生成圆的中心点，移动鼠标直接输入半径（命令栏有显示），输入完成单击回车键确定生成圆形（图5–37）。

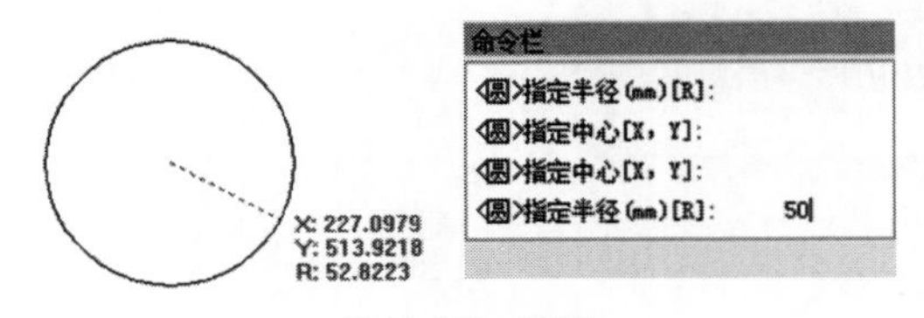

图 5-37　画圆

（6）【椭圆】点击［Ctrl］+［E］，鼠标左键单击操作界面生成椭圆的中心点，移动鼠标，根据命令栏提示直接输入椭圆的坐标角度和半径（2，180，半径），单击回车键［Enter］，继续输入半径，最后单击回车键确定（图5–38）。

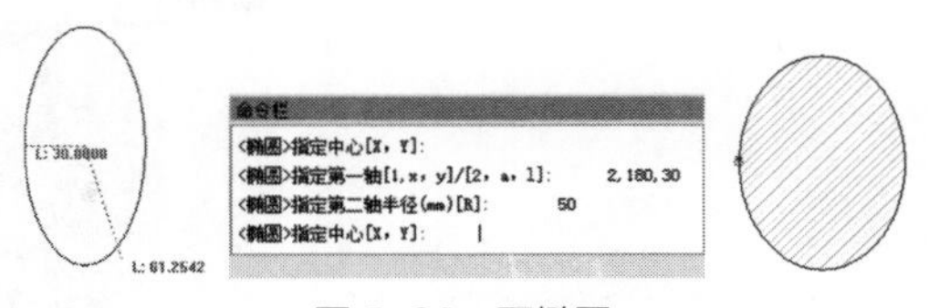

图 5-38　画椭圆

（7）【矩形】点击［Ctrl］+［R］，鼠标左键单击操作界面生成矩形起始点，移动鼠标直接输入长度和宽度（命令栏有显示），长度和宽度中间输入逗号隔开。鼠标左键单击操作界面生成矩形起始点，移动鼠标光标自动生成隐形坐标，可以输入正负矩形数据，如（50，80），输入完成鼠标单击回车键确定（图5–39）。

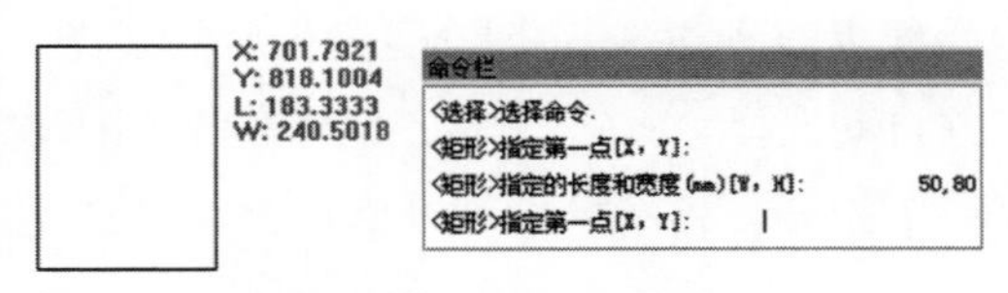

图 5-39　画矩形

（8）【文本】点击［Ctrl］+［T］，鼠标左键单击操作界面生成文本起始点，移动鼠标生成文本方向辅助线，再单击鼠标左键弹出文本对话框，输入字体笔号（默认1号）、高度（文本字体的大小）、角度、是否文本转化为线、文本框输入文本（不选择确定后的文本以文字的形式呈现，操作页面放大或者缩小时文本视觉上不会有放大或者缩小变化，实际打印厚度效果和对话框输入的高度一样。选择后的文本以线条组成文字的形式呈现，操作页面放大或者缩小时文本视觉上有放大或者缩小变化），鼠标左键单击确定（图5–40）。

（9）【自定义虚线】点击［Ctrl］+［U］，鼠标左键选择实线或者连接线l_1，左键单击工具，自动弹出对话框，在对话框输入实心长度和空心长度，点击确定，实

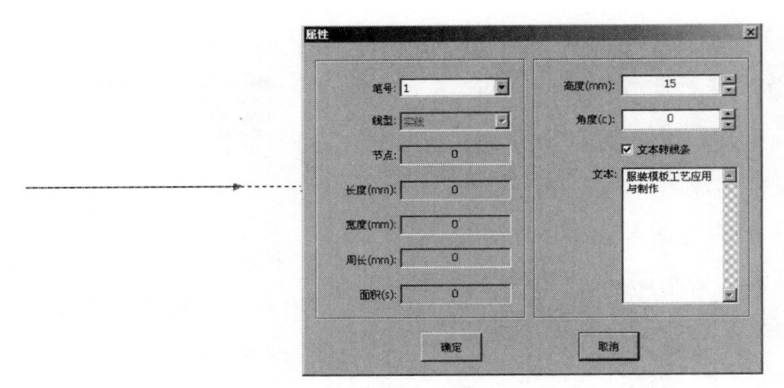

图 5-40　输入文本

线或者连接线生成虚线l_2（图5–41）。

（10）【反向线】点击［Shift］+［9］，鼠标左键选中线条，单击工具，最后在原始线上自动生成一条与端点相反的线条，并自动选择［Esc］工具，鼠标左键单击线条不松开，移动鼠标可以移动出在原始线上做的反向线，移动到指定位置后松开左键（图5–42）。

（11）【正多边形】选择工具后直接在操作页面输入坐标，点击回车键［Enter］确定，移动鼠标光标，单击鼠标左键，在弹出的对话框输入段数和长度确定多边形（图5–43）。

（12）【距离测量】测量两点之间的距离，选择距离测量工具，左键单击测量起始点A，移动鼠标再单击测量结束点B，命令栏显示测出的距离（图5–44）。

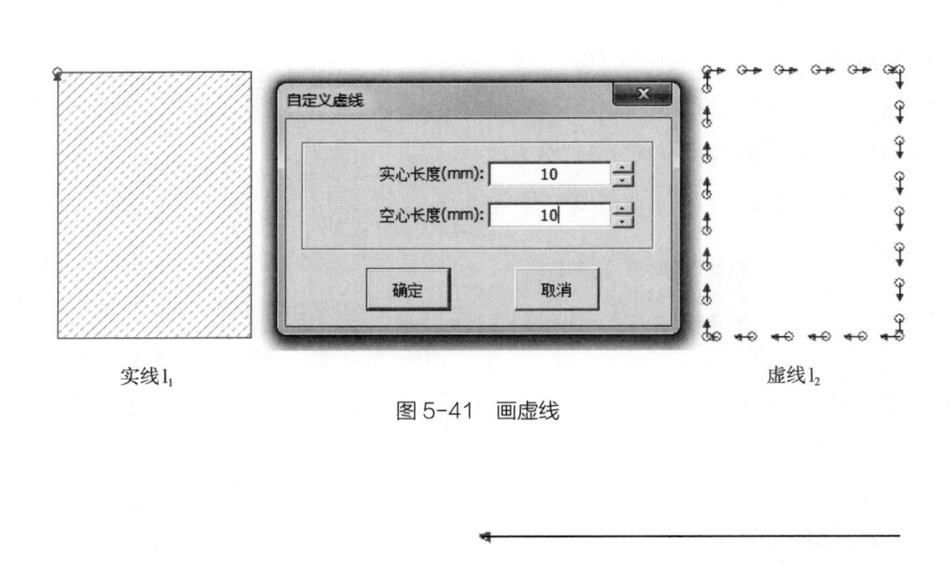

图 5-41　画虚线

图 5-42　画反向线

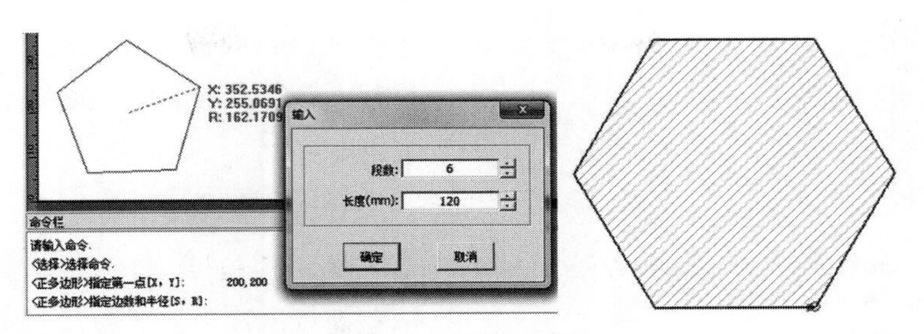

图 5-43　画正多边形

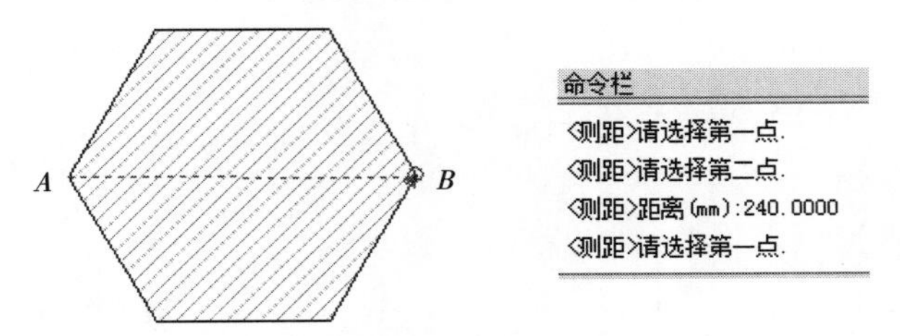

图 5-44　距离测量

（13）【角度测量】测量两线之间的夹角，选择角度测量工具，鼠标左键单击需要测量夹角的两条线段l_1、l_2，命令栏显示测量的角度（图5-45）。

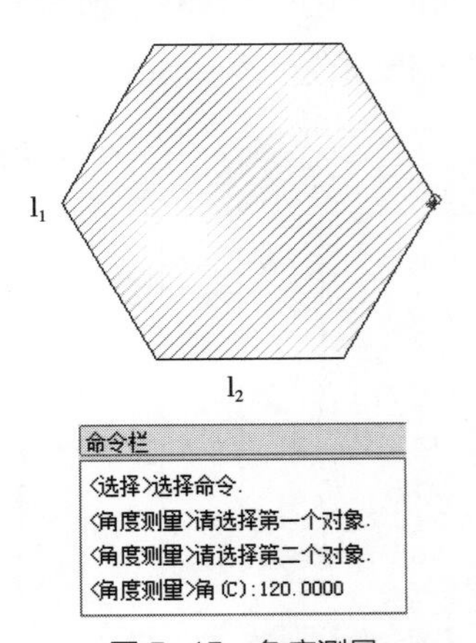

图 5-45　角度测量

5. 修改（图 5-46）

（1）【删除】点击［Delete］，选择需要删除的对象，然后点工具删除。

（2）【移动】点击［Shift］+［M］，打开【移动】工具，移动方式有如下两种。

①移动到相应坐标位：选择要移动的样片，选择移动工具，再鼠标左键点击选择要移动的样片，在命令栏里输入移动到指定位置的坐标（坐标x与y逗号隔开），如（50，50），单击［Enter］键确定（图5-47）。

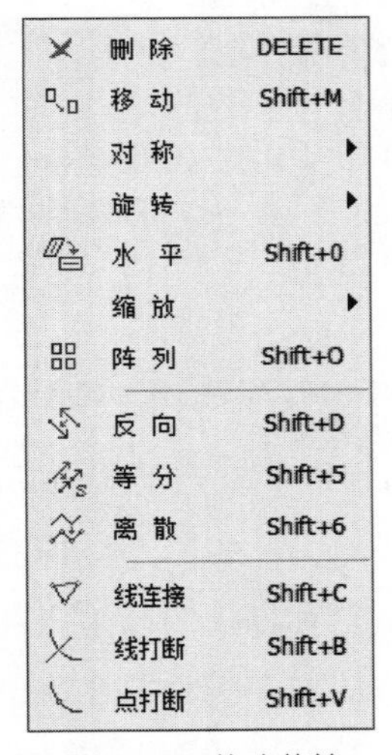

图 5-46　修改菜单

②以原位置为起点移动：选择要移动的样片，选择工具，鼠标左键单击选择要移动的样片或者操作页面（选中按住［Ctrl］键移动可以复制移动），鼠标左键单击确定（图5-48）。

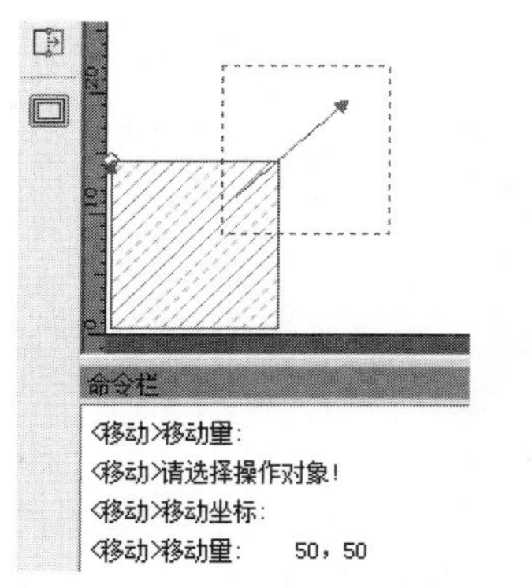

图 5-47　移动到相应坐标位

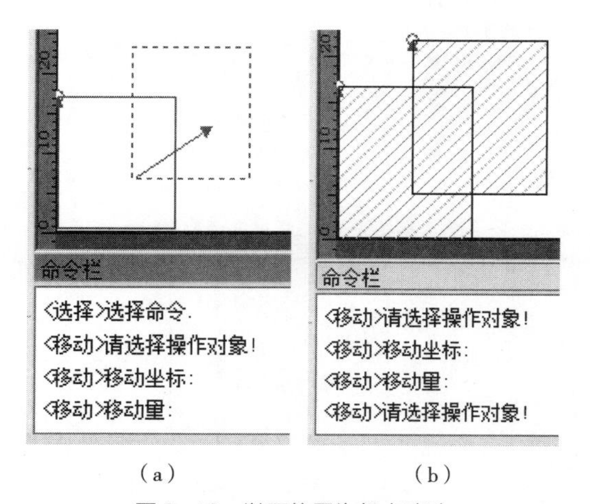

（a）　　（b）

图 5-48　以原位置为起点移动

（3）【对称】点击［Shift］+［S］，选择对称工具，选中需要对称的样片，鼠标左键单击对称样片的起始点，移动鼠标将实线和虚线辅助线重叠在一起（可以任意角度），按住［Ctrl］键不松开，单击左键确定（图5–49）。

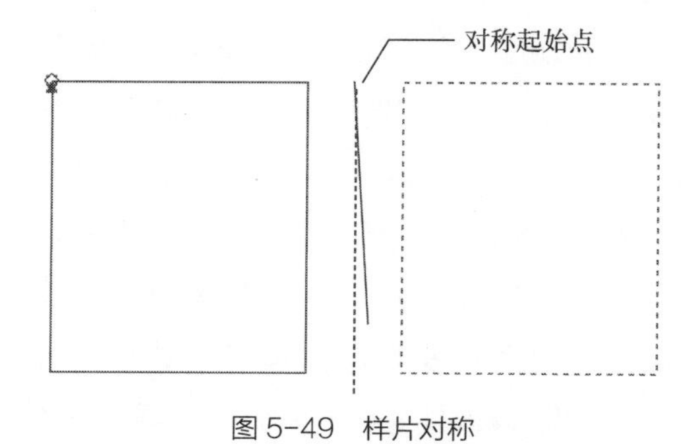

图 5-49　样片对称

（4）【线对称】点击［Shift］+［L］，打开【线对称】工具，线对称的作法有如下两种。

①选择【线对称】工具，选中需要做线对称的样片，按住［Ctrl］键不松开，鼠标左键点击选中需要做线对称的样片线，点击【确定】（图5–50）。

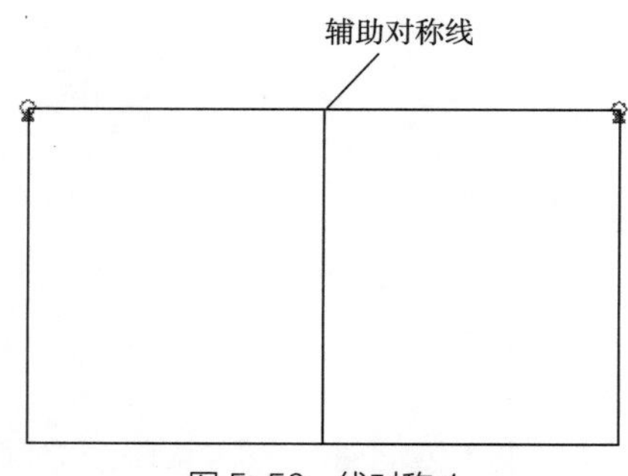

图 5-50　线对称 1

②选择【线对称】工具，选中需要做线对称的样片，按住［Ctrl］键不松开，鼠标左键点击选择样片外的辅助线，点击【确定】（图5–51）。

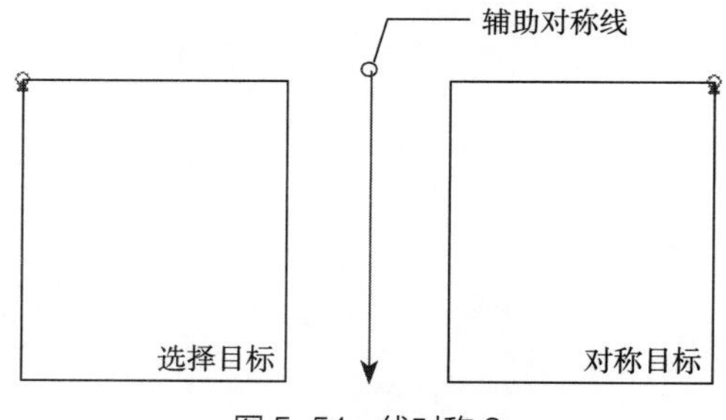

图 5-51　线对称 2

（5）【旋转】点击［Shift］+［R］选择需要旋转的样片，选择工具，在操作页面或者样片选择一个旋转角单击鼠标左键，移动旋转鼠标将实线和虚线辅助线重叠在一起（可以任意角度），单击鼠标左键移动鼠标，再次单击鼠标左键在对话框输入旋转角度，点击【确定】（图5–52）。

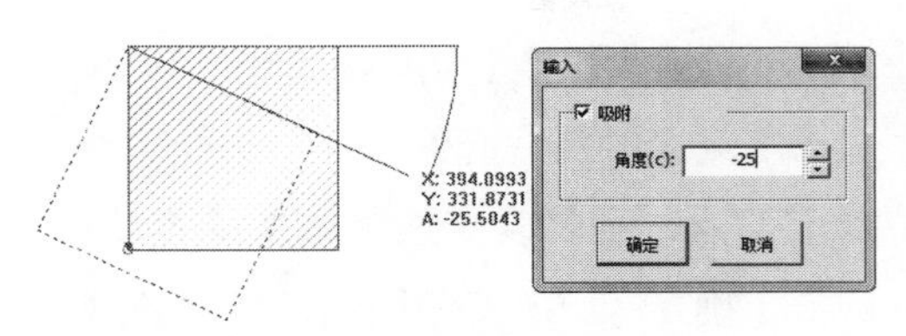

图5-52　旋转样片

（6）【中心旋转】点击［Shift］+［H］，选择需要中心旋转样片，选择工具，鼠标左键点击操作页面或者旋转目标，单击鼠标左键，在对话框输入旋转角度，点击【确定】（图5-53）。

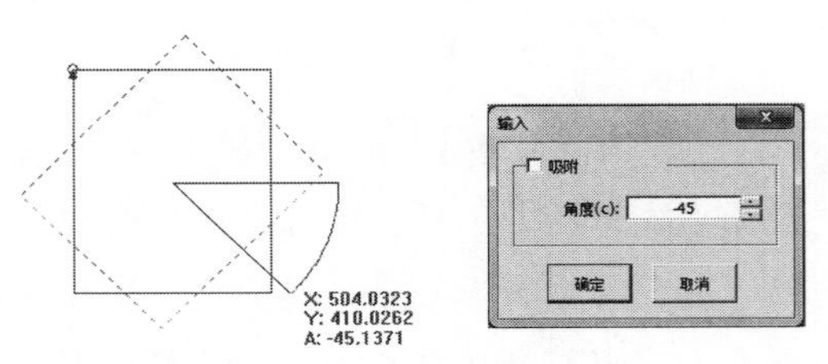

图5-53　中心旋转样片

（7）【旋转90°】点击［Space］，选择需要90° 旋转样片，鼠标左键单击工具完成旋转（图5-54）。

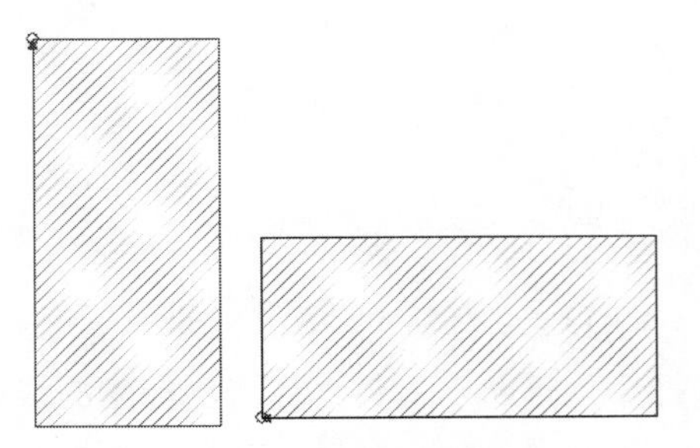

图5-54　样片旋转90°

（8）【水平】选择工具，选择需要做水平调整的样片，鼠标左键单击选择目标做水平辅助线（根据需求任意选择），选择的目标以辅助线为基准自动水平（图5-55）。

（9）【缩放】点击［Shift］+［Z］，选择样片，选择工具，在对话框输入X与Y缩放的比例，或者长度和宽度的大小，点击【确定】（图5-56）。

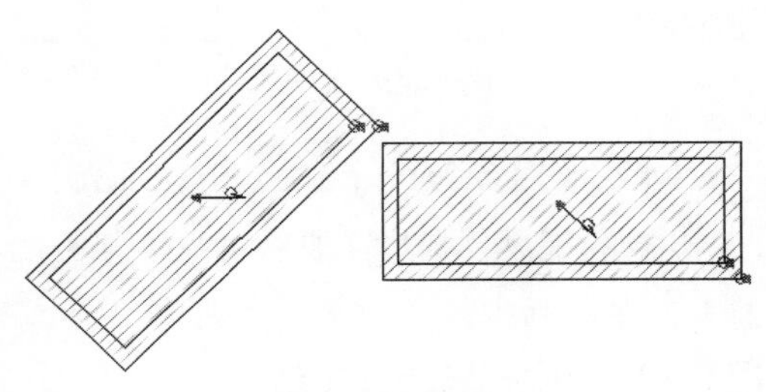

图5-55　水平

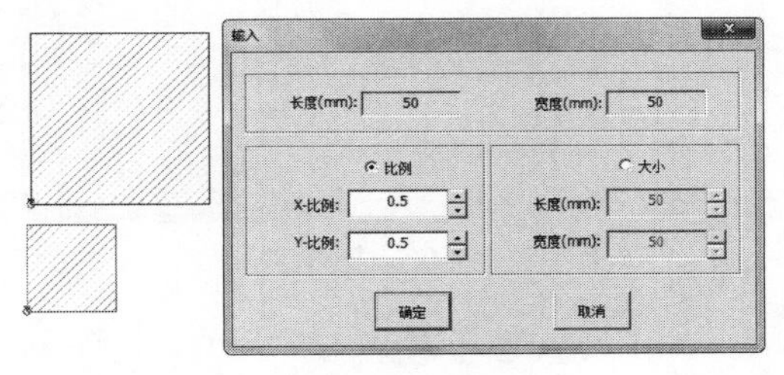

图5-56　缩放

（10）【阵列】点击［Shift］+［O］，选择样片，选择工具，在对话框选择阵列类型，输入列数、行数、列间距、行间距，点击【确定】（图5-57）。

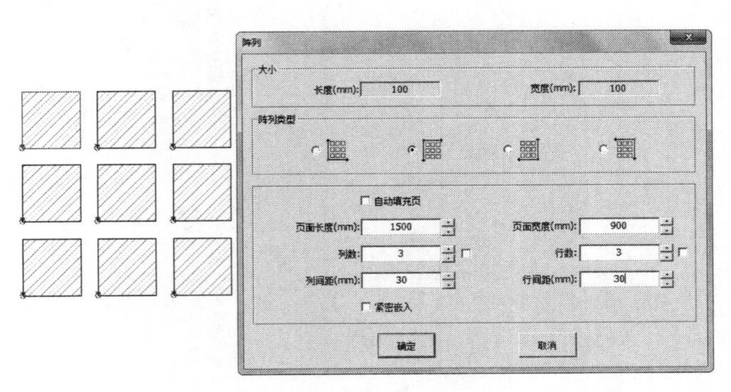

图5-57　阵列

（11）【反向】点击［Shift］+［D］，选择需要做反向的目标，选择工具，目标端点方向自动改变。或者先选择工具，单一选择目标，自动改变端点方向（图5-58）。

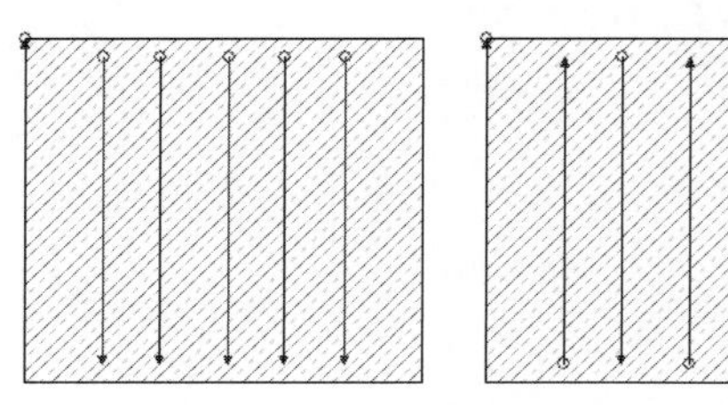

图5-58 反向

（12）【对象等分】点击［Shift］+［5］，选择工具，选择需要做对象等分的目标l_1，在对话框输入需要等分段数，点击【确定】完成等分线段l_2（图5-59）。

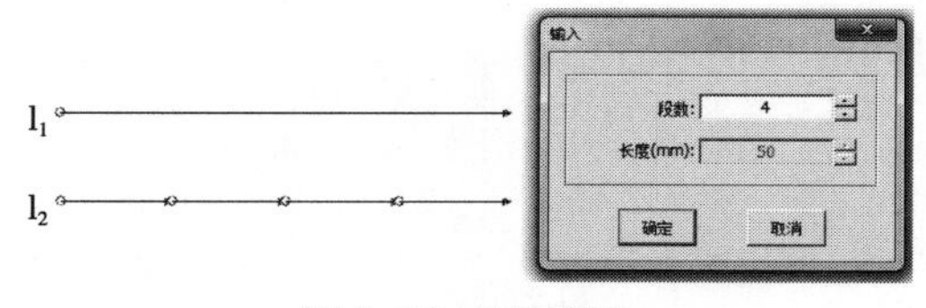

图5-59 对象等分

（13）【离散】点击［Shift］+［6］，选择端点连接完整的样片（多个线条端点连接在一起，自动显示填充物，最终显示两个端点），点击工具，多个线条端点连接在一起的样片端点位置自动离散开（图5-60）。

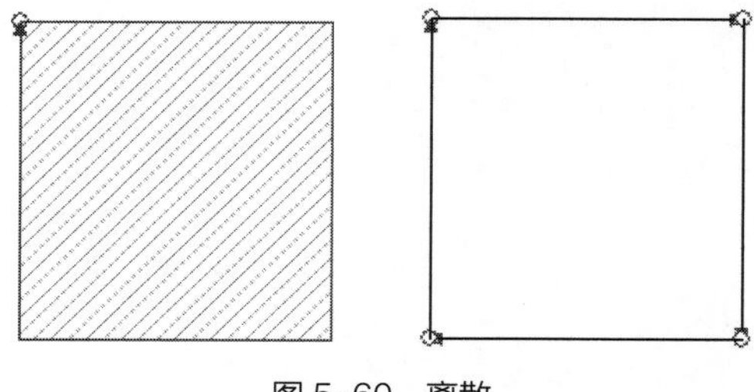

图5-60 离散

（14）【线连接】点击［Shift］+［C］，选择端点接触在一起的样片，选择【线连接】工具，可以改变连接精度或者默认，点击【确定】，SP值相同的两条线连成一条线（图5-61）。

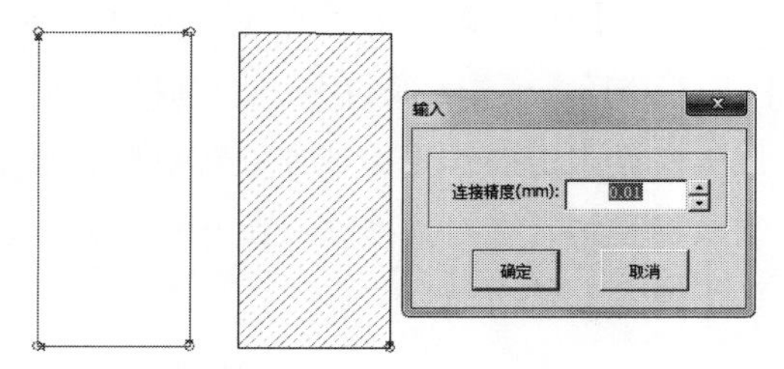

图5-61 线连接

（15）【线打断】点击［Shift］+［B］，选择【线打断】工具，鼠标左键点击线条第一点，再点击第二点，目标线条自动从端点连接点打断（图5-62），没有端点连接点不可以打断。

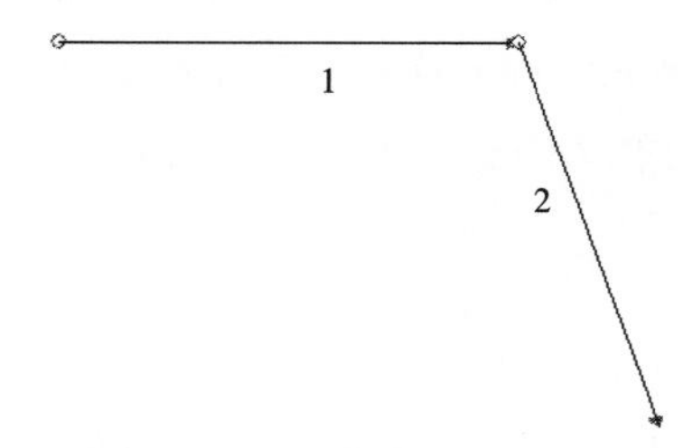

图5-62 线打断

（16）【点打断】点击［Shift］+［V］，选择【点打断】工具，在需要打断的线条上单击鼠标左键，目标线条显示点打断成功（图5-63）。

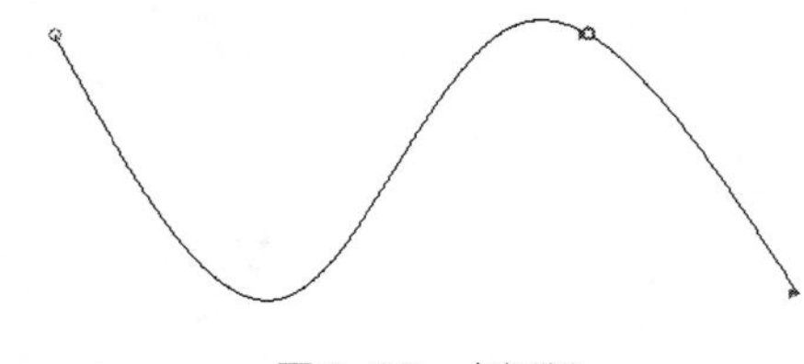

图5-63 点打断

6. 操作工具栏（图 5-64）

菜单项	快捷键
自认样片	Shift+I
分解样片	Shift+DELETE
样片合并	Shift+Y
样片分割	Shift+E
路径优化	Shift+P
样片优化	Shift+T
增加点	
弧线加点	Shift+Q
删除重复线	
删除多余点	
删除内部对象	Ctrl+DELETE
设置刀起点	Shift+K
剪口识别	Shift+J
设置线条顺序	Shift+N
设置样片顺序	Shift+A
设置裁剪分段	
自动排样	
高级排料	Shift+F2
锁定/解锁	F9

图 5-64 操作菜单

（1）【样片分割】点击［Shift］+［E］，将样片分割成所需要的小块，在样片需要分割处画一条分割线，选择样片分割工具，先单选目标样片线，再单选分割线，样片自动分割完成（图5-65）。

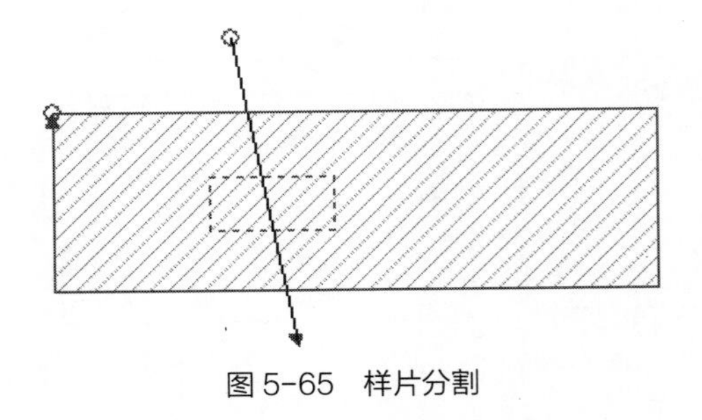

图 5-65 样片分割

（2）【样片合并】点击［Shift］+［Y］，选择工具，鼠标左键单击第一个样片需要合并的线条，再单击第二个需要合并的样片线条，在弹出的对话框中选择样片合并后的线型，然后点击【确定】（图5-66）。

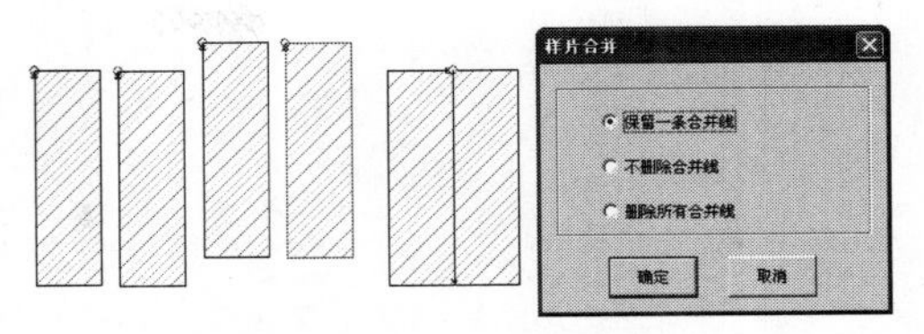

图 5-66 样片合并

（3）【路径优化】点击［Shift］+［P］，选择【路径优化】工具，自动弹出对话框，可以选择【最小路径优化】后切割方向，是否按笔号（SP值）顺序优化，自动对操作页面中的所有目标优化。选择按【笔号顺序优化】，点击【确定】，打印输出切割时，按同一个操作页面目标，先操作完所有SP1目标，再操作SP2目标，依次进行（图5-67）。

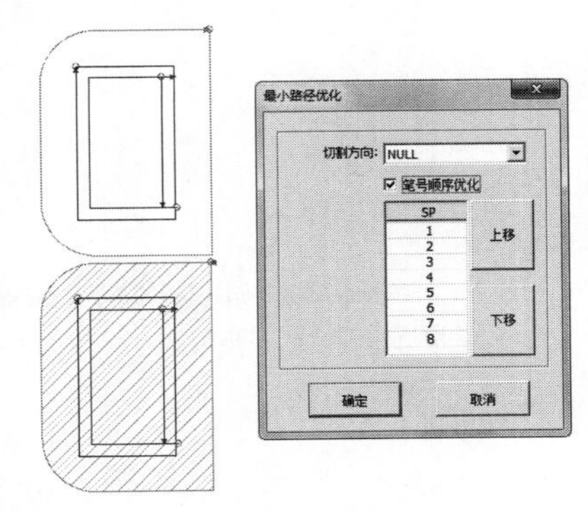

图 5-67 路径优化

（4）【样片优化】点击［Shift］+［T］，选择【样片优化】工具，自动弹出对话框，可以选择样片优化后的【优化类型】、【切割方向】、【按笔号顺序优化】，自动对操作页面中的所有目标优化。按实际设计时的需求选择优化项目、SP值，选择【自认样片】后可以对小对话框的项目选项单独选择。样片优化完成后打印输出切割时，按同一个操作页面单独样片，先操作完所有SP1目标，再操作SP2目标，依次进行（图5-68）。

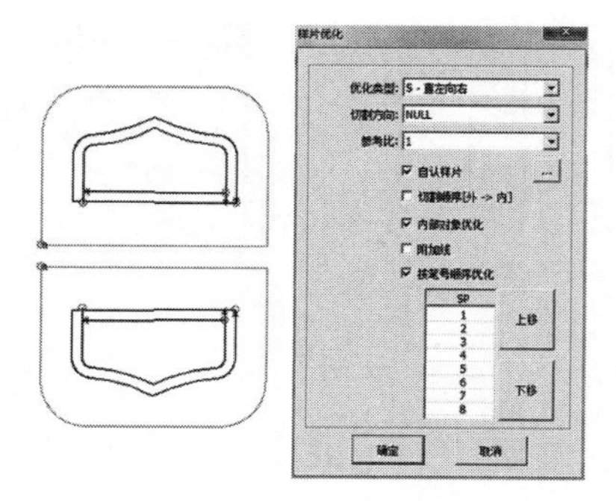

图 5-68　样片优化

（5）【删除重复线】选择需要操作的样片，选择工具，在对话框中输入需要删除重复线的最大间距、最大角度，选择其他选项，点击【确定】，可以删除操作目标样片中同一条线上的重复线（图5-69）。

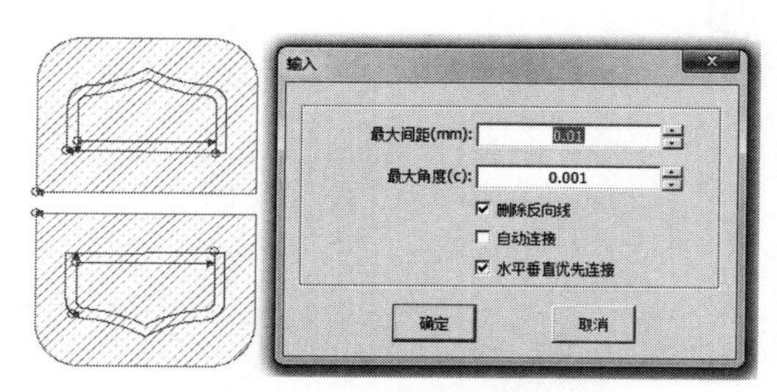

图 5-69　删除重复线

（6）【删除多余点】删除操作目标样片中同一点位上的多余点，操作使用方法与删除重复线相同。

（7）【增加点】选择工具，鼠标左键单击操作样片线条端点，沿线移动鼠标光标（沿线移动后的线条显示灰色），再点击左键，在对话框中输入增加点的相关数据，点击【确定】（图5-70）。

（8）【设置刀起点】点击［K］，操作页面，先样片优化，选择工具，在操作页面样片端点连接处可根据排料和切割需求，用鼠标左键单击操作项目样片线条，对完整样片、有填充的样片的切割起刀点进行修改（图5-71）。

（9）【设置样片顺序】点击［Shift］+［A］，选择工具，操作页面样片自动生成样片顺序［图5-72（a）］，鼠标左键单击样片线生成新样片顺序［图5-72（b）］。

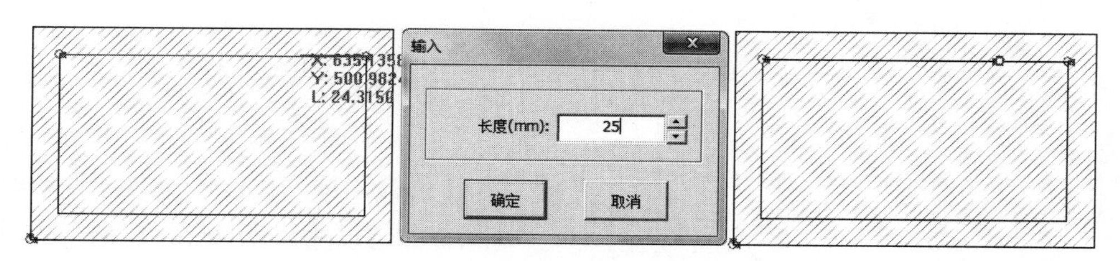

图 5-70　增加点

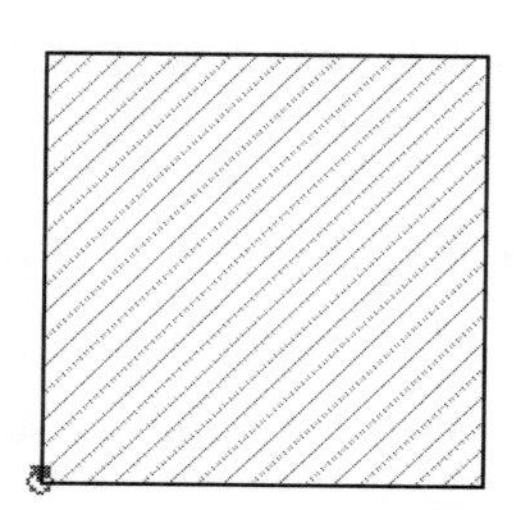
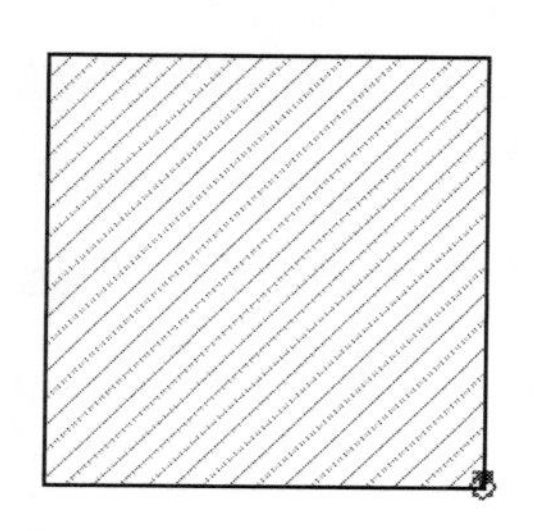

图 5-71　设置起刀点

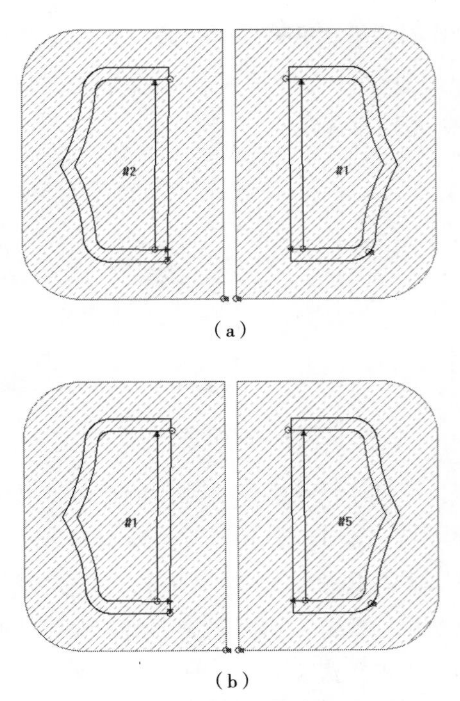

（a）

（b）

图 5-72　设置样片顺序

（10）【设置线条顺序】点击［Shift］+［N］，选择工具，框选样片自动生成线条顺序［图 5-73（a）］，鼠标左键依次单击线条，生成需要的线条顺序［图 5-73（b）］。

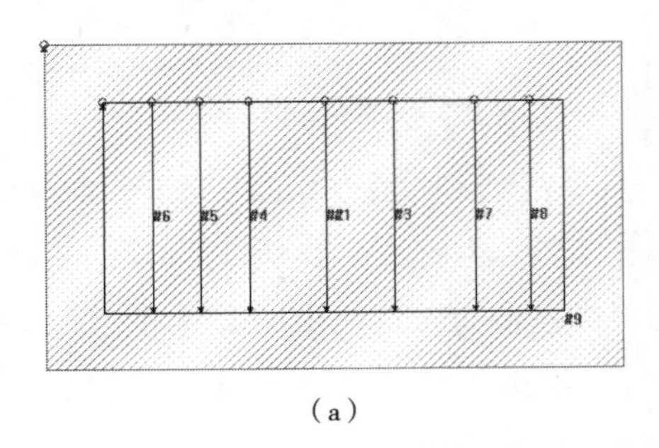

（a）

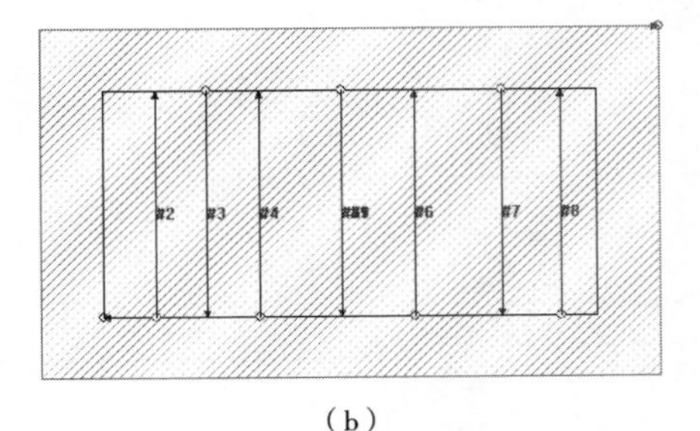

（b）

图 5-73　设置线条顺序

（11）【锁定/解锁】点击［F9］，选择操作页面中需要锁定的样片，选择工具，选择的样片显示灰色锁定状态，锁定状态下的样片不能做任何操作。再选择工具，之前锁定样片全部解锁（图 5-74）。

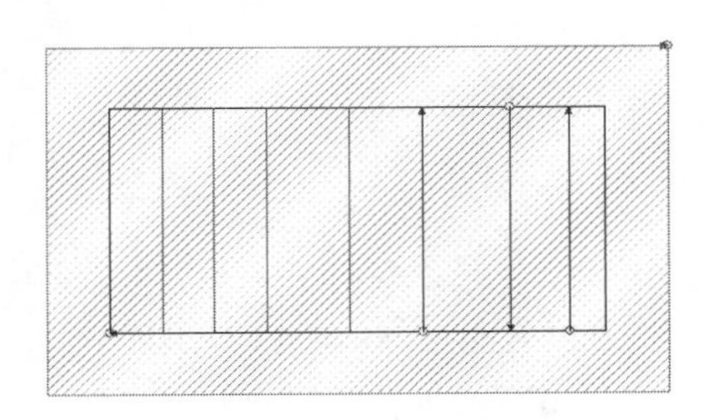

图 5-74　锁定 / 解锁

7. RC 模板工具栏（图 5-75）

工具	快捷键
手动槽线	Alt+1
自动槽线	Alt+2
平行线	Alt+3
延长线	Alt+4
外框线	Alt+5
中间线	Alt+6
垂直线	Alt+7
等分线	Alt+8
自动卡槽	Alt+9
自动卡槽库	Alt+Q
倒 角	Alt+C
圆 角	Alt+R
自定义圆弧过渡	
裁顶角	Alt+V
裁 线	Alt+B
两端裁线	Alt+T
标定点	Alt+F
交 点	Alt+I
调 整	Alt+D
计算轮廓线	Alt+L
合并连接	Alt+P
自动模板	

图 5-75　RC 模板菜单

（1）【手动槽线】点击［Alt］+［1］，选择工具，鼠标左键单击需要开槽线条的起始点，沿线移动鼠标光标到指定位置。再单击左键，在弹出对话框中输入槽线宽度，选择是否删除原始线、封闭类型、槽线笔号、是否延长长度，最后点击【确定】生成槽线（图5-76）。

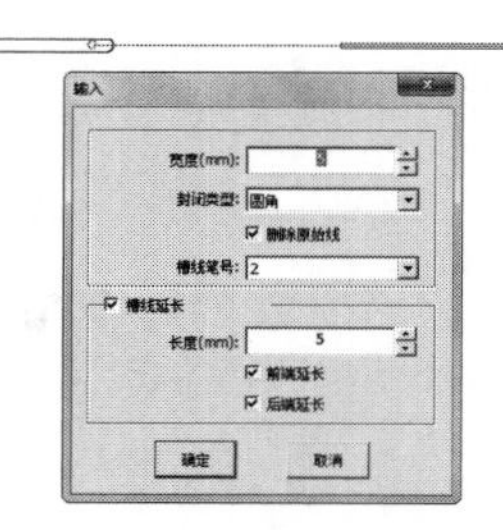

图5-76　手动槽线

（2）【自动槽线】点击［Alt］+［2］，选中要做自动开槽线的线条，选择自动槽线工具，在对话框中输入槽线宽度，选择是否删除原始线、槽线笔号、封闭类型、是否延长前端和后端长度，点击【确定】生成自动槽线（图5-77）。

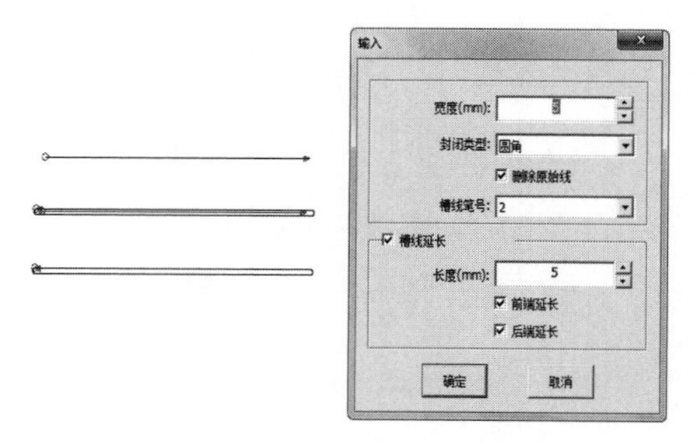

图5-77　自动槽线

（3）【平行线】点击［Alt］+［3］，选择工具，做样片整体平行或者单一线条的平行线时，鼠标左键点击需要做平行线样片的线，移动鼠标，再次单击鼠标左键弹出对话框，在对话框中输入平行线宽度，增加数量，选择是否删除原始线，点击【确定】（图5-78）。

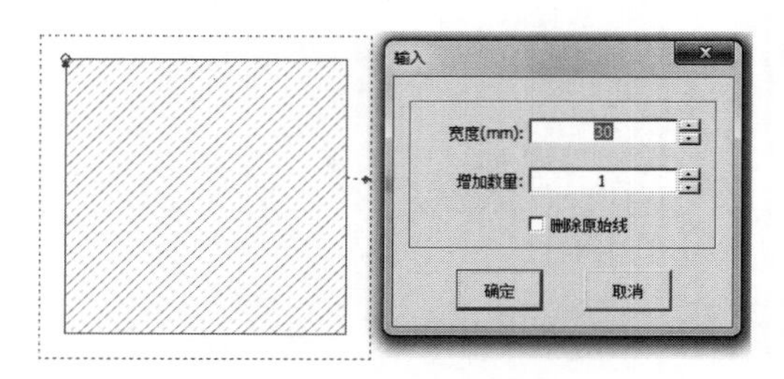

图5-78　做整体平行线

做整体样片的单一线条的平行线，选择工具，按住［Shift］键不松，鼠标左键点击需要做平行线的样片的线，移动鼠标，再次单击鼠标左键弹出对话框，在对话框中输入平行线宽度、增加数量，选择是否删除原始线，点击【确定】（图5-79）。

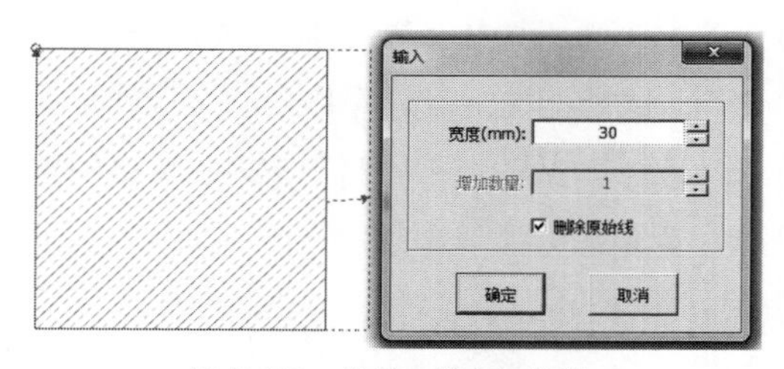

图5-79　做单一线条平行线

（4）【延长线】点击［Alt］+［4］，选择工具，左键选中要延长的线段，在弹出对话框中输入延长或者缩短的长度（延长+，缩短-），选择前端或者后端延长，点击【确定】（图5-80）。

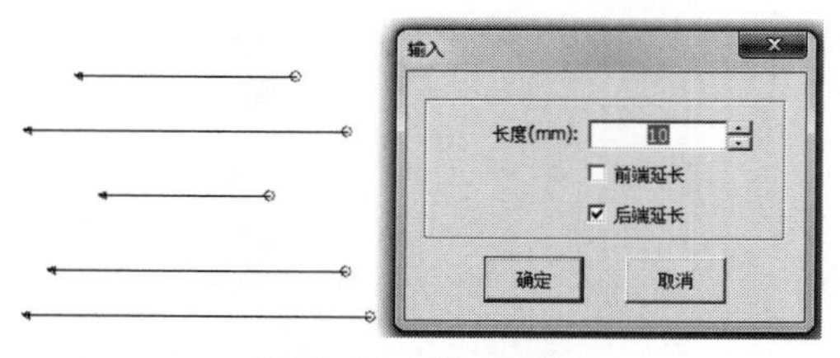

图5-80　做延长线

（5）【外框线】点击［Alt］+［5］，选择需要做外框线的样片，选择工具，在弹出的对话框输入笔号、左右端长度、顶端和底端数据，点击【确定】，生成外框线（图5-81）。

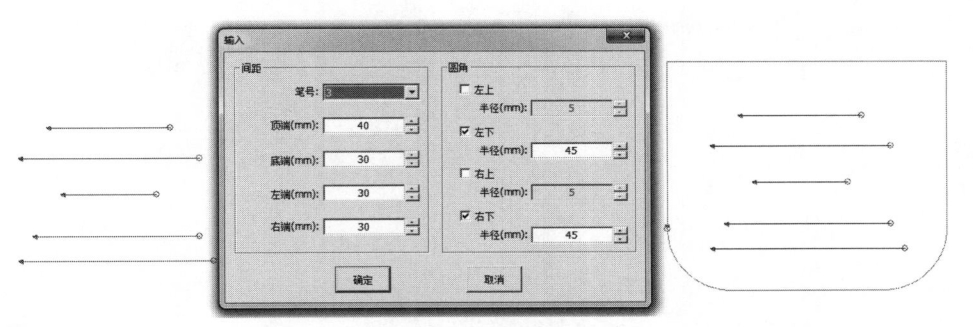

图5-81　生成外框线

（6）【自动卡槽】选择需要做自动卡槽的模板样片边框线，选择工具，在弹出的对话框输入需要做自动卡槽的数据。U型卡槽的数据是两个U型中心点，半径为实际尺寸减铣刀直径（1.5mm）的二分之一，选择倒圆角和圆角半径，实际U型卡槽与模板样板边框线连接。○型间距是两个最近距离○型中心点，深度是○型中心点到模板样板边框线，半径为实际尺寸减铣刀直径（1.5mm）的二分之一，双数是同时增加两个○各自到第一个○中心点的距离。□设置与○相同，可以单独设置□长度和宽度（图5-82）。

（7）【自动卡槽库】点击［Alt］+［Q］，选择工具，在自动弹出的对话框中输入自动外框线数据（同自动卡槽工具相同），点击保存，再输入自动卡槽数据（同自动卡槽工具相同），点击保存。最后点击添加，根据需要将当前设定的数据、缝纫机品牌型号输入对话框中点击保存。下次需要使用不同品牌型号缝纫机数据时直接选择需要添加的对象，鼠标左键单击

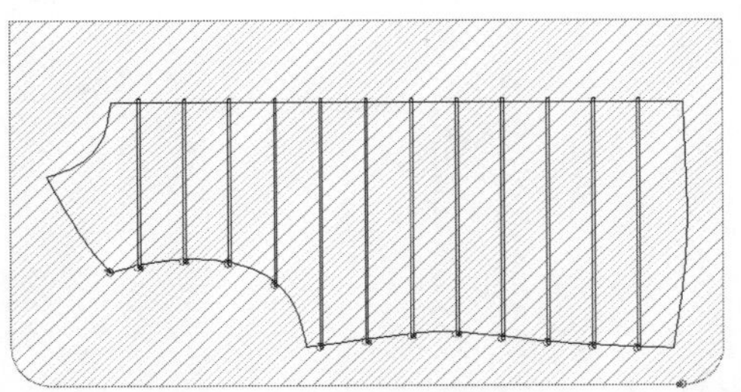

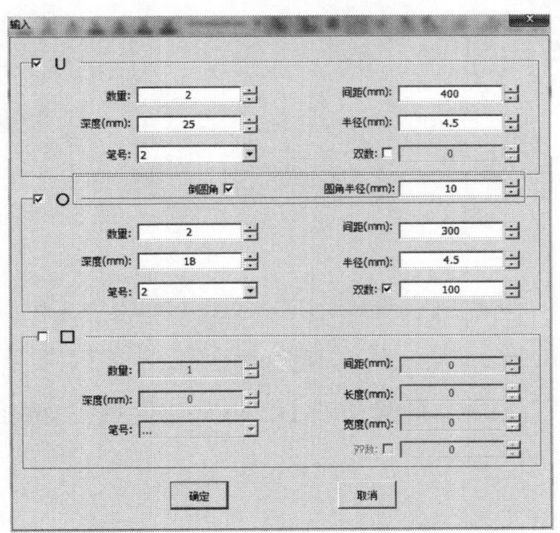

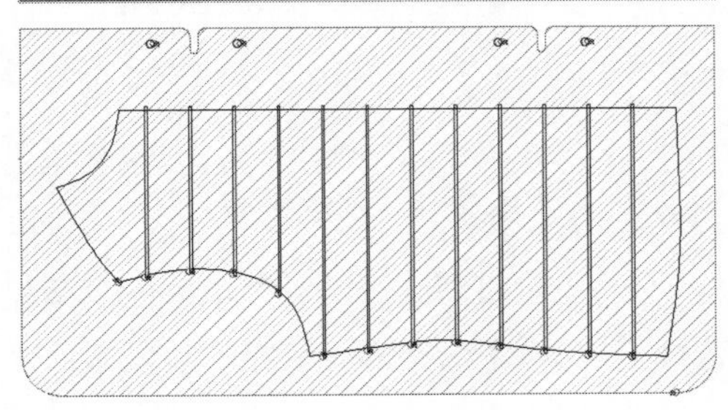

图5-82　自动卡槽

工具，在对话框左侧栏选择自己需要的缝纫机品牌型号，鼠标左键单击确定就可以直接给需要添加的对象做外边框和卡槽（图5-83）。

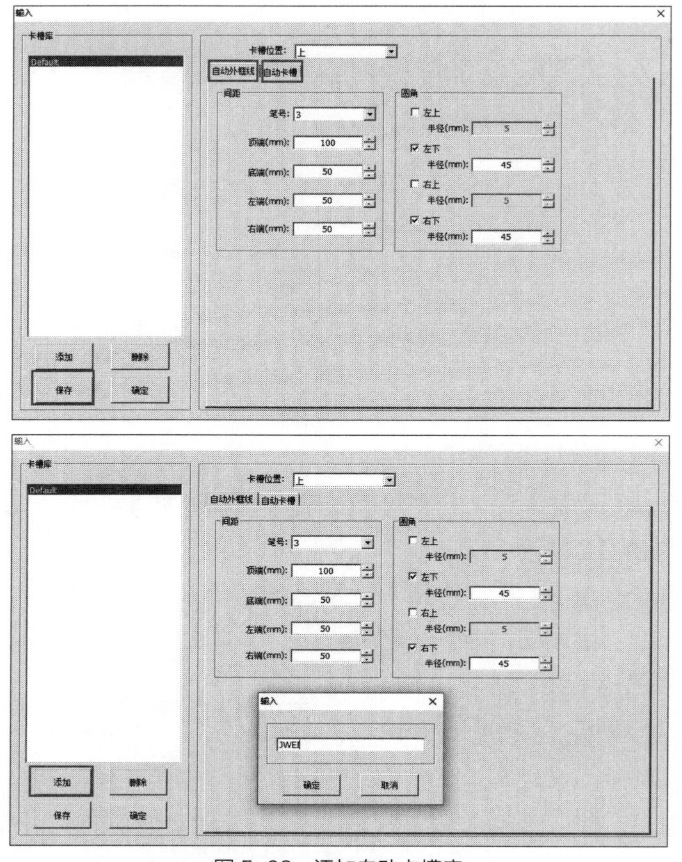

图5-83 添加自动卡槽库

（8）【中间线】点击［Alt］+［6］，选择工具，鼠标左键单击第一条线与第二条线，在两条线1/2处自动生成一条线（图5-84）。

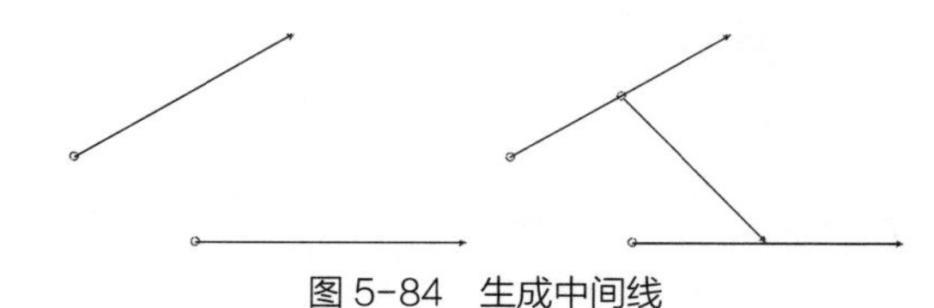
图5-84 生成中间线

（9）【垂直线】点击［Alt］+［7］，选择工具，鼠标左键单击线条移动鼠标，生产辅助垂直线，单击左键，在弹出的对话框中输入垂直长度，点击确定。需要在线条端点作垂直线，鼠标左键单击线条，移动鼠标至端点外，单击左键在弹出的对话框中输入垂直长度，点击确定（图5-85）。

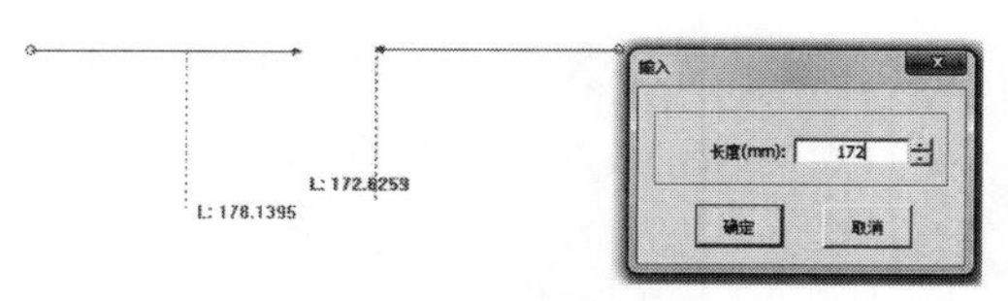

图5-85 作垂直线

（10）【等分线】点击［Alt］+［8］，选择工具，选择样片线条，在弹出的对话框中输入段数、长度，点击确定（图5-86）。

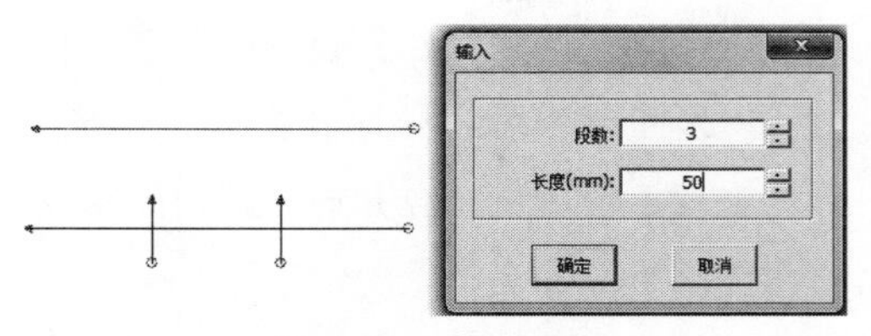

图 5-86 作等分线

（11）【倒角】点击［Alt］+［C］，选择工具，鼠标左键点选要作倒角的两条夹角边连接线，在对话框中分别输入对象1长度，对象2长度，点击确定（输入的长度数据不能大于两条夹角边连接线）（图5-87）。

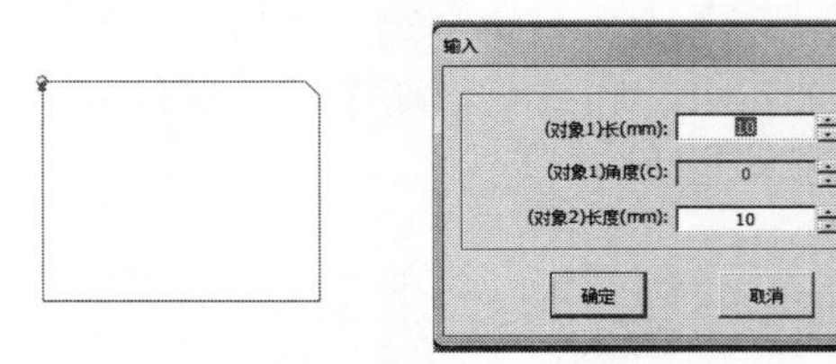

图 5-87 作倒角

（12）【圆角】*点击［Alt］+［R］，选择工具，鼠标左键点选要作圆角的两条夹角边连接线，在对话框中输入圆角半径（输入的半径数据不能大于两条夹角边连接线长度），选择是否全部，点击确定（图5-88）。

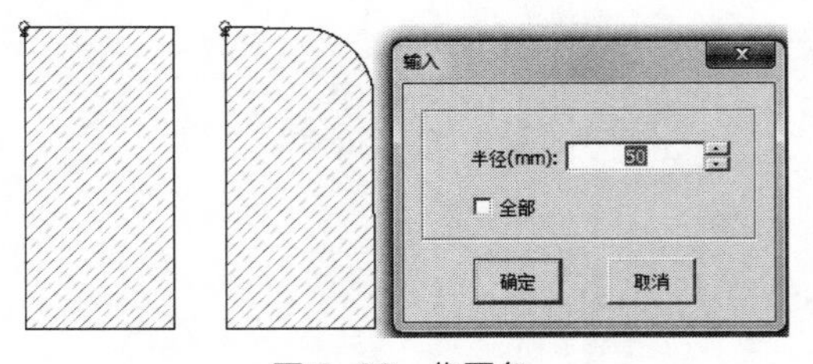

图 5-88 作圆角

（13）【裁顶角】点击［Alt］+［V］，选择工具，鼠标左键点击需要保留的两条相交叉的线条，自动裁掉多余的线条（图5-89）。

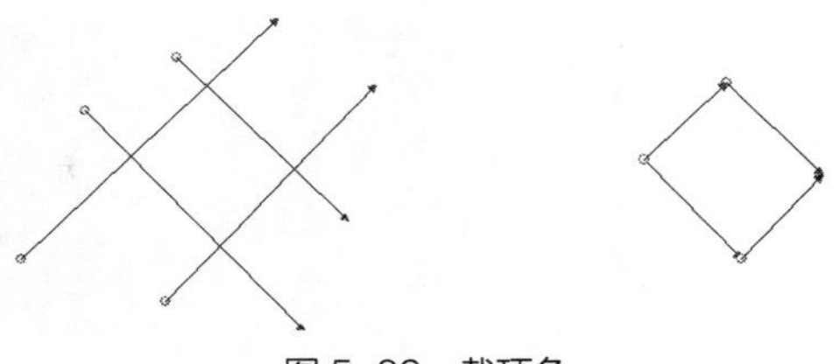

图 5-89 裁顶角

（14）【裁线】点击［Alt］+［B］，选择工具，鼠标左键先选中需要裁切掉的相交线条，再选择辅助被裁切线条，鼠标左键单击线条需要保留的一段，需要裁切的一段自动裁切掉（图5-90）。

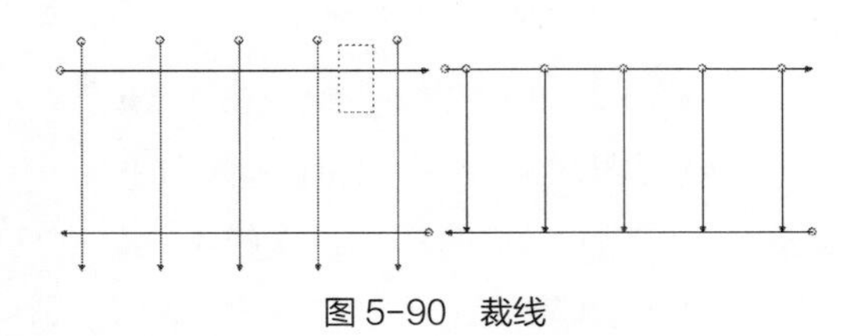

图 5-90 裁线

（15）【两端裁线】点击［Alt］+［T］，选择工具，鼠标左键框选样片没有到边或者长出边线的线条，再选择样片边线，鼠标左键单击样片，所有选择的样片线条自动连接到样片边线（图5-91）。

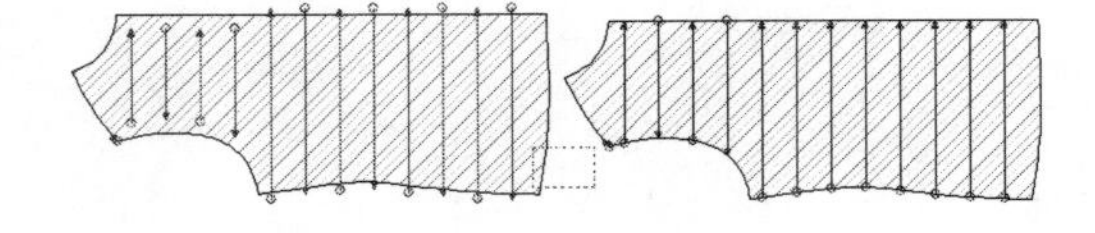

图 5-91 两端裁线

（16）【标定点】点击［Alt］+［F］，选择工具，在样片需要做标记的地方单击左键，在对话框中输入需要做标定点X方向与Y方向的数据（一般默认）和长度，点击【确定】，生成标定点（图5-92）。

（17）【交点】点击［Alt］+［I］，选择相互交叉的线条，选择工具，在对话框中选择对象离散，所有相互交叉的线条在交叉点端点离散开（图5-93）。

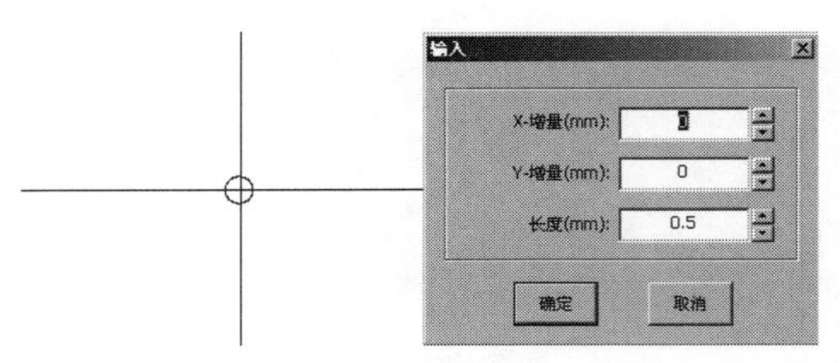

图 5-92　生成标定点

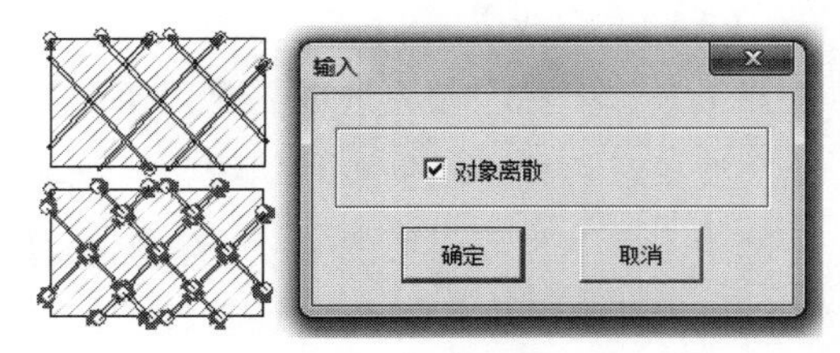

图 5-93　交点

（18）【计算轮廓线】点击［Alt］+［I］，铣刀切割完成后保持原来数据不变，选择端点连接完整的样片，选择工具，在对话框中输入宽度（铣刀二分之一宽度），外轮廓SP值，内轮廓SP值。选择原始图形，连接类型，点击确定（图5-94）。

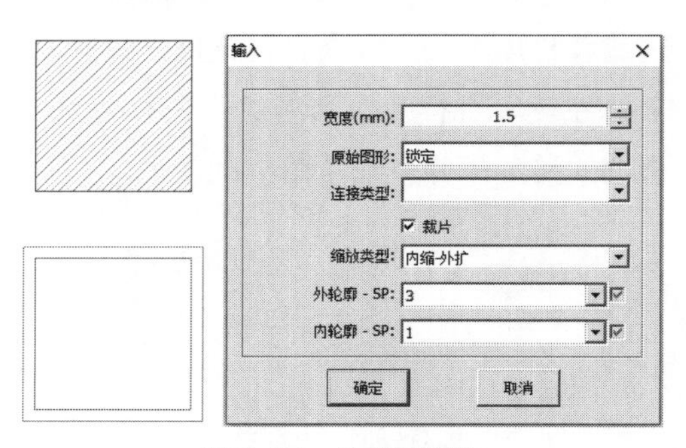

图 5-94　计算轮廓线

（19）【合并连接】点击［Alt］+［P］，选择自动槽线样片开槽线，选择工具，在对话框中选择合并连接后角的修改，选择全部半径，点击【确定】（图5-95）。

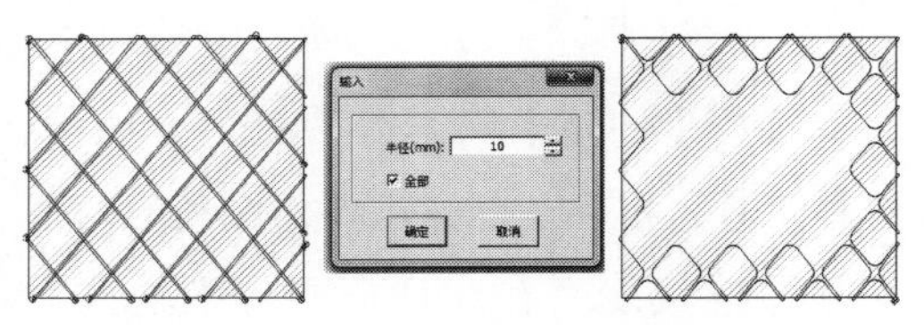

图 5-95　合并连接

（20）【自动模板】先选择样板需要开槽的缝制线，再选择工具，在相应的选项目录中输入需要的数据，或者根据需要勾选目录，最后点击【确定】，形成自动模板（图5-96）。

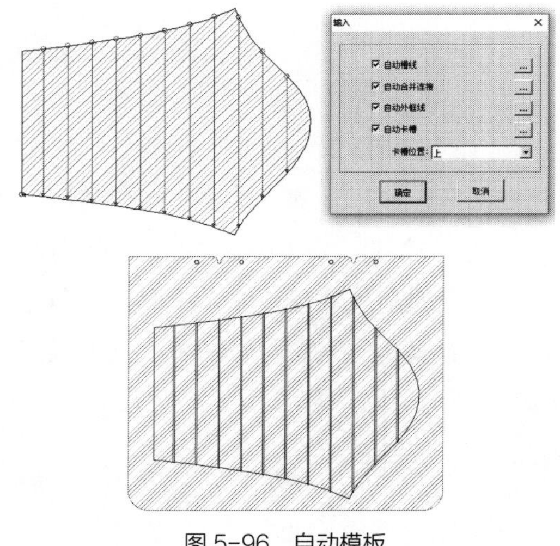

图 5-96　自动模板

第六章　服装数字化模板下装缝制工艺

教学目的：

通过教学，使学生了解服装数字化模板下装工艺的内涵及原理，熟悉服装数字化模板下装工艺设计制作原理，熟练掌握服装数字化模板下装工艺应用的原理和方法。

教学要求：

1. 详细阐述服装模板与数字化模板下装工艺的内涵及原理；2. 详细介绍服装数字化下装模板工艺开发设计、模板材料选择及切割粘贴组装固定；3. 结合实际分析服装数字化模板缝制工艺和实际操作方法。

下装是穿着在腰节之下包裹人体下身的服装，一般包括各种裙装和裤装。裙装穿着不受年龄的限制，无论是年幼的女童，青春靓丽的少女以及年过古稀的花甲老年人都喜欢裙子，各种款式的裙子不仅展示了不同年龄女性特有的美，更能体现出女性的婀娜多姿韵味和仪态万千。裤装一般泛指裤子，起源于我国战国时期，作用为保暖、御寒、时尚、遮羞蔽体，实用性很强，便于人们日常活动和生产劳作。

裙装和裤装各式各样种类很多，裙装一般按款式和制作工艺分窄裙、直筒裙、百褶裙等，可谓丰富多彩。裤装一般包括牛仔裤、休闲裤、西裤。

裙装和裤装款式变化多样，工艺制作有一定的差异，随着社会的进步，人们生活水平的提升，对服装的品质提出了更高要求，传统制作工艺已经跟不上现代化生产需求。现以数字化模板缉缝暗线收褶、隐形拉链、裤褶、省、前插袋、无袋牙拉链开口袋、单嵌线拉链口袋、双嵌线、裤门襟、裤腰以及下装组合制作介绍缝制工艺。

第一节　数字化模板裙装缝制工艺

裙装缝制工艺数字化模板缝纫一般应用于缉暗线收褶、隐形拉链等工艺。

一、缉裙褶裥模板样板

模板缉暗线收褶裥缝制工艺一般多用于百褶裙，该工艺具有使面料由平整到立体的作用，缉暗线缝制工艺也是百褶裙类型服装缝制的重要工序。

1. **款式特征概述**　此裙装外轮廓为直身单向百褶半截短裙，低腰，有腰头，收褶，裙身前后片收褶线烫活褶，右侧缉缝隐形拉链（图6-1）。

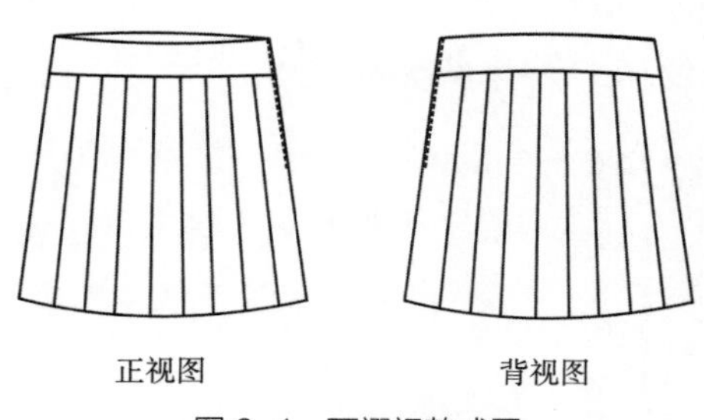

图6-1　百褶裙款式图

2. **结构图**

（1）规格设计：规格设计如表6-1所示。

表6-1　褶裥裙规格尺寸

单位：cm

号/型	裙长（L）	腰围（W）	臀围（H）	臀长	腰头宽
160/68A	55	68	92	18	4

（2）数字化模板缝制放缝图：百褶裙数字化模板缉暗线收褶裥缝制结构处理，如图6-2所示。百褶裙数字化模板缉暗线收褶裥缝制放缝，如图6-3所示。

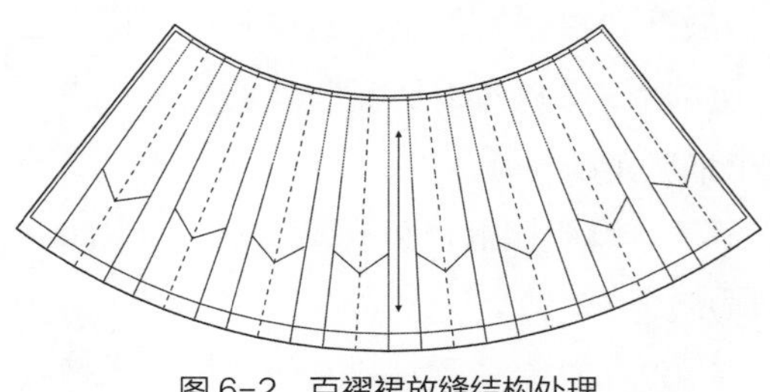

图6-2　百褶裙放缝结构处理

图6-3　百褶裙放缝

3. 普通缝制工艺分析

（1）普通缝制依次对剪刀口位置缉裙前后片褶裥，缉缝完成后褶裥宽度容易出现误差。

（2）普通对位褶裥剪刀口位置和定位点缉褶裥麻烦，不好固定褶裥。

（3）特殊轻薄化纤类面料纱向容易变形。

（4）缉缝完成后褶裥长短不均匀，缉线不直顺。

（5）特殊面料缉缝完后不能呈现整体服装板型。

4. 模板缝制概念　使用数字化模板缝制褶裥工艺，可以解决缉缝完成后褶裥出现误差的问题，简单方便固定剪刀口和定位点，面料不易缝制变形，更好地控制服装裁片形状，缉缝褶裥更均匀，折叠褶裥方便，使用数字化模板缝制更能呈现整体服装板型。

5. 数字化模板缝制工艺

（1）缉百褶裙暗线缝制工艺流程：缉百褶裙暗线缝制工艺流程图，如图6-4所示。

（2）数字化服装模板缉裙褶裥工艺制作准备工作：

①电子版本样板：检查核对电子版本服装样板放缝图线条、文本是否正确，是否符合要求。

②检查裁片数量：对照排料图和工艺单，核对裁片数量是否齐全。

③检查裁片质量：对照裁剪工艺单，检查裁片纱向、正反面有无次点，形状是否完整正确，有无色差。复合对位剪刀口、定位点，对应部位是否符合要求。

④核对辅助缝制裁剪样片：在腰头、裙底、侧缝处粘无纺衬，粘衬时注意面料特性，调节好粘衬时的温度，使粘衬完成

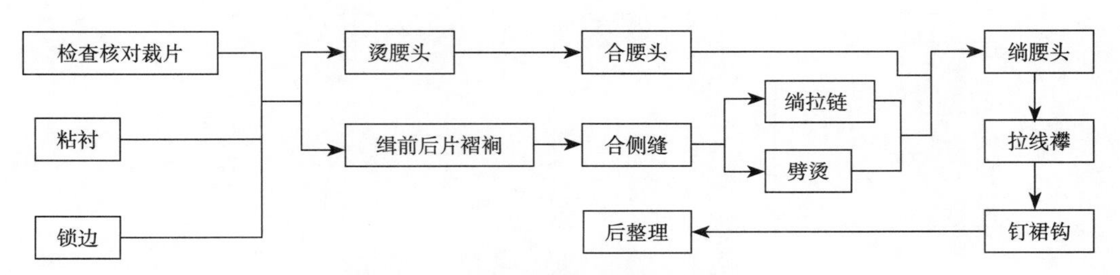

图6-4　百褶裙缉缝暗线工艺流程图

后保证粘衬均匀、牢固。裙前后片侧缝和下摆底边锁边。

6. 数字化模板设计制作

（1）模板设计制作：百褶裙的结构设计图与放缝图有很大的不同，放缝图需要将所有的褶裥完全展开之后在外围加放缝份，数字化模板车缝是将裁片在模板上缉缝，缉缝完成后的衣片效果达到纸样板型设计的效果。

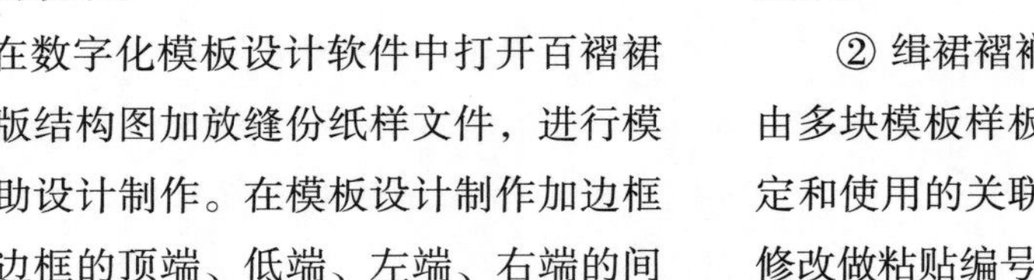

在数字化模板设计软件中打开百褶裙电子版结构图加放缝份纸样文件，进行模板辅助设计制作。在模板设计制作加边框时，边框的顶端、低端、左端、右端的间距距离，以裁片方便在模板上正确摆放、模板实际缝制时使用方便为依据，设置放缝图缝份宽度（图6–5）。

（2）缉裙褶裥模板样板辅助设计制作图展开：根据模板设计制作使用，将多层缉裙褶裥模板样板从辅助模板设计制作图中依次单独展开。

① 缉裙褶裥模板样第一层，如图6–6所示。

② 缉裙褶裥模板样板第二层辅助样板由多块模板样板组成，相互之间有粘贴固定和使用的关联性，需要依次单独展开并修改做粘贴编号（图6–7）。

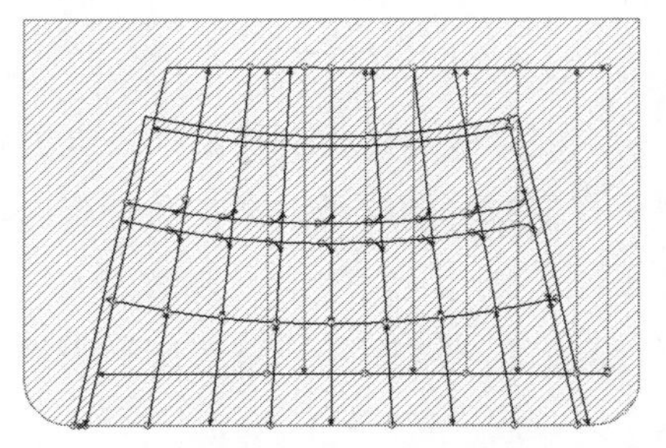

图6–5 缉裙褶裥模板样板辅助设计制作图

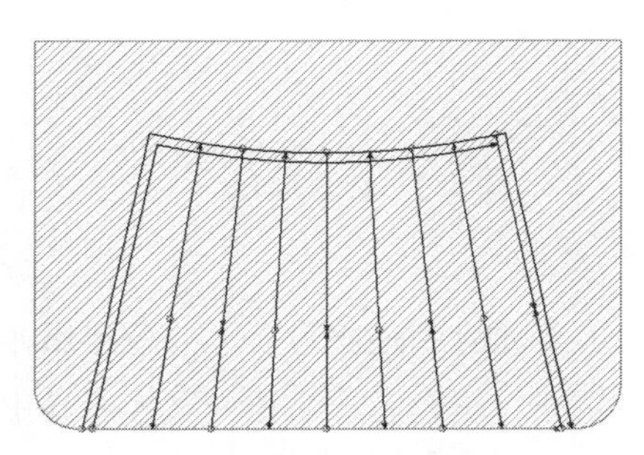

图6–6 缉裙褶裥模板样板第一层

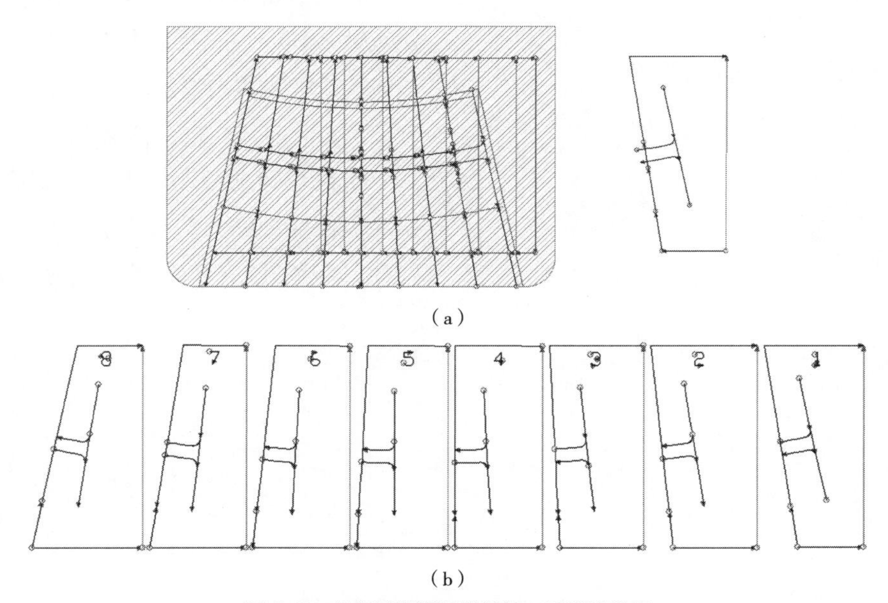

（a）

（b）

图6–7 缉裙褶裥模板样板第二层辅助样板

③在缉裙褶裥第二层辅助模板样板缉线处做圆角处理，选择移动展开的辅助模板样板边框线统一设置SP3号颜色，内部所有线条统一设置SP2号颜色。选择圆角工具，分别选择缉褶裥线和在样片两侧缝净缝线中间的两条辅助线做圆角处理，圆角的大小设计是为方便模板车缝完成后取出面料（图6–8）。

④将缉裙褶裥第二层辅助模板样板的每一条翻折褶裥边线单独移动开，增加1.5mm铣刀切割量（减去面料厚度），增加量在缝制时不可将褶裥重叠上缉线。在每一片模板样板相应尖角处做圆角处理（图6–9）。

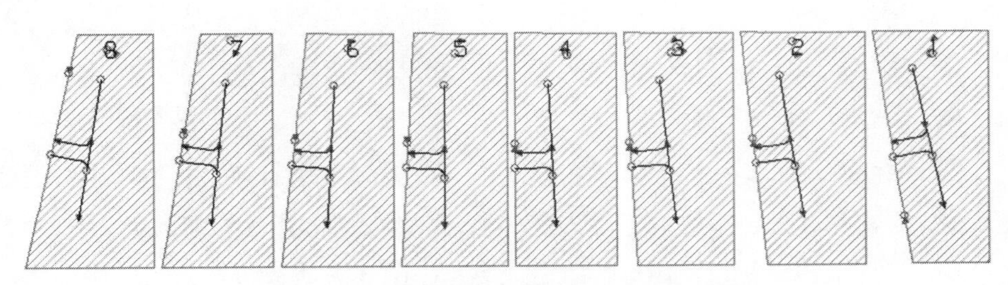

图6–8　第二层辅助模板样板缉线处作圆角和编号

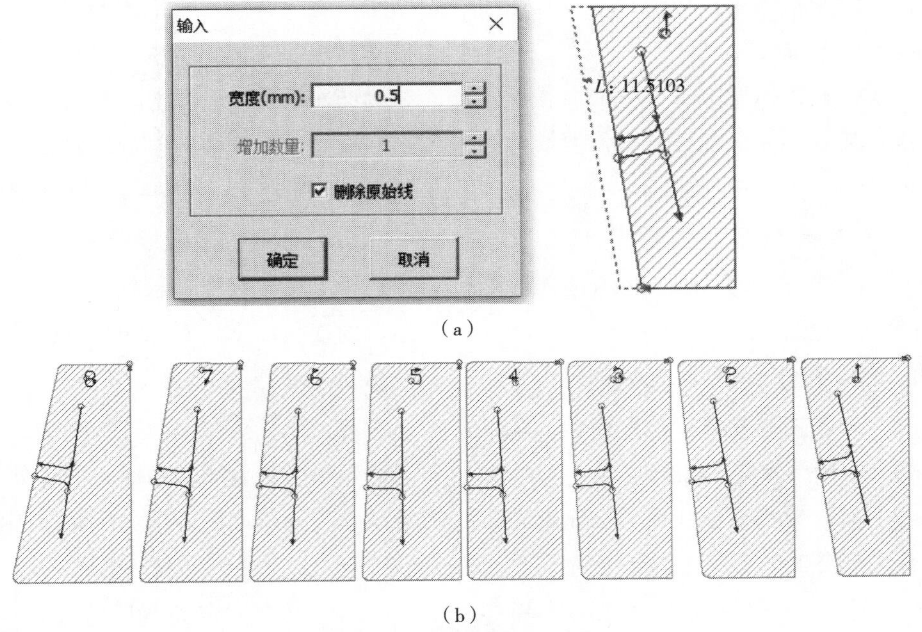

（a）

（b）

图6–9　缉裙褶裥模板样板第二层

⑤缉裙褶裥模板样第三层与第一层相同，如图6–10所示。

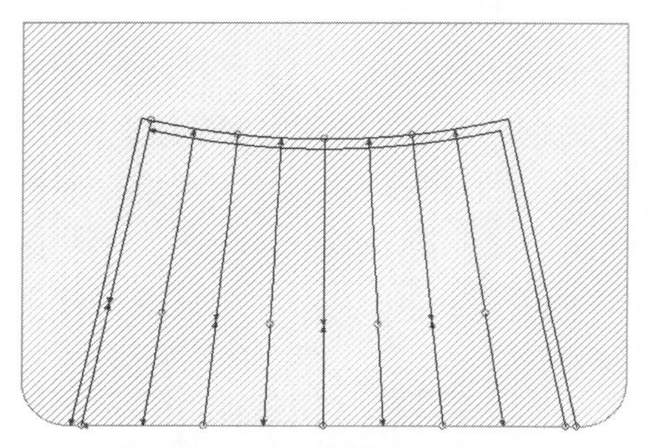

图6–10 缉裙褶裥模板样板第三层

7. 模板样板切割选择 缉裙褶裥模板设计制作层次相互交错折叠较多，样板板块较多，在模板样板材料使用选择时需要考虑模板实际缝制使用时的便捷性与合理性。

（1）缉裙褶裥模板样板PVC胶板第一层选择厚度1.5mm。

（2）缉裙褶裥模板样板PVC胶板第二层选择厚度0.5mm，模板材料需要质地硬一点的。

（3）缉裙褶裥模板样板PVC胶板第三层选择可以根据面料厚薄特性选择1.0~1.5mm厚度。

8. 模板样板切割完成检查核对

（1）先将切割完成的模板样板按照设计制作工艺分类分开。

（2）对比检查模板样板切割完成后是否达到切割要求，是否有误差。

（3）使用勾刀对切割完成的模板样板切割边、角，开槽边进行光滑圆顺处理（一般模板样板材料铣刀切割完成后边缘是90°直角，比较锋利），避免在缝纫操作时模板样板对面料和人身造成伤害（图6–11）。

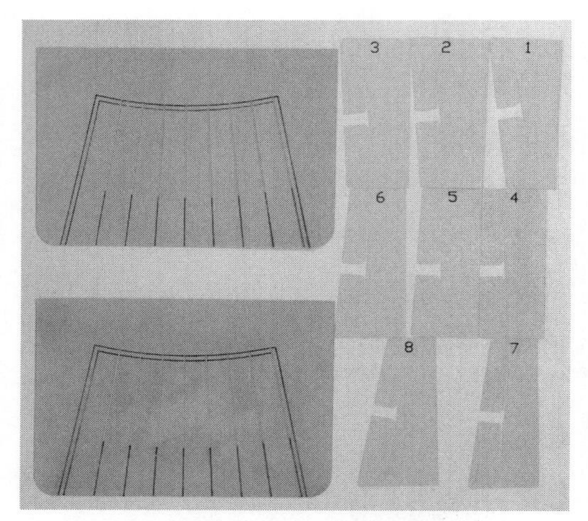

图6–11 模板样板切割完成检查核对

9. 模板粘贴固定 按照模板设计制作时的步骤层次依次粘贴固定（图6–12）。

（1）先将模板样板按顺序排放好，依次粘贴固定。

（2）将第一层模板样板画线一面向上水平放置，再将第二层翻折褶裥模板样板按编号顺序排好，依次对齐第一层模板样板边角和开槽，正面用2.5cm布基胶带依次粘贴固定，压实布基胶带边缘，翻开模板内侧面边用2.5cm透明胶带粘贴固定。

（3）将第二层模板样板按顺序编号，依次将下一个编号模板粘贴固定在上一个编号的模板之上，对齐边角开槽，不可错位移动。

（4）在第一层模板样板开槽边缘和第三层模板样板开槽与边缘折叠边处粘贴防滑砂纸条，第二层开槽边缘粘贴固定防滑砂纸条。

（5）粘贴固定完成后检查是否正确、标准。

10. 模板使用

（1）模板平放打开至第一层，先将裁片左侧缝份放置在第一层模板样板上画线位置处，依次单独合上第二层模板样板右侧的第一片，裁片向上对齐第二层模板样板边缘翻折，同时合上第三层模板样板缝制第一条褶裥线。

（2）缝制完成一条缉线后，打开第三层模板样板，向左依次翻折裁片，同时合上第二层模板下一块样板，再将裁片向右翻折，合上第三层模板样板缝制下一条褶裥线。依次重复上一条缉线的操作方法，翻开裁片时不要移动裁片在第一层模板样板画线的位置。

（3）所有缉线缝制完成后翻开第三层模板样板取出缉线完成的裁片（图6-13）。

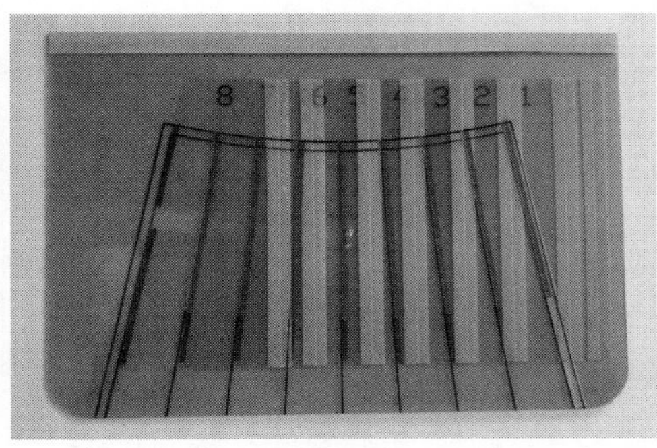

（a）

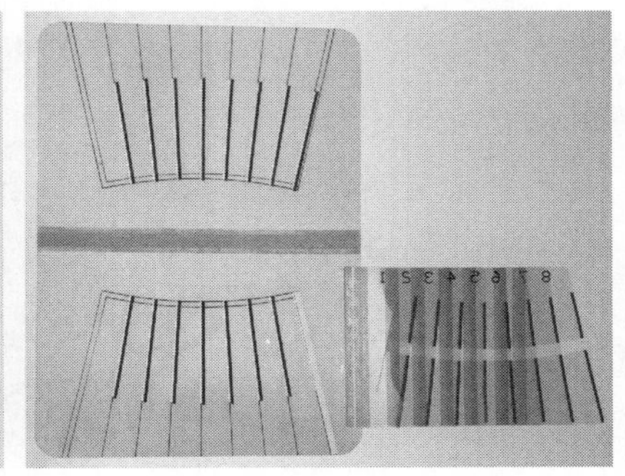

（b）

图6-12　缉百褶裙褶裥模板粘贴固定

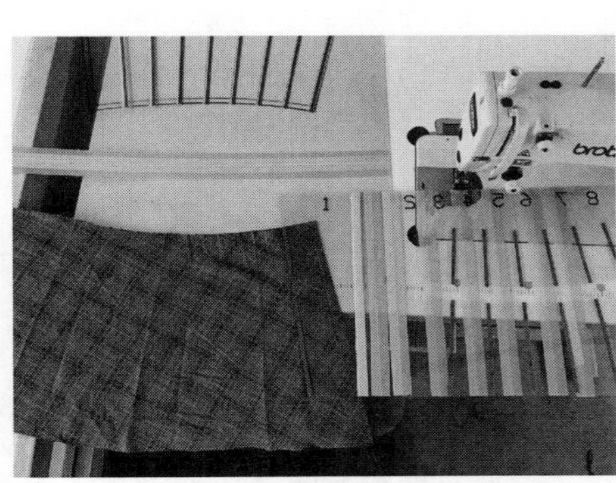

（a）摆放裙片

（b）翻折摆放裙片

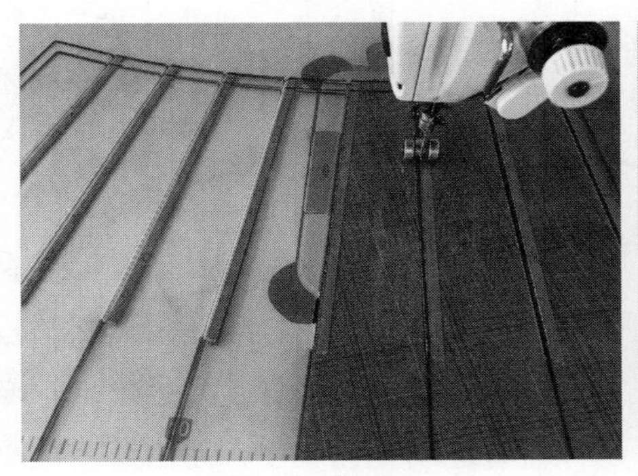

（c）裙片缉线

（d）百褶裙缉线效果

图6-13　缉百褶裙褶裥模板应用

二、隐形拉链模板

隐形拉链制作工艺一般适用于女时装和裙装类型的服饰，隐形拉链制作工艺是拉链类服饰缝制的重要工序。

1. **款式特征概述** 本款式裙装为窄裙，是一种比较贴合人体的裙子，结合当下的流行做低腰、窄腰头设计。为便于活动，使前身为整片，后身为两片式，后中缝下端开衩，上端装隐形拉链。为了更加服帖，前后片腰节处各收四个省，腰头处钉裙挂钩（图6-14）。

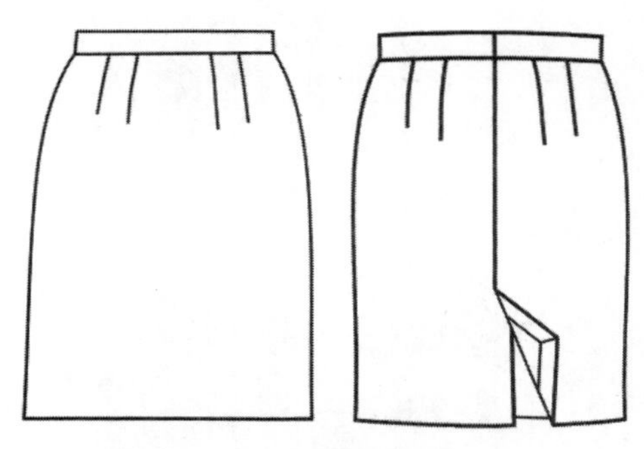

图6-14 窄裙款式图

2. **放缝结构图**

（1）规格设计：窄裙制图规格如表6-2所示。

表6-2 窄裙规格尺寸 单位：cm

号型	裙长（L）	腰围（W）	臀围（H）	裙腰宽
160/68A	60	68	92	3

（2）数字化模板缝制放缝：窄裙数字化模板缝制裙片放缝如图6-15所示。

3. **普通缝制工艺与分析**

（1）普通缝制窄裙后片对剪刀口位置容易错位，缝制完成后不能自动拼齐。

（2）特殊轻薄化纤类面料纱向容易变形。

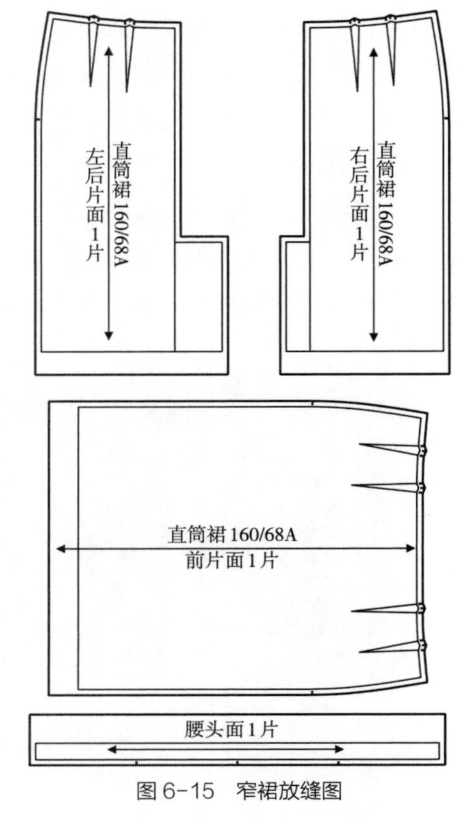

图6-15 窄裙放缝图

（3）缝制完成后缝份不均匀，缝份表面不圆顺。

（4）拉链两边面料吃势不均匀。

（5）特殊面料缉缝完后不能呈现整体服装板型。

4. **模板缝制概念** 使用数字化模板缝制窄裙隐形拉链工艺，可以解决绱拉链缝制工艺完成后裙后片的左右片出现的错位误差。使用模板化绱隐形拉链简单方便固定剪刀口和定位点，面料不易缝制变形，可以更好地控制服装裁片形状，使衣片表面缝制更均匀。可以将复杂缝制工艺简单化，提高整体的缝制工艺的质量，降低门襟拉链缝制工艺难度，使用数字化模板缝制更能呈现整体服装板型。

5. 数字化模板缝制工艺

（1）窄裙数字化模板缝制工艺流程图如图6-16所示。

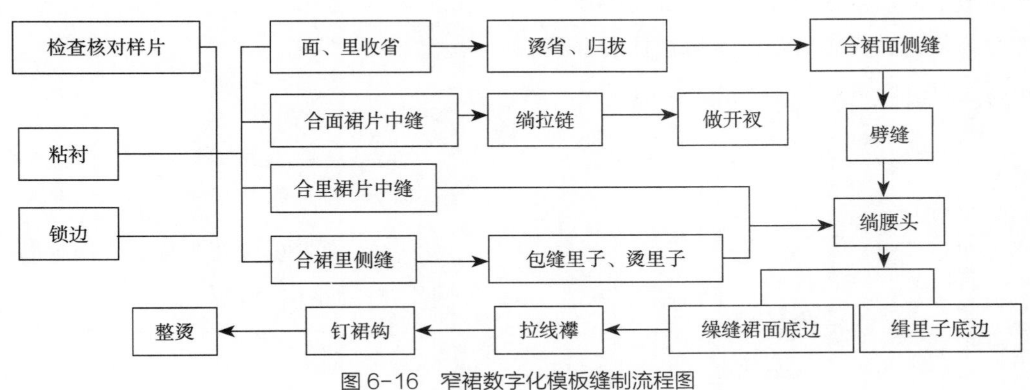

图6-16　窄裙数字化模板缝制流程图

（2）缉裙褶裥工艺制作准备工作：

电子版本样板：检查核对电子版本服装样板放缝图线条、文本是否正确，是否符合要求。

检查裁片数量：对照排料图和工艺单，核对裁片数量是否齐全。

检查裁片质量：对照裁剪工艺单，检查裁片纱向、正反面有无疵点，形状是否完整正确，有无色差。

核对辅助缝制裁剪样片：在腰头、裙底、侧缝处粘无纺衬，粘衬时注意面料特性，调节好粘衬时的温度，使粘衬完成后保证粘衬均匀、牢固。裙前后片侧缝和下摆底边锁边。

缝纫机压脚、针板需要使用带单边小柱子的单边压脚和带单边小柱子的针板（图6-17）。

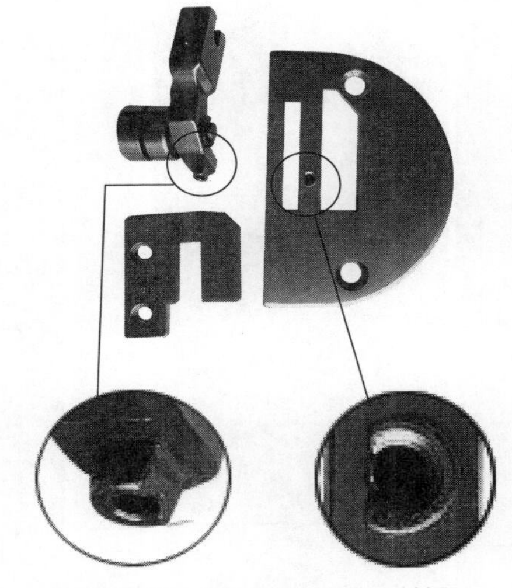

图6-17　单边小圆柱压脚、针板

6. 数字化模板设计制作

（1）模板设计制作：绱隐形拉链模板缝制工艺与手工缝制有所不同，手工缝制绱拉链工艺可以在合侧缝之前，也可以在合侧缝之后。模板绱拉链需要在合侧缝之前，合完的后中衣片需要平整地放置在模板之上。衣片绱拉链的尺寸是在服装设计时设定的，工艺制作和拉链的长度是按照设计时设定的尺寸，模板设计制作时需要考虑款式特征，是否使用电子纸样结构图或者放缝图，也可以使用拉链长度尺寸和放缝的缝份宽度。绱拉链前合缝的衣片和绱拉链之后的衣服水洗会有缩率，绱拉链之前需要使用做完缩率的电子版本衣片放缝图，也可以根据拉链的长度设计制作模板。在模板设计制作加边框时，边框的顶端、低端、左端、右端距离，以裁片方便在模板上正确摆放、模板实际缝制时使用方便为依据，设置放缝图毛缝边或者开槽距离四周模板样板边缘，如图6-18所示。

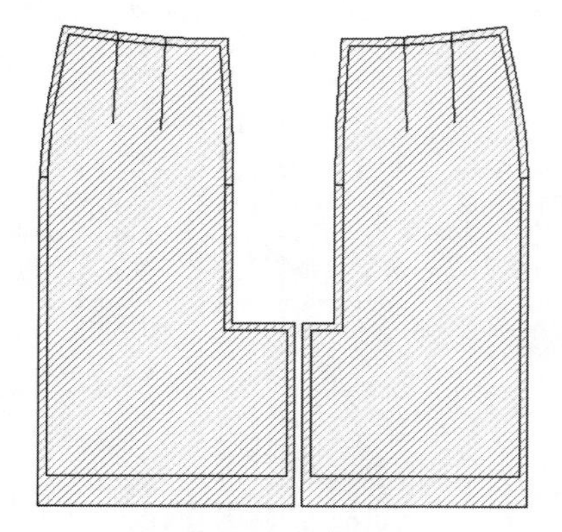

（a）收完省样板

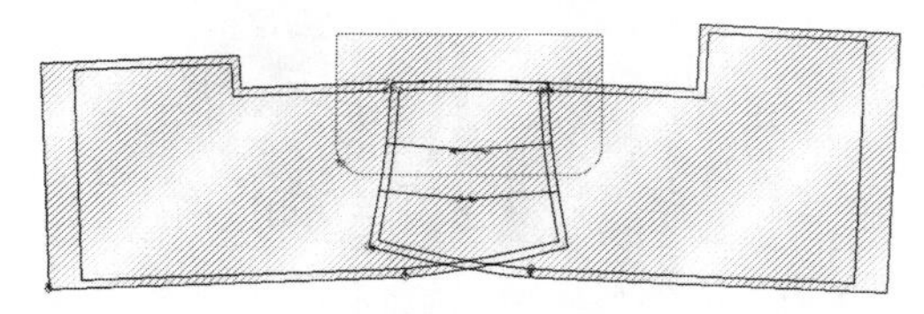

（b）模板样板辅助设计

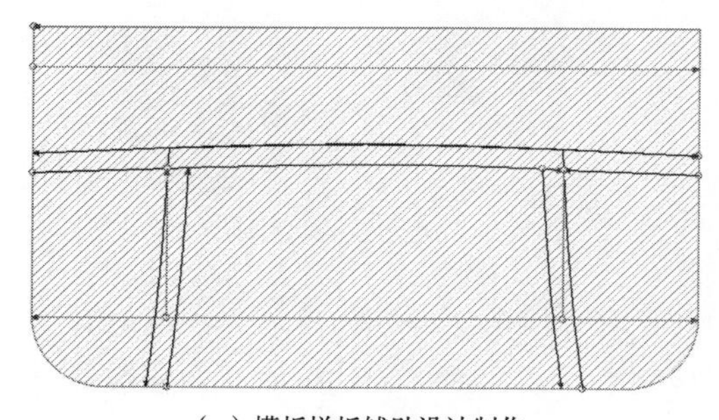

（c）模板样板辅助设计制作

图6-18　绱隐形拉链模板样板辅助设计制作图

（2）窄裙绱隐形拉链模板样板辅助设计制作图展开：根据模板设计制作使用，将多层绱窄裙隐形拉链模板样板从辅助模板设计制作图中依次单独展开。

① 绱隐形拉链模板样板第一层展开如图6-19所示。

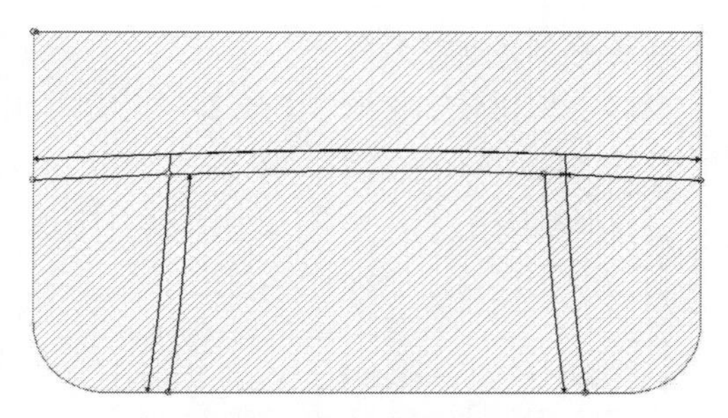

图6-19　绱隐形拉链模板样板第一层

② 绱隐形拉链模板样板第二层辅助设计制作展开如图6-20所示。

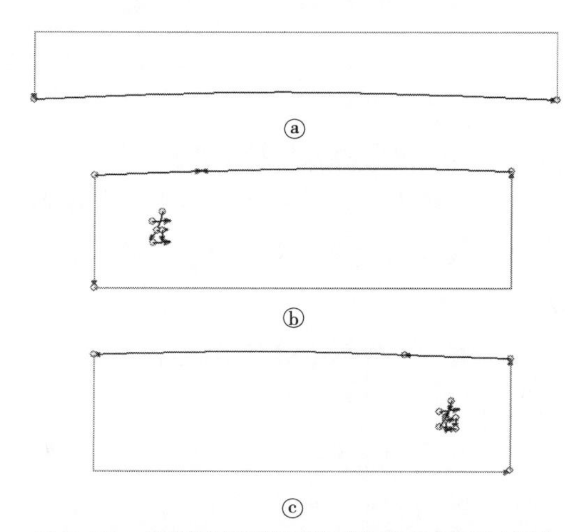

图6-20　绱隐形拉链模板样板第二层辅助设计制作

③ 绱隐形拉链模板样板第二层设计制作展开如图6-21所示。

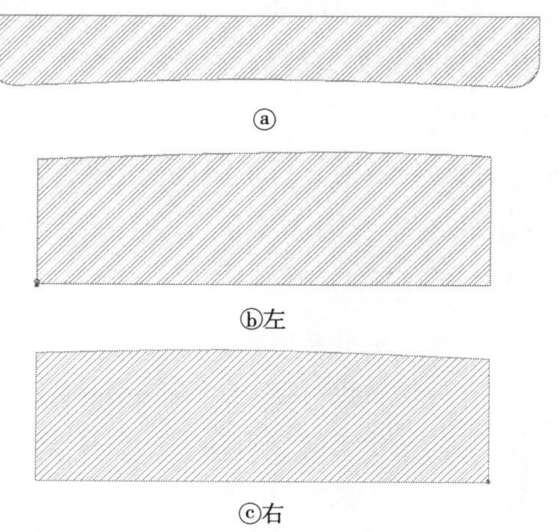

图6-21　绱隐形拉链模板样板第二层

④ 绱隐形拉链模板样板第三层辅助设计制作展开（图6–22）。

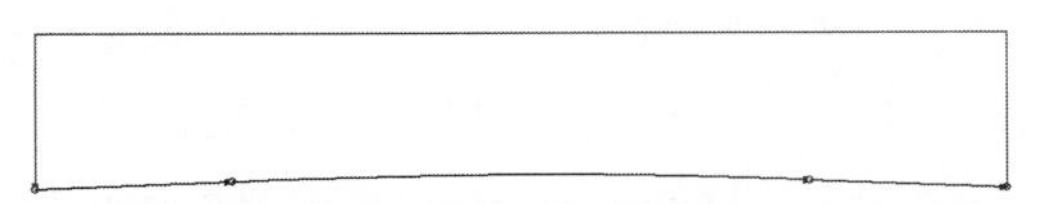

图6-22　绱隐形拉链模板样板第三层辅助设计制作

⑤ 绱隐形拉链模板样板第三层设计制作展开（图6–23）。

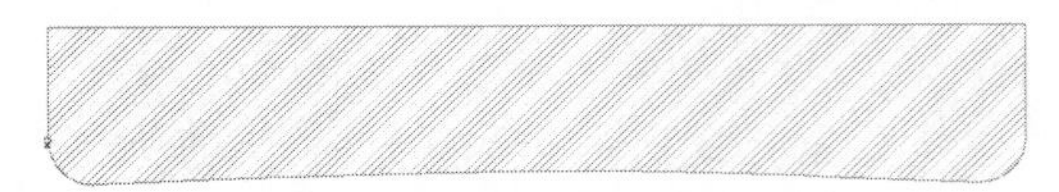

图6-23　绱隐形拉链模板样板第三层

7. **模板样板切割选择**

（1）绱隐形拉链模板样板第一层PVC胶板选择厚度1.5mm。

（2）绱隐形拉链模板样板第二层ⓐPVC胶板选择厚度0.5mm，PVC材料质地需要韧性高一点的。

（3）绱隐形拉链模板样板第二层ⓑ、ⓒ模板样板PVC胶板选择厚度1.5mm。

（4）绱隐形拉链模板样板第三层厚度可以根据面料厚薄特性选择1~1.5mm厚度。

（5）如果设计制作绱隐形拉链衣片的缝份比较窄，需要在第一层模板开槽处缝份的一边粘贴固定马尾衬，马尾衬的沟槽边缘对齐模板开槽边缘衣片一侧，便于撑托衣片缝份。

8. **模板样板切割完成检查核对**　绱隐形拉链模板样板切割检查核对如图6–24所示。具体步骤同本节缉裙褶裥模板样板切割完成检查核对。

9. **模板样板粘贴固定**　按照模板设计制作时的步骤层次依次粘贴固定（图6–25）。

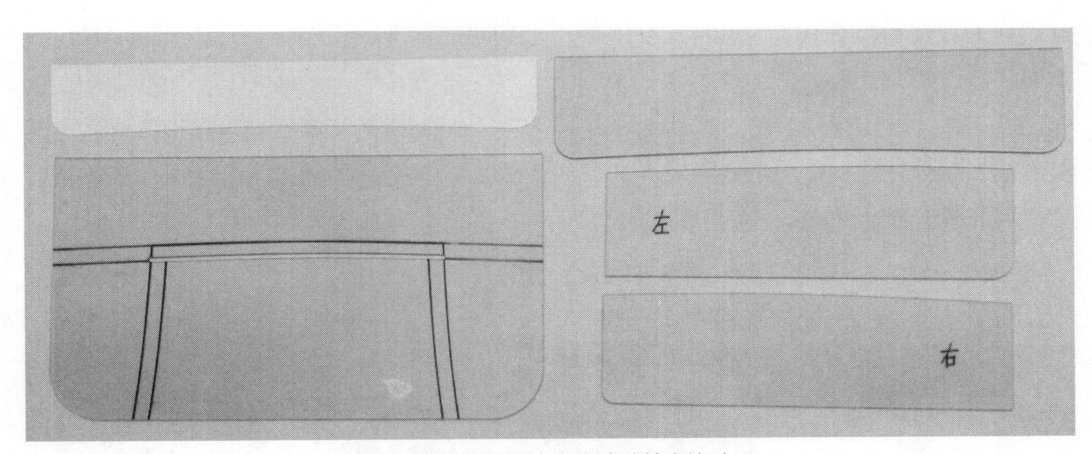

图6-24　模板样板切割完成检查核对

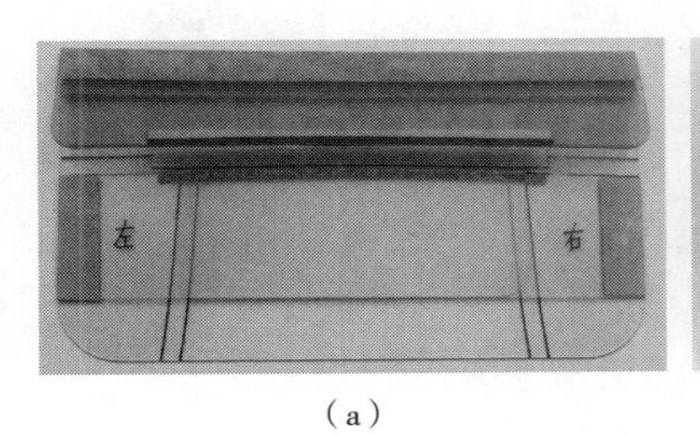

（a）

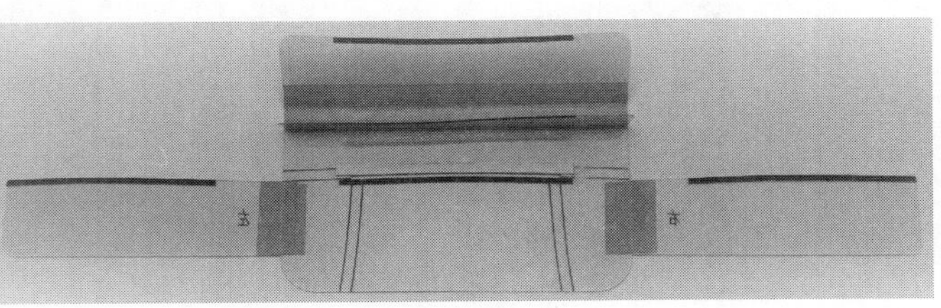

（b）

图6-25　绱隐形拉链模板样板粘贴固定

（1）先将模板样板按顺序排放好，依次粘贴固定。

（2）将第三层模板样板与第一层模板样板画线一面向上平放，对齐粘贴固定边的边角，正面用2.5cm布基胶带粘贴固定，合上模板压实粘贴固定的布基胶带，反面用3.5cm布基胶带粘贴固定。

（3）将第二层模板样板ⓐ重叠放置在第一层模板样板上，对齐开槽处边缘，用2.5cm布基胶带粘贴固定边与第一层模板样板面，压实布基胶带粘贴固定第二层模板样板的边缘，翻开模板内侧面边用2.5cm透明胶带粘贴固定。

（4）在第二层模板样板ⓑ、ⓒ与第一层模板样板画线一面向上对齐边角开槽处做记号，对齐记号处平放，正面用2.5cm布基胶带粘贴固定，合上模板压实粘贴固定的布基胶带，反面用3.5cm布基胶带粘贴固定。

（5）在第一层模板样板开槽边缘衣片缝份绱拉链处粘贴固定强力双面胶，在衣片内侧开槽边缘处粘贴固定防滑砂纸条。

（6）在第二层模板样板ⓐ与第一层模板样板接触开槽处边缘粘贴固定防滑砂纸条，在第二层模板样板ⓐ与第三层模板样板接触面边缘粘贴固定强力双面胶，粘贴位置与第一层模板样板粘贴固定强力双面胶位置、长短距离相同。

（7）第二层模板样板ⓐ、ⓑ与第一层模板接触面的开槽边缘粘贴固定防滑砂纸条，粘贴固定位置、长短距离相同。

（8）粘贴固定完成后检查是否正确标准。

10. 模板使用

（1）打开模板至第一层，将衣片放置在样板画线处（放置衣片时注意衣片的缩率，松弛的放置，对齐缝份边缘和剪刀口位置）。

（2）合上第二层模板，在第二层模板样板相应位置上放置隐形拉链，隐形拉链的正面向下，反面向上，合上第三层模板样板进行缝制。

（3）缝制完成第一边隐形拉链后打开模板，进行另一边衣片的隐形拉链车缝，车缝方法与第一边方法相同（图6-26）。

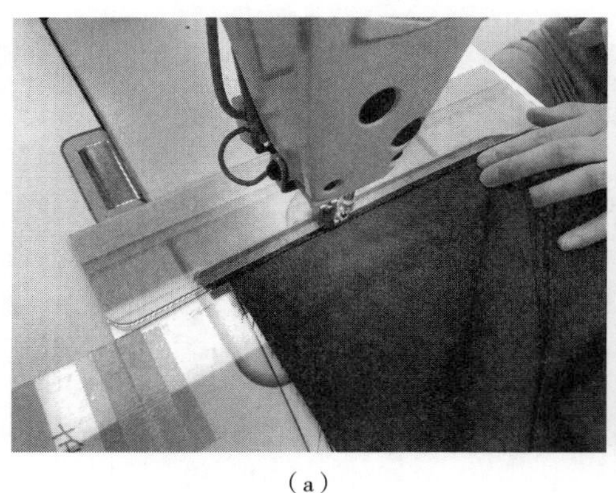
（a）

（b）

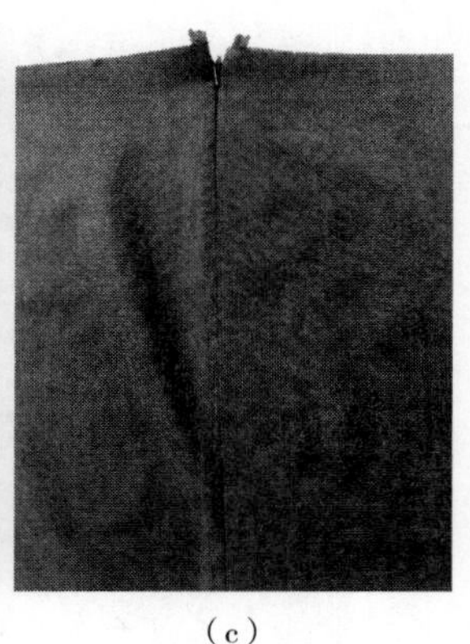
（c）

图6-26　隐形拉链模板应用

第二节　数字化模板牛仔裤缝制工艺

牛仔裤的数字化模板工艺一般主要应用于前片月牙袋、后片贴袋、裤门襟拉链及裤门襟压明线等缝制工艺。

一、款式特征概述

牛仔裤是休闲裤类的主要品种，本款式牛仔裤为男士低腰直筒裤类型，装直腰头，前中门襟装拉链，前身腰部两侧做月牙袋，后臀上部做横向分割育克，后臀下部左右各做一个贴袋，腰头做五条裤襻。内侧、下裆缝、分割缝、袋口袋边、腰头等部位缉明线（图6-27）。

图6-27　牛仔裤款式图

二、结构图

（1）规格设计：牛仔裤制图规格如表6-3所示。

表6-3　牛仔裤规格尺寸　　单位：cm

号型	裤长（L）	腰围（W）	臀围（H）	裤口
170/78A	102	76+4 （放松量）	96+4 （放松量）	20

（2）数字化模板缝制放缝：牛仔裤数字化模板缝制裤片放缝如图6-28所示，牛仔裤数字化模板缝制零部件放缝如图6-29所示。

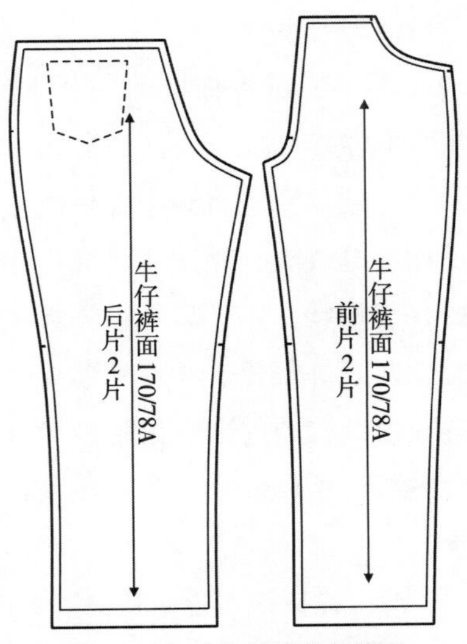

图6-28　牛仔裤裤片放缝图

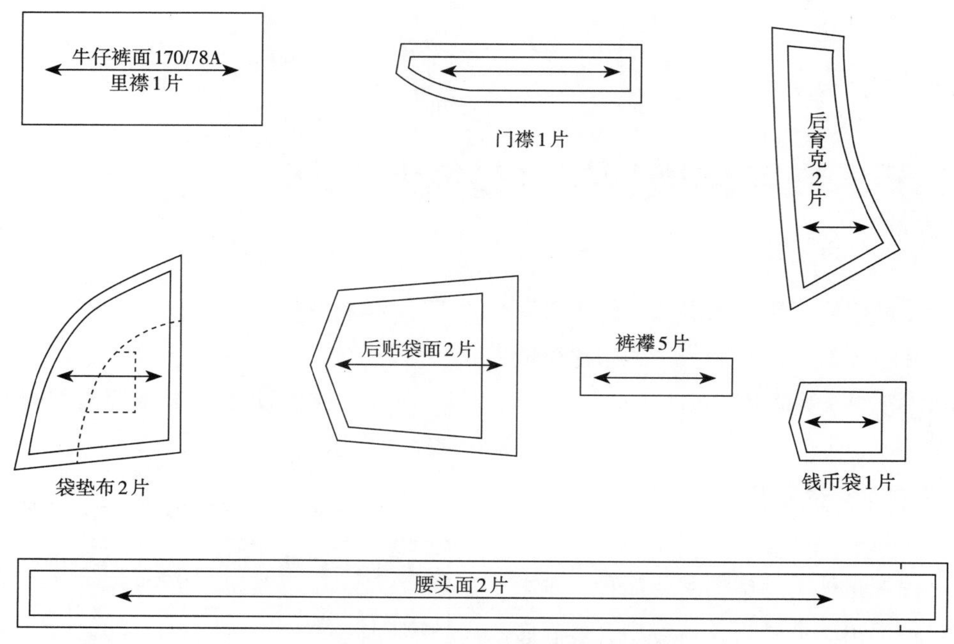

图6-29　牛仔裤零部件放缝图

三、手工缝制工艺分析

（1）手工缝制牛仔裤两侧月牙袋、前门襟、后贴袋效率低。

（2）手工缝制牛仔裤的工艺难度高，缝制技术不容易掌握。

（3）贴袋需要先将袋净样板放置在袋布的反面净缝线上，用熨斗将缝份向反面先扣烫好袋形状。用裤后片纸样板在裤后片裁片上复合好位置，在裁片贴袋位置按照纸样板上结构图的贴袋位置做记号，最后车缝贴袋，整体缝制工艺程序多，不够简化。

（4）前门襟拉链两边面料吃势不均匀，前片门襟左右片容易错位高度不一，拉链不平服，整体拧、豁。

（5）两侧月牙袋开口形状不能统一，位置宽窄不能统一，口袋拧、皱，不平服。

（6）缝制完后不能呈现整体服装板型。

四、模板缝制概念

使用数字化模板缝制牛仔裤月牙袋、前门襟、贴袋等工艺，可以解决复杂缝制工艺的简单化，提高整体的缝制效率，提高和统一需要对位缝制处工艺的质量，更好控制服装裁片形状，衣片表面缝制更均匀，降低门襟拉链缝制工艺难度，使门襟更顺直，拉链平服、不拧不豁，侧袋更对称，使用数字化模板缝制更能呈现整体服装板型。

五、数字化模板缝制工艺

1. 牛仔裤数字化模板缝制工艺流程图

牛仔裤数字化模板缝制工艺流程图如图6-30所示。

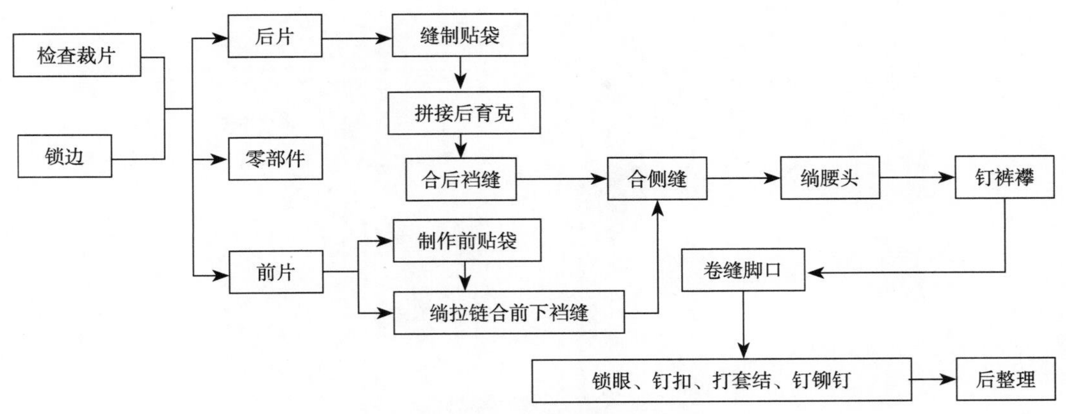

图6-30　牛仔裤缝制工艺流程图

2. 牛仔裤缝制准备工作

电子版本样板：检查核对电子版本服装样板放缝图线条、文本是否正确，是否符合要求。

检查裁片数量：对照排料图和工艺单，核对裁片数量是否齐全。

检查裁片质量：对照裁剪工艺单，检查裁片纱向、正反面有无疵点，形状是否完整正确，有无色差。

核对裁剪样片：复合对位剪刀口、定位点，对应部位是否符合要求。

六、数字化模板设计制作

1. 数字化牛仔裤月牙袋模板设计制作

（1）模板样板设计制作：月牙袋模板设计制作时需要将电子版本结构图纸样和放缝图结合，先还原实际裁片缝制完成后的效果，再设计制作模板辅助样板。左前片月牙袋和右前片月牙袋缝制工艺相同，模板设计制作时可以将左前片月牙袋和右前片月牙袋设计制作为同一幅模板，可以节约模板制作使用的原材料，提高模板在同款式、同工艺缝制时的使用率，体现出模板辅助缝纫制作的最大价值。在模板设计制作加边框时，边框的顶端、低端、左端、右端距离，以裁片方便在模板上正确摆放、模板实际缝制时使用方便为依据，设置放缝图毛缝边或者开槽模板样板四周边缘的距离（图6–31）。

图6-31　牛仔裤月牙袋模板样板辅助设计制作图

（2）牛仔裤月牙袋模板样板辅助设计制作图展开：根据模板设计制作使用，将牛仔裤月牙袋模板样板从辅助模板设计制作图中依次单独展开。

左前片月牙袋模板样板第一层展开，如图6–32（a）所示。右前片月牙袋模板样板第一层展开，如图6–32（b）所示。

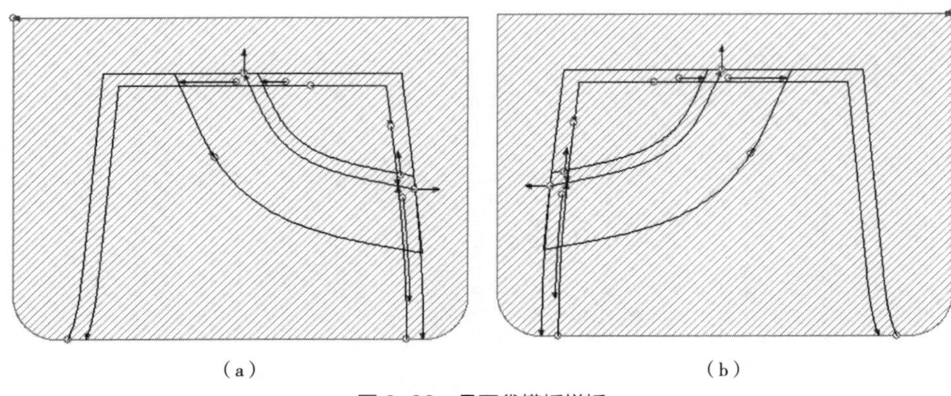

图6-32 月牙袋模板样板

2. 数字化牛仔裤门襟绱拉链模板设计制作

（1）牛仔裤门襟模板样板设计制作：裤门襟拉链模板样板设计制作时需要将电子版本结构图纸样和放缝样板图结合，需要考虑裤门里襟开口方向（男左女右），再辅助设计制作模板样板。左前片和右前片放缝结构图相同，模板样板设计制作时可以选择左前片为设计制作基础模板样板。在模板设计制作加边框时，边框的顶端、低端、左端、右端距离，以裁片方便在模板上正确摆放、模板实际缝制时使用方便为依据，设置放缝图毛缝边或者开槽距四周模板样板边缘的距离（图6-33）。

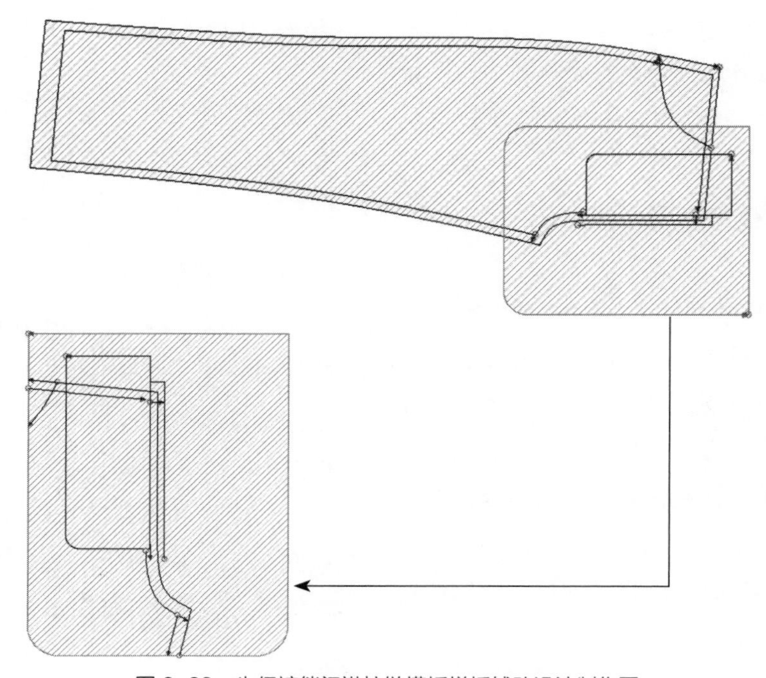

图6-33 牛仔裤绱门襟拉链模板样板辅助设计制作图

（2）牛仔裤绱门襟拉链模板样板辅助设计制作图展开：根据模板设计制作使用，将牛仔裤多层绱门襟拉链模板样板从辅助模板设计制作图中依次单独展开。

牛仔裤门襟绱拉链模板样板第一层展开如图6-34（a）所示。牛仔裤门襟绱拉链模板样板第二层展开如图6-34（b）所示。牛仔裤门襟绱拉链模板样板第三层展开如图6-34（c）所示。

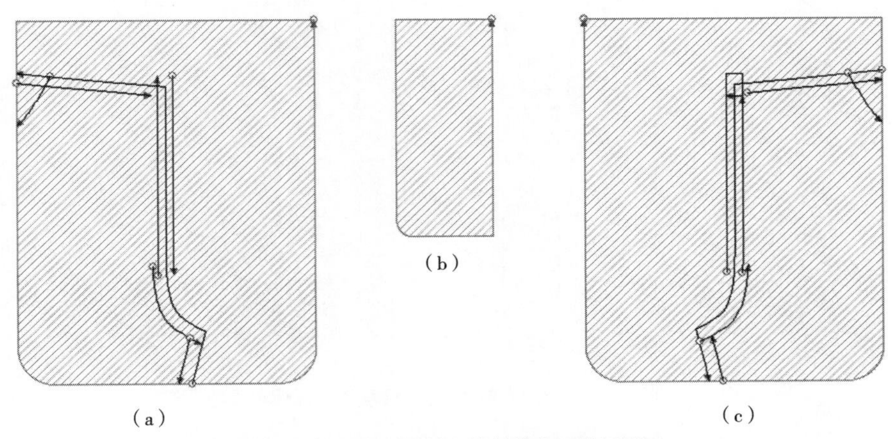

图6-34　牛仔裤绱裤门襟拉链多层模板样板

3. ***数字化牛仔裤门襟压线模板设计制作***

（1）模板设计制作：裤门襟压线缝制工艺只需要缉缝一条门襟明线，模板设计制作时需要门襟缉缝线结构图，或者裤子右前片放缝结构图（需要考虑门襟开口方向，男左女右）设计制作模板辅助设计图。在模板设计制作加边框时，边框的顶端、低端、左端、右端距离，以裁片方便在模板上正确摆放、模板实际缝制时使用方便为依据，设置放缝图毛缝边或者开槽距四周模板样板边缘的距离（图6-35）。

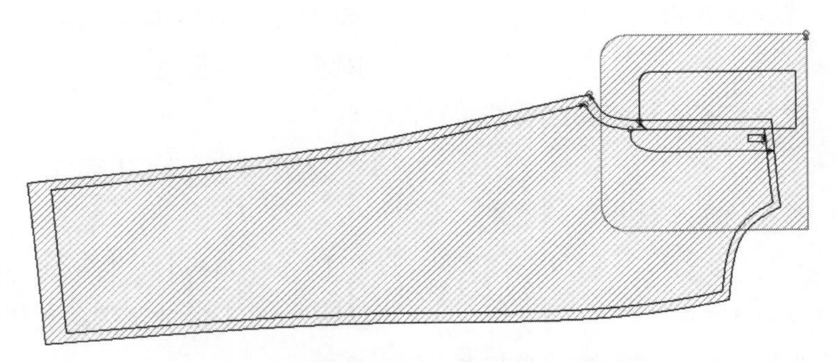

图6-35　牛仔裤门襟压线模板样板辅助设计制作图

（2）牛仔裤门襟压线模板样板辅助设计制作图展开：根据模板设计制作使用，将牛仔裤多层压门襟线模板样板从辅助模板设计制作图中依次单独展开。

牛仔裤门襟压线模板样板第一层展开如图6–36（a）所示。牛仔裤门襟压线模板样板第二层展开如图6–36（b）所示。牛仔裤门襟压线模板样板第三层展开如图6–36（c）所示。

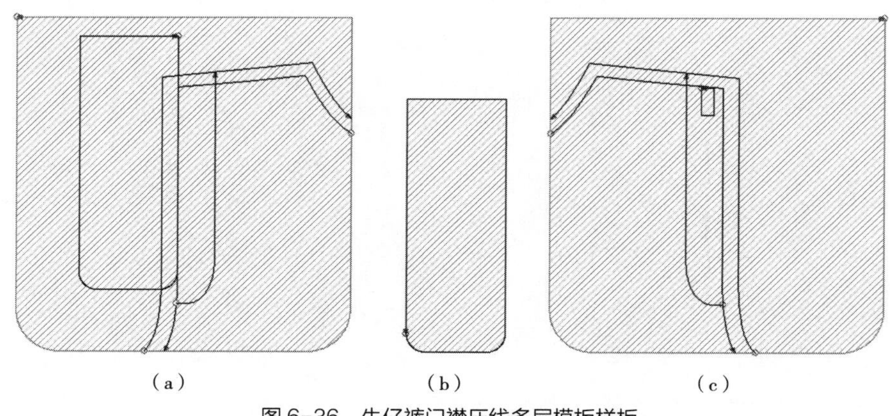

图6–36　牛仔裤门襟压线多层模板样板

七、模板样板切割选择

1. 牛仔裤月牙袋模板样板

（1）左前片月牙袋模板样板第一层PVC胶板材料厚度1.5mm。

（2）右前片月牙袋模板样板第一层PVC胶板材料厚度1.5mm。

2. 牛仔裤绱门襟拉链模板样板

（1）绱门襟拉链模板样板第一层PVC胶板厚度1.5mm。

（2）绱门襟拉链模板样板第二层PVC胶板厚度0.5mm。

（3）绱门襟拉链模板样板第三层PVC胶板厚度1.5mm。

3. 牛仔裤门襟压线模板样板

（1）裤门襟压线模板样板第一层PVC胶板厚度1.5mm。

（2）裤门襟压线模板样板第二层PVC胶板厚度0.5mm。

（3）裤门襟压线模板样板第三层PVC胶板厚度1.5mm。

八、模板样板切割完成检查核对

牛仔裤模板样板切割检查核对如图6–37所示。具体步骤同本章第一节绢裙褶裥模板样板切割完成检查核对。

九、模板样板粘贴固定

（1）牛仔裤月牙袋模板：按照月牙袋模板设计制作时的步骤层次依次粘贴固定（图6–38）。

①先将模板样板按顺序排放好，依次

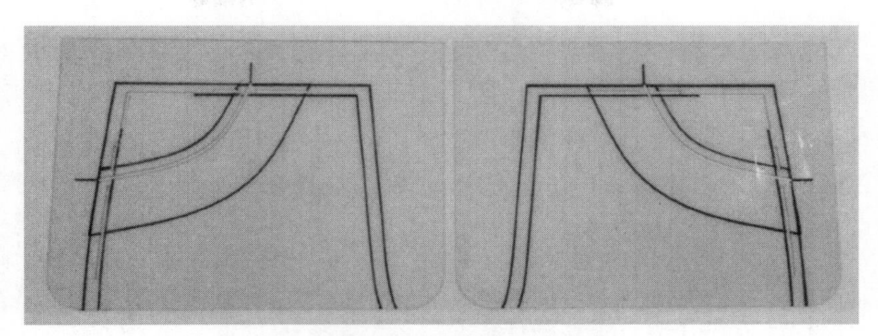

（a）牛仔裤月牙袋模板样板切割核对

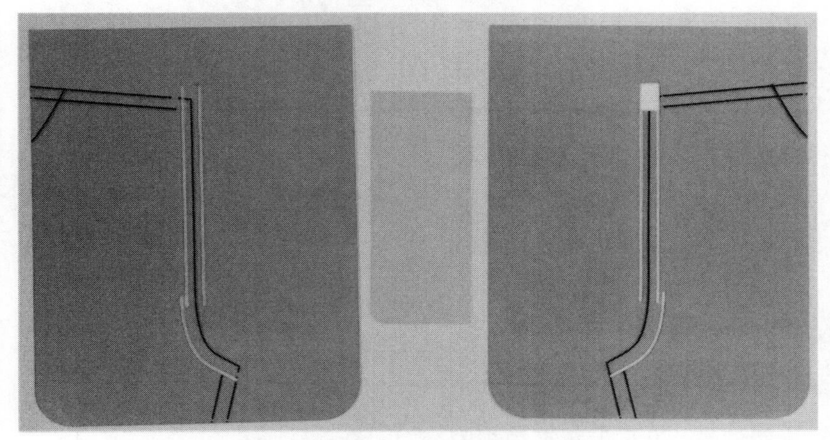

（b）牛仔裤绱门襟拉链模板样板切割核对

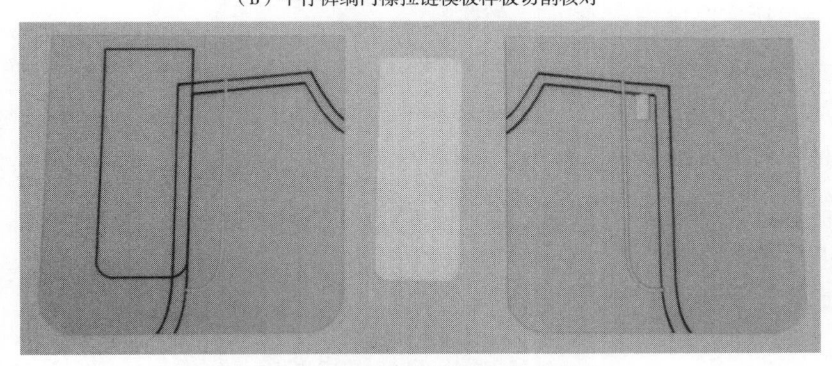

（c）牛仔裤裤门襟压线模板样板切割核对

图 6-37　牛仔裤模板样板切割完成后检查核对

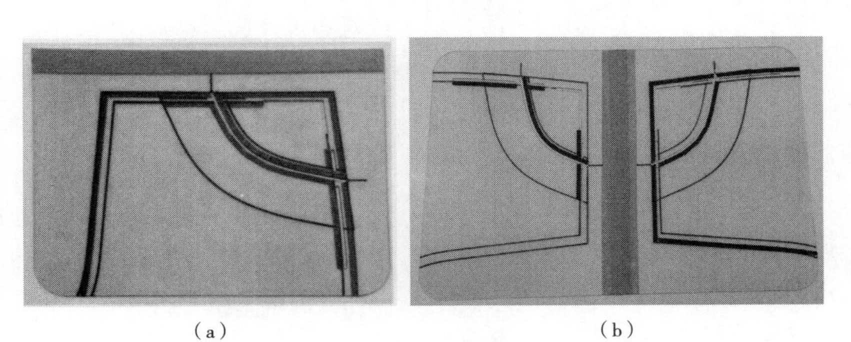

（a）　　　　　　　　　　　　（b）

图 6-38　牛仔裤月牙袋模板样板粘贴固定

粘贴固定。

②第一层模板样板与第二层模板样板画线一面水平向上放置，对齐粘贴固定边的边角，正面用2.5cm布基胶带粘贴固定，合上模板压实粘贴固定的布基胶带，反面用3.5cm布基胶带粘贴固定。

③打开模板样板在开槽边缘和画样板线位置粘贴防滑砂纸条。

④粘贴固定完成后检查是否正确标准。

（2）牛仔裤绱门襟拉链模板：按照门襟拉链模板设计制作时的步骤层次依次粘贴固定（图6-39）。

①先将模板样板按顺序排放好，依次粘贴固定。

②将第一层模板样板与第三层模板样板画线一面向上水平放置，对齐粘贴固定边的边角，正面用2.5cm布基胶带粘贴固定，合上模板压实粘贴固定的布基胶带，反面用3.5cm布基胶带粘贴固定。

③打开模板将第二层模板样板放置在第一层模板样板画样板线开槽的位置，对齐开槽边缘底边布超过前裆弯开槽，正面用2.5cm布基胶带粘贴固定，压实粘贴固定的布基胶带，反面用2.5cm透明胶带粘贴固定。

④在第一层模板样板与第二层模板样板接触面开槽边缘处、画放缝结构图缝份处，粘贴固定防滑砂纸条。

⑤在第二层模板样板与第一层模板样板接触面开槽边缘粘贴固定辅助折边，车缝马尾衬，马尾衬边缘对齐开槽中心，与第三层模板样板接触面开槽边缘粘贴防滑砂纸条。

⑥在第三层模板样板与第二层模板样板开槽边缘粘贴防滑砂纸条。

⑦粘贴固定完成后检查是否正确标准。

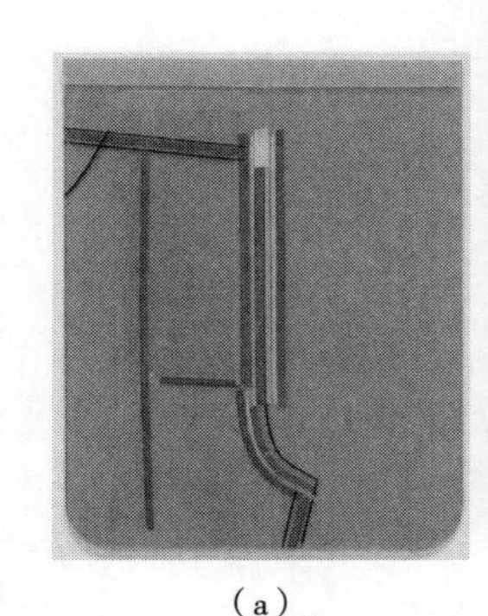

（a）

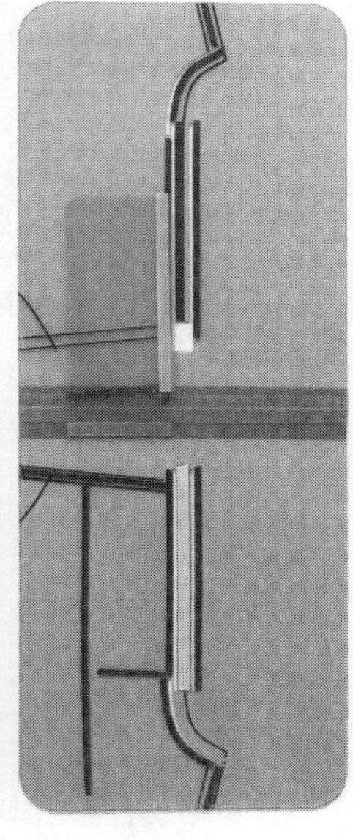

（b）

图6-39　牛仔裤绱门襟拉链模板粘贴固定

（3）牛仔裤门襟压线模板：按照门襟压线模板设计制作时的步骤、层次依次粘贴固定（图6-40）。

①先将模板样板按顺序排放好，依次粘贴固定。

②将第一层模板样板与第三层模板样板画线一面向上平放，对齐粘贴固定边的边角，正面用2.5cm布基胶带粘贴固定，合上模板压实粘贴固定的布基胶带，反面用3.5cm布基胶带粘贴固定。

③将第二层模板样板放置在第一层模板样板画辅助线的位置，样板长的一侧边缘对齐裤片放缝结构图的门襟净缝线，正面用2.5cm布基胶带粘贴固定，合上模板压实粘贴固定的布基胶带，反面用2.5cm透明胶带粘贴固定。

④在第一层模板上面（放置裁片）开槽边缘处、画放缝结构图缝份处，粘贴固定防滑砂纸条。

⑤在第三层模板样板接触面开槽边缘处，粘贴固定防滑砂纸条。

⑥粘贴固定完成后检查是否正确标准。

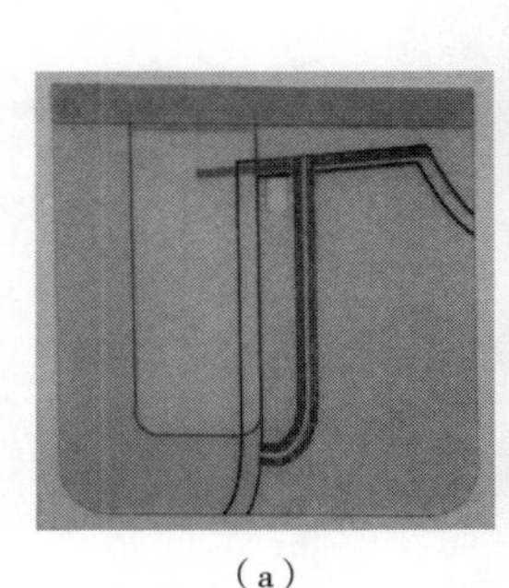

（a）

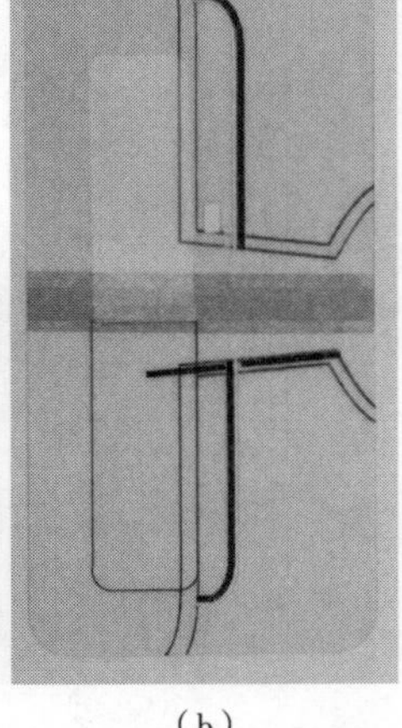

（b）

图6-40　牛仔裤门襟压线模板样粘贴固定

十、模板使用

1. 牛仔裤月牙袋模板

（1）打开模板先将前片裁片放置在模板上画放缝结构图位置，再将手背袋布放置在前片裁片上，对齐月牙袋缉暗线的缝份边缘，同时对齐侧缝缝份边缘和腰头缝份边缘，合上模板缉缝月牙袋袋口弧线。

（2）缉缝完月牙袋袋口弧线后从模板上取出衣片双针压袋口明线，压完袋口明线后再打开模板，将已经贴好币袋的袋垫布先放置在模板上画放缝结构图位置，再将前片裁片放置在模板上画放缝结构图位置，合上模板缉辅助定位前片裁片和袋布、袋垫布的辅助线，在模板开槽标记处画记号，缉线和画记号完成后从模板上取下衣片进行下一道工序（图6–41）。

2. 牛仔裤绱门襟拉链模板

（1）打开模板至第一层在开槽中心放

（a）放置裤片垫布

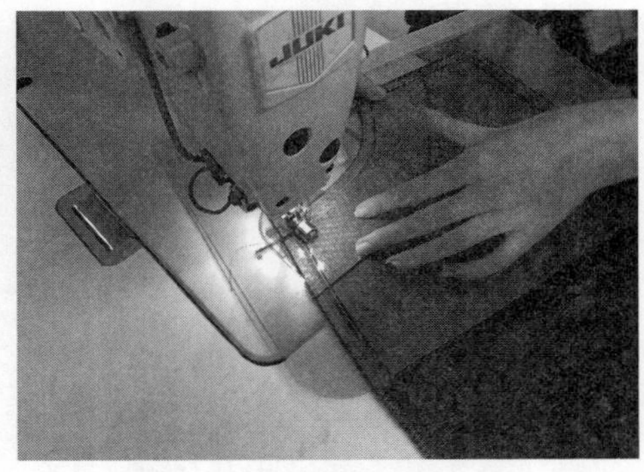

（b）缝制袋口垫布

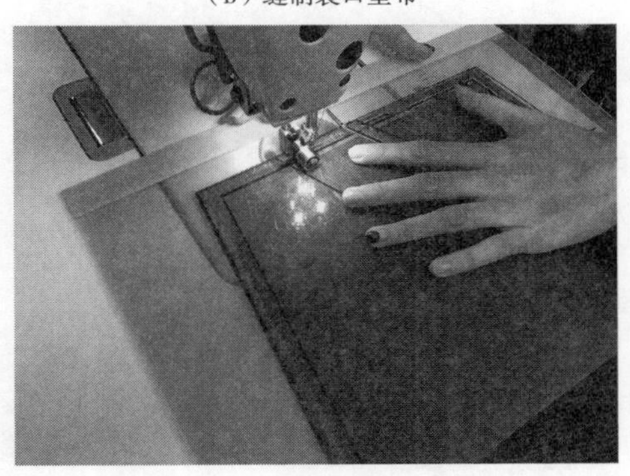

（c）定位缝制

（d）月牙袋效果

图6-41　牛仔裤月牙袋模板应用

置固定好拉链，将右前片裁片正面向下前裆弯缝份对齐拉链边放置，合上第二层模板样板，然后右前片裁片翻折180°至正面向上，合上第三层模板样板车缝右前片拉链。

（2）打开模板样板第三层铺好右前片前裆弯缝份面料，在右前片上重叠放置左前片面料，里襟盖住门襟拉链，合上模板车缝里襟拉链和前裆弯缝份（图6-42）。

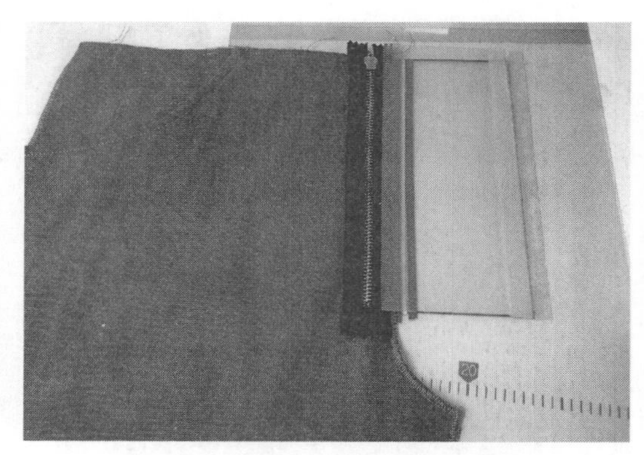

（a）放置裤片拉链

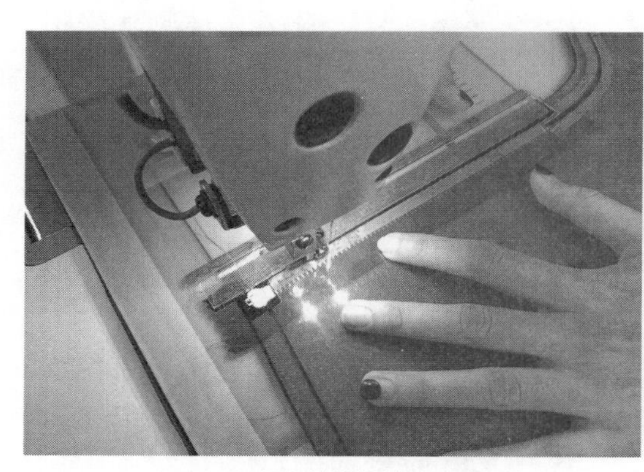

（b）缝制拉链

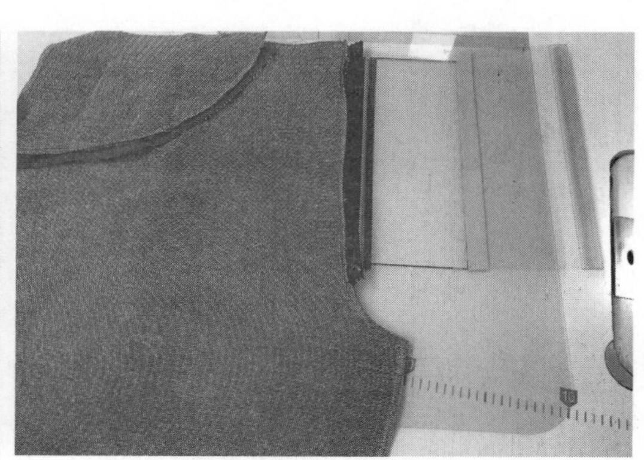

（c）放置左前片裤片

（d）缝制前裆弯

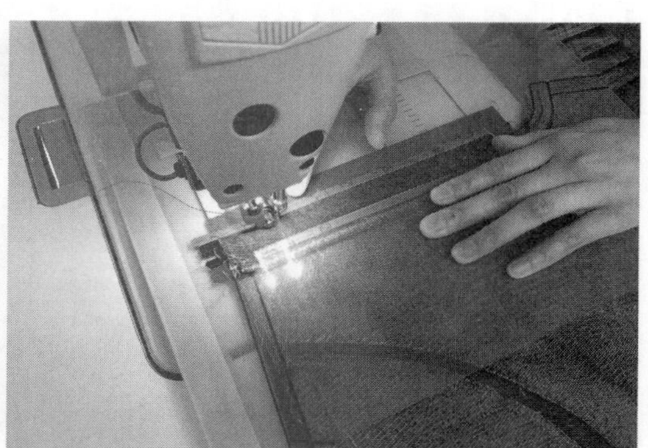

（e）缝制门襟与拉链

图6-42　牛仔裤绱裤门襟拉链模板应用

3. 牛仔裤门襟压线模板

（1）打开模板样板至第一层，将裤门襟和前中下裆缝压好0.1cm明线的前片展平放置在模板上。

（2）合上第二层模板样板，第二层模板样板靠近前中门襟一侧边缘对齐前中门襟，前片腰头缝份对齐开槽线边缘。

（3）合上第三层模板进行车缝压门襟明线（图6-43）。

（a）放置门襟定位挡板

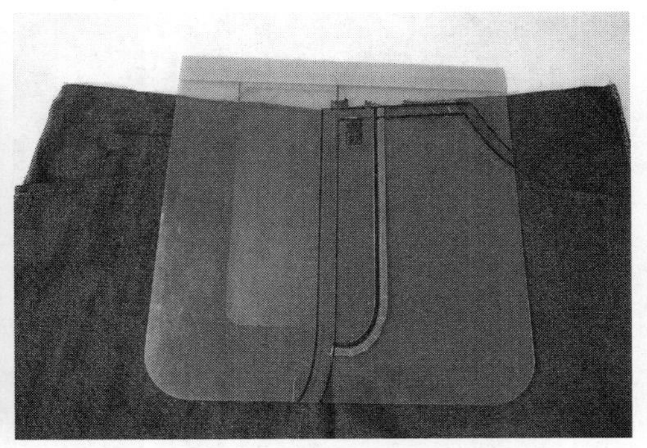

（b）合上门襟缉线板

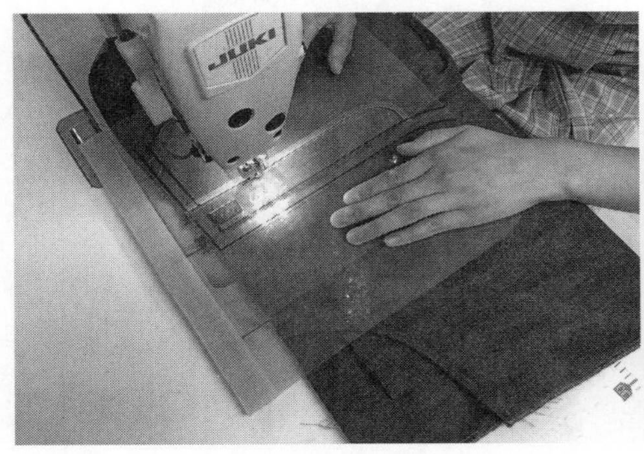

（c）缉门襟线

（d）门襟缉线效果

图 6-43　牛仔裤门襟压线模板应用

第三节　数字化模板休闲裤缝制工艺

休闲裤是指穿着起来比较休闲随意的裤子，非商务、政务、公务场合穿着的裤子。缝制工艺数字化模板缝纫一般应用于前片绱门襟拉链、缉门襟、做前片两侧袋、后片收省、后片双嵌线挖袋、后片单嵌线挖袋、贴袋、袋盖、拼合腰头面、勾弧型腰等工艺。

一、款式特征概述

此女休闲裤款式特点为弧形装腰头，腰头面布为本身布拼接，腰里布为专用腰里。裤串带襻6个，前中门襟处装拉链，裤前片左右侧缝处斜插袋，裤后片左右两个收省尖之间各一个双嵌线挖袋，收裤脚口（图6-44）。

图 6-44　女休闲裤款式图

二、结构图

（1）规格设计：休闲裤制图规格如表6-4所示。

表6-4 休闲裤规格尺寸 单位：cm

号型	裤长（L）	腰围（W）	臀围（H）	裤口	腰头宽
160/68A	100	68+2（放松量）	90+10（放松量）	21	3

（2）数字化模板缝制结构放缝：女休闲裤数字化模板缝制裤片放缝如图6-45所示，女休闲裤数字化模板缝制零部件放缝如图6-46所示。

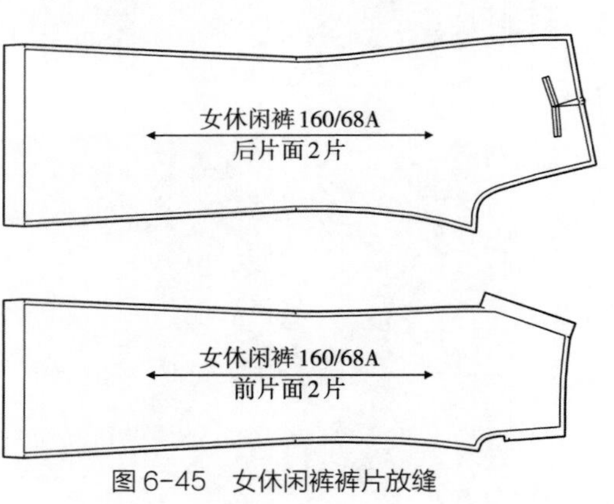

图6-45 女休闲裤裤片放缝

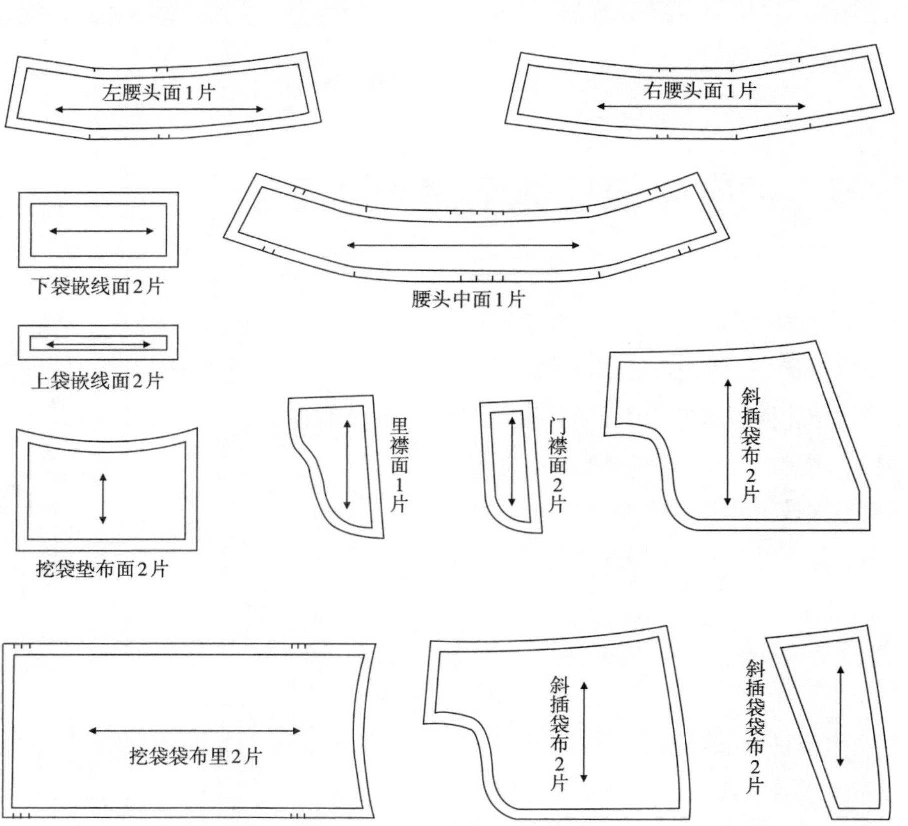

图6-46 女休闲裤零部件放缝

三、普通缝制工艺分析

（1）普通缝制两侧斜插袋、前门襟、后挖袋、勾腰头效率低。

（2）普通缝制的工艺难度高，缝制技术不容易掌握。

（3）挖袋需要先将纸样板放置在裤裁片后片上，用标记笔在需要挖口袋和收省尖的位置做标记，最后车缝收省和挖袋，整体缝制工艺程序多，不够简化，嵌线宽度不均匀，袋角不方正，左右口袋在裤片的位置不统一，口袋与裤片上下左右距离达不到要求。

（4）前门襟拉链两边面料吃势不均匀，前片门襟处左右片容易错位，宽窄不统一。

（5）两侧斜插袋不能对称，容易拧皱。

（6）腰头丝缕不平顺，宽窄不一致，裤襻距离容易错位，长短不能统一。

（7）缝制完后不能呈现整体服装板型。

四、模板缝制概念

使用数字化模板缝制休闲裤前片两侧斜插袋、前门襟、收省、挖袋、做腰头等工艺，可以解决复杂缝制工艺的简单化，提高整体的缝制效率，提高和统一需要对位缝制处工艺的质量，更好控制服装裁片形状，使衣片表面缝制更均匀，降低门襟拉链、挖袋、勾腰头等缝制工艺难度，使用数字化模板缝制更能呈现整体服装板型。

五、数字化模板缝制工艺

（1）女休闲裤缝制工艺流程图如图6-47所示。

（2）休闲裤数字化模板缝制准备工作同牛仔裤缝制准备工作。

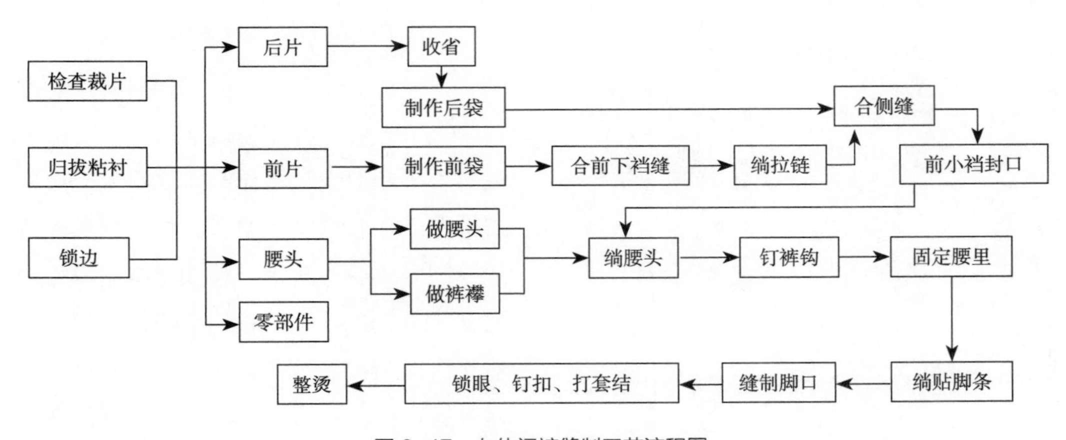

图6-47 女休闲裤缝制工艺流程图

六、数字化模板设计制作

1. 数字化女休闲裤斜插袋模板设计制作 参阅第六章第二节数字化牛仔裤月牙袋模板设计制作。

2. 数字化女休闲裤前门襟模板设计制作 参阅第六章第二节数字化牛仔裤门襟模板设计制作。

（1）数字化女休闲裤拼腰头模板设计制作：休闲裤弧形腰头是为了增加服帖性，突出服装造型，让服装更自然，在穿着点产生弧度，穿着更舒适，弧形腰同时也是为了衣服更服帖、合体、美观。

①腰头拼块模板样板设计制作：腰头拼块模板设计制作时需要将电子版本结构图纸样和放缝图结合，再设计制作模板辅助设计图。腰头面部左侧拼块和右侧拼块与后腰中拼缝缝制工艺相同，质量要求相同，多数服饰品有拼块拼接缝制工艺时与腰头拼块缝制工艺相同，所以模板设计制作时可以将左侧拼块和右侧拼块与后腰中设计制作为同一幅模板，可以节约模板制作使用的原材料，提高模板在同款式、同工艺缝制时的使用率，体现出模板辅助缝纫制作的最大价值。在模板设计制作加边框时，边框的顶端、低端、左端、右端距离，以裁片方便在模板上正确摆放、模板实际缝制时使用方便为依据，设置放缝图毛缝边或者开槽距四周模板样板边缘的距离（图6–48）。

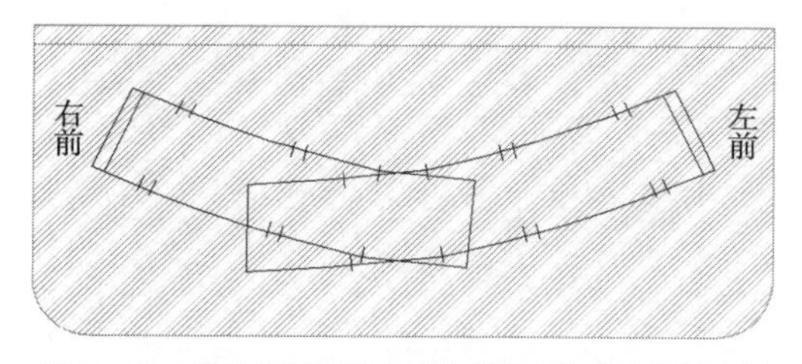

图6-48　女休闲裤拼腰头模板样板辅助设计制作图

②辅助设计制作模板样板展开：根据模板设计制作使用，将女休闲裤拼腰头模板样板从辅助模板设计制作图中依次单独展开。

女休闲裤拼腰头模板样板第一层如图6–49（a）所示。女休闲裤拼腰头模板样板第二层如图6–49（b）所示。女休闲裤拼腰头模板样板第三层如图6–49（c）所示。

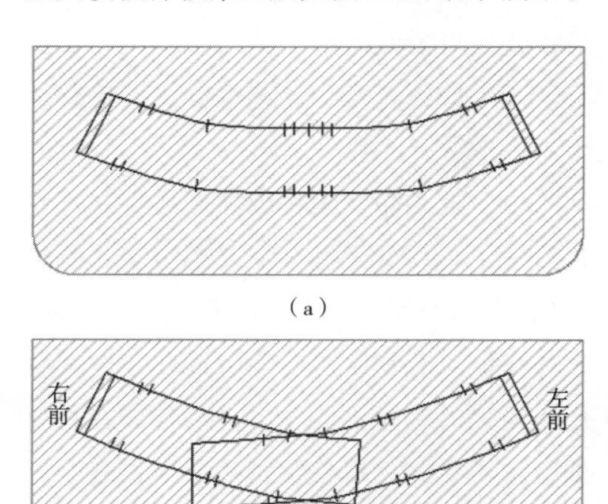

（a）

（b）

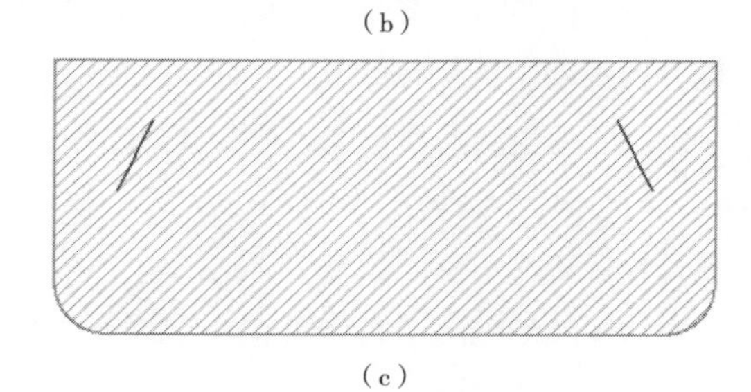

（c）

图6-49　女休闲裤三层拼腰头模板样板

（2）勾腰头模板样板设计制作：

①勾腰头模板样板设计制作：女休闲裤勾腰头模板设计制作时需要将电子版本结构图纸样和放缝图结合，先还原实际裁片缝制完成后的效果，再设计制作模板辅助设计图。腰头拼接完成后整体呈弧形状，勾腰头时需要腰头面布和里布平整放置，缉暗线勾腰，腰头两端缉暗线时有面布翻折拼接里布，需要在模板设计制作时预留拼接间距。模板车缝时整体长度和宽度比较大，模板设计时要考虑实际车缝使用的合理性、方便性，模板边框设计制作时做弧形特殊处理（图6–50）。

②辅助设计制作模板样板图展开：根据模板设计制作使用，将女休闲裤勾腰头模板样板从辅助模板设计制作图中依次单独展开。

女休闲裤勾腰头模板样板第一层如图6-51所示。

第二层模板样板使用PVC材料比较薄，模板粘贴固定和实际车缝使用时需要考虑PVC材料特性，边框设计制作时要小于第一层模板样板，如图6-52所示。

第三层模板样板分两部分独立使用，一部分做覆盖在里布上勾腰头使用，如图6-56（a）所示。一部分绱腰头使用，绱腰头时因为腰头是弧形，绱腰头部分模板样板设计为分割小独立样板，分割独立小样板相邻边缘设计制作时需要添加铣刀切割量，如图6-53所示。

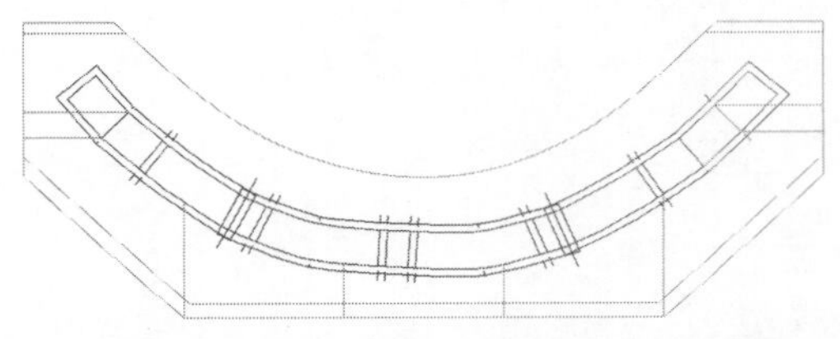

图6-50　女休闲裤勾腰头模板样板辅助设计制作图

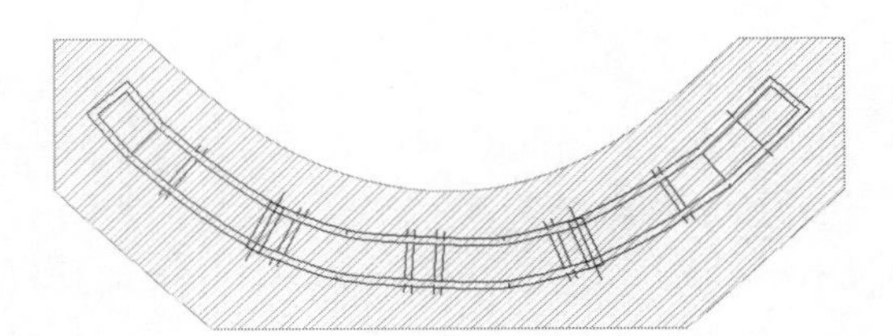

图6-51　女休闲裤勾腰头模板样板第一层

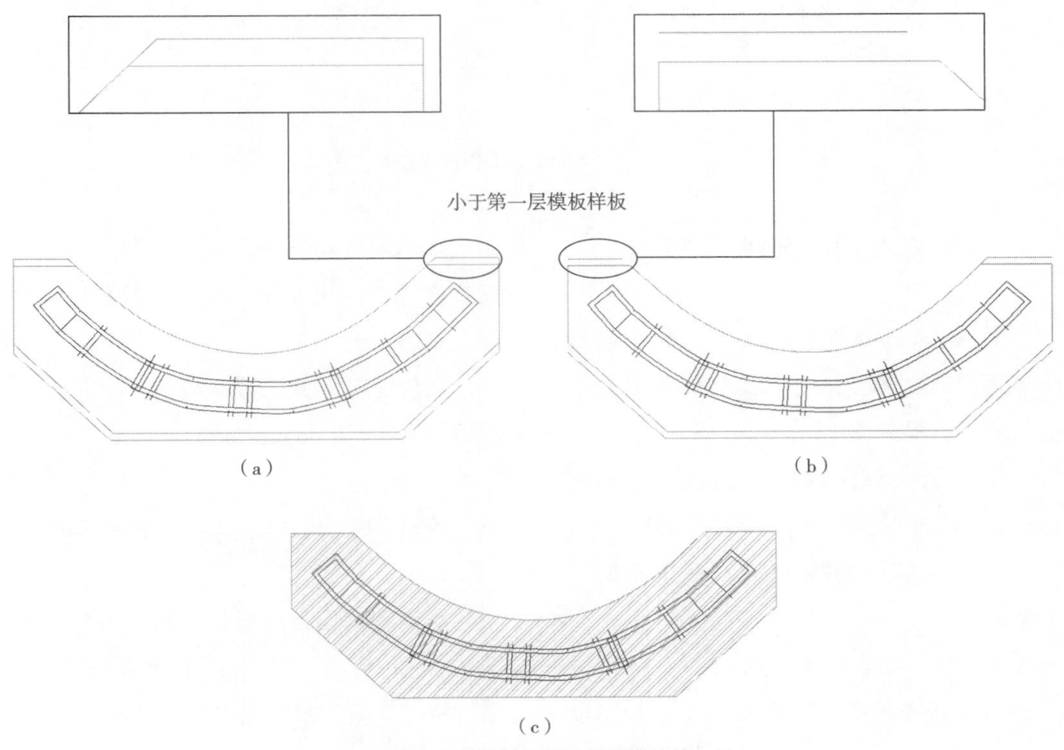

图6-52　女休闲裤勾腰头模板样板第二层

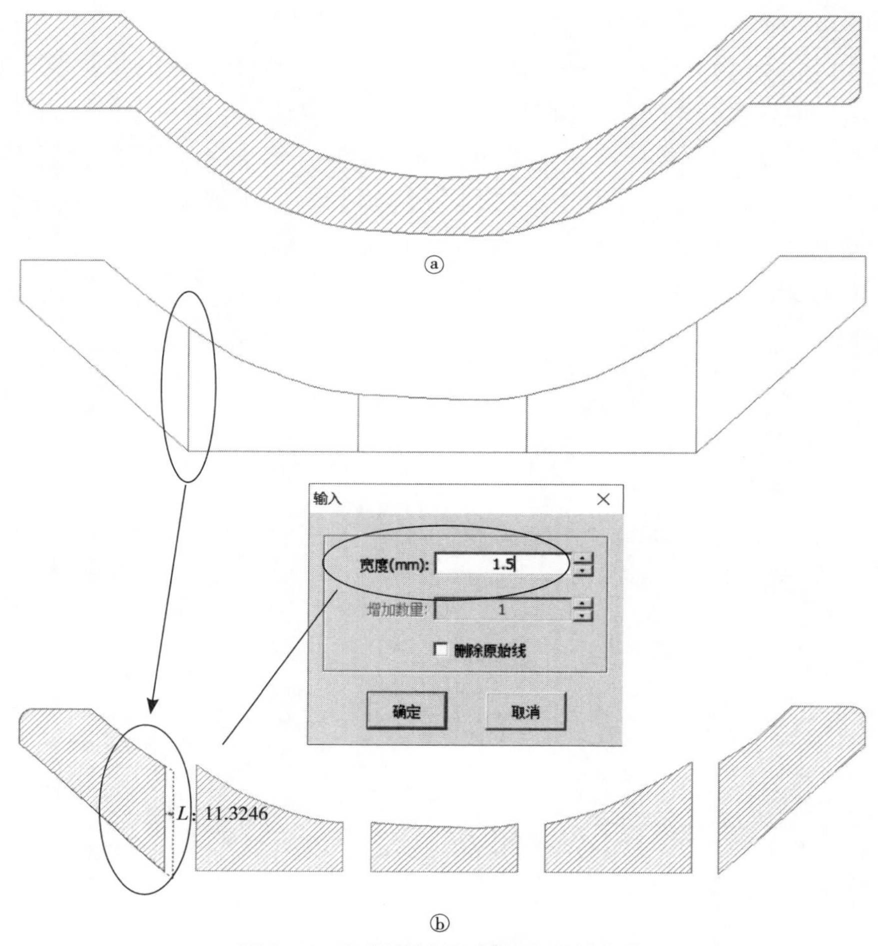

图 6-53　女休闲裤勾腰头模板样板第三层

七、模板样板切割选择

1. **女休闲裤拼腰头模板**　休闲裤腰头模板PVC胶板选择第一层模板样板厚度1.5mm。

第二层模板样板PVC胶板选择厚度0.5mm，模板材料需要质地硬一点的。

第三层模板样板PVC胶板选择厚度1.5mm。

2. **女休闲裤勾腰头模板**　女休闲裤勾腰头模板样板第一层PVC胶板选择厚度1.5mm。

女休闲裤勾腰头模板样板第二层PVC胶板选择厚度0.5mm，模板材料需要质地硬一点的。

女休闲裤勾腰头模板样板第三层PVC胶板厚度选择1.5mm。

八、模板样板切割完成检查核对

女休闲裤模板样板切割检查核对，如图6-54所示。具体步骤同本章第一节绢裙褶裥模板样板切割完成检查核对。

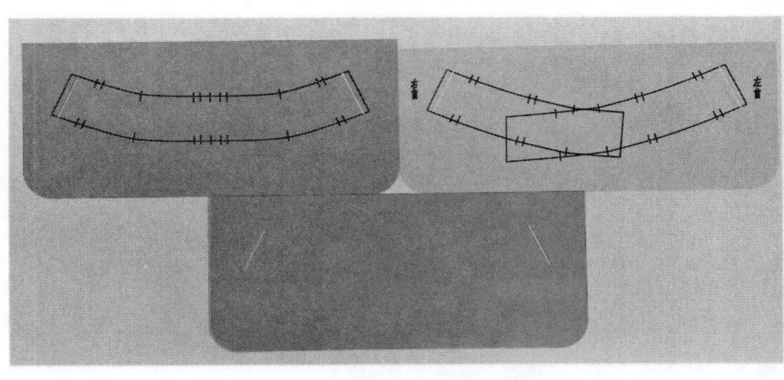

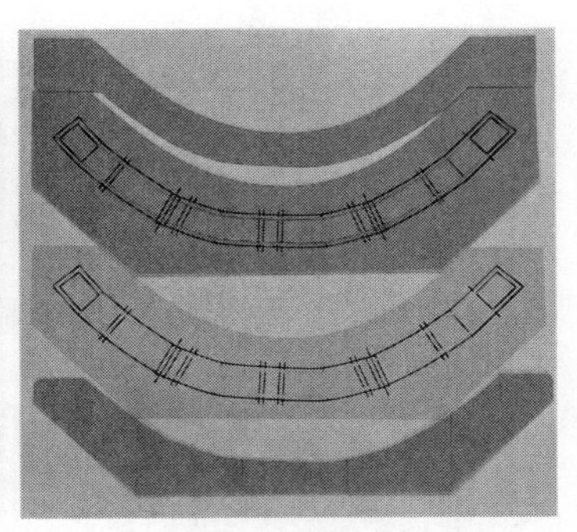

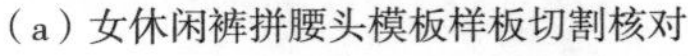

（a）女休闲裤拼腰头模板样板切割核对　　（b）女休闲裤勾腰头模板样板切割核对

图 6-54　女休闲裤模板样板切割完成检查核对

九、模板样板粘贴固定

1. *女休闲裤拼腰头模板*　按照女休闲裤拼腰头模板设计制作时的步骤、层次依次粘贴固定，如图6-55所示。

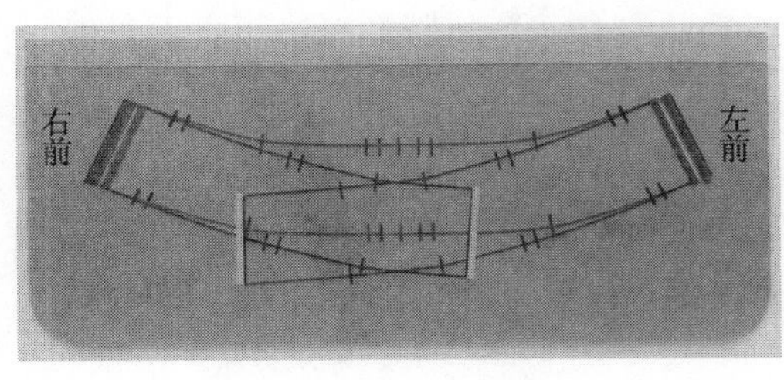

（a）

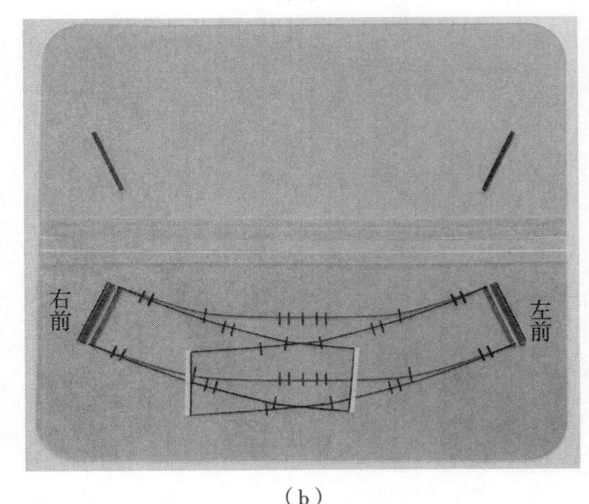

（b）

图 6-55　女休闲裤腰头模板

（1）先将模板样板按顺序排放好，依次粘贴固定。

（2）将第一层模板样板与第二层模板样板画线一面向上平放，对齐粘贴固定边的边角和开槽，正面用2.5cm布基胶带粘贴固定，合上模板压实粘贴固定的布基胶带，反面用2.5cm透明胶带粘贴固定。

（3）将第一层模板样板与第三层模板样板粘贴固定边缘对齐平放，正面用2.5cm布基胶带粘贴固定，合上模板压实粘贴固定的布基胶带，反面用3.5cm透明胶带粘贴固定。

（4）在第一层模板上面放置裁片开槽边缘处、放缝处，粘贴固定防滑砂纸条。

（5）在第二层模板上面放置裁片开槽边缘处、放缝处，粘贴固定防滑砂纸条。

（6）在第三层模板下面接触面料开槽边缘处，粘贴固定防滑砂纸条。

（7）粘贴固定完成后检查是否正确标准合理。

2. *女休闲裤勾腰头模板*　按照女休闲裤勾腰头模板设计制作时的步骤、层次依次粘贴固定，如图6-56所示。

（1）先将模板样板按顺序排放好，依次粘贴固定。

（2）将第二层模板样板重叠放置在第

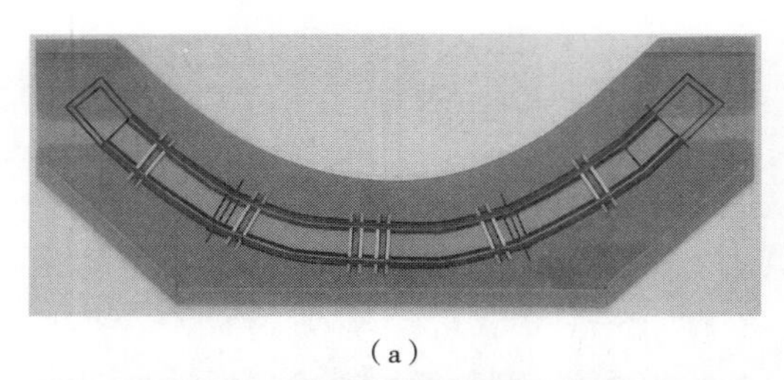

（a）

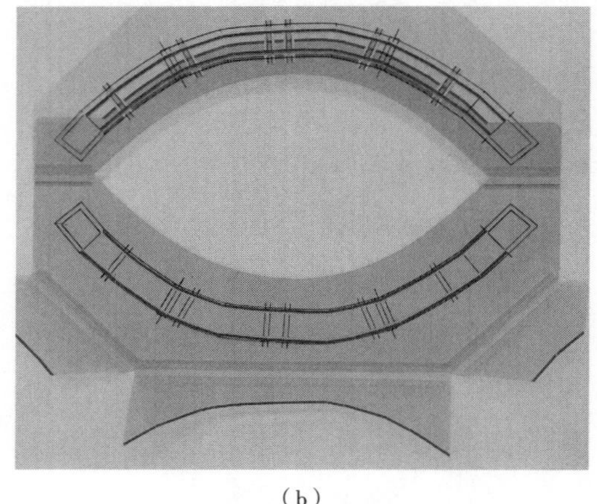

（b）

图6-56 女休闲裤勾腰头模板

一层模板样板画线一面，对齐边角和开槽，正面用2.5cm布基胶带粘贴固定，反面用2.5cm透明胶带粘贴固定。

（3）将第三层模板样板ⓐ与第一层模板样板水平放置，对齐第一层模板样板边缘，正面用2.5cm布基胶带粘贴固定，合上模板压实粘贴固定的布基胶带，反面用3.5cm布基胶带粘贴固定。

（4）将第三层模板样板ⓑ按顺序重叠放置在第一层模板样板上，对齐样板边角、开槽边缘，做好每一块独立小样板的位置标记，然后将做完位置标记的每一块独立小样板翻转对称水平放置，对齐每一块独立小样板位置标记，依次单独用2.5cm布基胶带粘贴固定，合上模板压实粘贴固定的布基胶带，反面用3.5cm布基胶带依次粘贴固定。

（5）在第一层模板上面、第二层模板样板反面、开槽边缘处粘贴固定防滑砂纸条。

（6）在第二层模板上面开槽边缘处，粘贴固定防滑砂纸条，在第二层模板样板裤串带襻处粘贴固定的定位海绵条，使用专业腰头里布时需要在第二层模板样板腰一侧粘贴固定腰头宽度的定位海绵条。

（7）在第三层模板样板开槽边缘粘贴固定防滑砂纸条。

（8）粘贴固定完成后检查是否正确标准。

十、模板使用

1. 女休闲裤拼腰头模板

（1）打开模板至第一层，将腰头后腰中面布放置在模板画样板线位置上，注意对齐后中剪刀口位置。

（2）合上第二层模板样板，将腰头左右两侧的面布依次单独放置在第二层模板画样板线位置上，对齐各剪刀口。

（3）合上第三层模板样板进行车缝。

（4）车缝完成后从缝纫机上取下模板，打开至第一层模板样板取下腰头（图6-57）。

2. 女休闲裤勾腰头模板

（1）打开模板至第一层，将腰头面布放置在模板样板画线位置上，注意对齐后中剪刀口位置、两个侧缝位置。

（2）合上第二层模板样板，将腰头里布（专用腰头里布）放置在模板样板画线位置上，腰头里布烫净缝线，绱裤腰一边对齐绱裤腰净缝线（开槽），专用腰头里布绱裤腰一边对齐海绵条定位线。

（3）合上第三层模板样板车缝勾腰头。

（4）勾完腰头打开模板样板第三层，

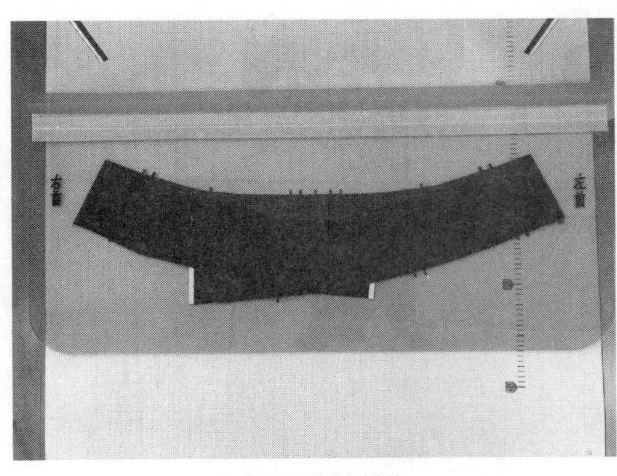

（a）放置腰头拼块

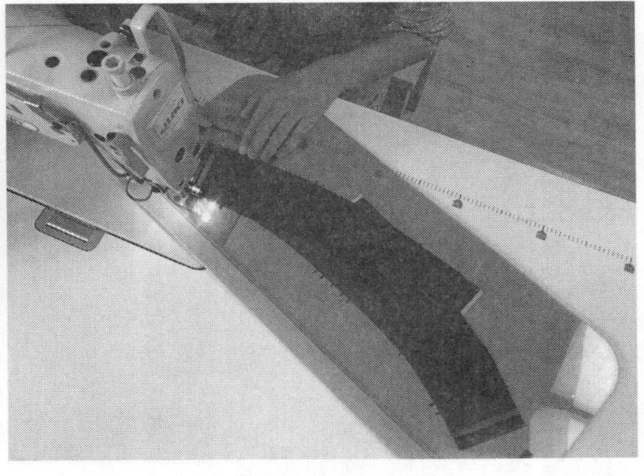

（b）缝制腰头拼块

图 6-57 女休闲裤拼腰头模板应用

翻开腰头里布，注意在翻开里布时不要移动整体腰头面布在模板样板上的位置，将裤串带襻依次单独放置在第二层模板画标记线定位位置上。

（5）将拼合好的裤片裤腰按腰头弧形依次放置，注意对齐刀口线位置，然后依次合上第三层独立小模板样板车缝绱裤腰。

（6）车缝完成后从缝纫机上取下模板，打开至第二层模板样板取下裤片和腰头（图6-58）。

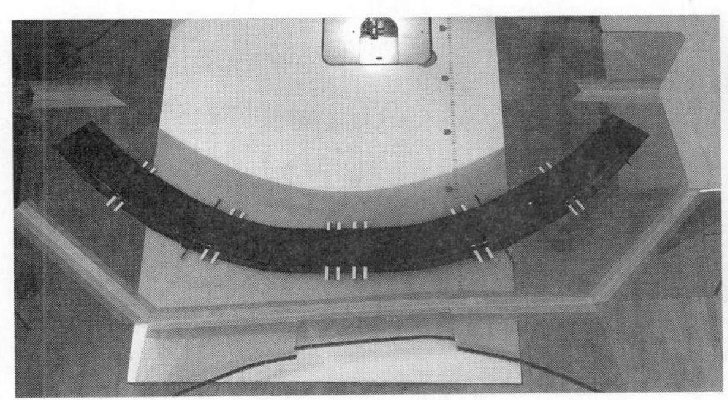

（a）放置腰头面里

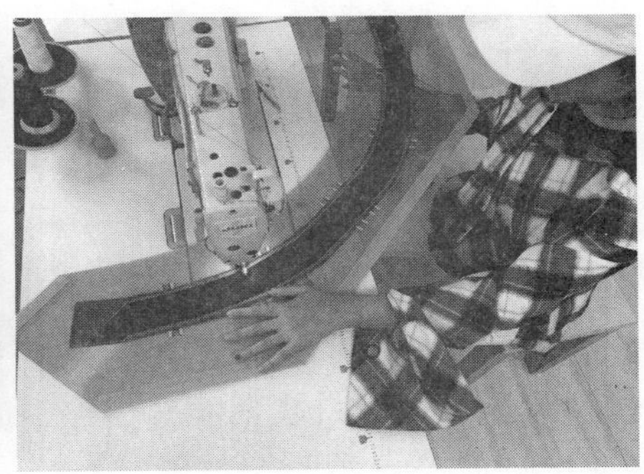

（b）缝制腰头

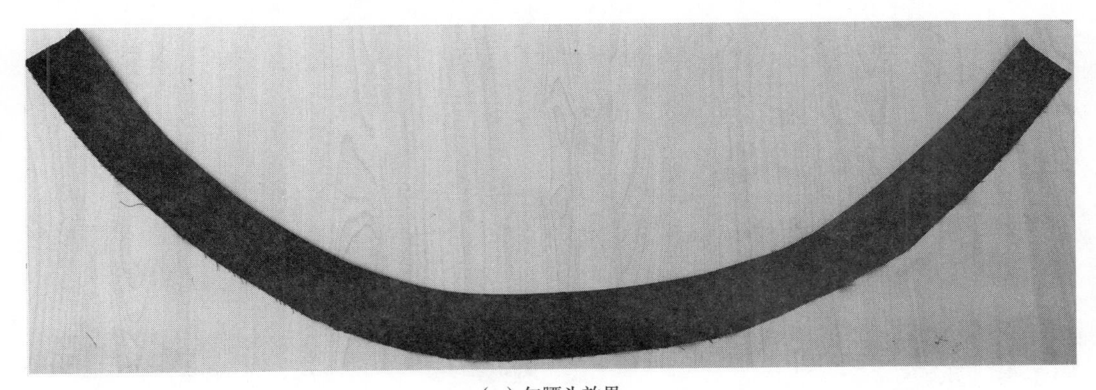

（c）勾腰头效果

图 6-58 女休闲裤勾腰头模板应用

第四节　数字化模板西裤缝制工艺

西裤缝制工艺数字化模板缝纫一般应用于前片绱门襟拉链、绱门襟、做前片两侧斜插袋、后片收省、后片双嵌线挖袋、后片单嵌线挖袋、拼合腰头面、勾弧型腰等工艺。

一、款式特征概述

此男西裤款式特点为装腰头，前中门襟处装拉链，裤前片各有两个褶裥，裤后片左右各收两个省位，裤前片左右侧缝处斜插袋，裤后片左右两个收省尖之间各一个双嵌线挖袋，收裤脚口（图6-59）。

图6-59　男西裤款式图

二、结构图

1. **规格设计**　男西裤制图规格如表6-5所示。

表6-5　男西裤规格尺寸　单位：cm

号型	裤长（L）	腰围（W）	臀围（H）	裤口	腰头宽
170/76A	105	76+2（放松量）	94+12（放松量）	22	4

2. **数字化模板缝制结构放缝**　男西裤数字化模板缝制裤片放缝如图6-60所示，男西裤数字化模板缝制零部件放缝如图6-61所示。

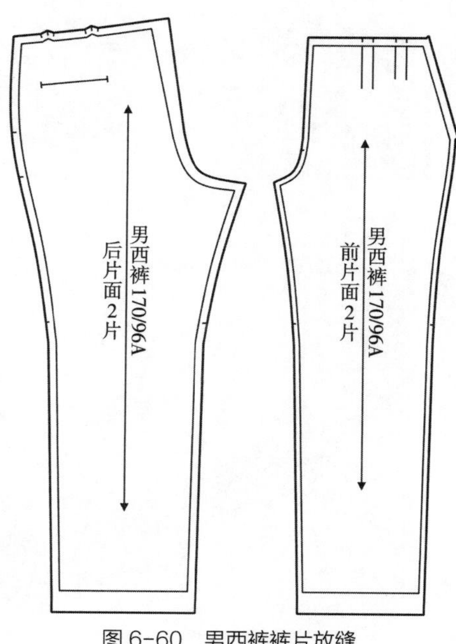

图6-60　男西裤裤片放缝

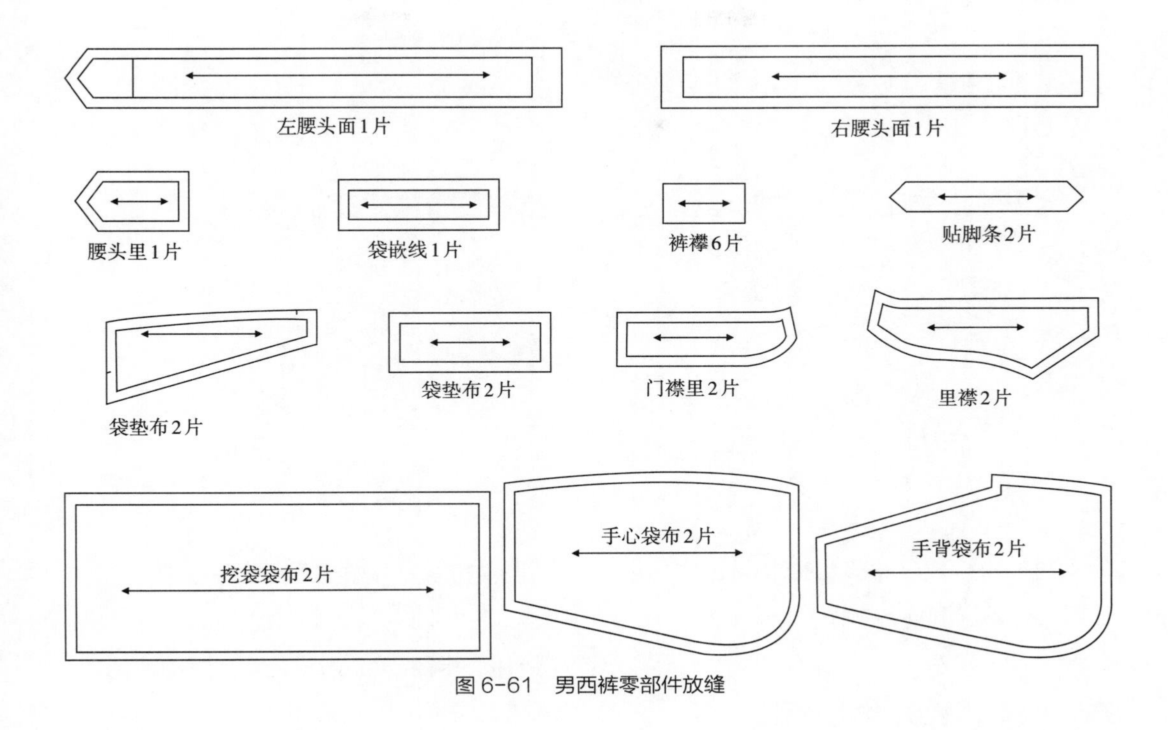

图6-61　男西裤零部件放缝

三、普通缝制西裤分析

（1）普通缝制两侧斜插袋、前门襟、后挖袋效率低。

（2）普通缝制的工艺难度高，缝制技术不容易掌握。

（3）挖袋需要先将纸样板放置在裤裁片后片上，用标记笔在需要挖口袋和收省尖的位置做标记，然后车缝收省和挖袋，整体缝制工艺程序多，不够简化，嵌线宽度不均匀，袋角不方正，左右口袋在裤片的位置不统一，口袋距离裤片上下左右距离达不到要求。

（4）前门襟拉链两边面料吃势不均匀，前片门襟处左右片容易错位，宽窄不统一。

（5）两侧斜插袋不能对称，容易拧皱。

（6）腰头丝缕不平顺，宽窄不一致，裤襻距离容易错位，长短不能统一。

（7）缝制完后不能呈现整体服装板型。

四、模板缝制概念

使用数字化模板缝制西裤前片两侧斜插袋、前门襟、收省、挖袋、做腰头等工艺，可以解决复杂缝制工艺的简单化，提高整体的缝制效率，提高和统一需要对位缝制工艺的质量，更好地控制服装裁片形状，使衣片表面缝制更均匀，降低了门襟拉链缝制工艺难度，使用数字化模板缝制更能呈现整体服装板型。

五、数字化模板缝制工艺

（1）男西裤缝制工艺流程图如图6-62所示。

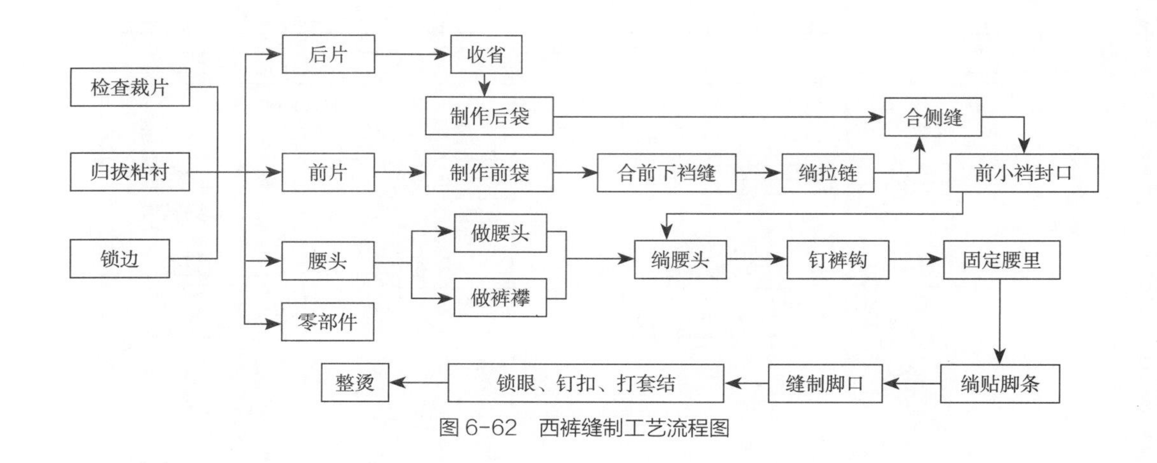

图6-62 西裤缝制工艺流程图

（2）西裤数字化模板缝制制作准备工作同牛仔裤缝制准备工作。

六、数字化模板设计制作

1. **数字化西裤斜插袋模板设计制作** 参阅第六章、第二节数字化牛仔裤月牙袋模板设计制作。

2. **数字化西裤前门襟模板设计制作** 参阅第六章、第二节数字化牛仔裤门襟模板设计制作。

（1）数字化西裤收省模板设计制作：西裤收省是为了增加立体感，突出服装造型，让服装更自然，在穿着点产生弧度，穿着更舒适，收省同时也是为了使衣服更服帖、合体、美观。

①模板样板设计制作：收省模板设计制作时需要将电子版本结构图纸样和放缝图结合，先还原实际裁片缝制完成后的效果，再设计制作模板辅助设计图，左后片收省和右后片收省缝制工艺相同，质量要求相同，所以模板设计制作时可以将左后片收省和右后片收省设计制作为同一幅模板，可以节约模板制作使用的原材料，提高模板在同款式、同工艺缝制时的使用率，体现出模板辅助缝纫制作的最大价值。在模板设计制作加边框时，边框的顶端、低端、左端、右端距离，以裁片方便在模板上正确摆放、模板实际缝制时使用方便为依据，设置放缝图的毛缝边或者开槽距四周模板样板边缘的距离（图6-63）。

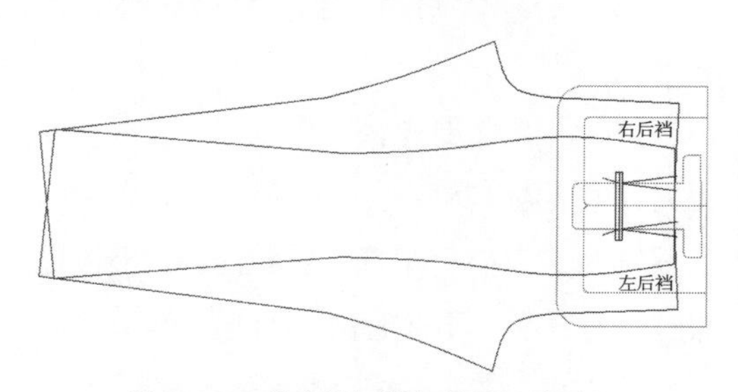

图6-63 收省模板样板辅助设计制作

②辅助设计制作模板样板展开：根据模板设计制作使用，将男西裤收省模板样板从辅助模板设计制作图中依次单独展开。

男西裤收省模板样板第一层，如图6-64所示。

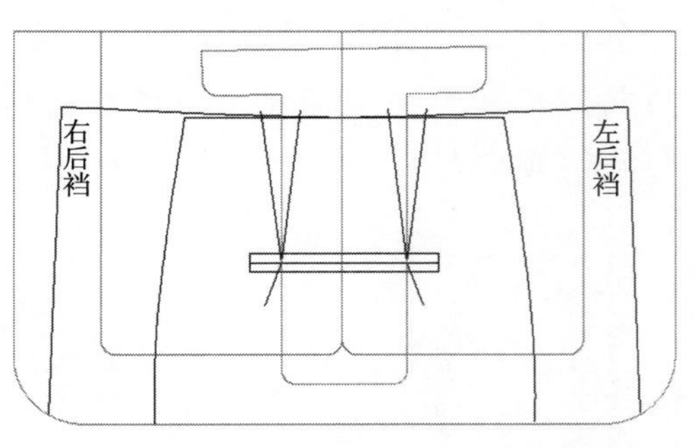

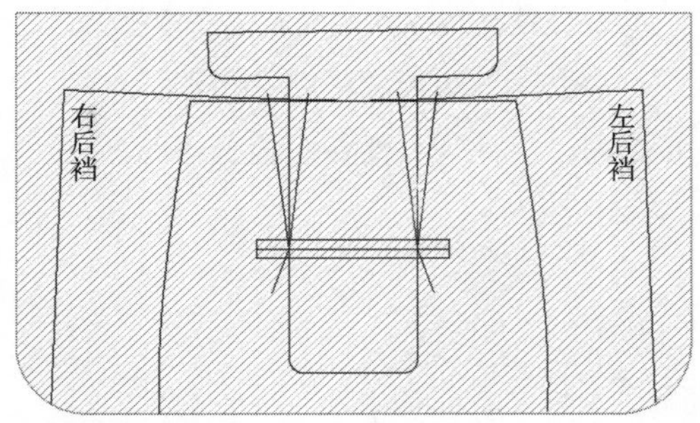

图 6-64　收省模板样板第一层

男西裤收省模板样板第二层如图6-65所示。

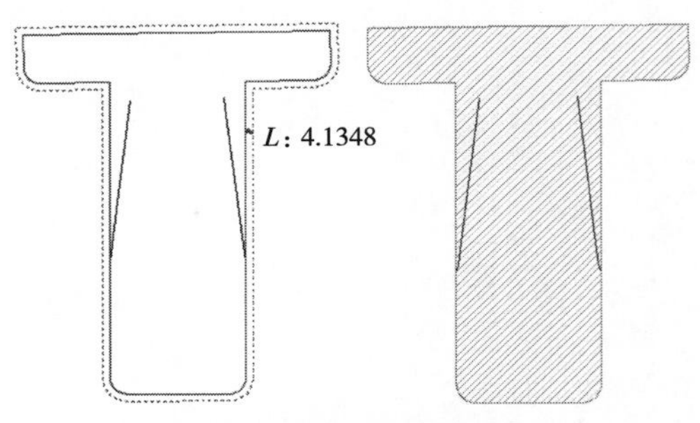

图 6-65　收省模板样板第二层

男西裤收省模板样板第三层，如图6-66所示。

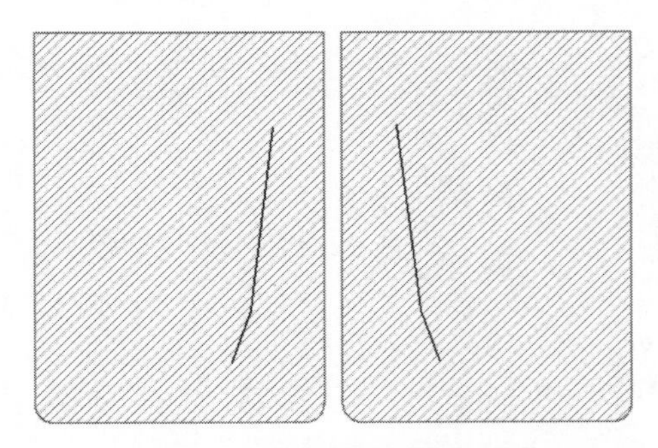

图 6-66　收省模板样板第三层

（2）数字化西裤挖袋模板设计制作：西裤的挖袋一般多为双嵌线挖袋，通常在休闲西裤或者特殊工艺设计下还有单嵌线挖袋、带盖挖袋，从工艺制作上区分，主要分双嵌线挖袋和单嵌线挖袋。

西裤左后片挖袋和右后片挖袋缝制工艺相同，质量要求相同，所以模板设计制作时可以将左后片挖袋和右后片挖袋设计制作为同一幅模板。

挖袋模板设计制作时需要将电子版本结构图纸样和放缝图结合，先还原实际裁片缝制完成后的效果，再设计制作模板辅助设计图。模板设计制作时根据服装面料、款式特点缝制要求可分为简易挖袋模板、免烫挖袋模板。

①男西裤简易挖袋模板：所谓简易挖袋模板就是袋嵌线需要对折烫，袋嵌线需要依据缝制工艺要求先对折烫好形状。袋嵌线层数比较多，对折烫后整体比较厚容易回弹，对折烫不能固定袋嵌线形状，需要先对折缉一条辅助固定线，这一类型挖袋比较适合简易挖袋模板。

模板样板设计制作：简易双嵌线挖袋与单嵌线挖袋模板设计制作大致相同，不同点是不同特性面料在单嵌线挖袋制作完成后，服装在后整理过程中需要整烫和水洗，单嵌线口袋缝制有袋嵌线一边面料层数多，不容易回缩，没有袋嵌线一边面料层数少，容易回缩。所以在模板设计制作过程中要在没有袋嵌线一边车缝缉线增加长度，所增加的长度距离需要经过实际测试确定。在模板设计制作加边框时，边框的顶端、低端、左端、右端距离，以裁片方便在模板上正确摆放、模板实际缝制时使用方便为依据，设置放缝图的毛缝边或者开槽距四周模板样板边缘的距离（图6–67）。

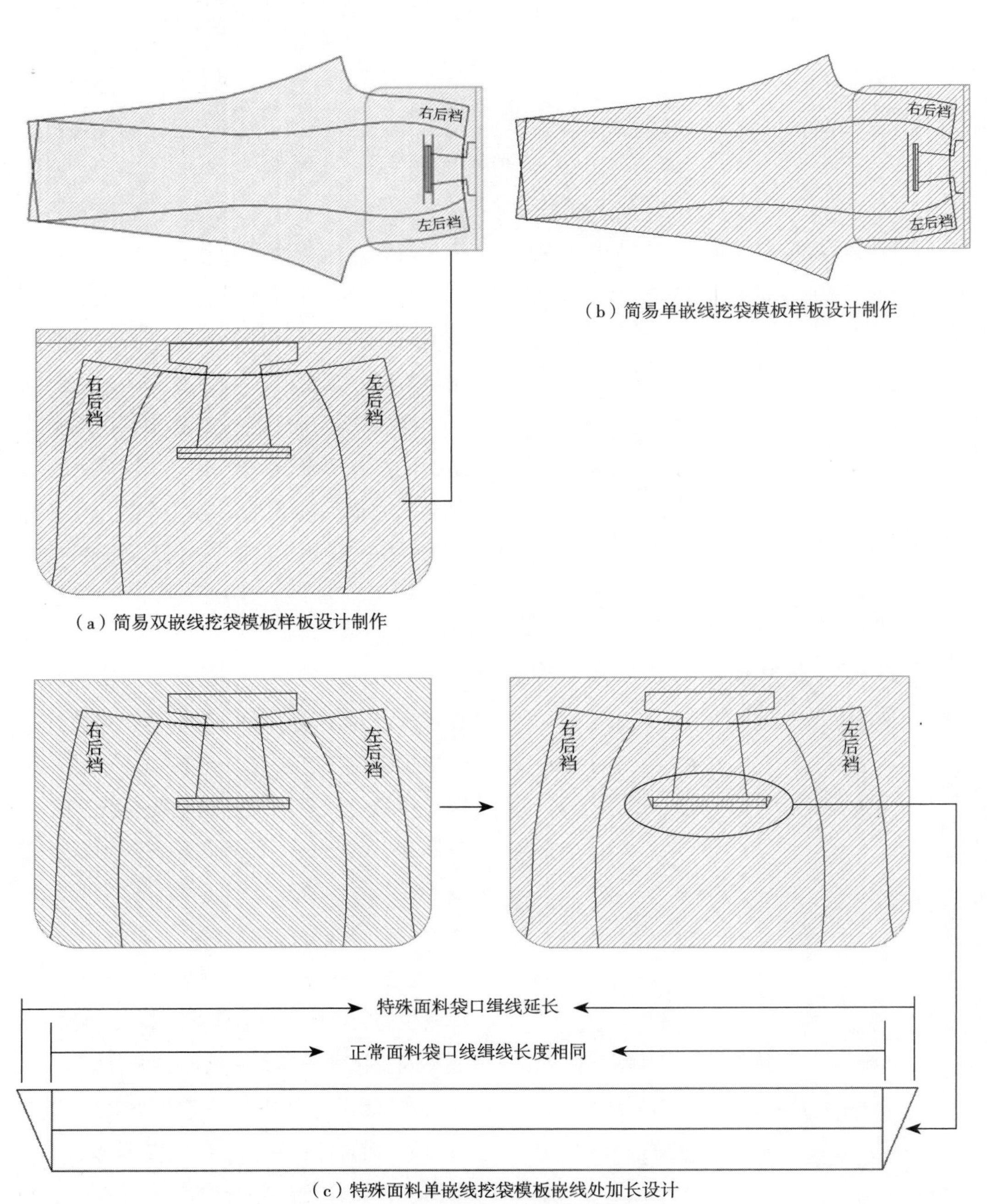

（a）简易双嵌线挖袋模板样板设计制作

（b）简易单嵌线挖袋模板样板设计制作

（c）特殊面料单嵌线挖袋模板嵌线处加长设计

图6–67　简易双嵌线、单嵌线模板样板设计制作

辅助设计制作模板样板图展开：根据模板设计制作使用，将双嵌线挖袋模板样板、单嵌线挖袋模板样板从辅助模板设计制作图中依次单独展开。男西裤双嵌线挖袋和单嵌线挖袋模板样板第一层如图6-68所示。

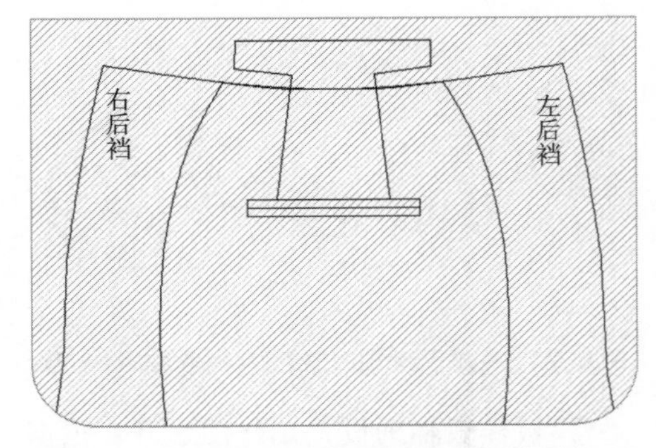

图6-68 双嵌线挖袋、单嵌线挖袋模板样板第一层

双嵌线挖袋模板和单嵌线挖袋模板样板第二层在设计制作时有简单的不同点，双嵌线挖袋为两片袋嵌线，在模板样板设计制作时需要两条袋嵌线宽度辅助定位线。单嵌线挖袋是一片袋嵌线，在模板样板设计制作时需要一条袋嵌线宽度辅助定位线。第二层模板样板ⓑ在实际车缝使用时起对位作用，在实际切割完成后需要重新粘贴固定回第一层模板样板原来的位置，铣刀在实际切割过程中会在模板样板周围一圈切割掉1/2的铣刀宽度，模板样板需要在使用时对位裁片收省后的省位线，所以需要在模板样板第二层ⓑ样板第一位边增加1/2的铣刀宽度（图6-69）。

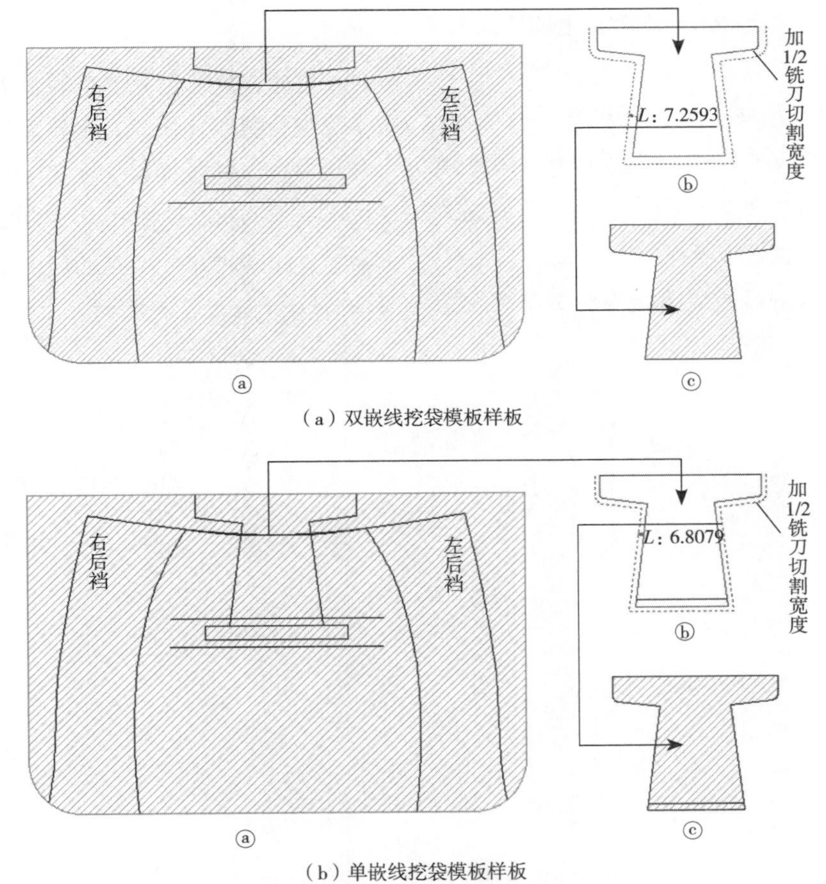

（a）双嵌线挖袋模板样板

（b）单嵌线挖袋模板样板

图6-69 双嵌线和单嵌线模板样板第二层

男西裤双嵌线、单嵌线挖袋模板样板第三层如图6-70所示。

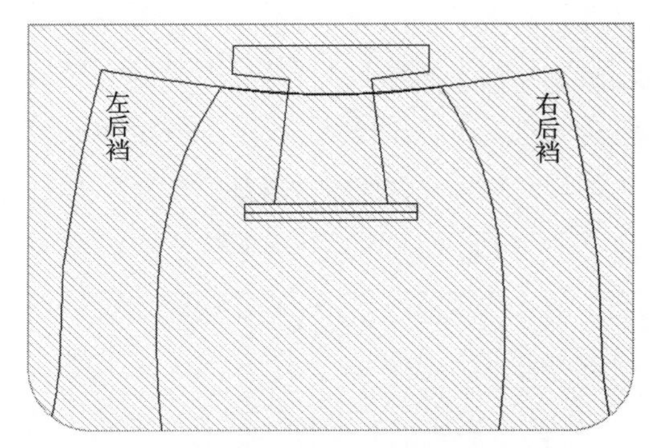

图6-70 双嵌线、单嵌线挖袋模板样板第三层

②男西裤免烫挖袋模板：所谓免烫挖袋模板就是袋嵌线在工艺缝制之前不需要对折熨烫定型，袋嵌线裁片直接在模板上按照缝制工艺要求对折形状摆放，模板定型袋嵌线，固定袋嵌线在裁片上的位置。

缝制工艺要求袋嵌线烫平不烫死，袋嵌线中间有免烫衬纸，面料材质质地薄，熨烫缝制容易变形，袋嵌线具有伸缩性弹力（罗纹类袋嵌线），这些挖袋工艺缝制类型更适合免烫挖袋模板。

免烫双嵌线挖袋模板与免烫单嵌线挖袋模板设计制作不同，下面对免烫双嵌线挖袋模板与免烫单嵌线挖袋模板设计制作单独讲解。

免烫双嵌线挖袋模板样板设计制作如图6-71所示。

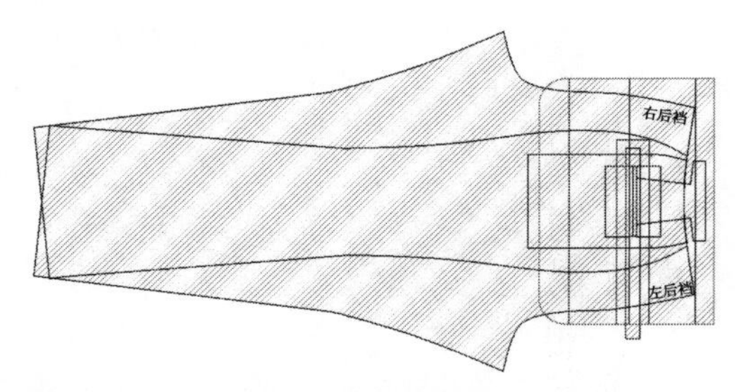

图6-71 免烫双嵌线挖袋模板样板辅助设计制作

模板样板辅助设计制作图展开：根据模板设计制作使用，将免烫双嵌线挖袋模板样板，从辅助设计制作图中依次单独展开。

免烫双嵌线挖袋模板样板第一层，在实际模板缝制使用时，主要对位收省后的裁片省位。模板样板ⓑ在实际铣刀切割过程中周围一圈会切掉1/2的铣刀宽度，所以需要在模板样板ⓑ原来的周围对位位置增加1/2铣刀宽度（图6-72）。

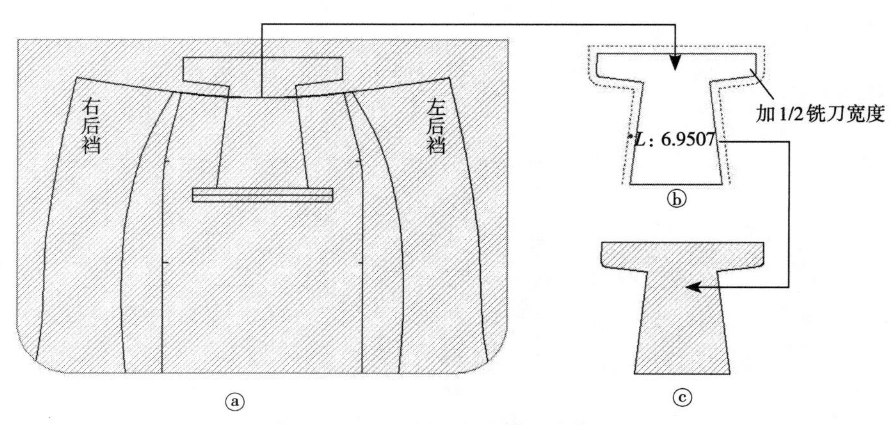

图6-72 免烫双嵌线挖袋模板样板第一层

第二层模板样板ⓐ开槽处放置袋嵌线，切割完成后实际开槽宽度增加1/2的铣刀宽度，第二层模板样板ⓑ辅助上下袋嵌线免烫折叠做净样板，切割完成后实际宽度减少1/2的铣刀宽度，所以第二层模板样板ⓐ和ⓑ需要单独减少和增加铣刀切割宽度（图6–73）。

免烫双嵌线挖袋模板样板第二层如图6–74所示。

免烫双嵌线挖袋模板样板第三层如图6–75所示。

免烫单嵌线挖袋模板样板设计制作如图6–76所示。

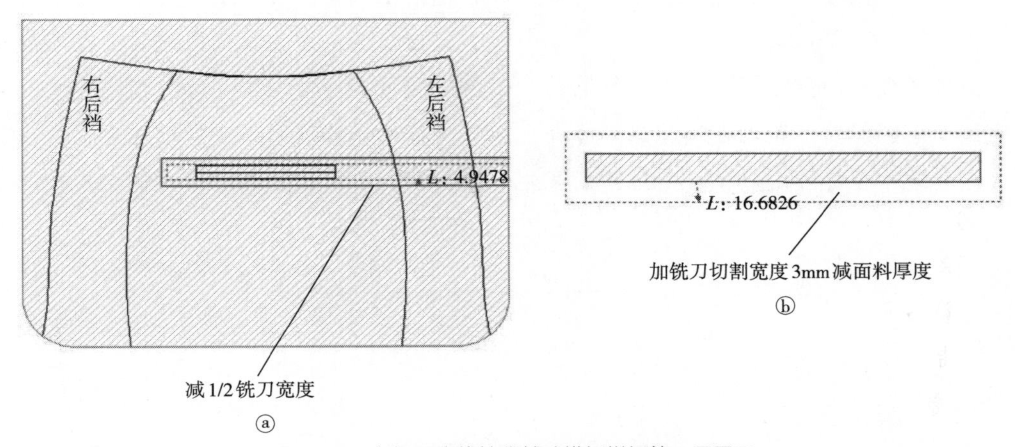

图6–73 免烫双嵌线挖袋辅助模板样板第二层展开

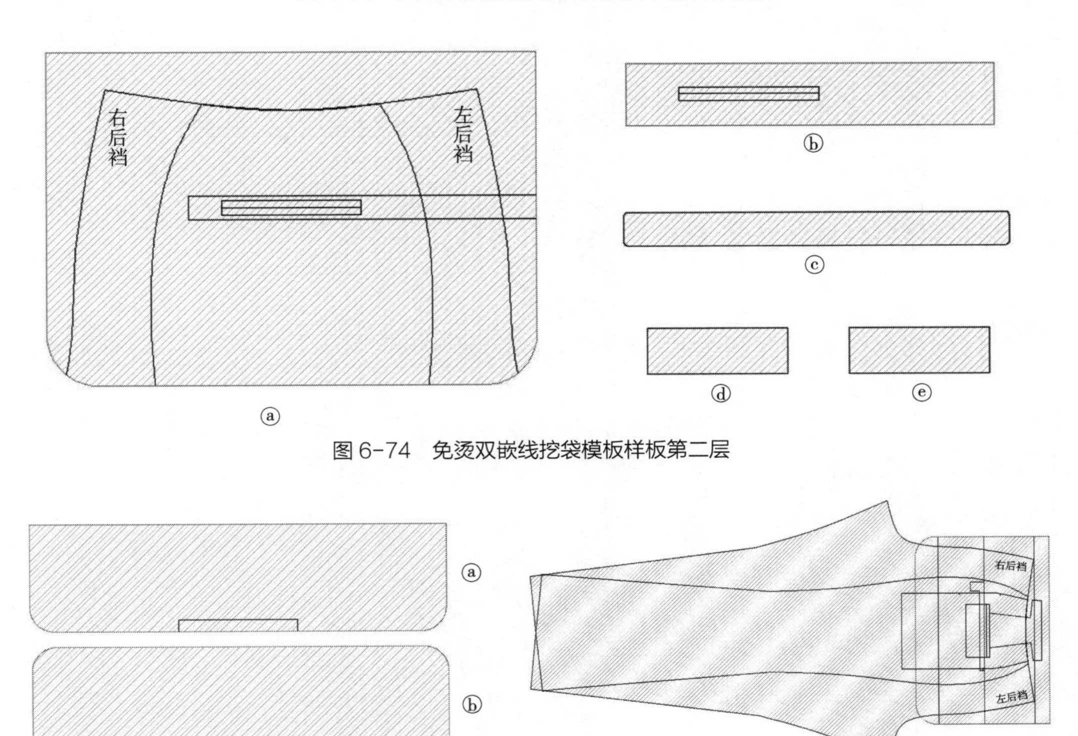

图6–74 免烫双嵌线挖袋模板样板第二层

图6–75 免烫双嵌线挖袋模板样板第三层

图6–76 免烫单嵌线挖袋模板样板辅助设计制作

模板样板辅助设计制作图展开：根据模板设计制作使用，将免烫单嵌线挖袋模板样板，从辅助设计制作图中依次单独展开。

免烫单嵌线挖袋模板样板与免烫双嵌线挖袋模板样板设计制作相同，第一层模板样板ⓒ，在实际模板缝制使用时主要对位收省后的裁片省位。

模板样板ⓑ切割完成后需要重新粘贴固定回原来的位置，铣刀在实际切割过程中会在模板样板周围一圈切掉1/2的铣刀宽度，模板样板ⓒ需要在使用时对位裁片收完省的省位线，所以需要在原来的模板样板ⓑ外围加1/2的铣刀宽度（图6–77）。

模板样板第二层挖袋缝制缉线处开槽设计为全部镂空切割设计，袋嵌线和袋布面料较厚时，缝制缉线完成后方便快捷从开槽取出裁片。袋嵌线与袋垫布在服装款式设计时为一块完整样板设计，在工艺缝制时需要两条挖袋线一起缝制后再剪开，模板样板挖袋缝制缉线处设计为全部镂空切割，方便取出挖袋裁片（图6–78）。

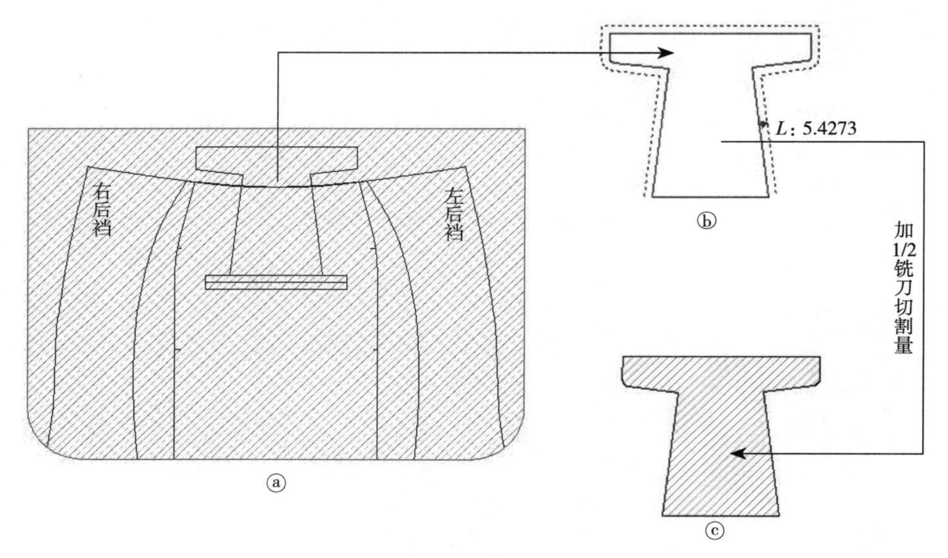

图6–77 免烫单嵌线挖袋模板样板第一层

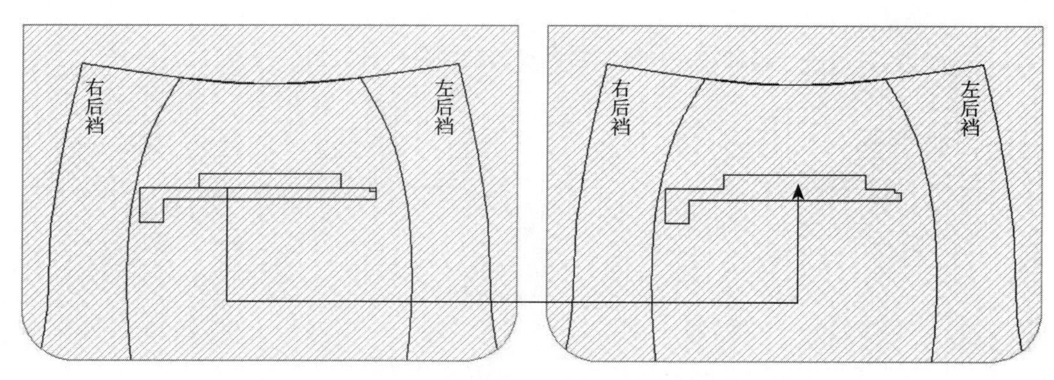

图6–78 模板样板第二层袋嵌线处镂空设计

模板样板第二层袋嵌线免烫条模板样板切割完成后，在实际模板使用时需要相同宽度模板样板，需要粘贴固定还原回原来位置。切割完成后的袋嵌线免烫条需要增加相应数据铣刀切割宽度，达到实际模板缝制使用需求（图6–79）。

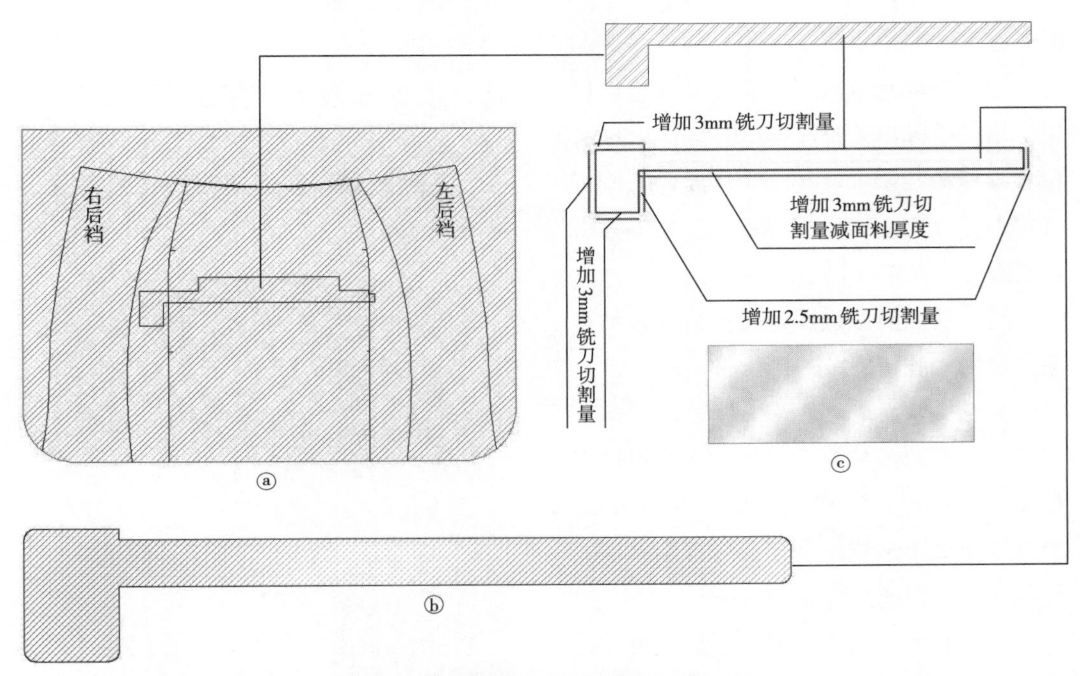

图6-79　免烫单嵌线挖袋模板样板第二层

免烫单嵌线挖袋模板样板第三层如图6–80所示。

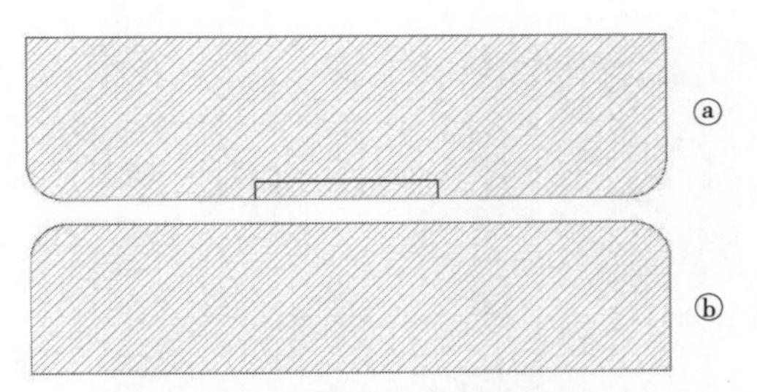

图6-80　免烫单嵌线挖袋模板样板第三层

七、模板样板切割选择

1. 男西裤收省模板样板

（1）男西裤收省模板样板PVC胶板第一层选择厚度1.5mm。

（2）男西裤收省模板样板PVC胶板第二层样板ⓐ、ⓒ选择厚度0.5mm，模板材料需要质地硬一点的。

（3）男西裤收省模板样板PVC胶板第三层样板ⓐ、ⓑ厚度可以根据面料厚薄特性选择1.0~1.5mm厚度。

2. 简易挖袋模板样板

（1）男西裤简易挖袋模板样板第一层PVC胶板选择厚度1.5mm。

（2）男西裤简易挖袋模板样板第二层样板ⓐ和ⓑ的PVC胶板选择厚度0.5~1mm。

（3）男西裤简易挖袋模板样板第三层PVC胶板选择厚度1.5mm。

3. 免烫双嵌线挖袋模板样板

（1）男西裤双嵌线免烫挖袋模板样板第一层ⓐ样板PVC胶板选择厚度1.5mm，模板样板第一层ⓒ样板PVC胶板选择厚度0.5mm。

（2）男西裤双嵌线免烫挖袋模板样板第二层ⓐ样板PVC胶板选择厚度1~1.5mm，模板样板第二层ⓑ、ⓓ、ⓔ样板PVC胶板选择厚度0.5mm，模板样板第二层ⓒ样板PVC胶板选择厚度1mm。

（3）男西裤双嵌线免烫挖袋模板样板第三层PVC胶板选择厚度1.5mm。

4. 免烫单嵌线挖袋模板样板

（1）男西裤免烫单嵌线挖袋模板样板第一层ⓐ样板PVC胶板选择厚度1.5mm，男西裤免烫单嵌线挖袋模板样板第一层ⓑ样板PVC胶板选择厚度0.5mm。

（2）男西裤免烫单嵌线挖袋模板样板第二层ⓐ样板PVC胶板选择厚度1~1.5mm，男西裤免烫单嵌线挖袋模板样板第二层ⓑ样板PVC胶板选择厚度1mm，男西裤免烫单嵌线挖袋模板样板ⓒ样板PVC胶板选择厚度0.5mm。

（3）男西裤免烫单嵌线挖袋模板样板第三层PVC胶板选择厚度1.5mm。

八、模板样板切割完成检查核对

男西裤模板样板切割检查核对如图6-81所示。

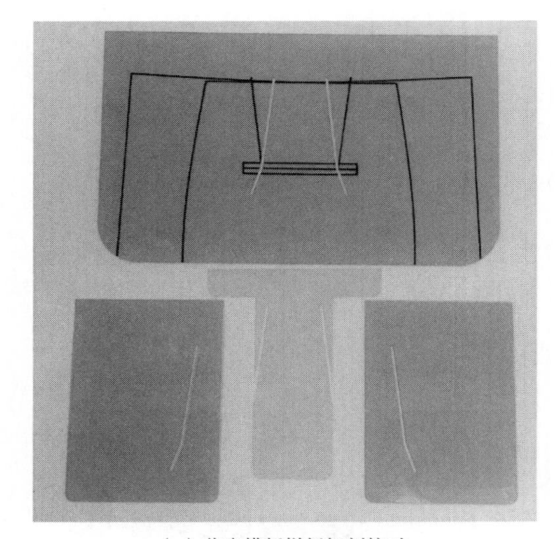

（a）收省模板样板切割核对

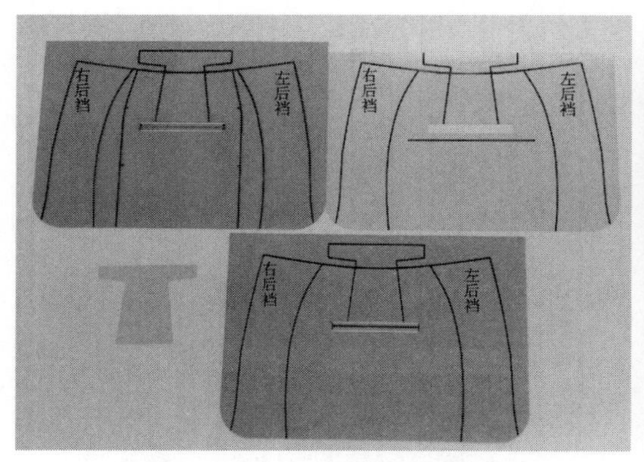

（b）简易双嵌线挖袋模板样板切割核对

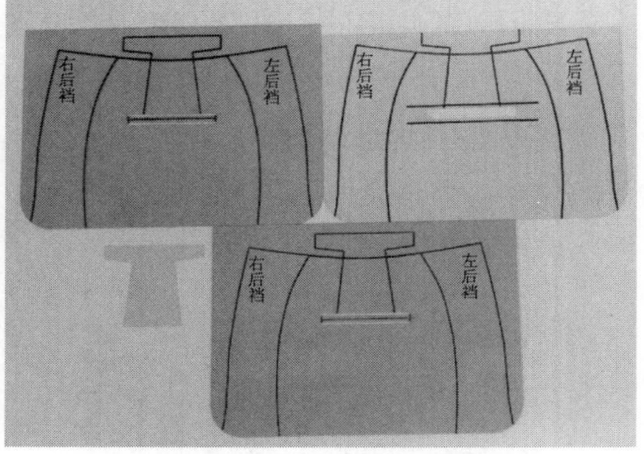

（c）简易单嵌线挖袋模板样板切割核对

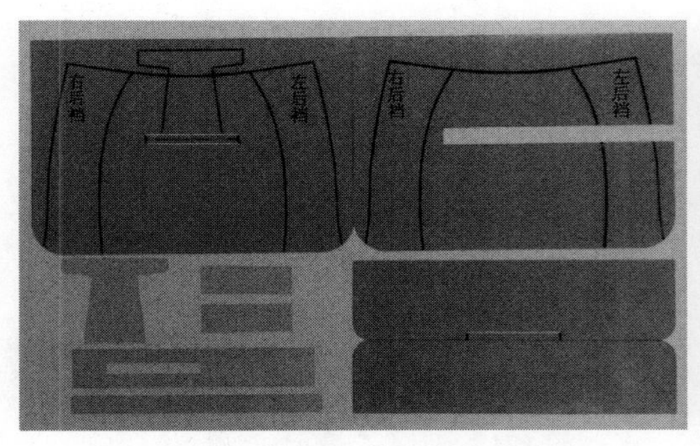

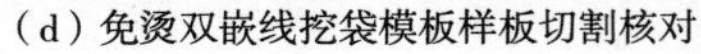

（d）免烫双嵌线挖袋模板样板切割核对

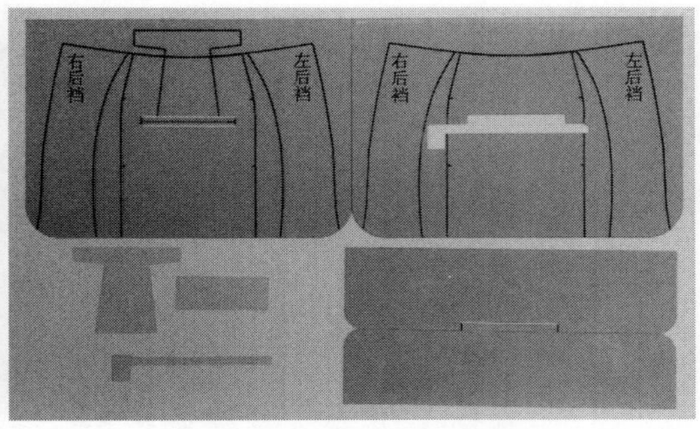

（e）免烫单嵌线挖袋模板样板切割核对

图6-81　模板样板切割完成检查核对

九、模板样板粘贴固定

1. **男西裤收省模板**　按照模板设计制作时的步骤层次依次粘贴固定（图6-82）。

（1）先将模板样板按顺序排放好，依次粘贴固定。

（2）在第三层模板样板重叠放置在第一层模板样板画样板线之上，对齐边角和开槽，做辅助粘贴固定位置的标记。做好标记后掀开重叠放置在第一层模板样板上的第三层模板样板，对齐做辅助粘贴固定位置的标记，正面用2.5cm布基胶带粘贴固定，合上模板压实粘贴固定的布基胶带，反面用3.5cm布基胶带粘贴固定。

（3）在第二层模板样板ⓐ和ⓑ重叠放置在第一层模板样板上画辅助线的位置，第二层模板样板的开槽对齐第一层模板样板的开槽，正面用2.5cm布基胶带粘贴固定，合上模板压实粘贴固定的布基胶带棱角，反面用2.5cm透明胶带粘贴固定。

（4）在第一层模板上面放置裁片一面的开槽边缘处、放缝结构图缝份处，粘贴固定防滑砂纸条。

（5）西裤模板缝制收省时距离省尖处的材料比较窄，受力小，在模板开槽收省一边粘贴固定马尾衬，马尾衬的针边缘对齐模板开槽边缘衣片折叠边，便于撑托衣片折褶裥。

（6）在第三层模板下面接触面料一面的开槽边缘处，粘贴固定防滑砂纸条。

（7）粘贴固定完成后检查是否正确标准。

（a）

（b）

图6-82　西裤收省模板

2. 简易双、单嵌线挖袋模板样板 按照模板设计制作时的步骤层次依次粘贴固定（图6-83）。

（1）先将模板样板按顺序排放好，依次粘贴固定。

（2）将第一层模板样板画样板线面与第三层模板样板画样板线面向上水平放置，对齐边角，正面用2.5cm布基胶带粘贴固定，合上模板压实粘贴固定的布基胶带，反面用3.5cm布基胶带粘贴固定。

（3）将第二层模板样板ⓐ重叠放置在第一层模板样板之上，使第二层模板样板开槽边对齐第一层模板样板开槽边，正面用2.5cm布基胶带粘贴固定，压实粘贴固定的布基胶带棱角，反面用2.5cm透明胶带粘贴固定。

（4）将第二层模板样板ⓒ重叠放置在第一层模板样板画辅助粘贴固定线位置，使第二层模板样板ⓒ与第一层模板样板开槽处边缘对齐，正面用2.5cm布基胶带粘

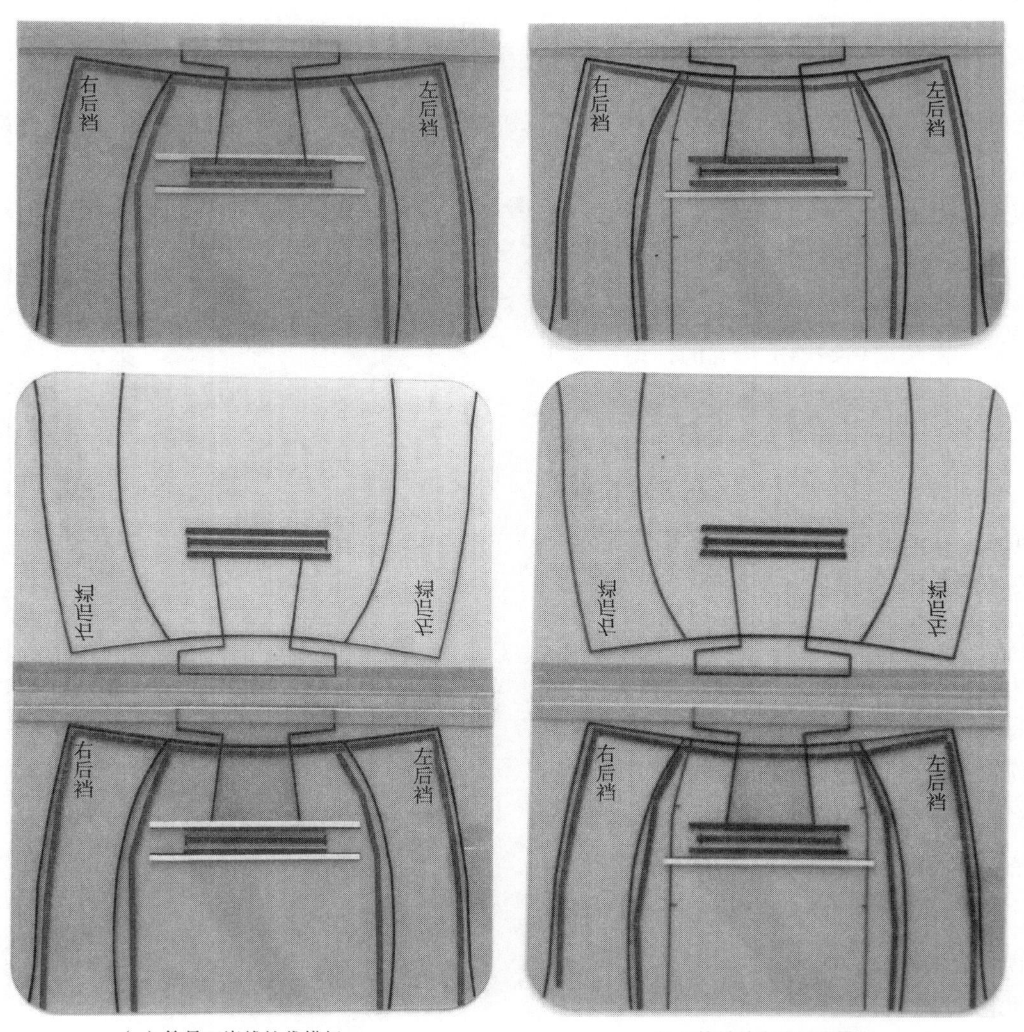

（a）简易双嵌线挖袋模板　　（b）简易单嵌线挖袋模板

图6-83　简易双、单嵌线挖袋模板

贴固定，压实粘贴固定的布基胶带棱角，反面用2.5cm透明胶带粘贴固定。

（5）在三层模板样板放置裁片和开槽边缘处，粘贴固定防滑砂纸条，三层模板粘贴固定防滑砂纸条时可以错位粘贴固定。

（6）在第二层模板样板开槽与放置袋嵌线位置可以粘贴固定强力布双面胶，放置袋嵌线位置辅助线处粘贴固定与折叠烫后袋嵌线相同厚度的定位海绵条。

（7）粘贴固定完成后检查是否正确标准。

3. **免烫双嵌线挖袋模板样板**　按照模板设计制作时的步骤、层次依次粘贴固定（图6-84）。

（1）先将模板样板按顺序排放好，依次粘贴固定。

（2）将第一层模板样板ⓐ画线一面向上平放，使第一层模板样板ⓓ重叠放置在第一层模板样板画辅助线位置，对齐开槽边与辅助线，正面用2.5cm布基胶带粘贴固定，压实粘贴固定的布基胶带棱角，反面用2.5cm透明胶带粘贴固定。

（3）在第二层模板样板ⓑ一面沿开槽边粘贴强力双面胶，之后向上重叠放置在第一层模板样板ⓐ上，对齐边角开槽，然后合上第二层模板样板ⓐ，压实模板样板ⓐ和模板样板ⓑ粘贴固定。

（4）将第二层模板样板ⓓ和ⓔ重叠放置在第二层模板样板ⓐ上，对齐开槽边，正面用2.5cm布基胶带粘贴固定，压实粘贴固定的布基胶带棱角，反面用2.5cm透明胶带粘贴固定。

（5）将第三层模板样本ⓐ和ⓓ重叠放置在第二层模板样板上，对齐第二层模板样板挖袋开槽以及边框，正面用2.5cm布基胶带粘贴固定，压实粘贴固定的布基胶带棱角，反面用2.5cm透明胶带粘贴固定。

（6）在三层模板样板放置裁片和开槽边缘处，粘贴固定防滑砂纸条，三层模板粘贴固定滑砂纸条时可以错位粘贴固定。

（7）在第二层模板样板ⓓ和ⓔ与第二层模板样板ⓐ接触面粘贴双面胶。

（8）粘贴固定完成后检查是否正确标准。

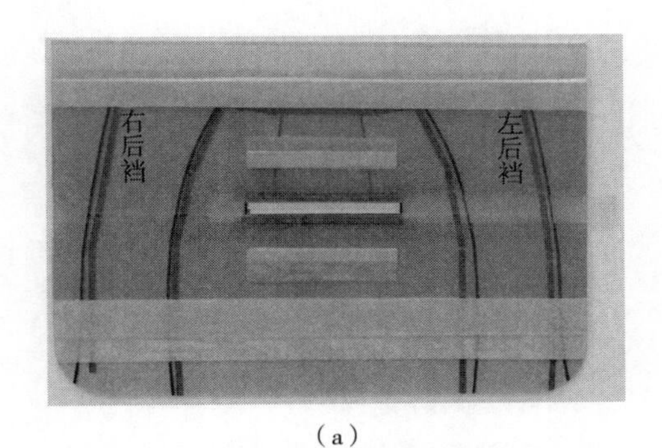

（a）

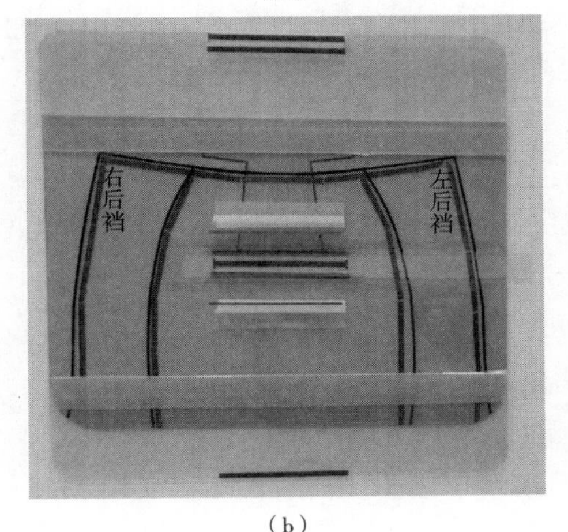

（b）

图6-84　免烫双嵌线挖袋模板

4. **免烫单嵌线挖袋模板样板**　按照模板设计制作时的步骤、层次依次粘贴固定（图6-85）。

（1）先将模板样板按顺序排放好，依次粘贴固定。

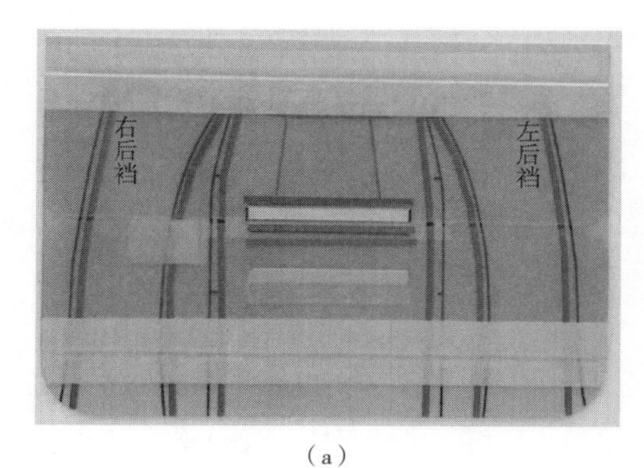

（a）

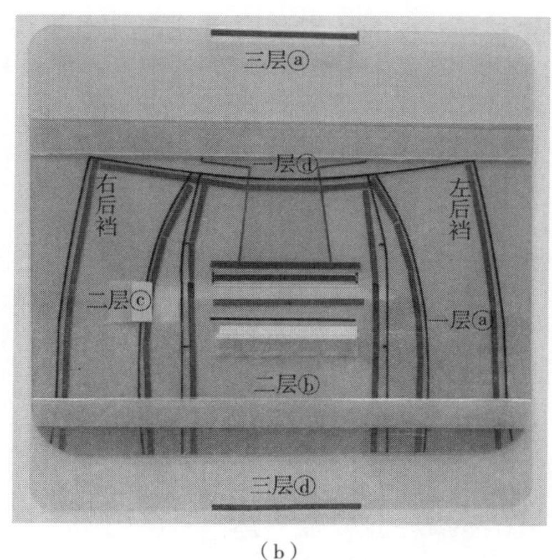

（b）

图 6-85 免烫单嵌线挖袋模板

（2）将第一层模板样板ⓐ画线一面向上平放，使第一层模板样板ⓓ重叠放置在第一层模板样板画辅助线位置，对齐开槽边与辅助线，正面用2.5cm布基胶带粘贴固定，压实粘贴固定的布基胶带棱角，反面用2.5cm透明胶带粘贴固定。

（3）将第二层模板样板ⓑ放置在第二层模板样板ⓐ挖袋嵌线条处，在左端模板样板上下面固定边粘贴3.5mm布基胶带，压平布基胶带，不要出现气泡。

（4）将第二层模板样板ⓒ重叠放置在第二层模板样板ⓐ挖袋开槽处，使第二层模板样板ⓒ边缘对齐开槽边，正面用2.5cm布基胶带粘贴固定，压实粘贴固定的布基胶带棱角，反面用2.5cm透明胶带粘贴固定。

（5）将第三层模板样本ⓐ和ⓓ重叠放置在第二层模板样板上，对齐第二层模板样板挖袋开槽以及边框，正面用2.5cm布基胶带粘贴固定，压实粘贴固定的布基胶带棱角，反面用2.5cm透明胶带粘贴固定。

（6）在三层模板样板放置裁片和开槽边缘处，粘贴固定防滑砂纸条，三层模板粘贴固定滑砂纸条时可以错位粘贴固定。

（7）在第二层模板样板ⓐ与第二层模板样板ⓒ接触面粘贴双面胶。

（8）粘贴固定完成后检查是否正确标准。

十、模板使用

1. 收省模板

（1）打开模板样板至第一层，将西裤左右后片裁片放置在模板画样板线位置上。

（2）合上第二层模板样板，将放置在第一层模板样板上的裤裁片，左右片沿第二层模板样板边缘向上分别翻折。

（3）翻折放置在第一层模板样板上的裁片左边，合上第三层模板样板的左边车缝缉线。翻折放置在第一层模板样板上的裁片右边，合上第三层模板样板的右边车缝缉线。

（4）翻折、车缝、缉线、收省时注意裁片左边和右边不要车缝在一起，车缝完成后从第二层模板样板上取下收完省的裤片（图6-86）。

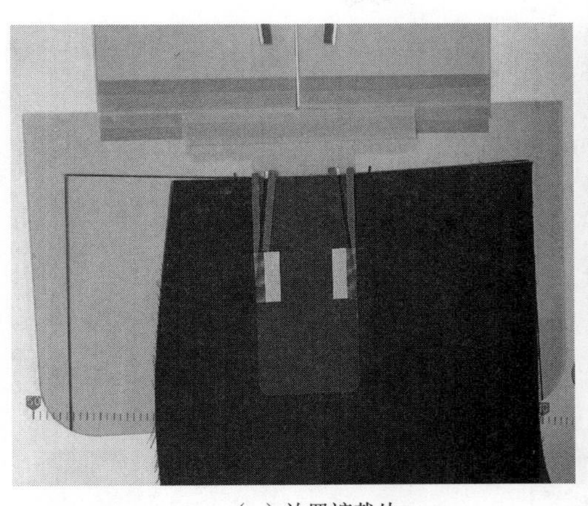

（a）放置裤裁片

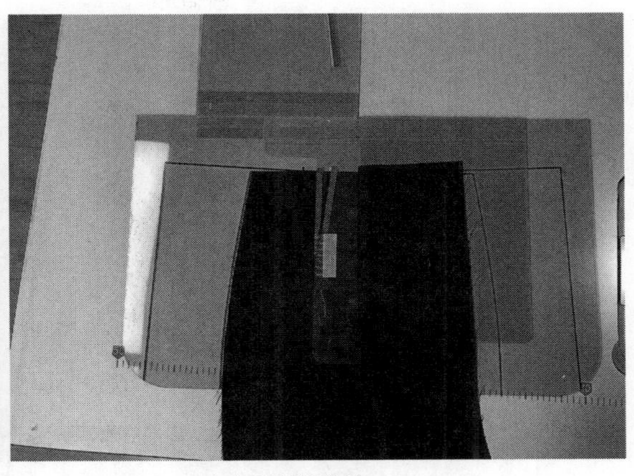

（b）翻折裤裁片

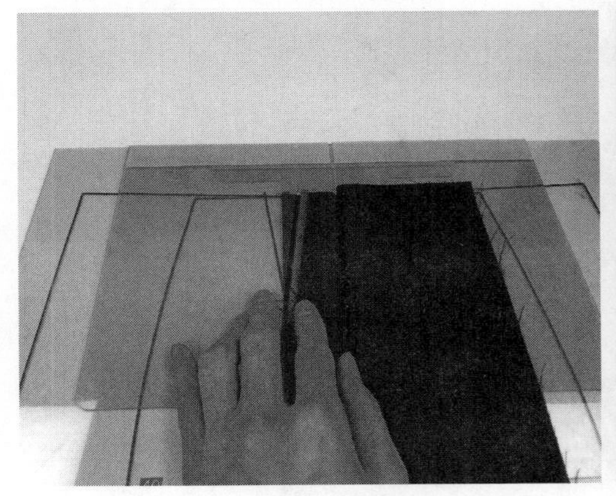

（c）翻折裤裁片收省

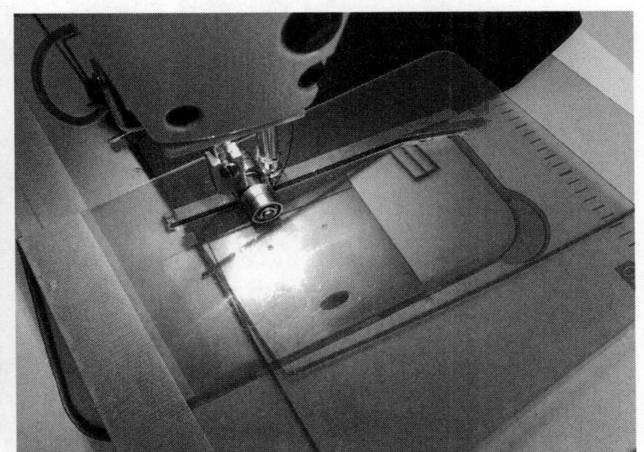

（d）缝制裤裁片收省

图6-86　男西裤收省模板应用

2. 简易挖袋模板

（1）打开模板样板至第一层，将收完省归拔粘衬的西裤裁片放置在模板画样板线位置，左右裁片单独放置挖袋。

（2）合上第二层模板样板ⓑ，将放置在第一层模板样板上的收省裤裁片，沿收省缉线对齐第二层模板样板ⓑ边缘，合上第二层模板样板ⓐ。

（3）在第二层模板样板上放置折叠烫好的袋嵌线，放置袋嵌线时对齐粘贴固定海绵条辅助挖袋宽度，在放置好的袋嵌线上放置袋垫布以及袋布。

（4）合上第三层模板样板进行模板挖袋。

（5）缉线完成后从缝纫机上取下模板，打开至第一层模板样板取下裤片，剪开袋口做口袋（图6-87）。

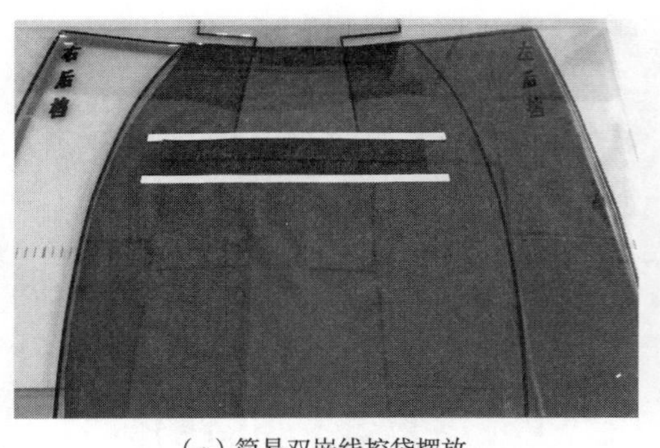
（a）简易双嵌线挖袋摆放

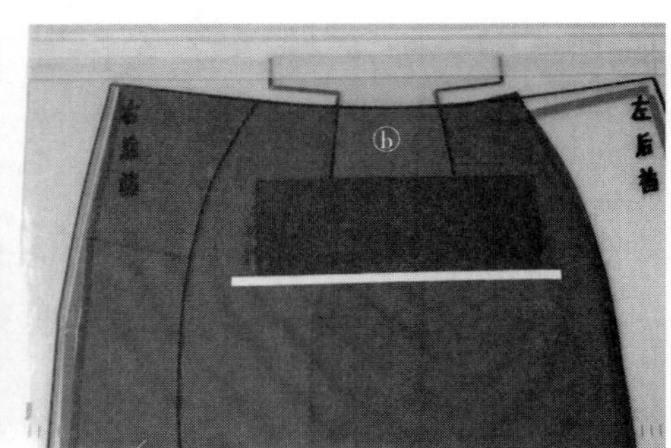

（b）简易单嵌线挖袋摆放

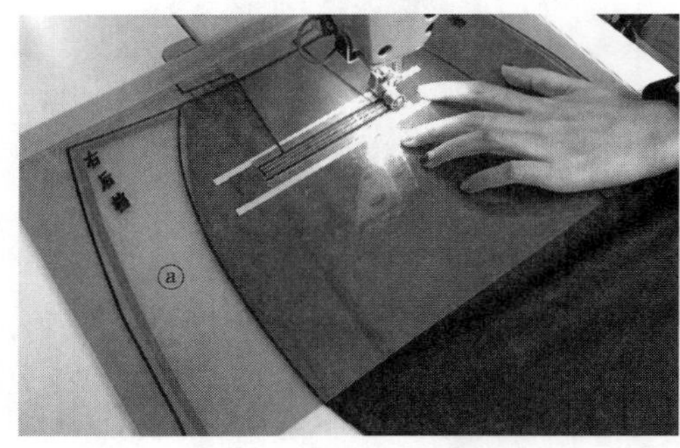

（c）简易双嵌线挖袋缝制

（d）简易单嵌线挖袋缝制

（e）简易双嵌线挖袋效果

（f）简易单嵌线挖袋效果

图 6-87　男西裤简易挖袋模板应用

3. 免烫双嵌线挖袋模板

（1）打开模板至第一层ⓐ，先放置光边口袋的手心袋布，再将收完省归拔粘衬的西裤裁片放置在模板画样板线位置，左右裁片单独放置挖袋。

（2）合上第一层模板样板ⓑ，将放置在第一层模板样板上的收省裤裁片，沿收省缉线对齐第一层模板样板ⓑ边缘，合上第二层模板样板。

（3）在第二层模板样板开槽处放置挖袋袋嵌线，在袋嵌线上以下压方式放置第二层模板样板ⓒ，袋嵌线两边向中间折，合上第二层模板样板ⓓ和ⓔ，在放置好的袋嵌线上放置袋布。

（4）依次单独合上第三层模板样板ⓐ和ⓑ，进行模板车缉挖袋线。

（5）车缝完成后从缝纫机上取下模板，打开至第一层模板样板取下裤片，剪开袋口做口袋（图6-88）。

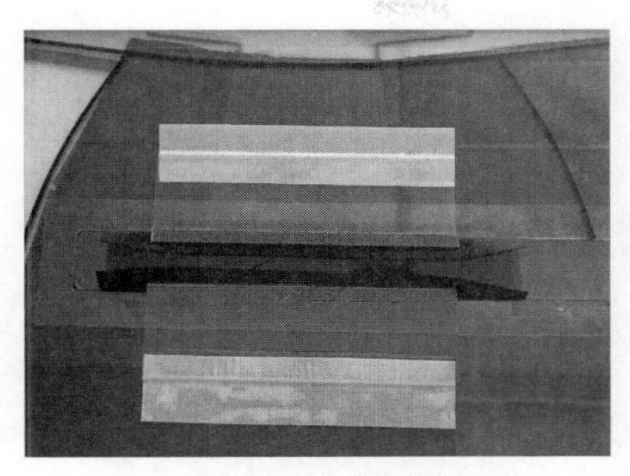

（a）免烫双嵌线挖袋的嵌线摆放

（b）免烫双嵌线挖袋缝制

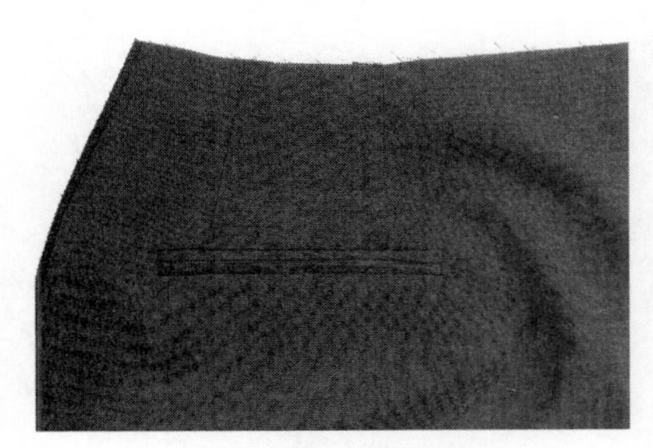

（c）免烫双嵌线挖袋效果

图6-88　男西裤免烫双嵌线挖袋模板应用

4. 免烫单嵌线挖袋模板

（1）打开模板至第一层ⓐ，先放置光边口袋的手心袋布，再将收完省归拔粘衬的西裤裁片放置在模板画样板线位置，左右裁片单独放置挖袋。

（2）合上第一层模板样板ⓑ，将放置在第一层模板样板上的收省裤裁片，沿收省缉线对齐第一层模板样板ⓑ边缘，合上第二层模板样板。

（3）在第二层模板样板开槽处放置挖袋袋嵌线，压下第二层模板样板ⓑ，袋嵌线沿免烫条边缘向中间折，合上第二层模板样板ⓒ，在第二层模板样板另一边开槽处放置袋垫布，在放置好的袋嵌线与袋垫布上放置袋布。

（4）依次单独合上第三层模板样板ⓐ和ⓑ，进行模板车缉挖袋线。

（5）车缝完成后从缝纫机上取下模板，打开至第一层模板样板取下裤片，剪开袋口做口袋（图6-89）。

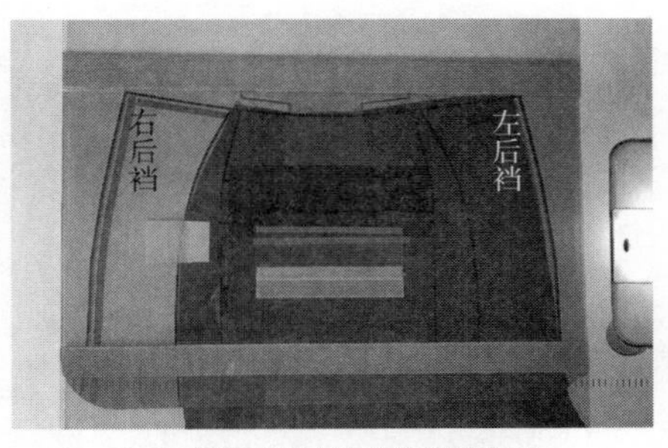

（a）免烫单嵌线挖袋的嵌线摆放

（b）免烫单嵌线挖袋缝制

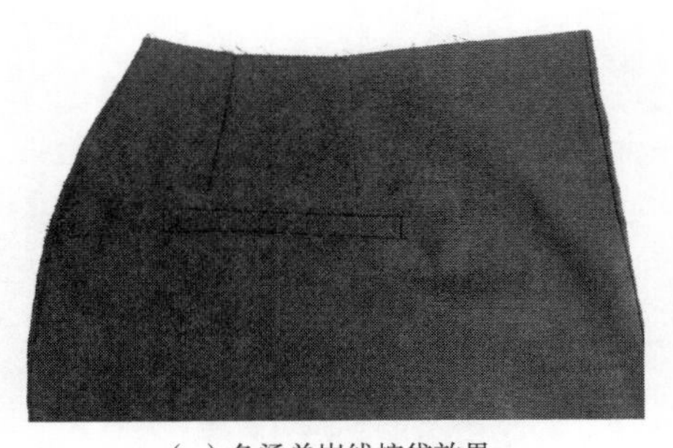

（c）免烫单嵌线挖袋效果

图6-89　男西裤免烫单嵌线挖袋模板应用

第七章　服装数字化模板上装缝制工艺

教学目的：

通过教学，使学生了解服装数字化模板上装工艺的内容及原理，熟悉服装数字化模板上装工艺设计制作原理，熟练掌握服装数字化模板上装工艺应用的原理和方法。

教学要求：

1. 详细阐述服装模板与数字化模板上装工艺的内容及原理；2. 详细介绍服装数字化上装模板工艺开发设计、模板材料选择及切割粘贴组装固定；3. 结合实际分析服装数字化模板缝制工艺和实际操作方法。

上装是包裹人体上半身的服装，按穿着分内穿、外穿和混搭穿。按款式特点一般包括各种棉衣、T恤、卫衣、衬衫、西装、夹克等。

第一节 数字化模板绗线缝制工艺

服装绗线缝制工艺一般应用于棉衣、羽绒服类服装。服装绗线缝制工艺在服装服饰中不仅有实用性，还具备装饰功能，绗线缝制的实用性可以将棉衣或者羽绒服装的多层面料和棉、羽绒固定在一起。棉衣和羽绒服绗线缝制分两种方式，一种是先充棉、充羽绒，再绗线缝制，另一种是先绗线缝制，再充棉和充羽绒。绗线横竖交叉或者交叉缝制的特殊工艺制作，要求先充好棉和充好羽绒再绗线缝制，棉是整体或者绗线缝制为不规则花形时，需要直接将服装面料裁片和棉放置在一起，按照设计的缝线绗线。

先充棉、充羽绒再绗线的优点是整个制作过程方便快捷，能固定棉和羽绒在绗线上。缺点是不能控制充棉、充羽绒单一间距的份量，棉衣、羽绒绗线前的拍打不容易均匀，缝制好的衣片棉或者羽绒在整个衣片当中不均匀，羽绒容易从绗缝线处的针孔钻出，使成衣的立体感和饱满度不美观。

先绗线再充棉、充羽绒的缺点是单一绗线间距充棉充羽绒较慢，棉和羽绒不能固定在绗线上，水洗后会缩在一起。优点是能控制单一间距的分量，充棉和羽绒绗线前不需要拍打，缝制好的衣片棉或者羽绒在整个衣片中比较均匀，羽绒不容易从绗缝线处的针孔钻出，成衣的立体感和饱满度美观。

交叉绗线又叫菱形格绗线，下面就单独讲解普通绗线模板。

一、款式特征概述

此羽绒服为女士轻薄款羽绒服，是一种比较适合内搭外穿着的服饰，轻便不厚重，结合当前流行做成修身短款、连帽，前身两侧各有一个拉链口袋，门襟绱拉链，帽口包边和袖口边绱弹力罗纹收口（图7-1）。

图7-1 女士轻薄款羽绒服

二、结构图

1. **规格设计**　女士羽绒服制图规格如表7-1所示。

表7-1　羽绒服规格尺寸　　单位：cm

号型	后中长	肩宽	后背宽	前胸宽	胸围	摆围	袖长	袖根围	袖肥	外袖口	罗纹	领围	帽高	帽宽	袋口长
160/84A	59	40.5	39	37	104	106	61.5	51	37	29	18	58	37	26	14

2. **数字化模板缝制放缝**　女士羽绒服数字化模板缝制前片、后片里、后领贴放缝如图7-2所示。前后绗线工艺相同，后片里有后领贴。

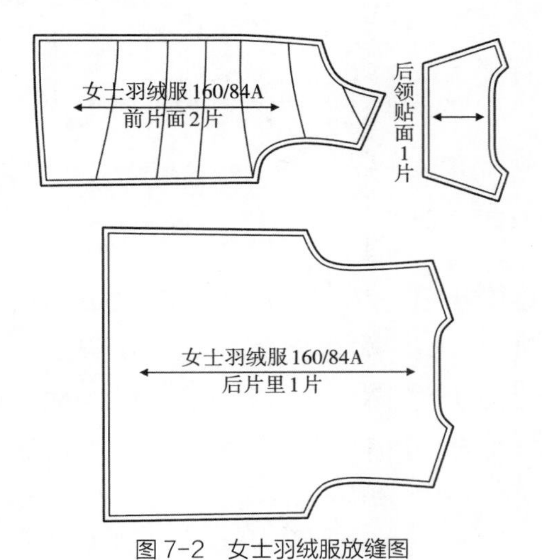

图7-2　女士羽绒服放缝图

三、普通缝制分析

（1）普通绗线缝制的工艺难度高，缝制技术不容易掌握，绗线缝制效率低。

（2）需要先将纸样板绗线折叠出痕迹，再放置在裁片上，先用划粉在需要缝制绗线处依次划线做标记后车缝绗线。

（3）在纸样板绗线处先用平缝机缝制好线迹，将裁片面布放置在缝制好的线迹样板上，对齐裁片和纸样板，用肥皂在缝制线迹处摩擦做绗线标记。

（4）在纸样板绗线处先用平缝机缝制好空线迹针孔，将纸样板放置在裁片面布上，对齐裁片和纸样板，用装有粉包的棉布袋在纸样板空线迹针孔处扫粉做车缝绗线标记。

（5）普通缝制工艺程序多，不够简化，绗线宽度不均匀，车缝后线迹蓬松度不够，左右片的车缝线位置不易对称。

（6）先充棉、充羽绒后绗线的裁片，棉或者羽绒不容易拍均匀，车缝完成后的每个绗线各自充棉、充羽绒克重达不到标准需求。

（7）缝制完后不能呈现整体服装板型。

四、模板缝制概念

数字化模板绗线缝制工艺，是改变棉衣、羽绒服类服饰传统普通绗线缝制方法，数字化模板绗线缝制可以使复杂缝制工艺变简单化，提高整体的缝制效率，提高和统一需要对位缝制工艺的质量，从而更好地控制服装裁片形状，使衣片表面缝制更均匀，降低缝制工艺难度，数字化模板缝制更能呈现整体服装板型。

数字化模板绗线缝制工艺不仅可以绗线使用，而且还提升了棉衣、羽绒服类服饰品的设计创新性，使现代化棉衣、羽绒服类服饰品的绗线装饰设计更多元化、个性化。完美地解决了多元化、个性化设计时绗线缝制需要，解决传统手工缝制的缺陷，大大提高了人们对款式时尚以及缝制工艺更多元化、个性化的需求。

五、数字化模板缝制工艺

1. **羽绒服数字化缝制工艺流程图** 羽绒服数字化缝制工艺流程如图7–3所示。

2. **羽绒服数字化缝制准备工作** 同牛仔裤缝制准备工作。

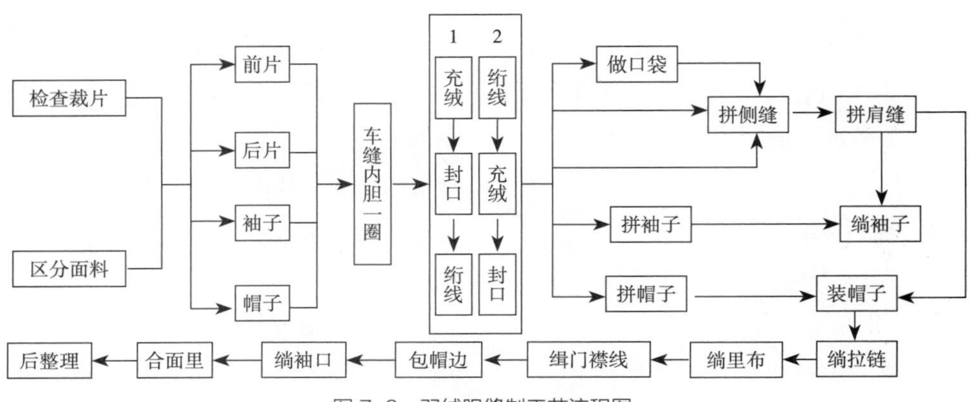

图7–3 羽绒服缝制工艺流程图

六、数字化模板设计制作

1. **数字化羽绒服绗线模板设计制作**

（1）模板样板设计制作：数字化羽绒服模板辅助设计制作时可以单片绗线模板设计，也可以组合片绗线模板设计制作。单片绗线模板设计制作需要实际车缝绗线时从衣片一个方向开始绗线，不能从衣片两边两个方向绗线，避免两个方向绗线时衣片的单个间距缩率不同，使成品在拼缝对位时产生错位（图7–4）。

（2）辅助设计制作展开：根据模板的

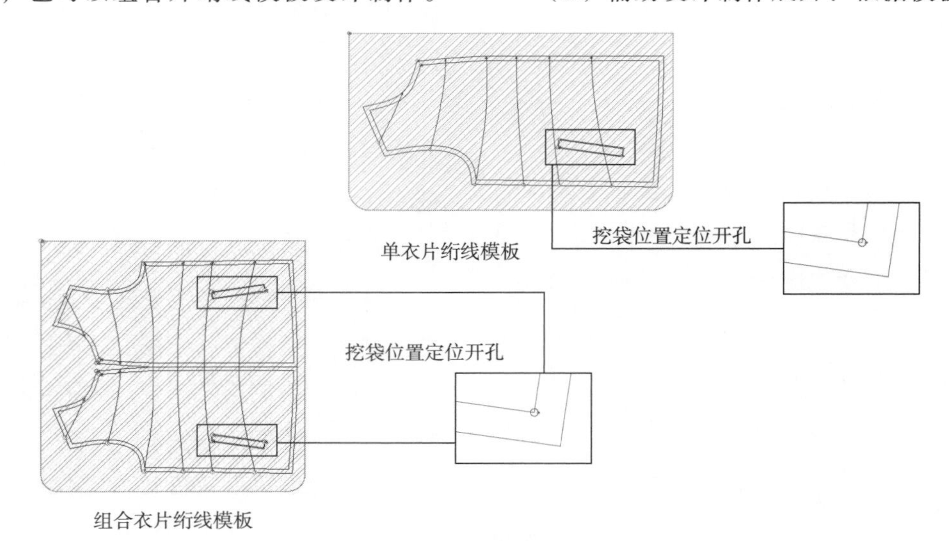

图7–4 羽绒服绗线模板设计制作

设计制作使用，将绗线模板样板从辅助设计制作图中依次单独展开。

绗线模板样板第一层如图7-5所示。

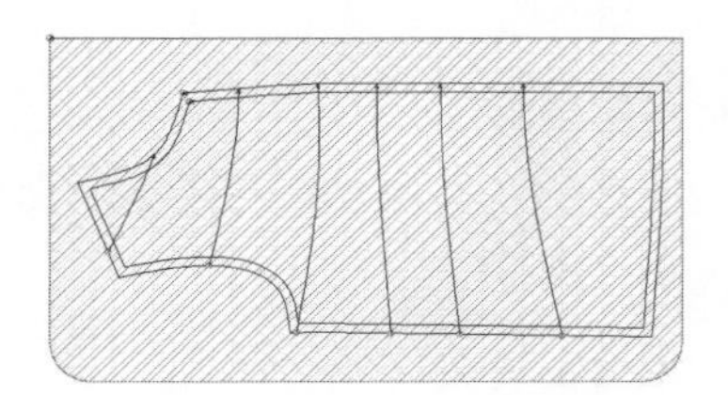

（a）单一衣片绗线模板样板

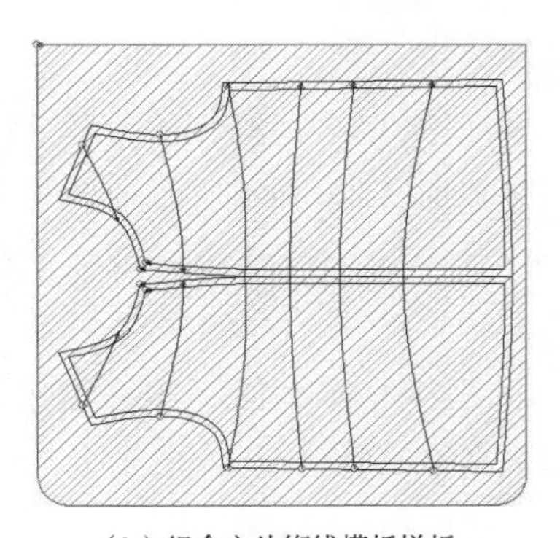

（b）组合衣片绗线模板样板

图7-5　绗线模板样板第一层

绗线模板样板第二层如图7-6所示。

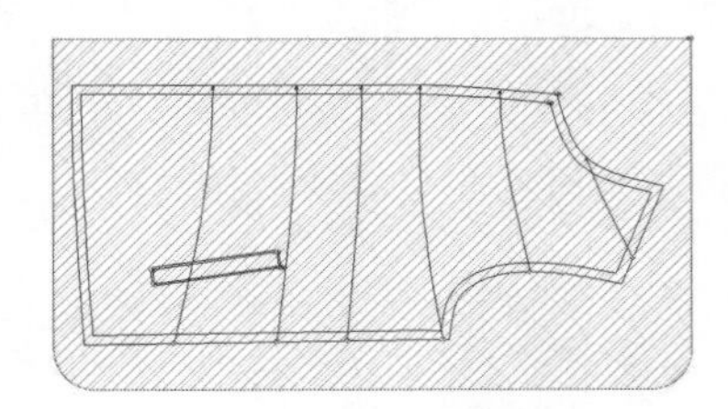

（a）单一衣片绗线模板样板

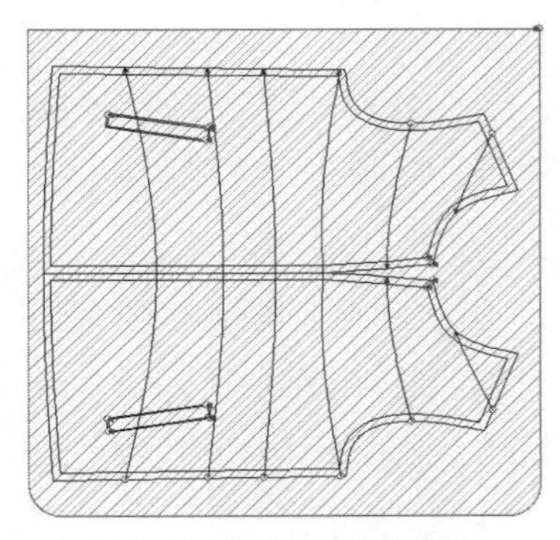

（b）组合衣片绗线模板样板

图7-6　绗线模板样板第二层

2. 数字化后领贴模板样板

（1）模板样板设计制作：羽绒服后领贴模板数字化设计制作，需要使用里布面料放缝样板和后领贴结构图放缝样板设计制作（图7-7）。

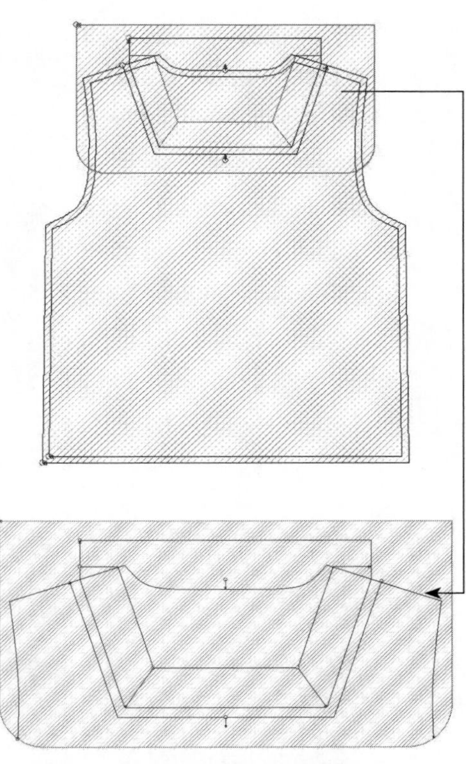

图7-7　后领贴模板样板辅助设计制作

（2）辅助设计制作展开：根据模板设计制作的使用，将后领贴模板样板从辅助设计制作图中依次单独展开。

后领贴模板样板第一层如图7-8所示。

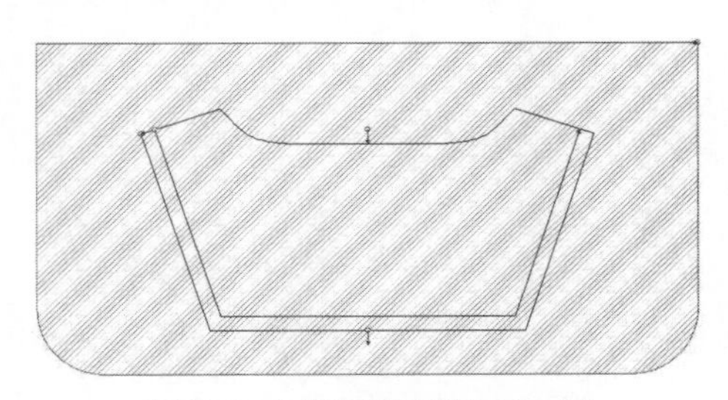

图7-8　后领贴模板样板第一层

后领贴模板样板第二层如图7–9所示。

图7-9　后领贴模板样板第二层

后领贴模板样板第三层如图7–10所示。

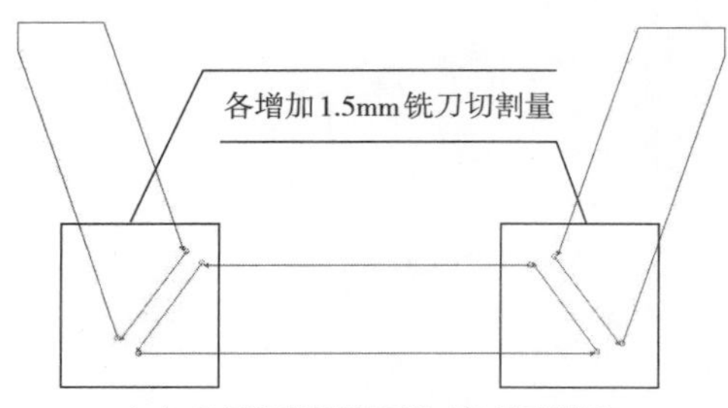

（a）后领贴模板样板第三层辅助样板

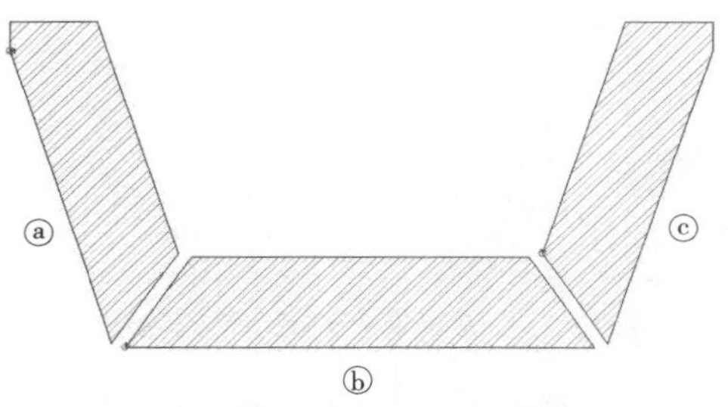

（b）后领贴模板样板第三层实际样板

图7-10　后领贴模板样板第三层

后领贴模板样板第四层如图7–11所示。

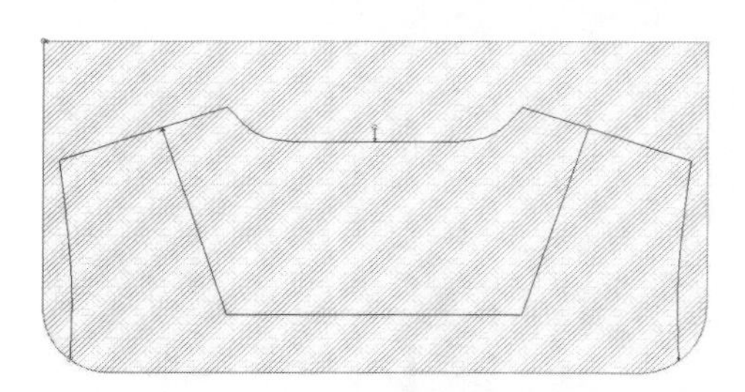

图7-11　后领贴模板样板第四层

七、模板样板切割选择

1. 绗线模板

（1）数字化绗线模板样板第一层PVC胶板选择厚度1.5mm。

（2）数字化绗线模板样板第二层PVC胶板选择厚度1.5mm。

2. 后领贴模板

（1）数字化背龟模板样板第一层PVC胶板选择厚度1.5mm。

（2）数字化后领贴模板样板第二层PVC胶板选择厚度0.5mm。

（3）数字化后领贴模板第样板三层ⓐ、ⓑ、ⓒ的PVC胶板选择厚度0.5mm。

（4）数字化后领贴模板样板第四层PVC胶板选择厚度1.5mm。

八、模板样板切割完成检查核对

羽绒服模板样板切割检查核对如图7–12所示。具体步骤同第六章第一节缉裙褶裥模板样板切割完成检查核对。

九、模板样板粘贴固定

1. 绗线模板　按照模板设计制作时的步骤、层次依次粘贴固定（图7–13）。

（1）先将模板样板按顺序排放好，依次粘贴固定。

（2）第一层模板样板与第二层模板样板刻、画线面向上水平放置，对齐边角，用2.5cm布基胶带粘贴固定，合上模板压实布基胶带，外面用3.5cm布基胶带粘贴固定。

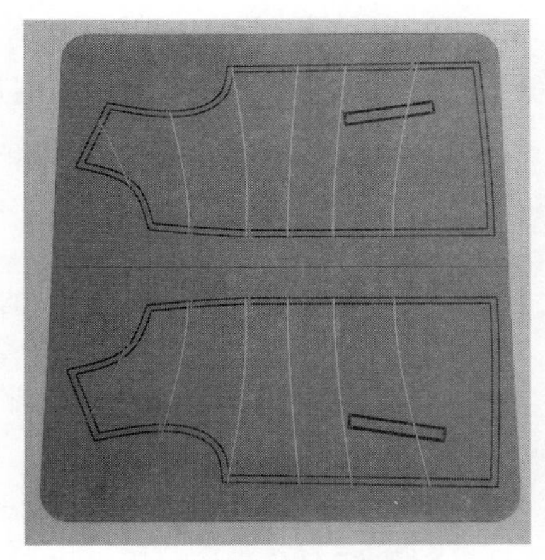

（a）绗线模板样板切割核对

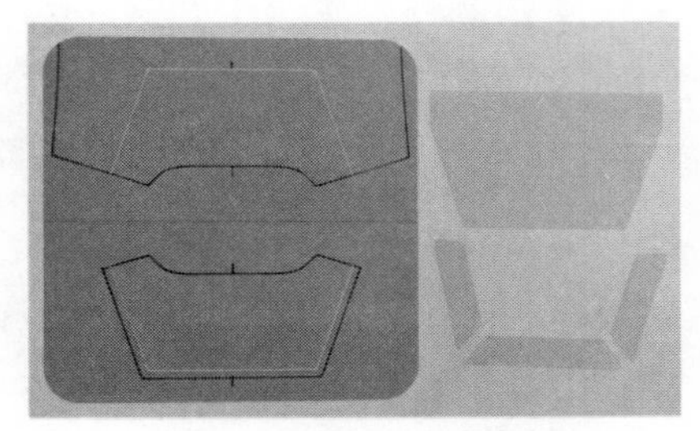

（b）后领贴模板样板切割核对

图 7-12　羽绒服模板样板切割检查核对

（3）在第一层模板样板与第二层模板样板接触面绗线开槽边缘错位粘贴固定防滑砂纸条。

（4）绗线缩率较大时可以在面料相应角的模板样板上粘贴强力双面胶，增强绗线面料裁片在模板样板上的固定性。

（5）当面料裁片在模板样板上绗线时缩率过多，强力双面胶无法有效固定时，可以在第一层模板样板画绗线样板线，缝份上的相应位置加装大头钉，固定绗线面料裁片在模板样板上的位置。

2. **后领贴模板**　按照模板设计制作时的步骤层次依次粘贴固定（图7-14）。

（1）先将模板样板按顺序排放好，依次粘贴固定。

（2）将第一层模板样板与第四层模板样板刻、画线面向上水平放置，对齐边角，用2.5cm布基胶带粘贴固定，合上模板压实布

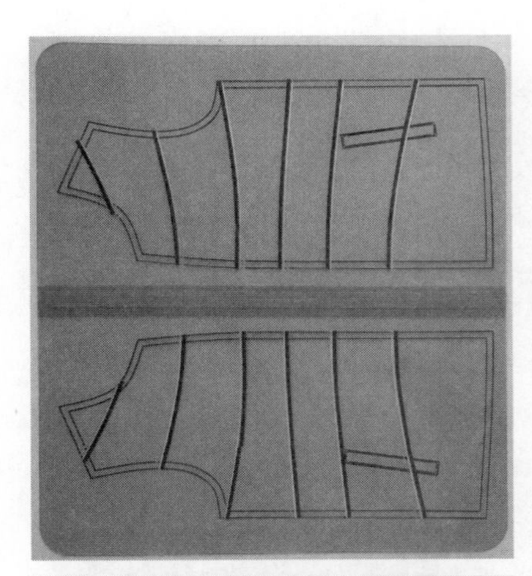

图 7-13　绗线模板

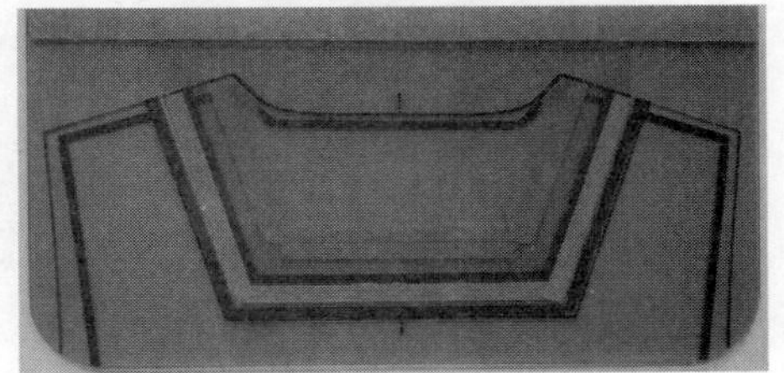

图 7-14　后领贴模板

基胶带，外面用3.5cm布基胶带粘贴固定。

（3）打开模板将第二层模板样板重叠放置在第一层模板样板之上，对齐开槽边缘，用2.5cm布基胶带粘贴固定，压实布基胶带模板棱角，反面用2.5cm透明胶带粘贴固定。

（4）将第三层模板样板ⓐ、ⓑ、ⓒ按顺序重叠放置在第三层模板之上，对齐开槽边缘，用2.5cm布基胶带粘贴固定，压实布基胶带模板棱角，反面用2.5cm透明胶带粘贴固定。

（5）在第一层模板样板开槽内侧边缘粘贴防滑砂纸条，开槽外侧缝份处粘贴1mm厚度海绵条（车缝时保证模板开槽水平）。

（6）在第二层模板样板与第一层模板样板接触面开槽边缘，粘贴有强力双面胶的马尾衬，马尾衬边缘对齐开槽外侧边缘。

（7）在第二层模板样板与第三层模板样板接触面开槽边缘隔段粘贴强力双面胶，第二层模板样板与第三层模板样板接触面粘贴固定边缘的强力双面胶。

（8）第四层模板画样板线开槽边缘粘贴防滑砂纸条。

十、模板使用

1. 绗线模板

（1）打开模板样板至第一层，在画样板线位置放置绗线面料裁片，相应绗线面料裁片缝份边角固定在强力双面胶或者大头钉位置上。

（2）合上第二层模板样板车缝绗线，单一衣片绗线模板应用如图7-15所示，组合衣片绗线模板样板应用如图7-16所示。

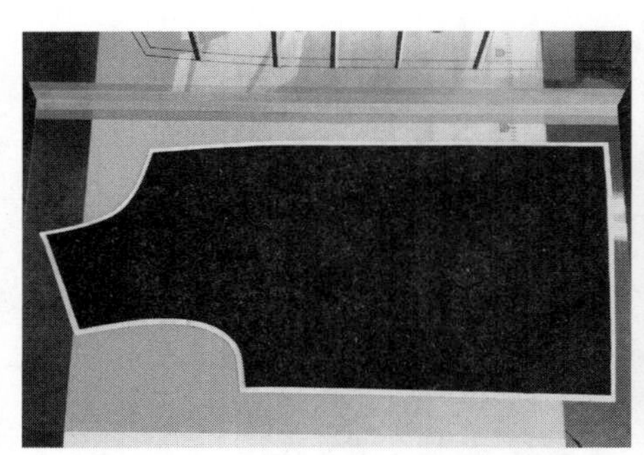

（a）放置裁片

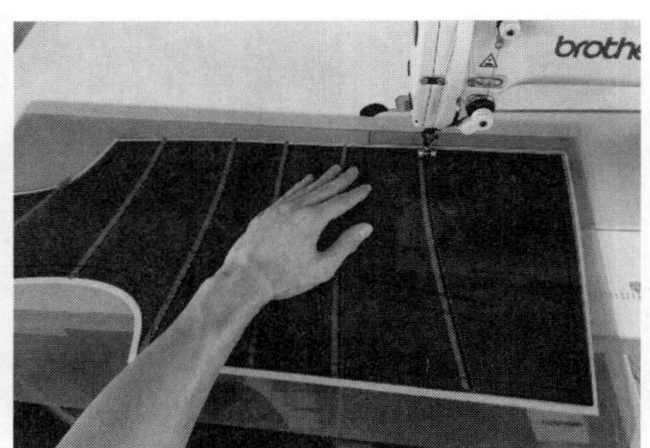

（b）缝制裁片

（c）挖袋处辅助标记

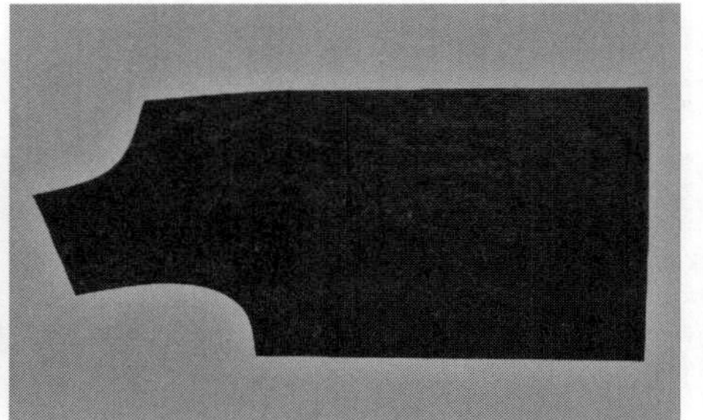

（d）裁片缝制效果

图7-15　单一衣片绗线模板样板应用

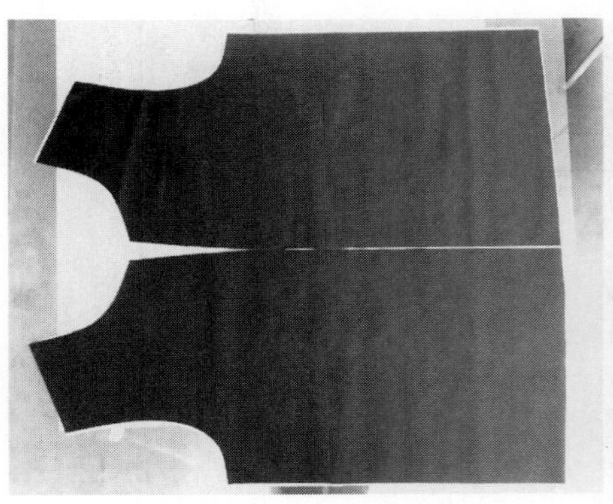

（a）放置裁片

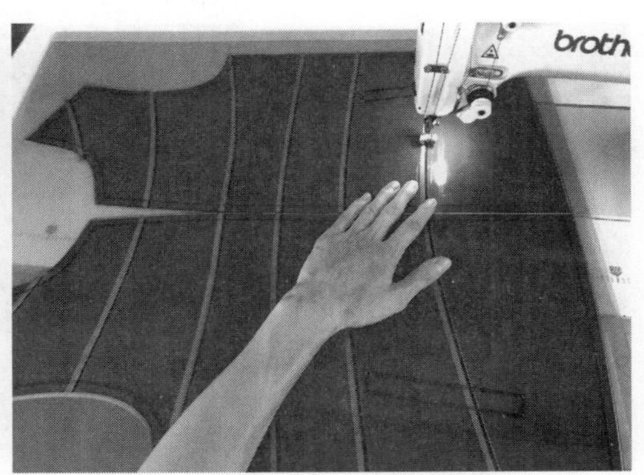

（b）缝制裁片

（c）挖袋处辅助标记

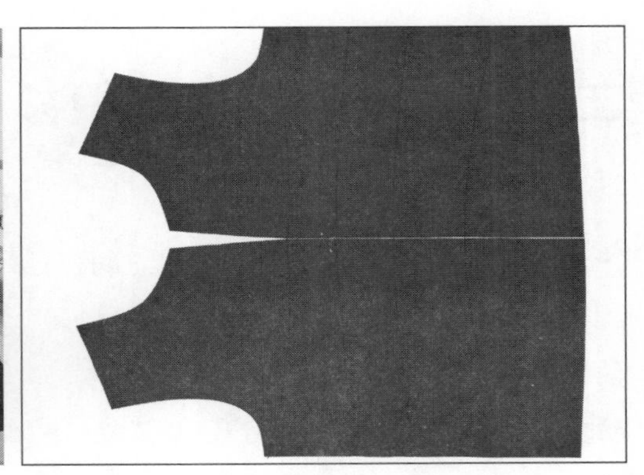

（d）裁片缝制效果

图 7-16　组合衣片绗线模板样板应用

2. 后领贴模板

（1）打开模板样板至第一层在画后领贴样板线位置放置后领贴面料，对齐画剪口线位置合上第二层模板样板。

（2）将后领贴面料缝份沿第二层模板样板边缘的马尾衬翻折，翻折缝份同时压下第三层模板样板。

（3）在第四层模板样板画样板线位置放置里布面料，对齐画剪口线位置，后领贴模板样板向放置里布面料模板翻折，合上模板。车缝后领贴模板（图 7-17）。

（a）放置后领贴布

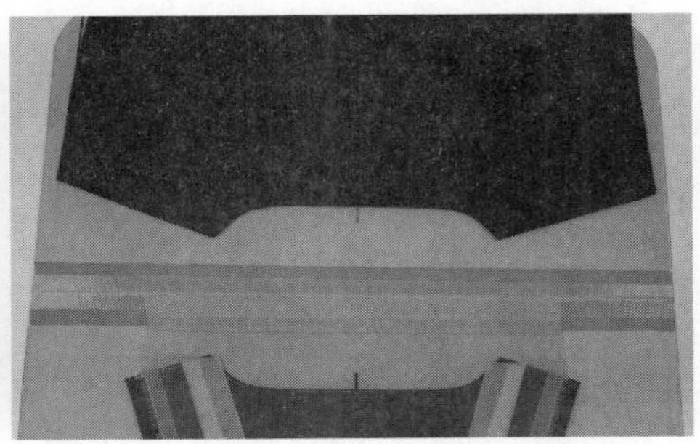

（b）放置贴后领贴衣片

图 7-17

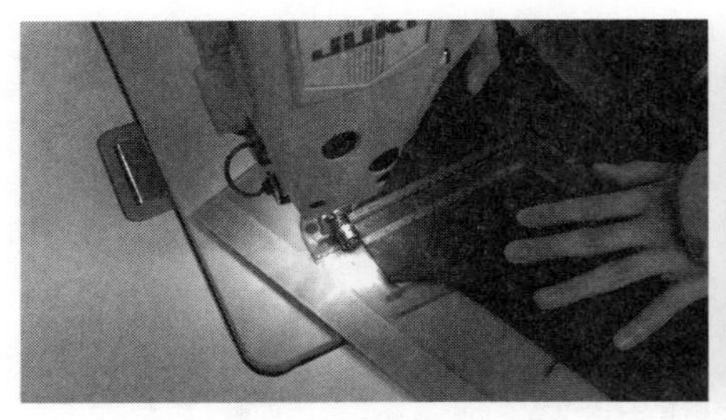

（c）缝制后领贴

（d）贴后领贴效果

图 7-17 后领贴模板样板应用

第二节 数字化模板针织衫/POLO衫缝制工艺

针织衫/POLO衫是穿在内外上衣之间，也可以单独分开穿着的服饰。按款式区分为两种，两种服饰工艺缝制都有相同之处。数字化模板缝制工艺一般用于开半门襟、缝翻领、装翻领、贴后领贴等。两种服饰在缝制时都有相同工艺制作之处，本节就以开半门襟、缝翻领、装翻领的相同工艺制作进行讲解。

一、款式特征概述

此男士POLO衫为半开门襟、修身款式，尖角立翻领，三粒扣，略收腰，较合体，袖口装罗纹，直下摆。半开门襟选用两种开法，一种是半开明门襟，一种是半开暗门襟（图7-18）。

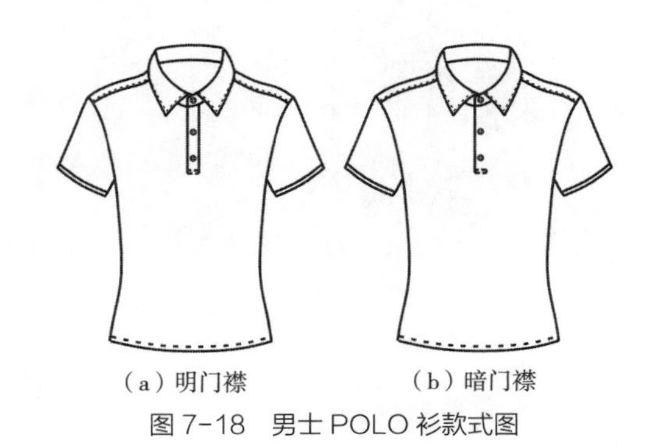

（a）明门襟　（b）暗门襟

图 7-18 男士 POLO 衫款式图

二、结构图

1. **规格设计** 男士POLO衫制图规格如表7-2所示。

2. **数字化模板缝制放缝** 男士POLO衫数字化模板半开明门襟缝制放缝如图7-19所示，男士POLO衫数字化模板半开暗门襟缝制放缝如图7-20所示。

表7-2 男士POLO规格尺寸　单位：cm

号型	衣长（L）	胸围（B）	腰围（H）	袖长（AL）	肩宽（S）
170/72A	73	76	74	20.5	46

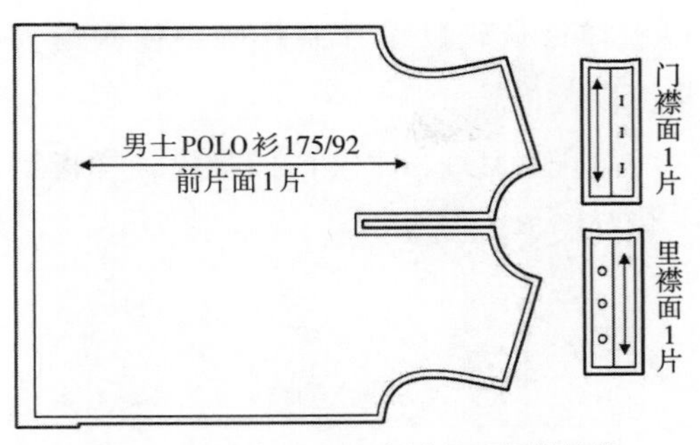

图7-19　男士POLO衫半开明门襟放缝

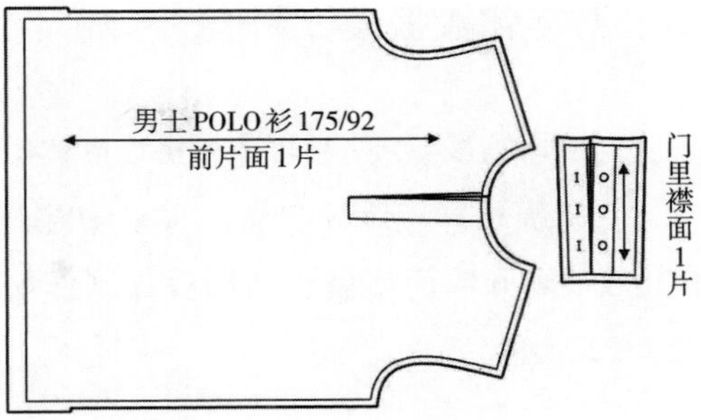

图7-20　男士POLO衫半开暗门襟放缝

三、普通缝制分析

（1）普通缝制开门襟效率低。

（2）普通缝制工艺难度高，缝制技术不容易掌握。

（3）门襟放置在面料上的位置不容易控制，丝缕容易偏、斜。

（4）门襟两边面料吃势不均匀，门襟处左右容易错位，宽窄不统一，容易拧皱。

（5）缝制完后不能呈现整体服装板型。

四、模板缝制概念

使用数字化模板缝制POLO衫，可以将半开明门襟、半开暗门襟等复杂缝制工艺简单化，提高整体的缝制效率，提高和统一需要对位缝制处工艺的质量，更好地控制服装裁片形状，使衣片表面缝制更均匀，降低门襟缝制工艺难度，使用数字化模板缝制更能呈现整体服装板型。

五、数字化模板缝制工艺

1. **男士POLO衫缝制工艺流程图**　男士POLO衫缝制工艺流程图如图7-21所示。

2. **男士POLO衫缝制准备工作**　同牛仔裤缝制准备工作。

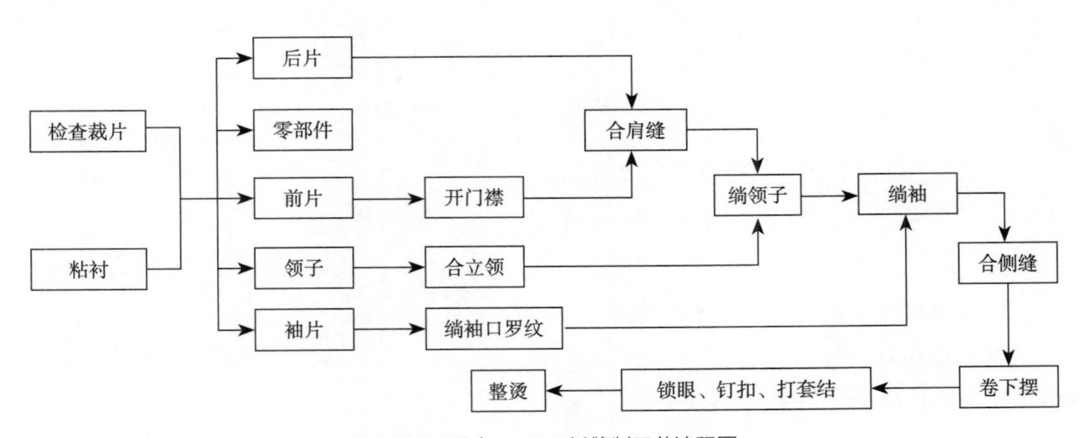

图7-21　男士POLO衫缝制工艺流程图

六、数字化模板设计制作

1. 数字化男士POLO衫半开明门襟模板

（1）模板样板设计制作：数字化男士POLO衫半开明门襟模板辅助设计制作如图7–22所示。

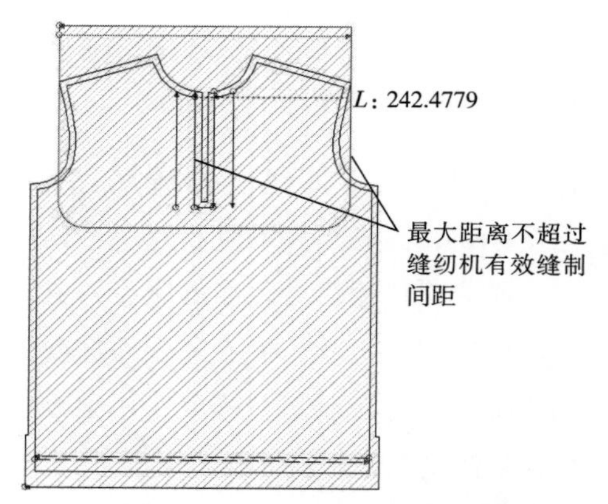

图7-22　男士POLO衫半开明门襟模板辅助设计制作

（2）辅助设计制作展开：根据模板设计制作使用，将男士POLO衫半开明门襟模板样板从辅助设计制作图中依次单独展开。

男士POLO衫半开明门襟模板样板第一层如图7–23所示。

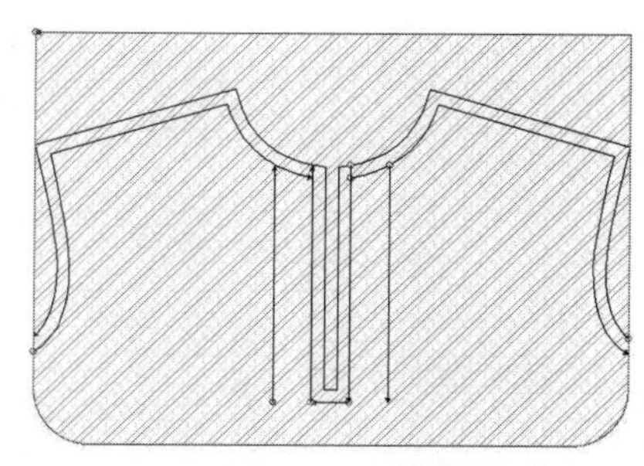

图7-23　半开明门襟模板样板第一层

男士POLO衫半开明门襟第二层模板样板设计为放置门里襟，实际使用时PVC胶板需要粘贴固定在第一层模板样板之上，PVC胶板材质比较薄，为了使用方便，粘贴固定边缘与第一层和第三层模板样板形成错位设计（图7–24）。

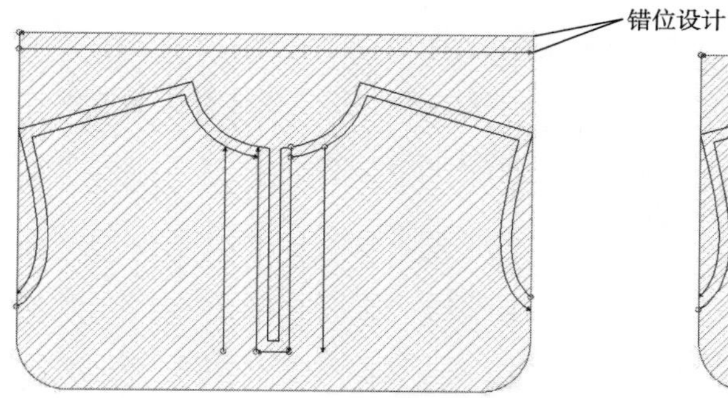

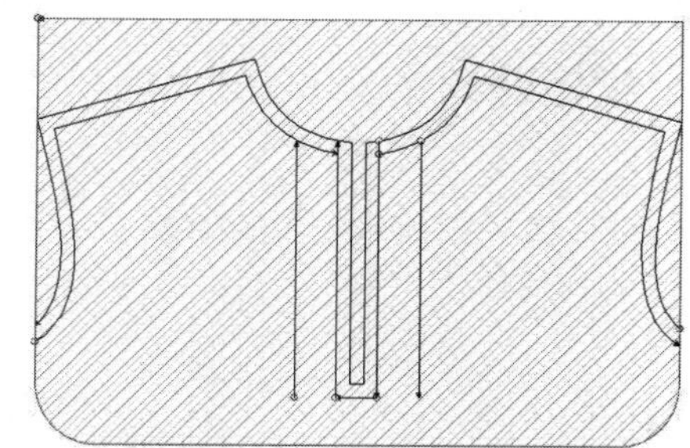

图7-24　半开明门襟第二层模板样板

男士POLO衫半开明门襟第三层模板样板设计为盖板，设计制作时与第一层相同（图7–25）。

2. 数字化男士POLO衫半开暗门襟

（1）模板样板设计制作：数字化男士POLO衫半开暗门襟模板辅助设计制作如图7–26所示。

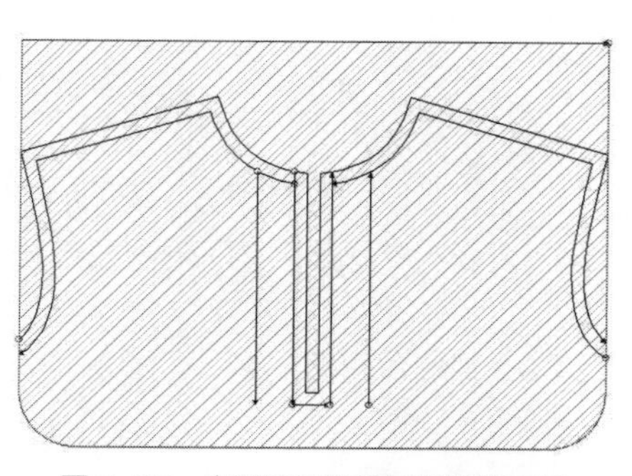

图7-25　半开明门襟模板样板第三层

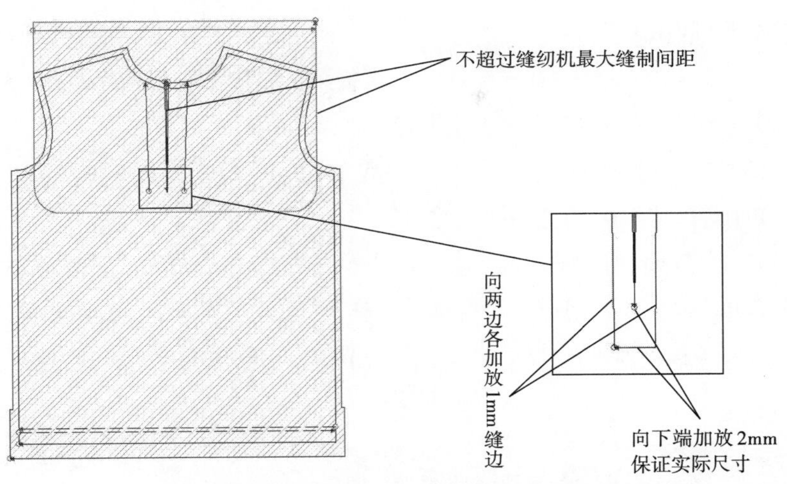

图 7-26 男士 POLO 衫半开暗门襟模板辅助设计制作图

（2）辅助设计制作展开：根据模板设计制作使用，将男士POLO衫半开暗门襟模板样板从辅助设计制作图中依次单独展开。

男士POLO衫半开暗门襟模板样板第一层如图7-27所示。

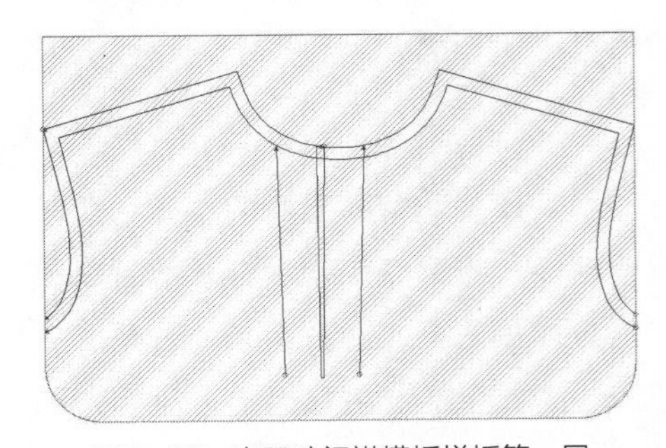

图 7-27 半开暗门襟模板样板第一层

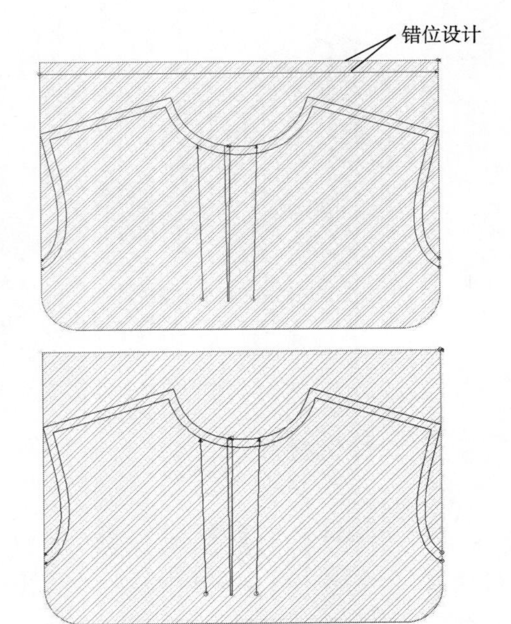

图 7-28 半开暗门襟模板样板第二层

男士POLO衫半开暗门襟模板样板第二层设计为放置门里襟，缝制使用时PVC胶板需要粘贴固定在第一层模板样板之上，PVC胶板材质比较薄，为了使用方便粘贴固定边缘与第一层和第三层模板样板形成错位设计如图7-28所示。

男士POLO衫半开明门襟模板样板第三层如图7-29所示。

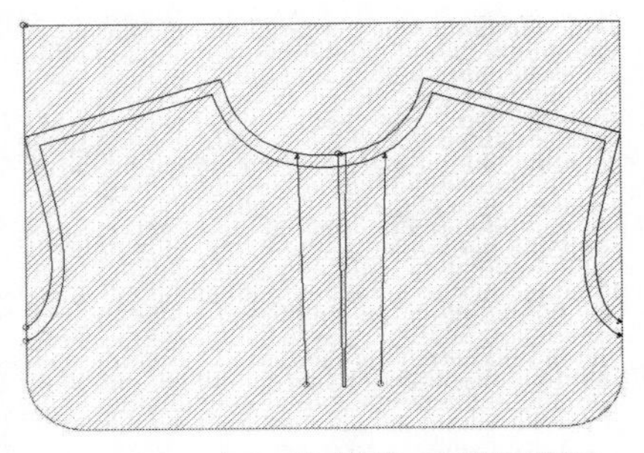

图 7-29 半开明门襟第三层模板样板

七、模板样板切割选择

男士POLO衫半开明门襟与半开暗门襟模板设计制作PVC材料相同。

（1）男士POLO衫半开明门襟、暗门襟模板第一层PVC胶板选择厚度1.5mm。

（2）男士POLO衫半开明门襟、暗门襟模板第二层PVC胶板选择厚度0.5mm。

（3）男士POLO衫半开明门襟、暗门襟模板第三层PVC胶板选择厚度1.5mm。

八、模板样板切割完成检查核对

男士POLO衫半开门襟模板样板切割检查核对如图7-30所示。具体步骤同第六章第一节绢裙褶裥模板样板切割完成检查核对。

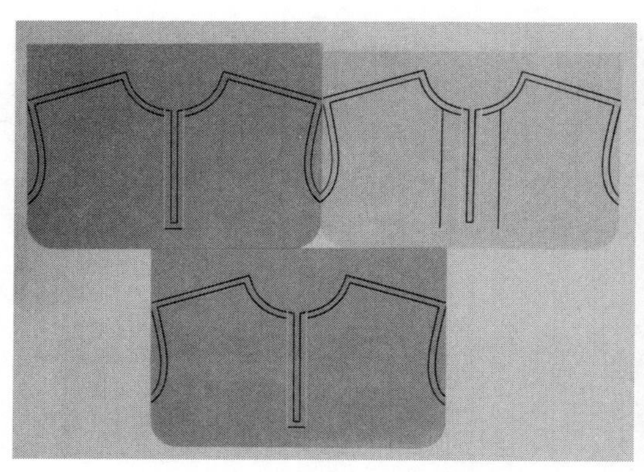

（a）明门襟模板样板切割核对

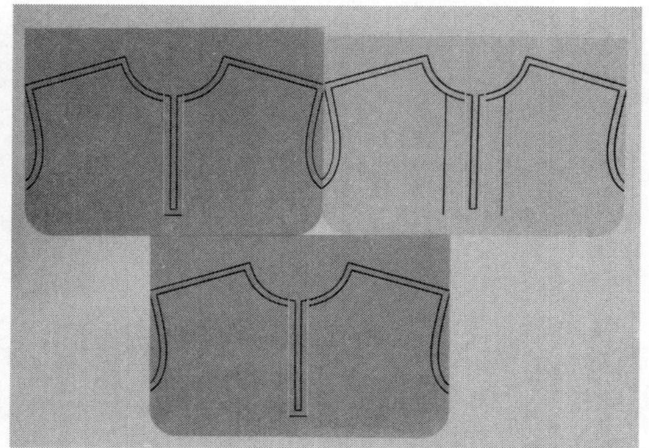

（b）暗门襟模板样板切割核对

图7-30 男士POLO衫半开门襟模板样板切割核对

九、模板样板粘贴固定

男士POLO衫半开明门襟与半开暗门襟模板设计制作PVC材料相同，所以模板粘贴固定也相同，按照模板设计制作时的步骤层次依次粘贴固定（图7-31）。

（1）先将模板样板按顺序排放好，依次粘贴固定。

（2）将第一层和第三层模板样板画线一面向上水平放置，对齐边角用2.5cm布基胶带粘贴固定，合上模板压实，外面用3.5cm布基胶带粘贴固定。

（3）打开粘贴固定好的第一、第三层模板样板，将第二层模板样板放置在第一层模板样板之上，对齐边角、开槽，上面用2.5cm布基胶带粘贴固定，压实边缘棱角，反面用2.5cm透明胶带粘贴固定。

（4）在第一层模板样板画毛样线位置内部、开槽边缘处粘贴固定防滑砂纸条。

（5）在第二层模板样板开槽处正反面粘贴固定防滑砂纸条，正面门里襟辅助对位画线处粘贴固定1mm厚度的定位海绵条。

（6）在第三层模板样板向下一面开槽边缘处粘贴固定防滑砂纸条。

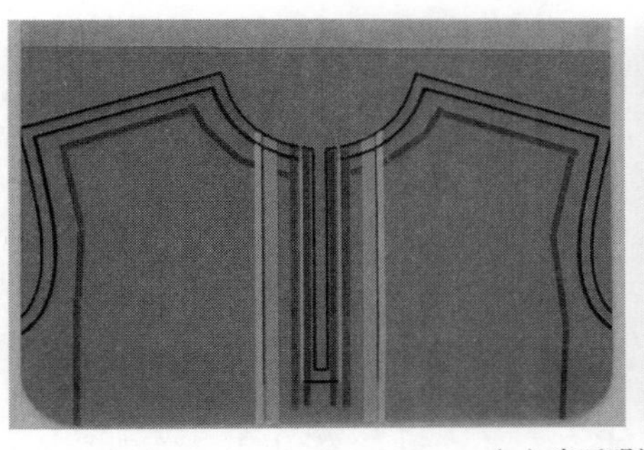
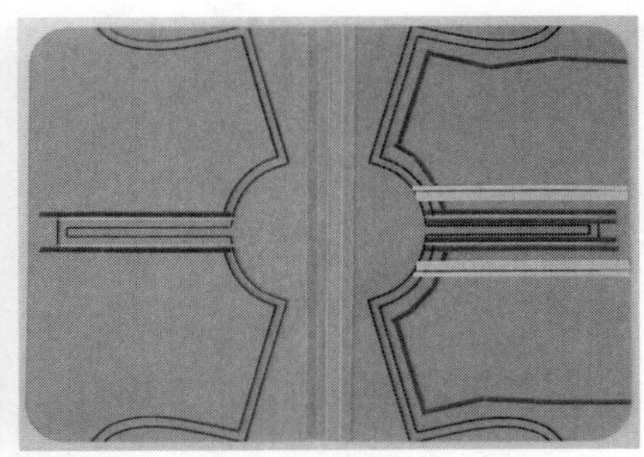

（a）半开明门襟模板

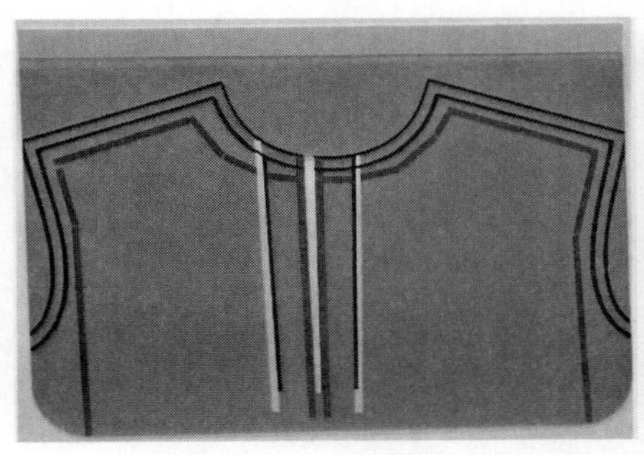
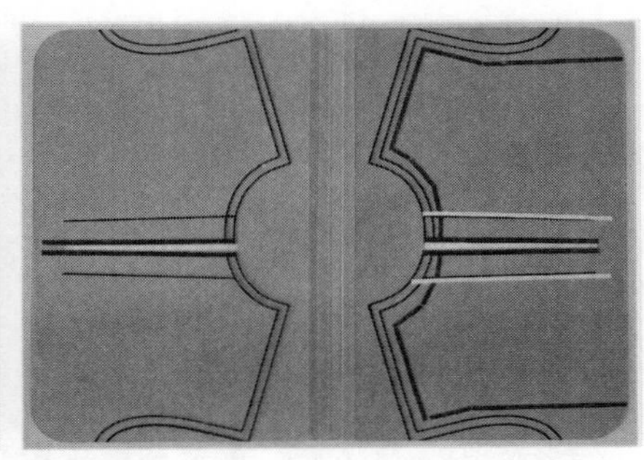

（b）半开暗门襟模板

图 7-31　男士 POLO 衫半开门襟模板

十、模板使用

1. 男士POLO衫半开明门襟模板

（1）打开模板样板至第一层，将POLO衫前片面料放置在画毛样板线位置范围内，合上第二层模板样板。

（2）在第二层模板样板开槽处分别放置门襟和里襟，门襟和里襟毛缝边相对向内放置，开门襟、里襟的定位整烫边缘对齐定位海绵条边缘，如果门襟、里襟布整烫后一半会自动翻折覆盖在另一半上面，可以在粘贴固定模板样板时，在定位海绵条外侧粘贴少许强力布双面胶控制固定自动翻折覆盖的门襟、里襟布。

（3）合上第三层模板样板，车缝POLO衫半开门襟线（图7–32）。

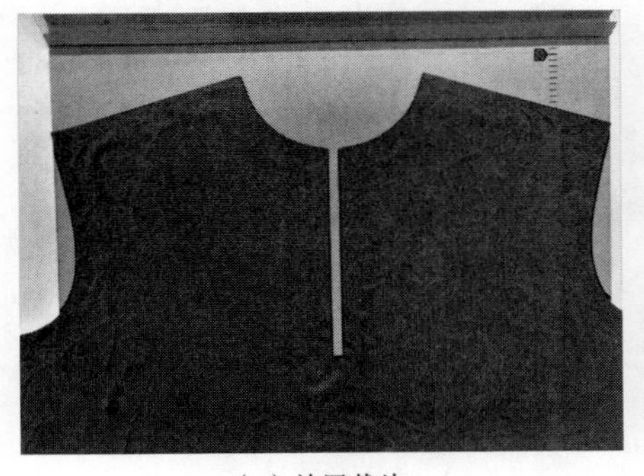

（a）放置裁片

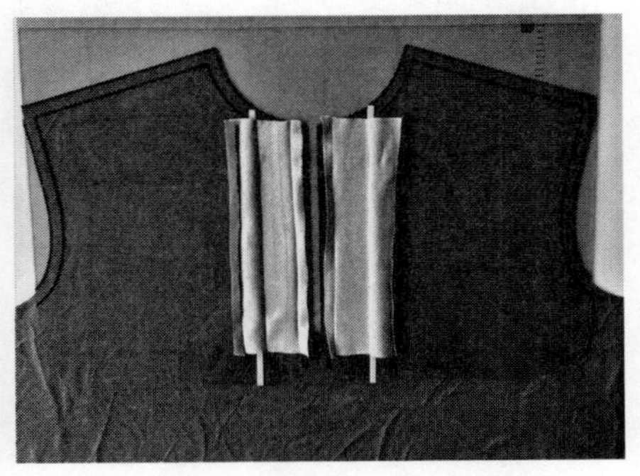

（b）放置门、里襟布

图 7-32

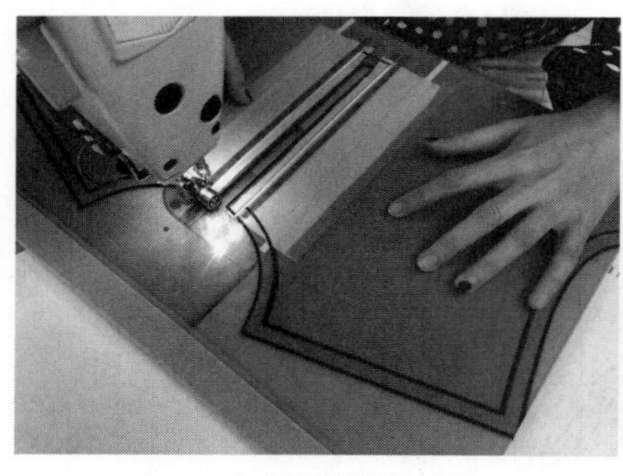

（c）缝制门襟　（d）半开明门襟缝制效果

图 7-32　男士 POLO 衫半开明门襟模板应用

2. 男士POLO衫半开暗门襟模板

男士POLO衫半开暗门襟在车缝时模板与开槽微斜放置，针板上的小立柱开槽边缘车缝（图7-33），其余步骤同“男士POLO衫半开明门襟模板”。

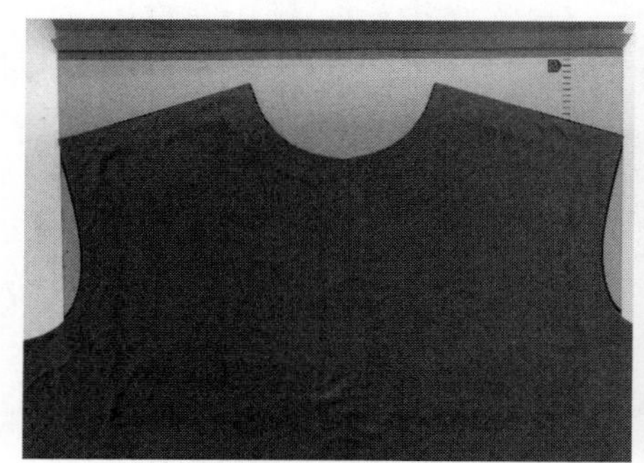

（a）放置裁片

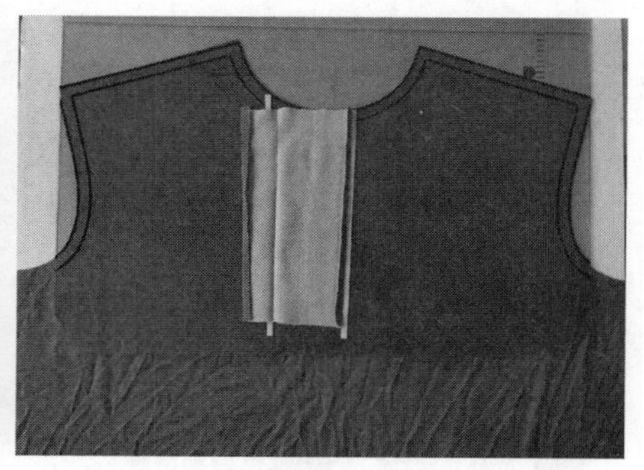

（b）放置门、里襟

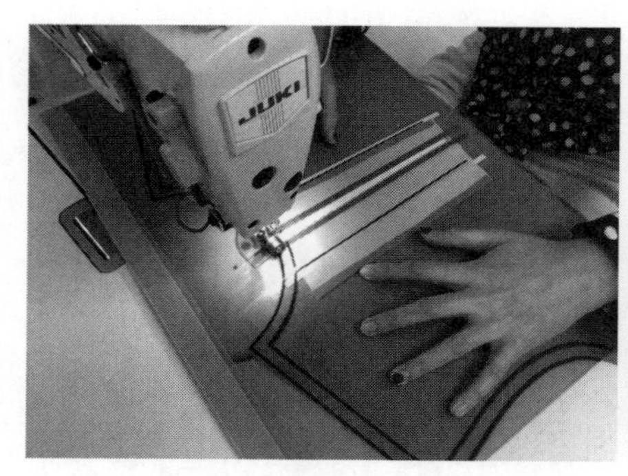

（c）缝制开门襟

（d）半开暗门襟缝制效果

图 7-33　男士 POLO 衫半开暗门襟模板应用

第三节　数字化模板衬衫缝制工艺

衬衫一般是穿着在上衣内外之间，也可以单独穿着的上衣，现在已经成为男女常用的服饰。

衬衫按照用途种类划分为两种，西装正装衬衫和休闲衬衫。衬衫款式细节变化多样，一般按照款式变化划分为小方领、中方领、短尖领、中尖领、长尖领、八字领，直身、修身、内翻门襟、外翻门襟、方下摆、圆下摆、有背褶、无背褶、长袖、短袖等。按照穿着对象划分为男衬衫和女衬衫。

一、款式特征概述

此衬衫为男士工装长袖衬衫，立翻领，门襟七粒纽扣，左前胸尖角贴袋，宽松式直腰身，双层过肩，背后过肩拼接处两个褶裥，圆下摆，袖窿缉明线，袖口收双褶，宝剑头袖衩，圆角袖克夫（图7–34）。

图7–34　男士工装长袖衬衫款式图

二、结构图

1. **规格设计**　男衬衫制图规格如表7–3所示。

表7–3　男衬衫规格尺寸　单位：cm

号型	衣长（L）	胸围（B）	肩宽（S）	袖长（SL）	袖口（CW）
175/92A	74	102	46	60	24

2. **数字化模板缝制放缝**　男衬衫数字化模板缝制前后片与袖片放缝如图7–35所示，男衬衫数字化模板缝制零部件放缝如图7–36所示。

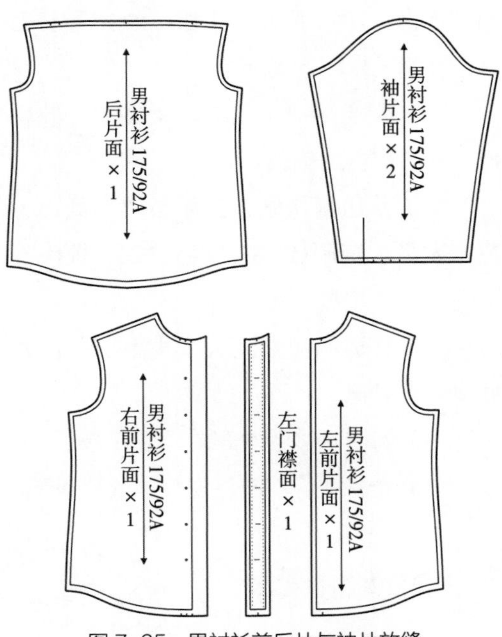

图7–35　男衬衫前后片与袖片放缝

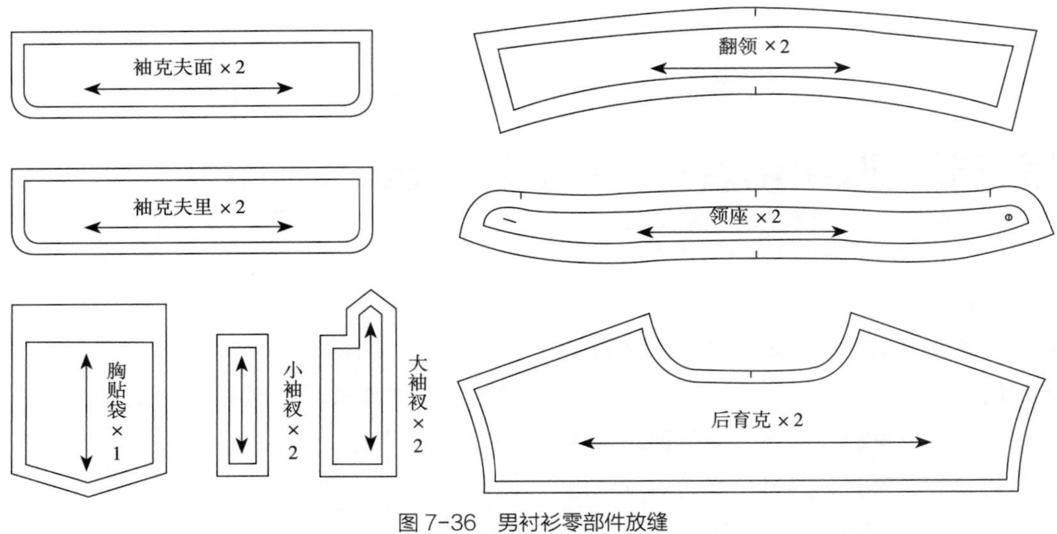

图 7-36 男衬衫零部件放缝

三、普通缝制分析

（1）普通制作门里襟工艺繁杂效率低，宽度对位点不统一。

（2）普通钉胸袋工艺繁杂效率低，工艺难度高，不能整齐、平服，袋扣容易毛露，缝制技术不容易掌握。

（3）普通绱袖工艺缝制难度大，效率低，容易拧斜、错位。

（4）普通制作领工艺繁杂效率低，工艺难度高，缝制技术不容易掌握，领头不平整，领型左右不易对称，不顺直。

（5）普通制作袖克夫大小不统一，高低不容易对称。

（6）绱袖不够圆顺容易出现死褶。

（7）缝制完后不能呈现整体服装板型。

四、模板缝制概念

数字化模板缝制袖克夫、衬衫领、门里襟、钉胸袋等工艺部位，可以将工艺繁杂、制作效率低、手工工艺难度高，缝制技术不容易掌握的工艺制作简单化，效率提升；也可以将手工制作时多个制作动作合并为单一制作动作，减少工艺制作时效率低下的烦琐操作，或者将手工工艺难度高的工艺拆分为多个简单化缝制工艺，从而提升缝制工作效率，提升缝制品质，简易化高难度缝制工艺，使领、袖、门、里襟、口袋等更对称、顺直、整齐、平服。

五、数字化模板缝制工艺

（1）男衬衫缝制工艺流程图如图 7-37 所示。

（2）男衬衫缝制准备工作同牛仔裤缝制准备工作。

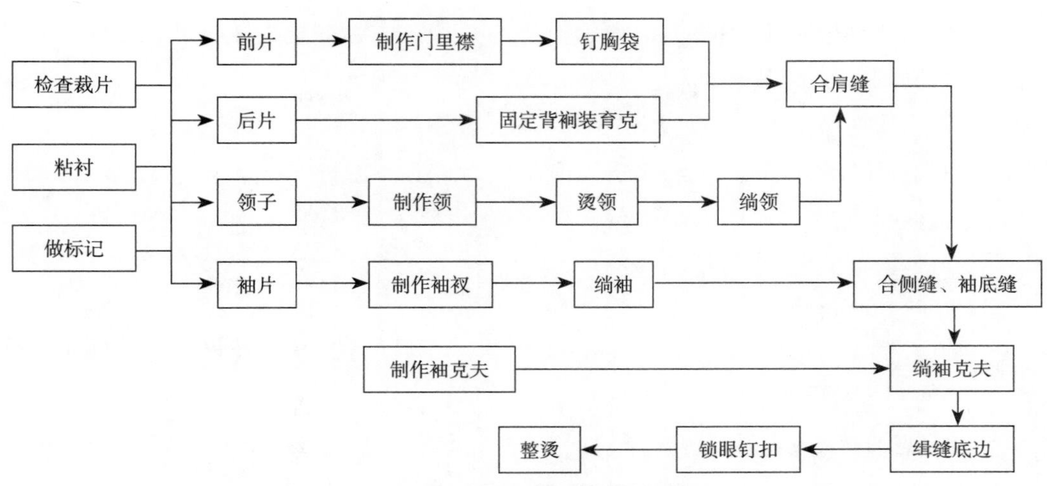

图 7-37　男衬衫缝制工艺流程图

六. 数字化模板设计制作

1. 男衬衫袖克夫模板设计制作

（1）模板样板设计制作：袖克夫模板设计制作时左右袖克夫可以在同一副模板上制作，这种设计制作方法可以有效避免左右袖克夫在缝制时产生的色差，提高缝制的效率（图7–38）。

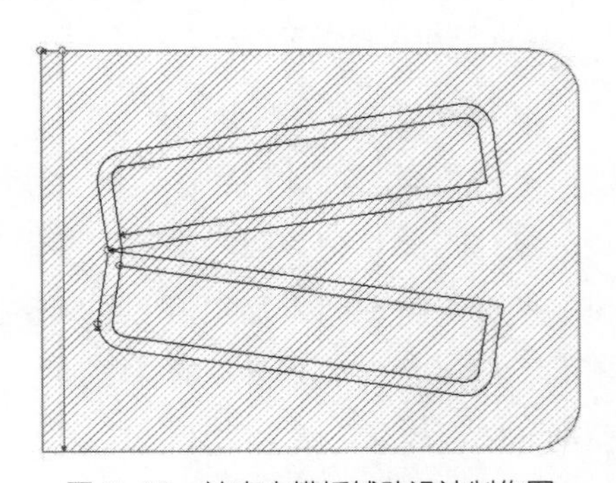

图 7-38　袖克夫模板辅助设计制作图

（2）辅助设计制作展开：根据模板设计制作，将男袖克夫模板样板从辅助设计制作图中依次单独展开。

衬衫袖克夫模板样板第一层如图7–39所示。

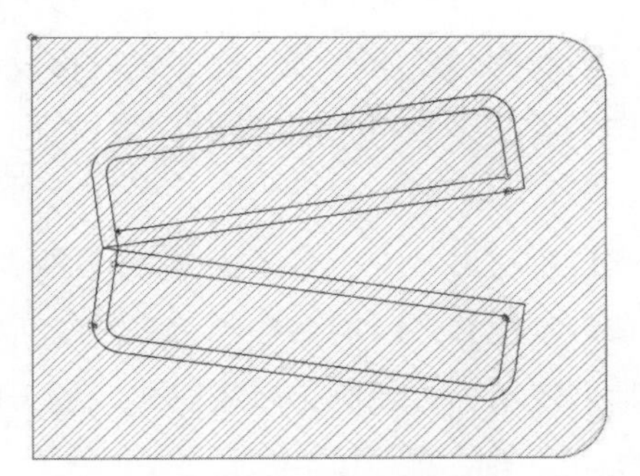

图 7-39　袖克夫模板样板第一层

衬衫袖克夫模板样板第二层如图7–40所示。

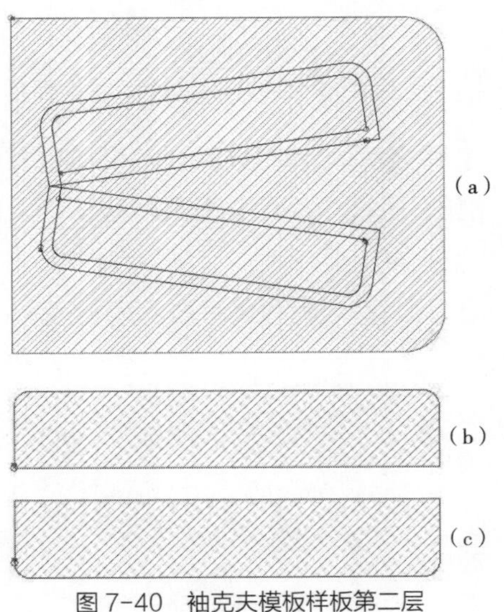

图 7-40　袖克夫模板样板第二层

衬衫袖克夫模板第三层如图7-41所示。

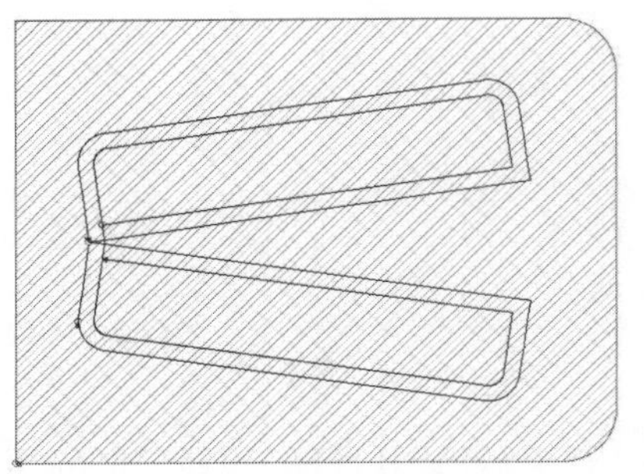

图7-41　袖克夫模板样板第三层

2. 男衬衫翻领模板设计制作

（1）模板样板设计制作：数字化服装模板辅助男衬衫翻领缝制工艺制作时，款式不同缝制时要求不同，数字化模板设计制作不同。正装衬衫的翻领需要粘贴加强衬（净衬）定型，在缝制时需要辅助样板对齐树脂衬形状进行车缝缉线。普通衬衫领在定型翻领形时需要在领角放置领角线做辅助使用，方便翻领缉线完成后翻正面时领角呈现尖角（图7-42）。

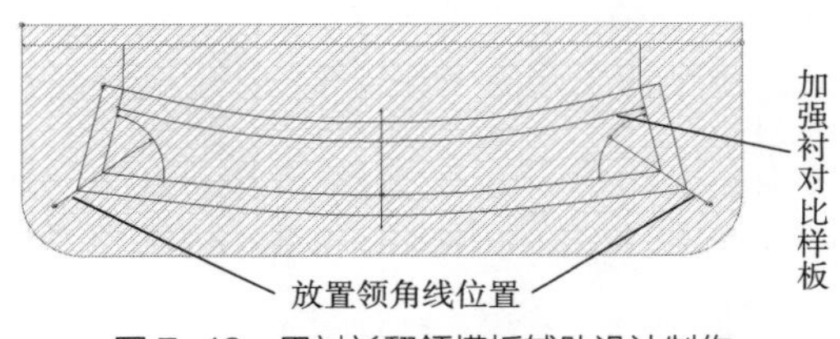

图7-42　男衬衫翻领模板辅助设计制作

（2）辅助设计制作展开：根据模板设计制作，将翻领模板样板从辅助设计制作图中依次单独展开。

男衬衫翻领模板样板第一层如图7-43所示。

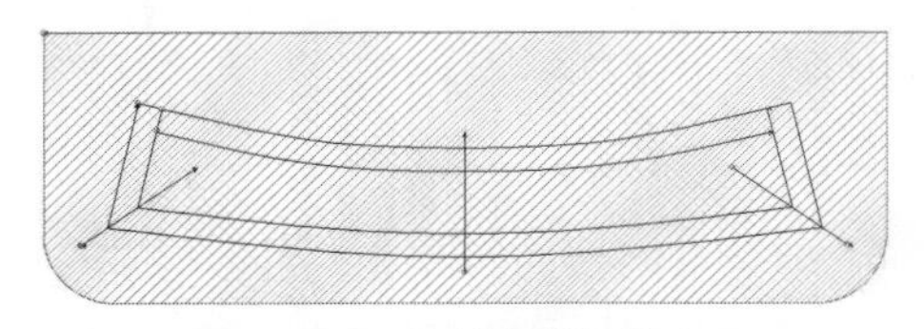

图7-43　翻领模板样板第一层

男衬衫翻领模板样板第二层如图7-44所示。

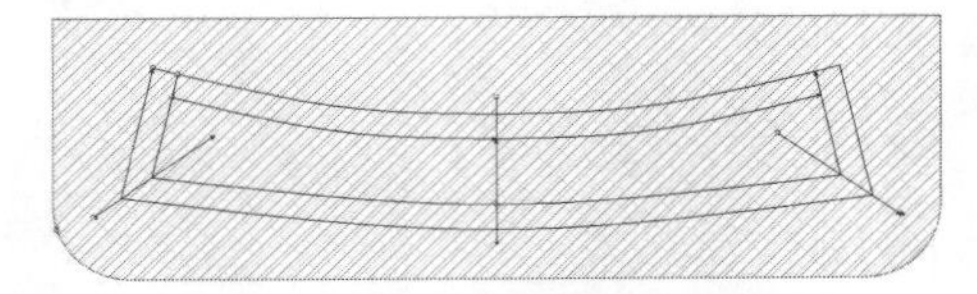

图7-44　翻领模板样板第二层

男衬衫翻领模板样板第三层如图7-45所示。

图7-45　翻领模板样板第三层

男衬衫翻领模板样板第四层展开如图7-46所示。

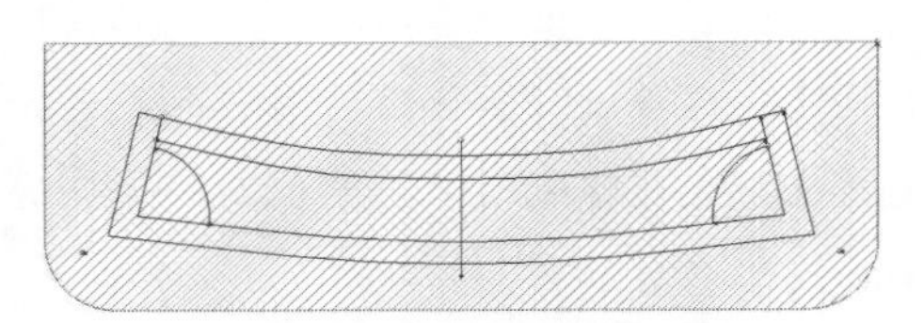

图7-46　翻领模板样板第四层

3. 男衬衫领座模板设计制作

（1）模板样板设计制作：衬衫领座模板设计制作需要与翻领同时进行，翻领夹在座领的面与里中间，翻领弧度与领座弧度不同，缝制之前放置翻领时需要改变翻领弧度与座领相同（图7-47）。

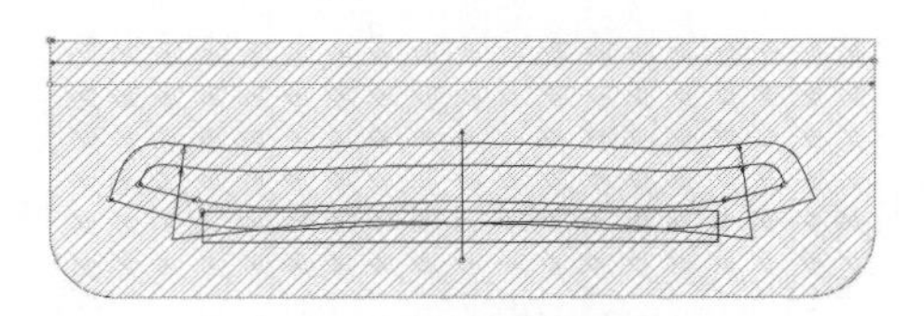

图7-47　领座模板样板辅助设计制作

（2）辅助设计制作展开：根据模板设计制作的使用，将领座模板样板，从辅助设计制作图中依次单独展开。

男衬衫领座模板样板第一层如图7-48所示。

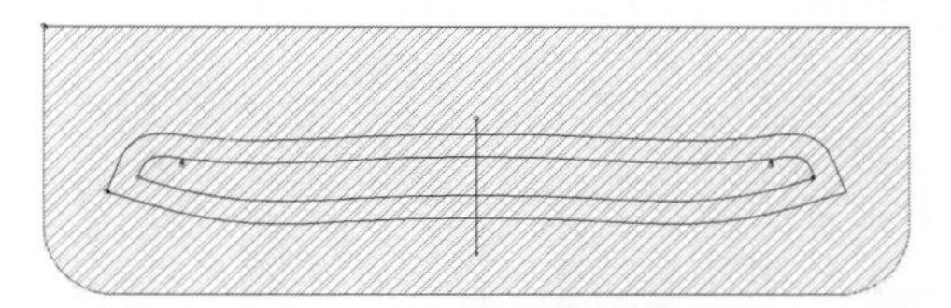

图7-48　领座模板样板第一层

男衬衫领座模板样板第二层如图7-49所示。

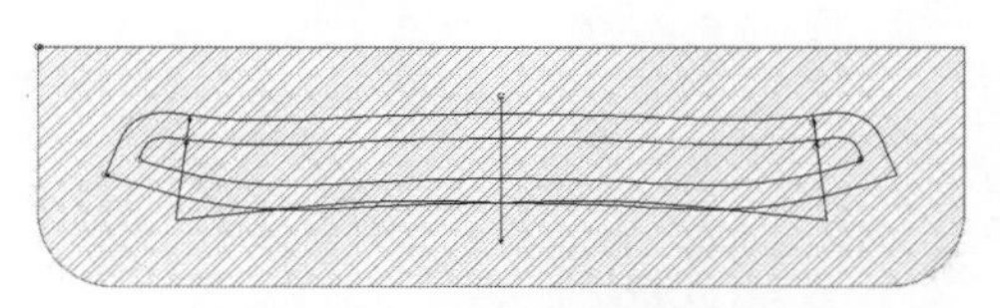

图7-49　领座模板样板第二层

男衬衫领座模板样板第三层如图7-50所示。

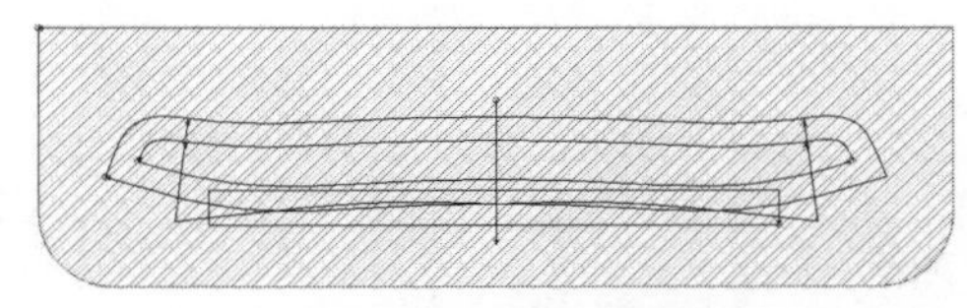

图7-50　领座模板样板第三层

男衬衫领座模板样板第四层如图7-51所示。

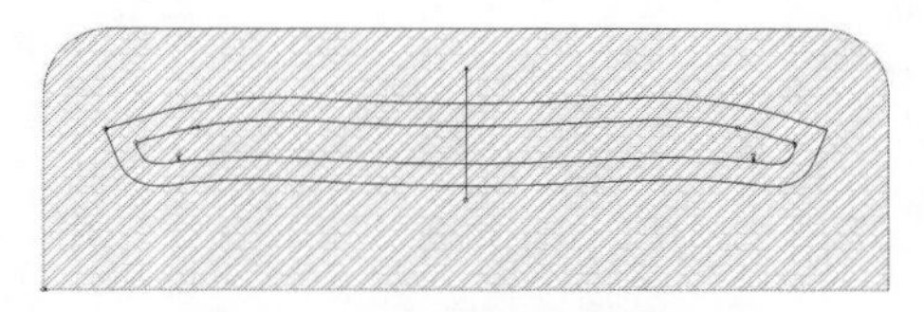

图7-51　领座模板样板第四层

4. 男衬衫门襟、里襟模板设计制作　门襟条、里襟模板是免扣烫定型直接缝制，减少缝制前对门襟、门襟条、里襟定型扣烫，直接先缝制后整烫，具体设计制作如下。

5. 门襟、门襟条模板

（1）男衬衫门襟、门襟条模板样板设计制作：门襟模板设计需要使用门襟样板和门襟条样板单独设计制作（图7-52）。

（2）辅助设计制作展开：根据衬衫模板缝制的使用，将衬衫门襟、门襟条模板样板，从辅助设计制作图中依次单独展开处理（图7-53）。

根据模板设计制作的使用，将男衬衫门襟模板样板从辅助设计制作图中依次单独展开（图7-54）。

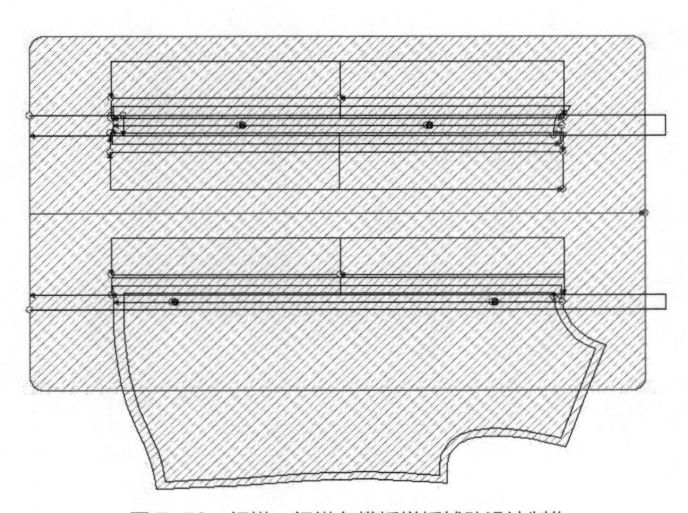

图7-52　门襟、门襟条模板样板辅助设计制作

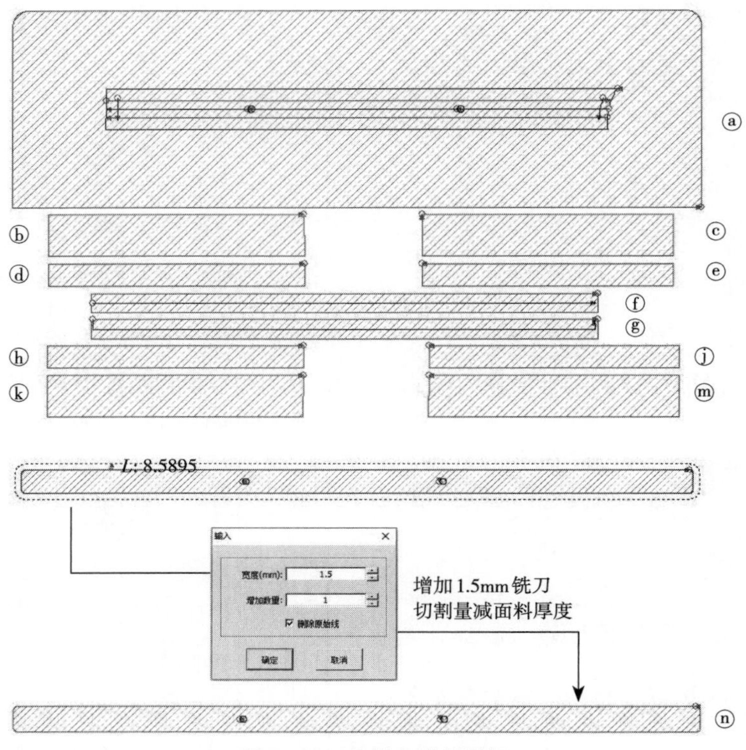

图 7-53　门襟条模板样板

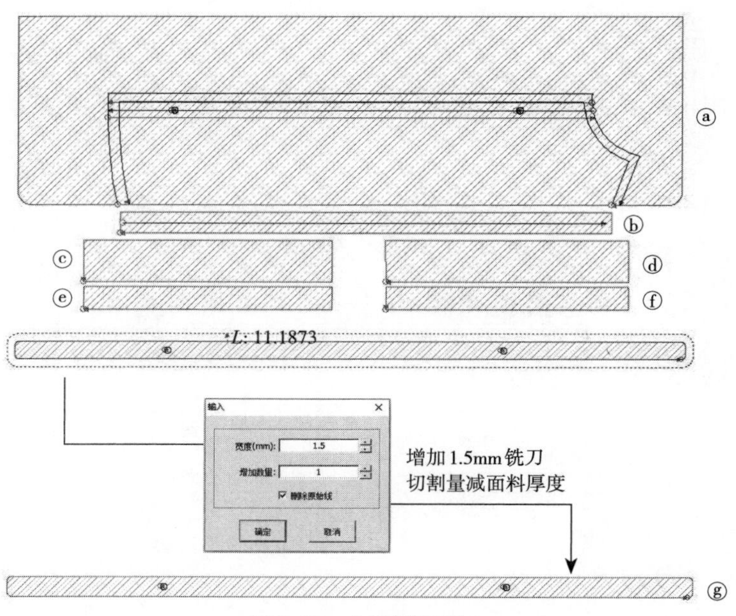

图 7-54　门襟模板样板

6. 里襟模板

（1）男衬衫里襟模板样板设计制作：里襟模板设计时可以参考门襟模板样板设计制作，也可以独立设计制作（图7–55）。

（2）辅助设计制作展开：根据男衬衫模板缝制的使用，将男衬衫里襟模板样板从辅助设计制作图中依次单独展开处理（图7–56）。

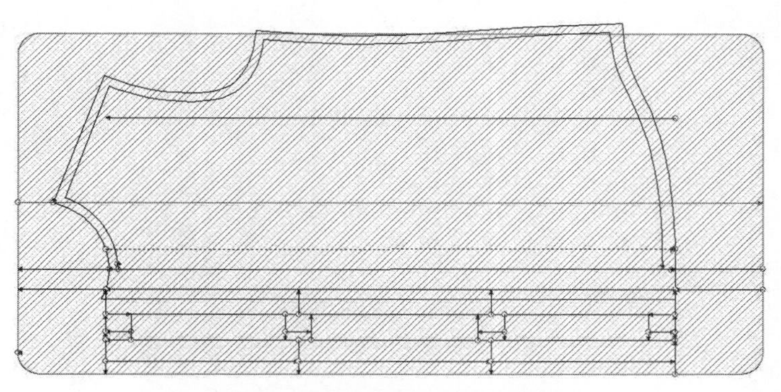

图7–55　里襟模板样板辅助设计制作

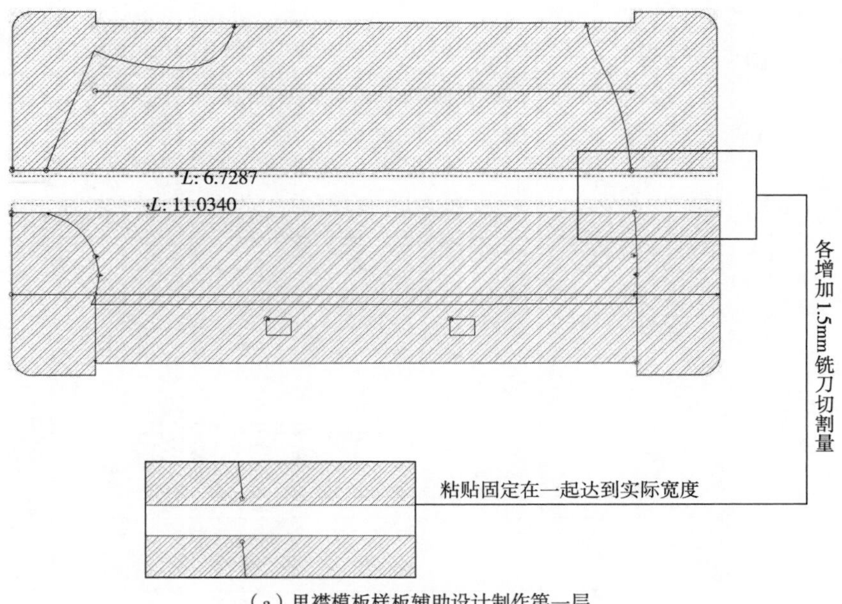

（a）里襟模板样板辅助设计制作第一层

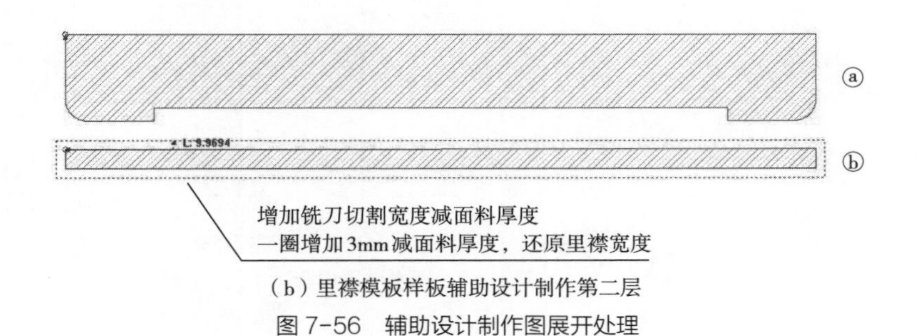

（b）里襟模板样板辅助设计制作第二层

图7–56　辅助设计制作图展开处理

相对应的外角做与内角相同大小圆角处理，并依次做编号标记（图7–57）。

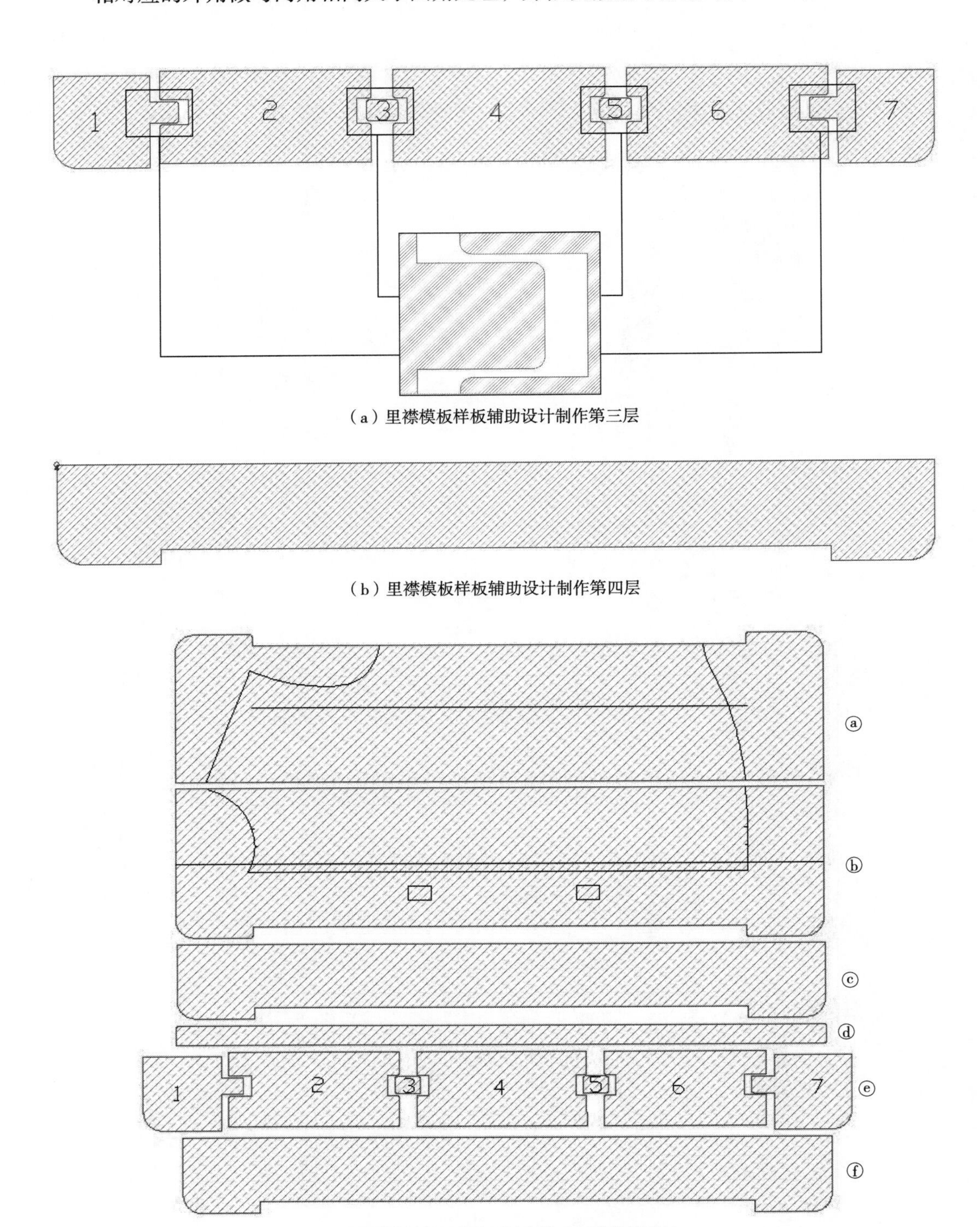

（a）里襟模板样板辅助设计制作第三层

（b）里襟模板样板辅助设计制作第四层

（c）里襟模板样板辅助设计制作及里襟模板样板

图7–57　里襟模板样板

7. 袋口折边缝模板设计制作

（1）模板样板设计制作：袋口折边缝模板设计制作一般不需要使用电子版本放缝样板，直接使用袋布折边缝宽度、袋口宽度，即可设计制作模板（图7-58）。

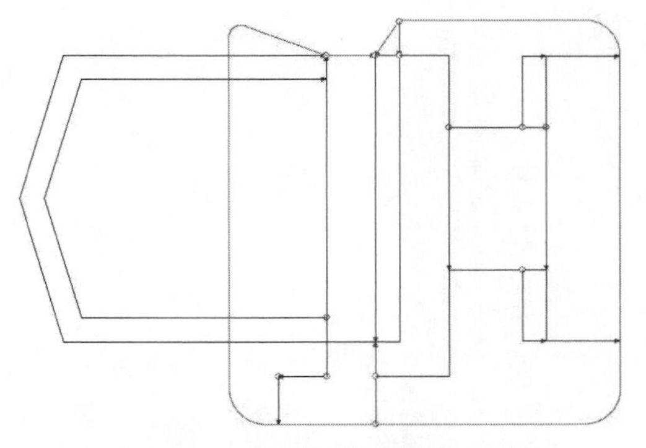

图7-58　袋口折边缝模板辅助设计制作

（2）辅助设计制作展开：根据男衬衫模板缝制，将男衬衫袋口折边模板样板从辅助设计制作图中依次单独展开处理（图7-59）。

图7-59　袋口折边缝模板样板第一层

袋口折边缝模板样板第二层辅助展开，模板样板第二层ⓐ是袋口辅助折边条，模板样板第二层ⓑ袋口折边加厚层，两块模板样板使用时需要靠近粘贴固定，需要增加铣刀切割时的切割量减面料厚度。袋布需要整体包裹袋口折边条，所以袋口辅助折边条两边增加铣刀切割量，在相应角做圆角处理（图7-60）。

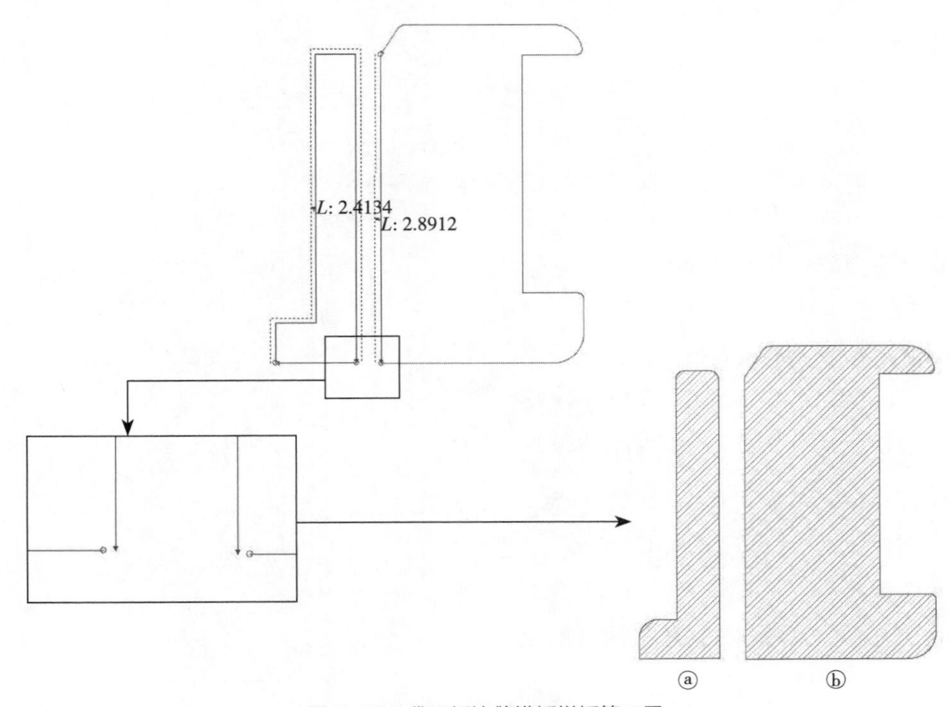

图7-60　袋口折边缝模板样板第二层

袋口折边缝模板样板第三层辅助展开，模板样板第三层ⓐ是袋口折边插板，模板样板ⓑ和ⓒ是插板的固定板。三块模板样板需要凹凸对插粘贴固定使用，模板样板需要在对插粘贴固定边增加铣刀切割宽度，可以单一样板边缘增加，也可以每一块相邻粘贴固定边缘增加，在相应角做圆角处理（图7-61）。

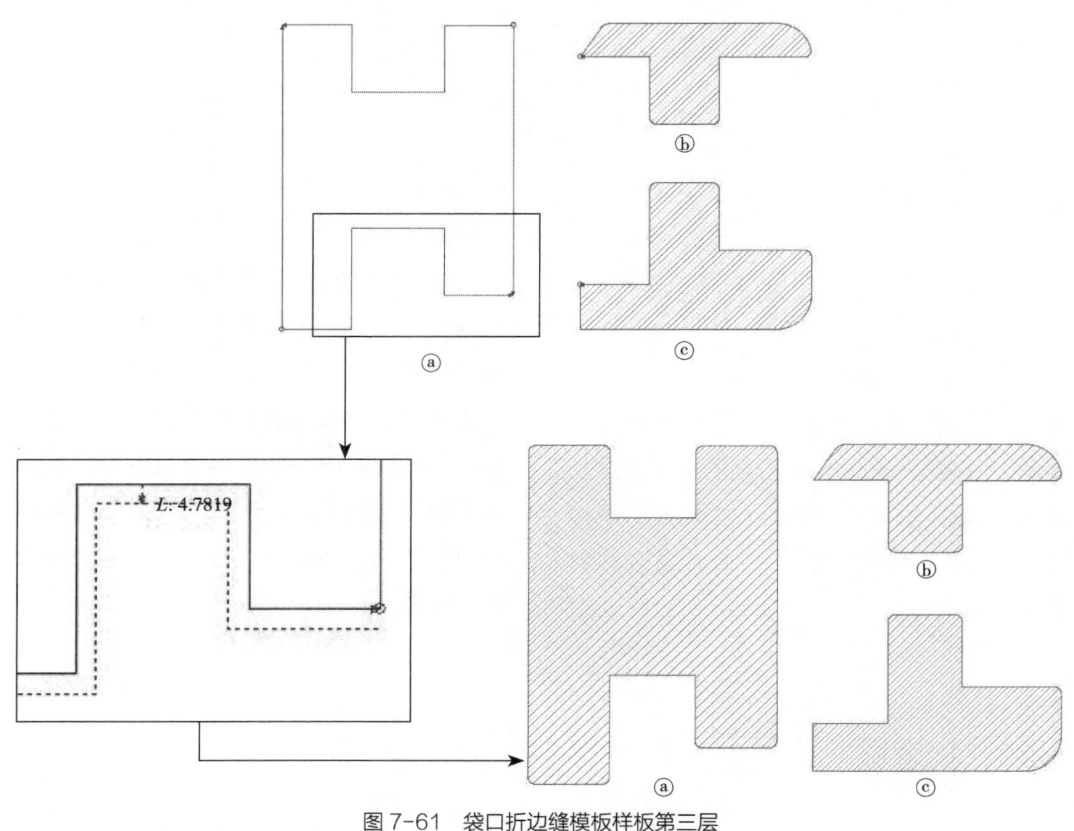

图7-61　袋口折边缝模板样板第三层

袋口折边缝模板样板第四层辅助展开如图7-62所示。

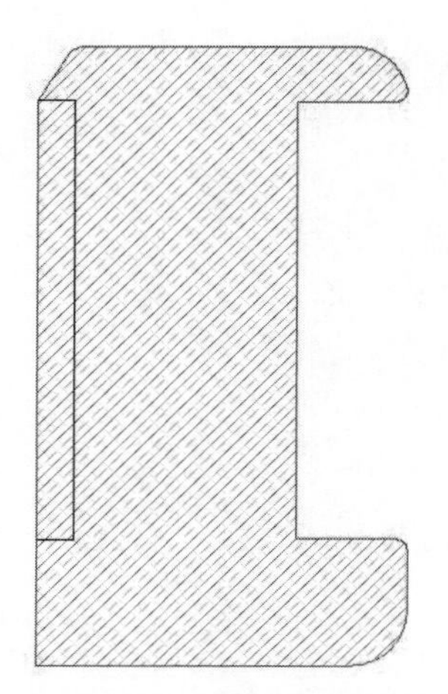

图7-62　袋口折边缝模板样板第四层

8. 男衬衫钉胸袋模板设计制作

（1）模板样板设计制作：钉胸袋模板是免扣烫定型袋布缝份，衬衫钉胸袋模板辅助设计制作时只需要在电子版本样板上选取部分样板，选区范围可以方便、快捷、合理摆放衣片位置并实际模板缝制操作即可，范围大小需要能覆盖胸袋位置（图7-63）。

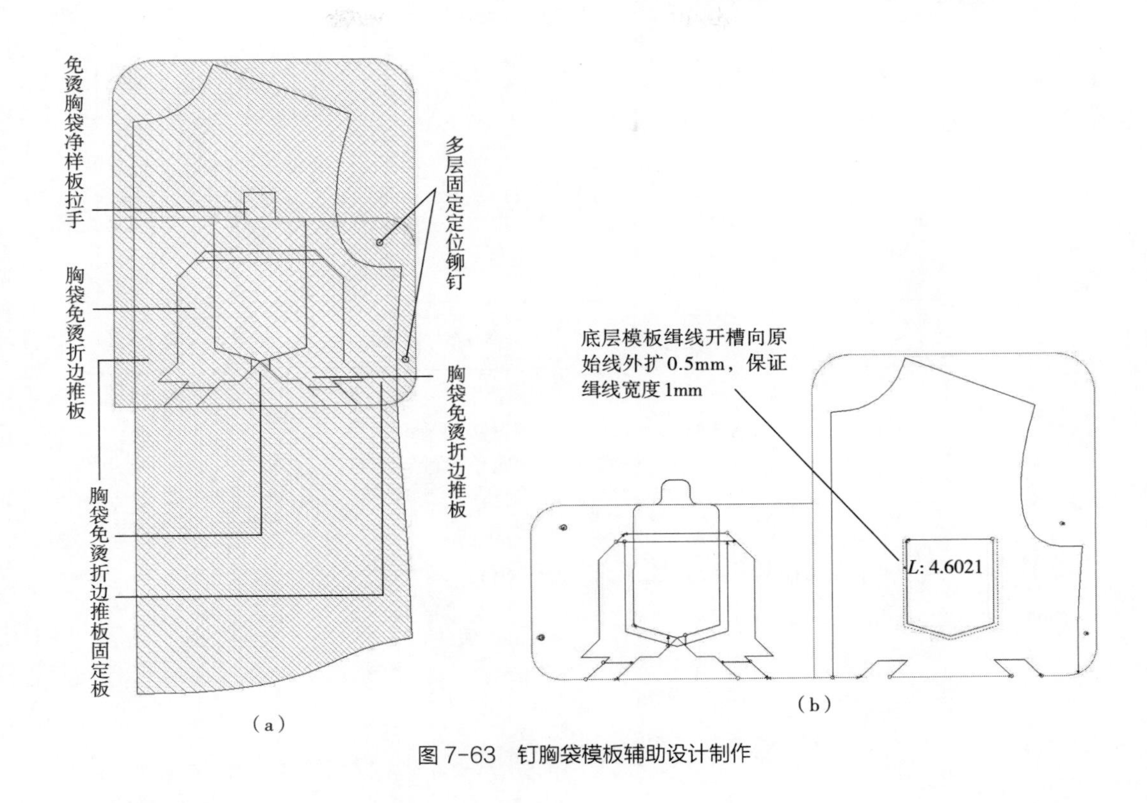

图7-63　钉胸袋模板辅助设计制作

（2）辅助设计制作展开：根据男衬衫模板缝制的使用，将男衬衫钉胸袋模板样板从辅助设计制作图中依次单独展开处理（图7-64）。

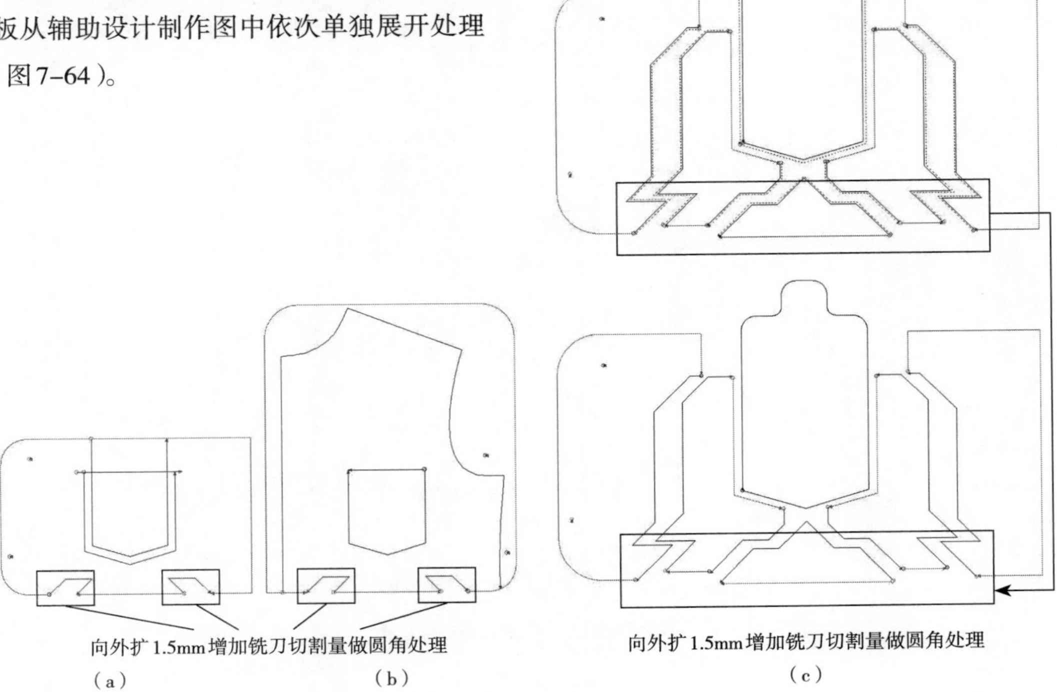

图7-64

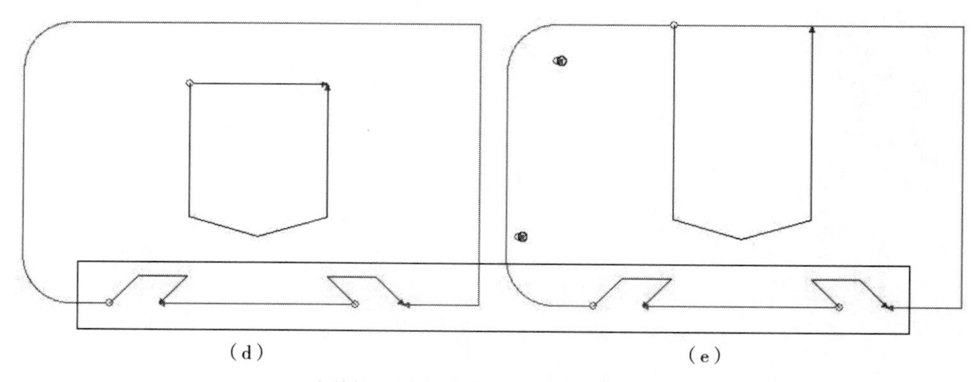

图7-64 钉胸袋模板多层辅助设计制作展开

数字化男衬衫钉胸袋模板样板多层展开如图7-65所示。

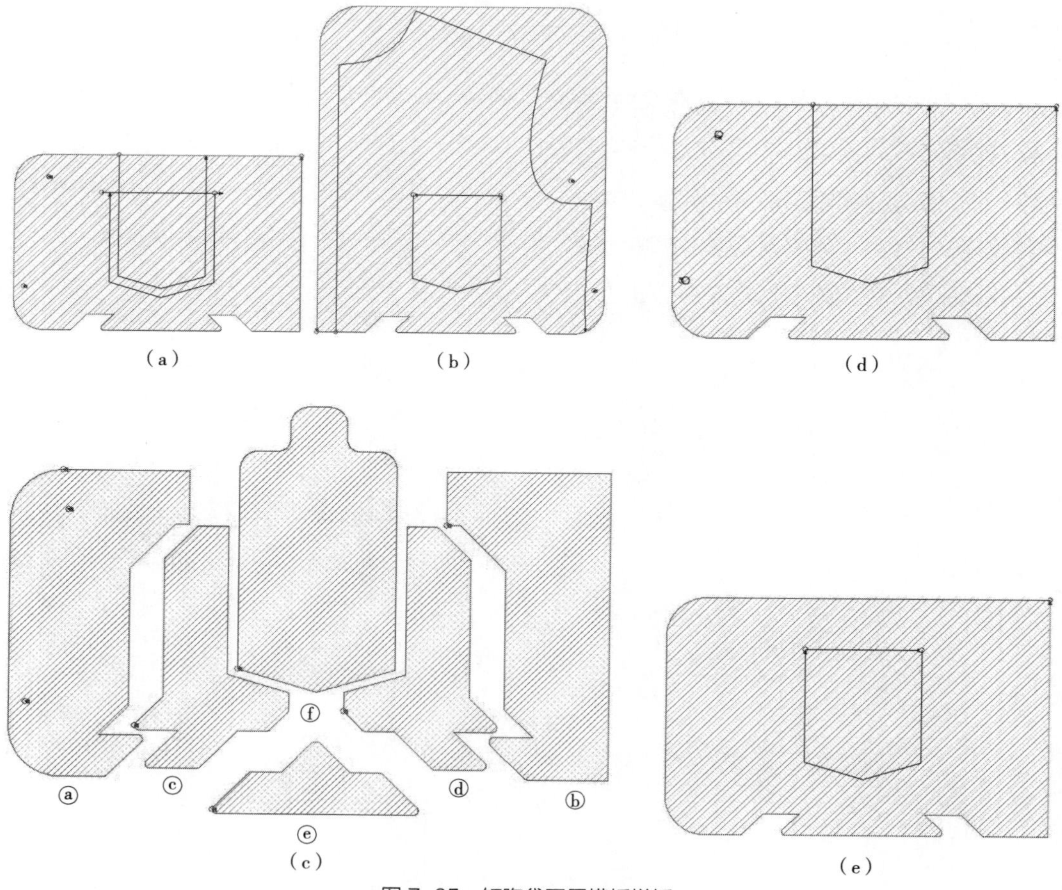

图7-65 钉胸袋五层模板样板

9. 男衬衫绱袖模板设计制作

（1）模板样板设计制作：绱袖模板在模板设计制作时需要注意缝制工艺要求，袖窿内外弧以及袖山高有无吃势量的控制。模板设计制作只需要袖片电子样板做辅助参考设计制作（图7-66）。

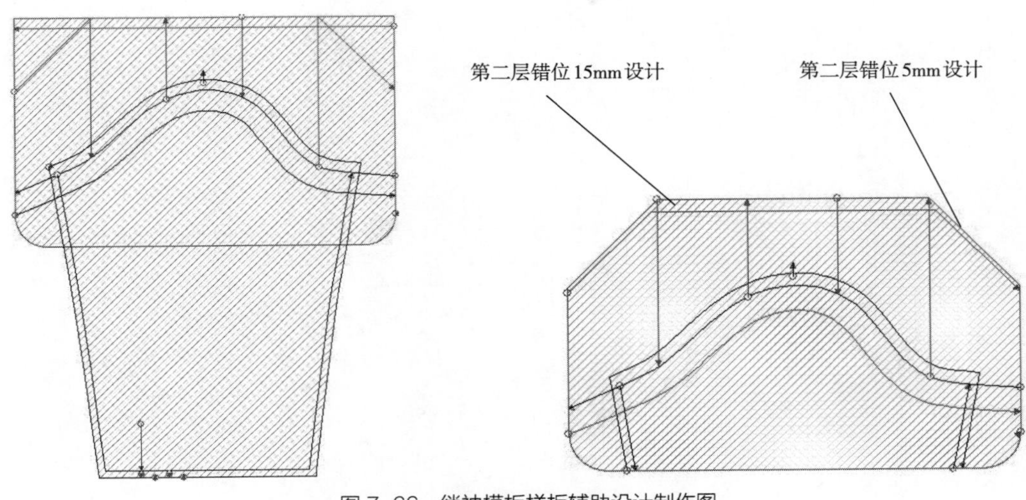

图7-66　绱袖模板样板辅助设计制作图

（2）辅助设计制作展开根据男衬衫模板缝制的使用，将男衬衫绱袖模板样板从辅助设计制作图中依次单独展开，对衔接拼合模板边缘做加放铣刀切割量处理（图7-67）。

数字化男衬衫绱袖模板样板第二层如图7-68所示。

（3）数字化男衬衫绱袖模板样板第三层如图7-69所示。

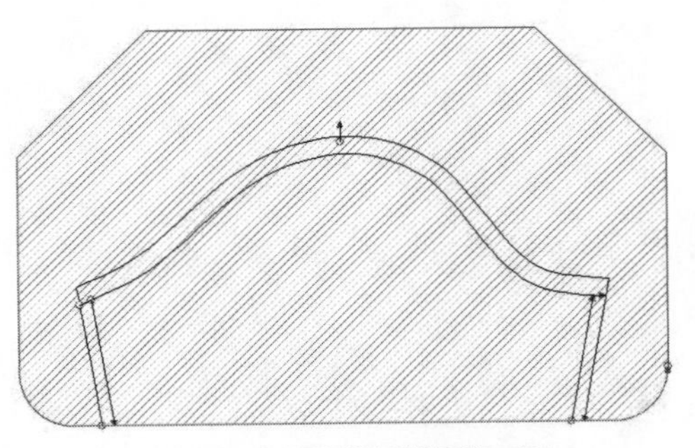

图7-67　绱袖模板样板第一层

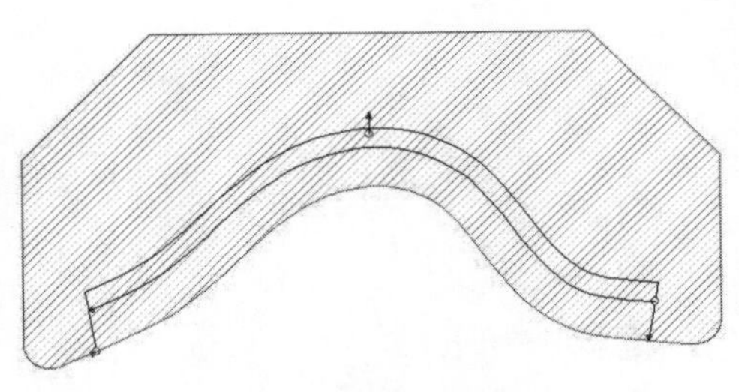

图7-68　绱袖模板样板第二层

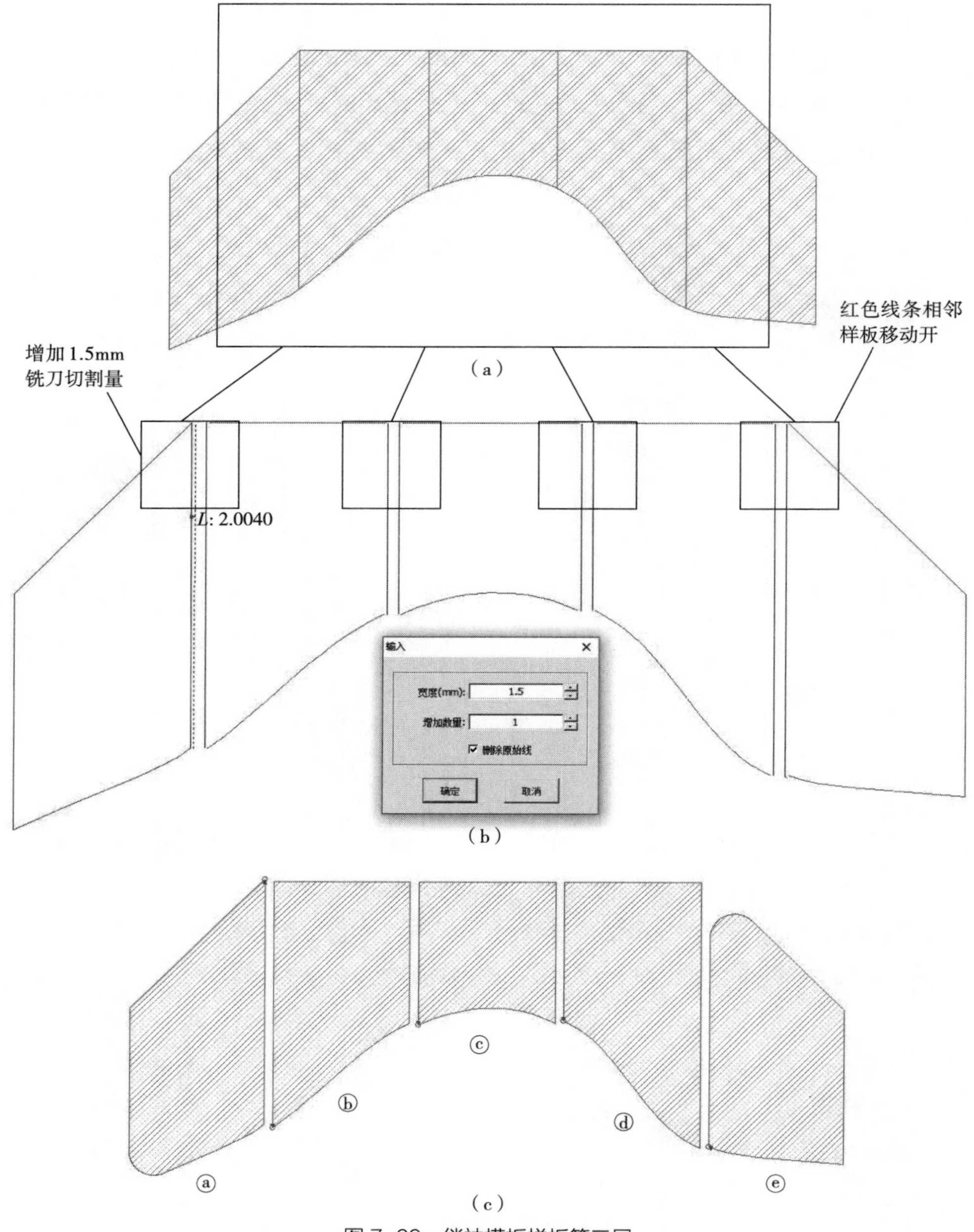

图7-69　绱袖模板样板第三层

七、模板样板切割选择

1. 袖克夫模板

（1）男衬衫袖克夫模板样板第一层PVC胶板选择厚度1.5mm。

（2）男衬衫袖克夫模板样板第二层PVC胶板选择厚度0.5mm。

（3）男衬衫袖克夫模板样板第三层PVC胶板选择厚度1.5mm。

2. 翻领模板

（1）男衬衫翻领模板样板第一层PVC胶板选择厚度1.5mm。

（2）男衬衫翻领模板样板第二层PVC胶板选择厚度0.5mm。

（3）男衬衫翻领模板样板第三层PVC胶板选择厚度0.5mm。

（4）男衬衫翻领模板样板第四层PVC胶板选择厚度1.5mm。

3. 领座模板

（1）男衬衫领座模板样板第一层PVC胶板选择厚度1.5mm。

（2）男衬衫领座模板样板第二层PVC胶板选择厚度0.5mm。

（3）男衬衫领座模板样板第三层PVC胶板选择厚度0.5mm。

（4）男衬衫领座模板样板第四层PVC胶板选择厚度1.5mm。

4. 门襟条模板

（1）男衬衫门襟条模板样板ⓐ PVC胶板选择厚度1.5mm。

（2）男衬衫门襟条模板样板ⓑ PVC胶板选择厚度0.5mm。

（3）男衬衫门襟条模板样板ⓒ PVC胶板选择厚度0.5mm。

（4）男衬衫门襟条模板样板ⓓ PVC胶板选择厚度0.5mm。

（5）男衬衫门襟条模板样板ⓔ PVC胶板选择厚度0.5mm。

（6）男衬衫门襟条模板样板ⓕ PVC胶板选择厚度1.5mm。

（7）男衬衫门襟条模板样板ⓖ PVC胶板选择厚度1.5mm。

（8）男衬衫门襟条模板样板ⓗ PVC胶板选择厚度0.5mm。

（9）男衬衫门襟条模板样板ⓙ PVC胶板选择厚度0.5mm。

（10）男衬衫门襟条模板样板ⓚ PVC胶板选择厚度0.5mm。

（11）男衬衫门襟条模板样板ⓜ PVC胶板选择厚度0.5mm。

（12）男衬衫门襟条模板样板ⓝ环氧树脂胶板选择厚度0.5mm。

5. 门襟模板

（1）男衬衫门襟模板样板ⓐ PVC胶板选择厚度1.5mm。

（2）男衬衫门襟模板样板ⓑ PVC胶板选择厚度1.5mm。

（3）男衬衫门襟模板样板ⓒ PVC胶板选择厚度0.5mm。

（4）男衬衫门襟模板样板ⓓ PVC胶板选择厚度0.5mm。

（5）男衬衫门襟模板样板ⓔ PVC胶板选择厚度0.5mm。

（6）男衬衫门襟模板样板ⓕ PVC胶板选择厚度0.5mm。

（7）男衬衫门襟模板样板ⓖ环氧树脂板选择厚度0.5mm（门襟模板样板ⓖ也可以和门襟条模板样板ⓝ共用一块模板样板）。

6. 里襟模板

（1）男衬衫里襟模板样板ⓐ PVC胶板选择厚度1.5mm。

（2）男衬衫里襟模板样板ⓑ PVC胶板选择厚度1.5mm。

（3）男衬衫里襟模板样板ⓒ PVC胶板选择厚度1.0～1.5mm。

（4）男衬衫里襟模板样板ⓓ环氧树脂板选择厚度0.5mm。

（5）男衬衫里襟模板样板ⓔ的1、3、5、7 PVC胶板选择厚度0.5mm。

（6）男衬衫里襟模板样板ⓔ的2、4、6

环氧树脂板选择厚度0.5mm。

（7）男衬衫里襟模板样板ⓕ PVC胶板或者环氧树脂板选择厚度0.5mm。

7. 袋口折边缝模板

（1）男衬衫袋口折边缝模板样板第一层PVC胶板选择厚度1mm。

（2）男衬衫袋口折边缝模板样板第二层ⓐ环氧树脂板选择厚度0.5mm。

（3）男衬衫袋口折边缝模板样板第二层ⓑ PVC胶板选择厚度1~1.5mm。

（4）男衬衫袋口折边缝模板样板第三层ⓐ 环氧树脂板选择厚度0.5mm。

（5）男衬衫袋口折边缝模板样板第三层ⓑ、ⓒ PVC胶板选择厚度0.5~1mm。

（6）男衬衫袋口折边缝模板样板第四层PVC胶板选择厚度0.5mm。

8. 钉胸袋模板

（1）男衬衫钉胸袋模板样板第一层PVC胶板选择厚度1.5mm。

（2）男衬衫钉胸袋模板样板第二层模板环氧树脂板选择厚度0.5mm。

（3）男衬衫钉胸袋模板样板第三层ⓐ、ⓑ、ⓔ PVC胶板选择厚度1~1.5mm。

（4）男衬衫钉胸袋模板样板第三层ⓒ、ⓓ、ⓕ 模板环氧树脂板选择厚度0.5mm。

（5）男衬衫钉胸袋模板样板第四层PVC胶板选择厚度1~1.5mm。

（6）男衬衫钉胸袋模板样板第五层PVC胶板选择厚度1~1.5mm。

9. 绱袖模板

（1）男衬衫绱袖模板样板第一层PVC胶板选择厚度1.5mm。

（2）男衬衫绱袖模板样板第二层PVC胶板选择厚度0.5mm。

（3）男衬衫绱袖模板样板第三层PVC胶板选择厚度1.5mm。

八、模板样板切割完成检查核对

男衬衫模板样板切割检查核对如图7-70所示。具体步骤同第六章第一节缉裙褶裥模板样板切割完成检查核对。

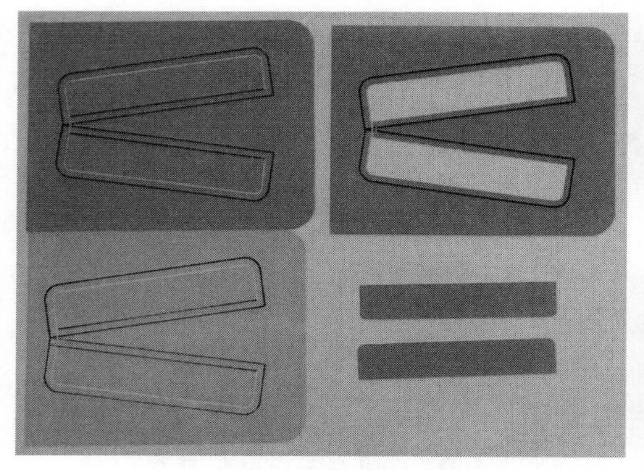

（a）袖克夫模板样板切割核对

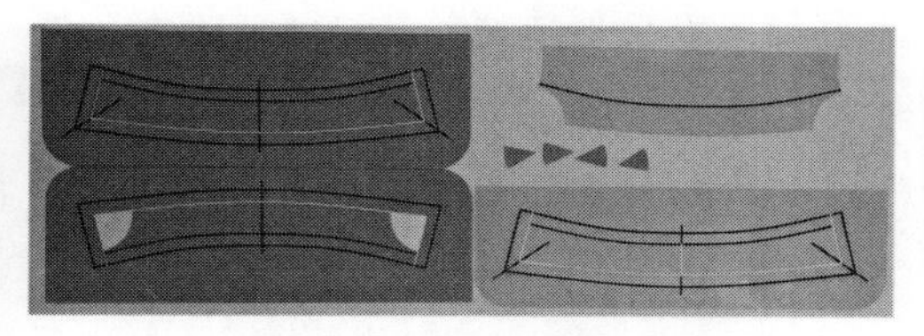

（b）翻领模板样板切割核对

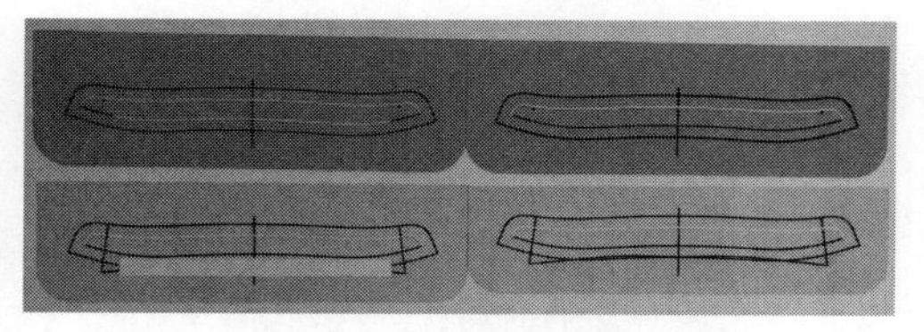

（c）领座模板样板切割核对

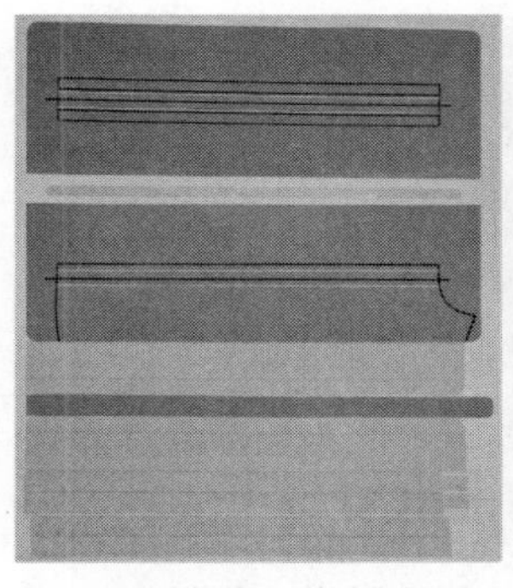
（d）衬衫门襟条、门襟模板样板切割核对

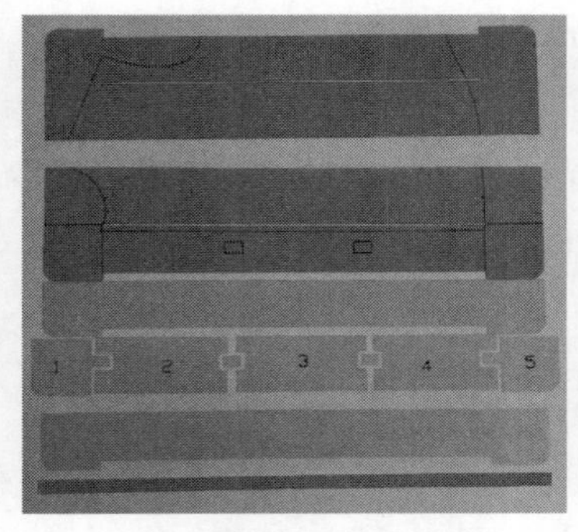

（e）衬衫里襟模板样板切割核对

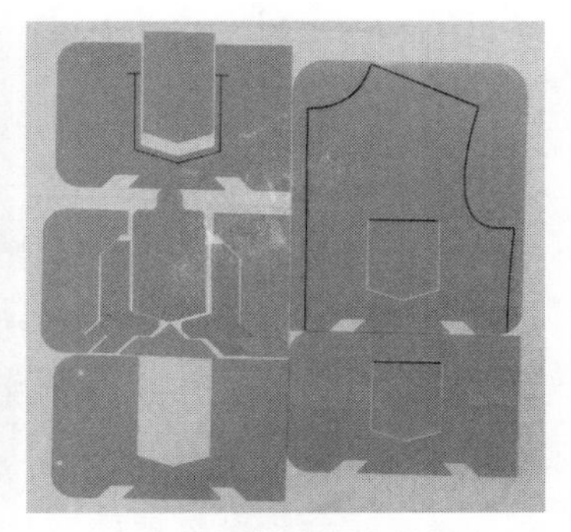
（g）钉胸袋模板样板切割核对

（f）袋口折边模板样板切割核对

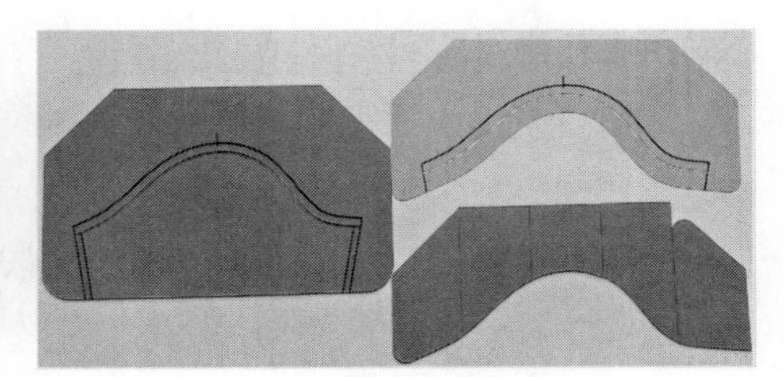
（h）绱袖模板样板切割核对

图7-70 男衬衫模板样板切割核对

九、模板样板粘贴固定

1. **袖克夫模板** 按照模板设计制作时的步骤、层次依次粘贴固定（图7-71）。

（1）先将模板样板按顺序排放好，依次粘贴固定。

（2）将第一层和第三层模板样板画线一面向上水平放置，对齐边角用2.5cm布基胶带粘贴固定，合上模板压实布基胶带，外面用3.5cm布基胶带粘贴固定。

（3）打开粘贴固定好的第一、第三层模板样板，将第二层模板样板放置在第一层模板样板之上，对齐边角、开槽，上面用2.5cm布基胶带粘贴固定，压实边缘棱角，反面用2.5cm透明胶带粘贴固定。

（4）在第三层模板样板切割掉的净样粘贴双面胶，然后粘贴固定在第二层模板样板画净样线位置范围。

（5）在第一层模板样板画毛样线位置内部、开槽边缘粘贴固定防滑砂纸条，袖

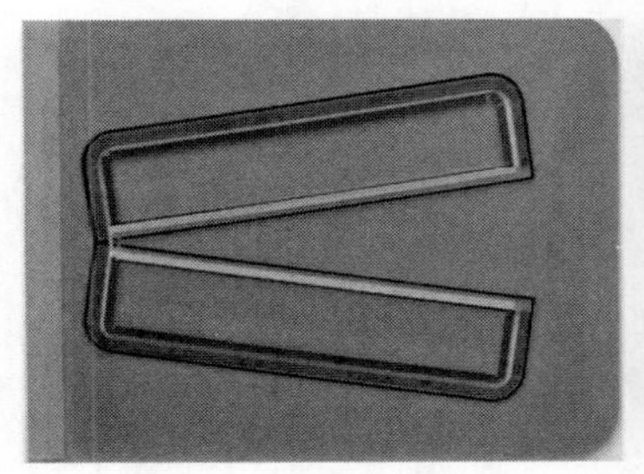

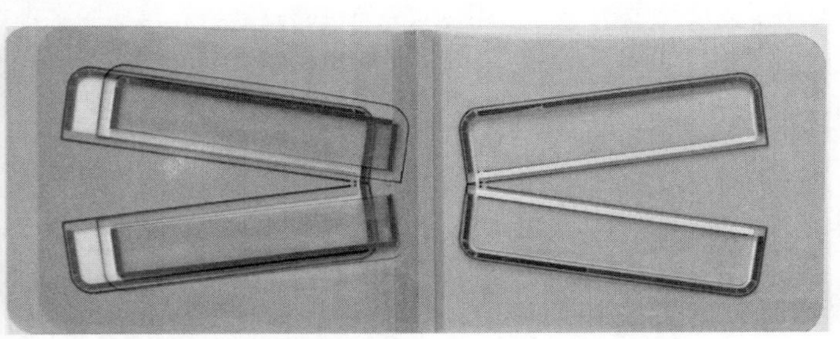

图7-71 袖克夫模板

克夫止口净样线处粘贴固定0.5mm厚度定位海绵条。

（6）在第二层模板样板反面开槽边缘粘贴固定防滑砂纸条，砂纸条粘贴固定时与第一层模板处砂纸条相互错位粘贴固定，在第二层模板样板开槽边缘向上面外边缘粘贴固定防滑砂纸条。

（7）在第三层模板样板与第二层模板样板接触面开槽边缘粘贴固定防滑砂纸条，砂纸条相互错位粘贴固定。

2. 翻领模板 按照模板设计制作时的步骤、层次依次粘贴固定（图7-72）。

（1）先将模板样板按顺序排放好，依次粘贴固定。

（2）将第一层和第四层模板样板画线一面向上水平放置，对齐边角用2.5cm布基胶带粘贴固定，合上模板压实，外面用3.5cm布基胶带粘贴固定。

（3）先将第三层模板放置在第二层模板之上，对齐边角，用刻刀或者笔做好对位标记，然后将第二层和第三层模板样板画线一面向上水平放置，对齐边角对位点，用2.5cm布基胶带粘贴固定，合上模板压实布基胶带，外面用2.5cm透明胶带粘贴固定。

（4）将粘贴固定好的第二、第三层模板样板放置在第一、第四层模板样板之上，对齐边角、开槽，上面用2.5cm布基胶带粘贴固定，压实边缘棱角，反面用2.5cm透明胶带粘贴固定。

（5）在第四层领角处切割掉的样板反面粘贴双面胶，按原位置粘贴固定在第二层模板领角处。

（6）在第二层挂领角线辅助画线外端点处装大头针，大头针底部用布基胶带粘贴固定，第四层模板挂吊脚线辅助画线外端点开孔处装铆钉扣。

（7）在第一层模板样板画毛样线位置内部、开槽边缘粘贴固定防滑砂纸条。

（8）在第二层模板样板开槽边缘的正反面粘贴固定防滑砂纸条，反面砂纸条粘贴固定时与第一层模板处的砂纸条相互错位粘贴固定。

（9）在第四层模板样板开槽外边缘粘贴固定防滑砂纸条，砂纸条粘贴固定时与第二层模板处的砂纸条相互错位粘贴固定。

（10）在第一层与第二层模板画样板线、在领座净样线处的毛样线边缘粘贴固定0.5mm厚度定位海绵条。

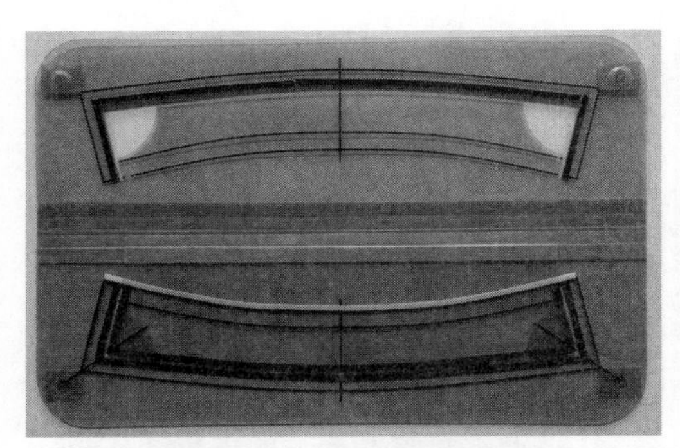

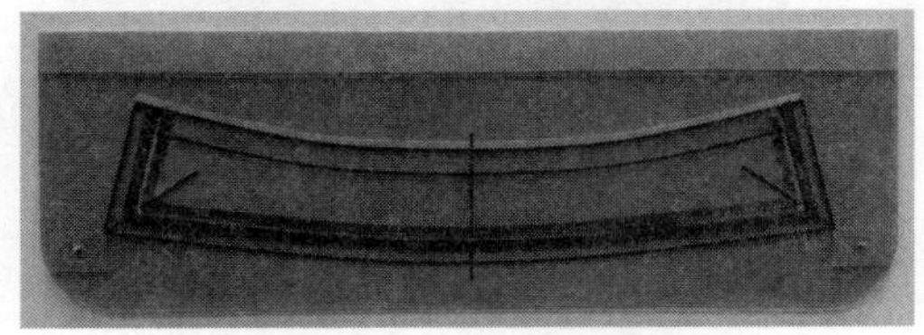

图7-72 翻领模板

3. 领座模板 按照模板设计制作时的步骤、层次依次粘贴固定（图7-73）。

（1）先将模板样板按顺序排放好，依次粘贴固定。

（2）将第一层和第四层模板样板画线

一面向上水平放置，对齐边角用2.5cm布基胶带粘贴固定，合上模板压实，外面用3.5cm布基胶带粘贴固定。

（3）将第二层模板放置在第一层模板之上，对齐边角，开槽用2.5cm布基胶带粘贴固定，压实边缘棱角布基胶带，模板反面用2.5cm透明胶带粘贴固定。

（4）将第三层模板样板放置在粘贴固定好的第一、第二层模板样板之上，对齐边角、开槽，上面用2.5cm布基胶带粘贴固定，压实边缘棱角，反面用2.5cm透明胶带粘贴固定。

（5）将第四层模板样板对齐第一层模板样板边角，画线面向上，水平放置，用2.5cm布基胶带粘贴固定，合上模板压实，外面用3.5cm布基胶带粘贴固定。

（6）在第一层模板样板画毛样线位置处、开槽边缘粘贴固定防滑砂纸条，装领子止口沿画净样线位置粘贴0.5mm厚度定位海绵条。

（7）在第二层模板样板开槽边缘的正反面粘贴固定防滑砂纸条，反面砂纸条粘贴固定时与第一层模板处砂纸条相互错位粘贴固定，第二层模板翻领净样线的边缘粘贴1mm厚度定位海绵条，翻领拼接领座边的毛缝处粘贴强力布双面胶。

（8）在第三层模板样板正反面画毛样线位置处、开槽边缘粘贴固定防滑砂纸条，将反面砂纸条与第二层模板样板相互错位粘贴固定，拼接领座净样线处的毛样线边缘粘贴固定0.5mm厚度定位海绵条。

（9）在第四层模板样板开槽边缘外边缘粘贴固定防滑砂纸条，砂纸条粘贴固定时与第三层模板处砂纸条相互错位粘贴固定。

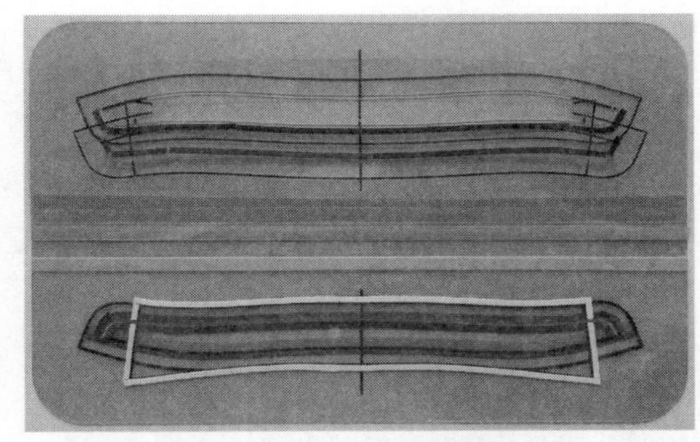

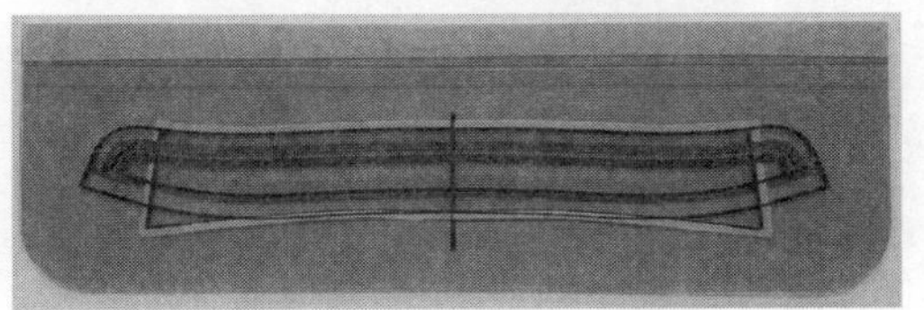

图7-73　领座模板

4. **门襟条模板**　按照模板设计制作时的步骤、层次依次粘贴固定（图7-74）。

（1）先将模板样板按顺序排放好，依次粘贴固定。

（2）将门襟条模板样板ⓐ画样板线面向上水平放置，在门襟条模板样板ⓕ和ⓖ与门襟条模板样板ⓐ接触面粘贴固定双面胶，然后将粘贴双面胶的门襟条模板样板ⓕ和ⓖ沿门襟条翻折线粘贴固定在门襟条模板样板ⓐ之上。

（3）将门襟条模板样板ⓑ和ⓓ与ⓒ和ⓔ先单独水平放置对齐边缘边角，用2.5cm布基胶带粘贴固定，压实粘贴固定布基胶带翻转到反面，用2.5cm透明胶带粘贴固定。

（4）将单独粘贴固定好的模板样板ⓑ和ⓓ与ⓒ和ⓔ分别重叠放置在模板样板ⓕ和ⓖ之上，模板样板ⓑ和ⓓ与ⓒ和ⓔ布基胶带粘贴固定一面向下放置，圆角一侧的边缘分别对齐模板样板ⓐ开槽边缘，用2.5cm布基胶带粘贴固定，压实粘贴固定的布基胶带棱角，反面用2.5cm透明胶带粘贴固定。模板样板ⓗ和ⓚ与ⓙ和ⓜ粘贴固定方式与模板样板ⓑ和ⓓ与ⓒ和ⓔ相同。

（5）在门襟条模板样板ⓐ和门襟条模板样板ⓝ开孔位置放置强力磁铁，磁铁正反面周围连同模板样板一起用布基胶带粘贴固定。

（6）在门襟条模板样板ⓐ两开槽内侧边缘粘贴防滑砂纸条，门襟条模板样板ⓕ和ⓖ与模板样板ⓑ和ⓓ与ⓒ和ⓔ，模板样板ⓗ和ⓚ与ⓙ和ⓜ接触面适当粘贴强力布基双面胶，加强门襟条，免烫翻折时模板压力定位。

5. 门襟模板

（1）将门襟模板样板ⓐ画样板线面向上水平放置，门襟模板样板ⓑ与门襟模板样板ⓐ接触面粘贴强力双面胶，然后将粘贴强力双面胶的门襟模板样板ⓑ沿门襟翻折线开槽边缘粘贴固定在门襟模板样板ⓐ上。

（2）门襟模板样板ⓒ和ⓔ与ⓓ和ⓕ先单独水平放置对齐边缘边角，正面用2.5cm布基胶带粘贴固定，压实粘贴固定布基胶带翻转到反面，用2.5cm透明胶带粘贴固定。

（3）将单独粘贴好的门襟模板样板ⓒ和ⓔ与ⓓ和ⓕ靠齐模板样板ⓑ边缘，重叠放置在模板样板ⓐ之上，使模板样板ⓒ和ⓔ与ⓓ和ⓕ粘贴布基胶带面向下，粘贴透明胶带面向上放置。以模板样板ⓑ边缘为辅助，粘贴固定于门襟免烫条模板样板边缘的门襟模板样板ⓐ之上。

（4）在门襟模板样板ⓐ和门襟条模板样板ⓖ开孔位置放置强力磁铁，磁铁正反面周围连同模板样板一起用布基胶带粘贴固定。

（5）在门襟模板样板ⓐ开槽边缘、画样板线位置粘贴固定防滑砂纸条，在门襟模板样板ⓒ和ⓔ与ⓓ和ⓕ与模板样板ⓑ接触面适当粘贴门襟条面料，加强翻折定位的布基双面胶。

（6）门襟模板样板ⓒ和ⓓ与ⓔ和ⓕ，与模板样板ⓐ接触面边缘粘贴固定马尾衬。

6. 门襟条模板、门襟模板

（1）将单独粘贴固定好的门襟条模板样板向对应面重叠放置在门襟模板样板之上，对齐边角、开槽，检查单独粘贴固定的门襟条模板样板与门襟模板样板是否完整正确。

（2）将检查完成的门襟条模板样板与门襟模板样板对应面向上，水平放置对齐边角，用2.5cm布基胶带粘贴固定，合上模板压实布基胶带，外面用3.5cm布基胶带粘贴固定（图7–74）。

图7–74　衬衫门襟、门襟条模板

7. **里襟模板**　按照模板设计制作时的步骤、层次依次粘贴固定（图7–75）。

（1）先将模板样板按顺序排放好，依次粘贴固定。

（2）将里襟模板样板ⓐ、ⓑ画样板线面向上水平放置，对齐边角，用2.5cm布基胶带粘贴固定，合上模板压实布基胶带，外面用3.5cm布基胶带粘贴固定。

（3）在里襟模板样板ⓒ与里襟模板样板ⓑ接触面粘贴固定双面胶，然后打开粘贴固定好的模板样板ⓐ、ⓑ，将粘贴双面胶的模板样板ⓒ沿里襟翻折线粘贴固定。

（4）将模板样板ⓔ的1、3、5、7与模板样板ⓒ和ⓕ接触面粘贴双面胶，先将其与模板样板ⓔ的2、4、6按顺序排放好，对齐模板样板ⓑ、ⓒ边角开槽，粘贴固定在模板样板ⓒ之上。

（5）然后将模板样板ⓕ沿开槽边缘粘贴固定覆盖在模板样板ⓔ之上。

（6）在里襟模板样板ⓐ、ⓑ开槽边缘粘贴固定防滑砂纸条，在里襟模板样板ⓑ开槽边缘与模板样板ⓐ之间适当粘贴海绵条，海绵条粘贴厚度应使在车缝时保证模板的平整性，方便车缝使用，在海绵条上再粘贴防滑砂纸条。

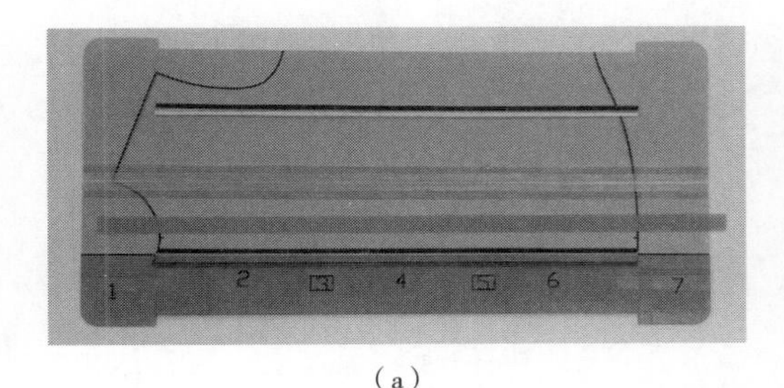

（a）

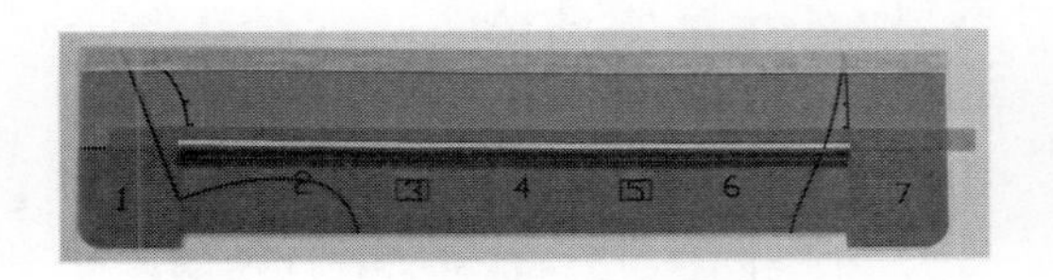

（b）

图7–75　衬衫里襟模板

8. **袋口折边缝模板**　按照模板设计制作时的步骤、层次依次粘贴固定（图7–76）。

（1）先将模板样板按顺序排放好，依次粘贴固定。

（2）在第二层模板样板ⓑ与第一层模板样板接触面粘贴双面胶，然后将第二层模板样板ⓑ对齐第一层模板样板边角，粘贴固定在第一层模板样板之上。

（3）在第三层模板样板ⓑ和ⓒ两面粘贴双面胶，对齐第一、第二层模板样板边角，先与第一、第二层模板样板粘贴固定，然后将第三层模板样板ⓐ放置在相应位置。

（4）将第四层模板样板覆盖于三层模板之上，对齐边角，粘贴固定。

（5）将第二层模板样板ⓐ与第一层模板样板水平向上放置，对齐第一层模板样板边缘与第二层模板样板ⓑ边缘角，用2.5cm透明胶带粘贴固定，压实透明胶带棱角，合上第二层模板样板ⓑ，外面用3.5cm布基胶带粘贴固定。

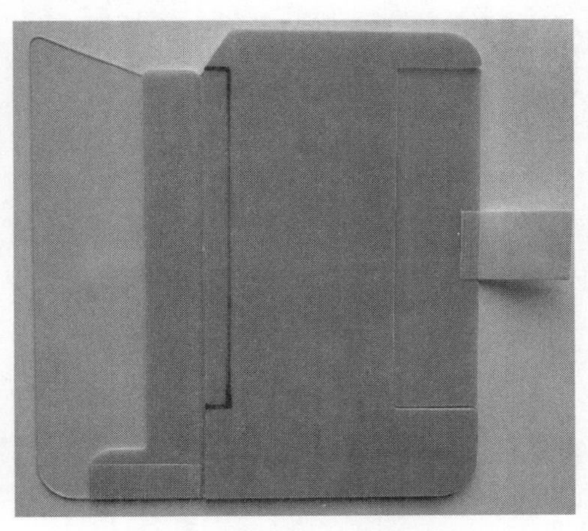

图7–76　袋口折边缝模板应用

9. **钉胸袋模板** 按照模板设计制作时的步骤、层次依次粘贴固定（图7-77）。

（1）先将模板样板按顺序排放好，依次粘贴固定，粘贴固定时注意精度把控。

（2）在第四层模板样板与第五层模板样板接触面粘贴双面胶，然后将第四层模板样板对齐第五层模板样板边角，开槽粘贴固定，在粘贴固定完成的第四层模板样板定位孔处放置多层模板粘贴固定的定位铆钉。

（3）在第三层模板样板ⓐ、ⓑ、ⓔ双面距离边缘1mm处粘贴固定双面胶，将第三层模板样板接触第四层模板样板先按照相应位置粘贴固定。

（4）将第三层模板样板ⓒ、ⓓ放置在第三层模板样板ⓐ、ⓑ、ⓔ粘贴固定完成后预留的相应位置，继续放置第二层模板样板粘贴固定。

（5）粘贴固定完成后的一至四层模板样板与第一层模板样板水平放置，所有画样板线的面向上，对齐边角用2.5cm布基胶带粘贴固定，合上模板压实布基胶带，外面用3.5cm布基胶带粘贴固定。

（6）在第一层模板样板画样板线位置内侧与钉胸袋开槽线边缘粘贴固定防滑砂纸条，胸袋位置粘贴固定第四层模板样板，切割掉的胸袋余料样板做垫高使用。

（7）在粘贴固定好的模板样板第五层胸袋位置粘贴固定砂纸。

（8）可适当在模板样板第三层ⓒ、ⓓ、ⓕ拉手位置粘贴相应宽度布基胶带，以方便实际使用。

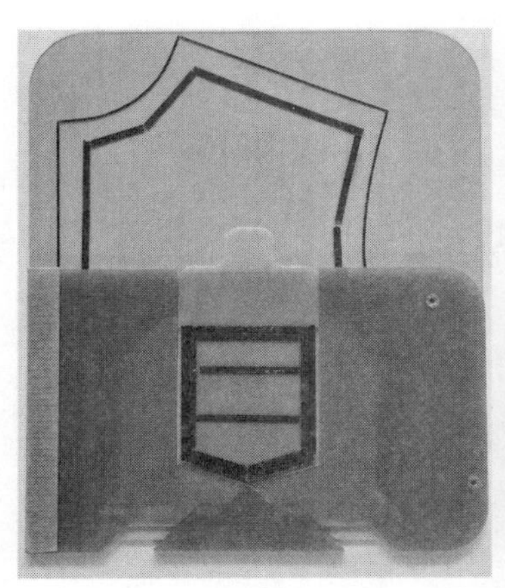

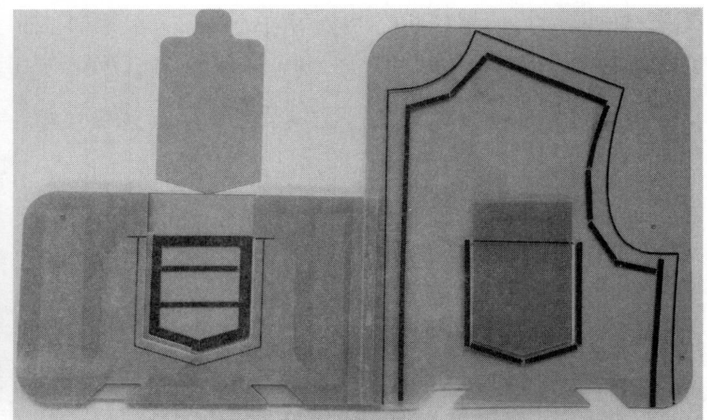

图7-77 衬衫钉胸袋模板

10. **绱袖模板** 按照模板设计制作时的步骤、层次依次粘贴固定（图7-78）。

（1）先将模板样板按顺序排放好，依次粘贴固定。

（2）将绱袖模板样板第一层画样板线面向上水平放置，再将第二层模板样板重叠放置在第一层模板样板之上，对齐边角、开槽，用2.5cm布基胶带粘贴固定，压实边缘棱角布基胶带，模板样板反面用2.5cm透明胶带粘贴固定。

（3）将第三层模板样板依次按顺序重叠放置在粘贴固定好的第一、第二层模板

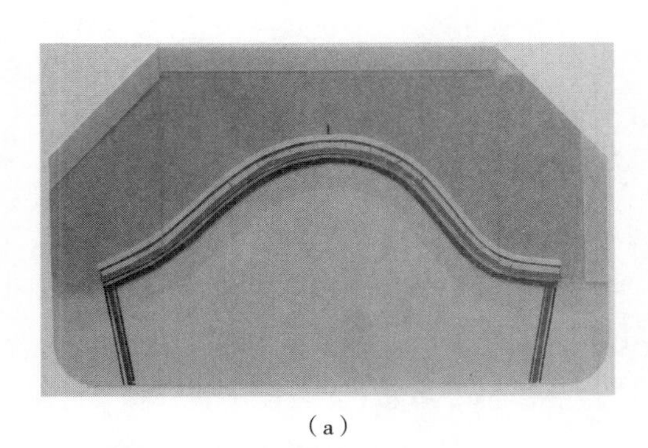

（a）

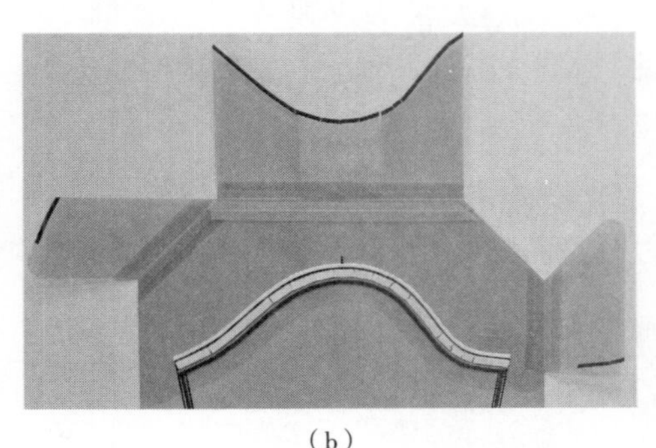

（b）

图 7-78　衬衫绱袖模板

样板之上，对齐边角、开槽，用笔或刻刀分别对ⓐ、ⓑ、ⓒ、ⓓ、ⓔ模板样板做对应粘贴固定，然后将重叠放置的ⓐ、ⓑ、ⓒ、ⓓ、ⓔ模板样板对齐第一层模板样板边缘相应记号位置翻转，与第一层模板样板水平放置，依次单独先用2.5cm布基胶带粘贴固定第三层ⓑ、ⓒ、ⓓ模板样板，再单独用2.5cm布基胶带粘贴固定第三层ⓐ、ⓑ、ⓒ、ⓓ、ⓔ模板样板，合上模板压实布基胶带，外面用3.5cm布基胶带依次粘贴固定。

（4）在第一层模板样板与第二层模板样板之间的开槽边缘粘贴固定防滑砂纸条，防滑砂纸条粘贴固定时上下层相互错位粘贴固定。

（5）在第二层模板样板袖窿开槽毛样缝制范围粘贴强力双面胶，袖窿毛样外粘贴固定厚度1mm定位海绵条。

（6）在第三层模板样板袖窿边缘粘贴固定防滑砂纸条。

十、模板使用

1. 袖克夫模板

（1）打开袖克夫模板样板至第一层，在画样板线位置放置袖克夫里布，袖克夫里布放置时对齐模板样板上画袖克夫海绵条定位净样线。

（2）合上第二层模板样板，放置袖克夫面布，两片袖克夫里布放置时净缝线缝制开槽处面料不要重叠，合上第三层模板样板，合第三层模板样板时注意面布不要绷得太紧，注意面布需要做窝势。

（3）一次性车缝两个袖克夫，在车缝两个袖克夫交界处车缝倒回针，车缝完成后取出模板，在模板反面袖克夫止口净样线开槽画线做辅助缝制画线（图7-79）。

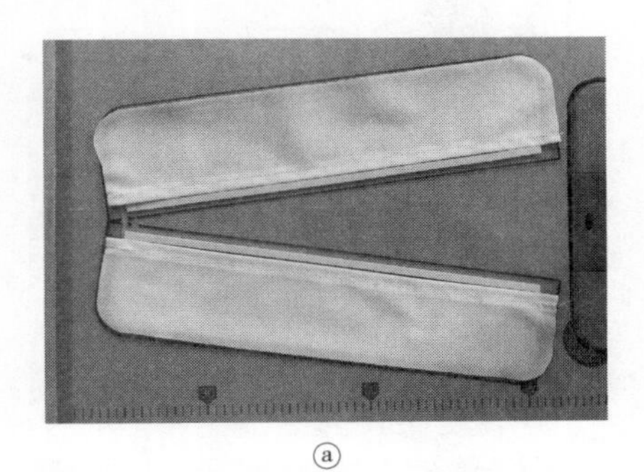

ⓐ

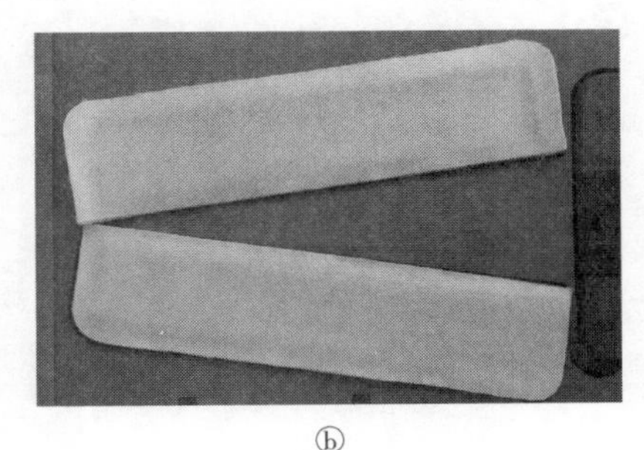

ⓑ

图 7-79

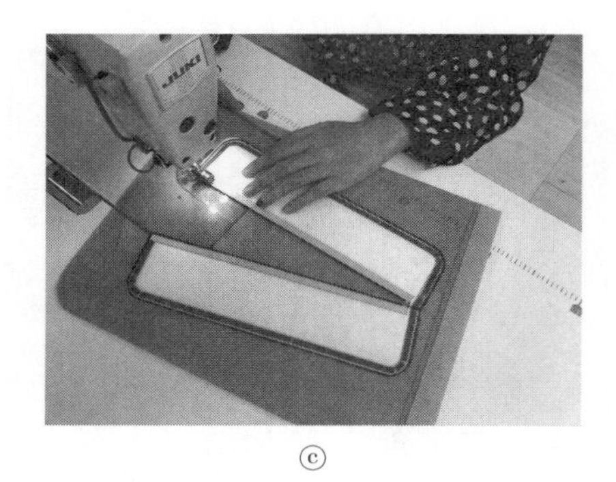

ⓒ

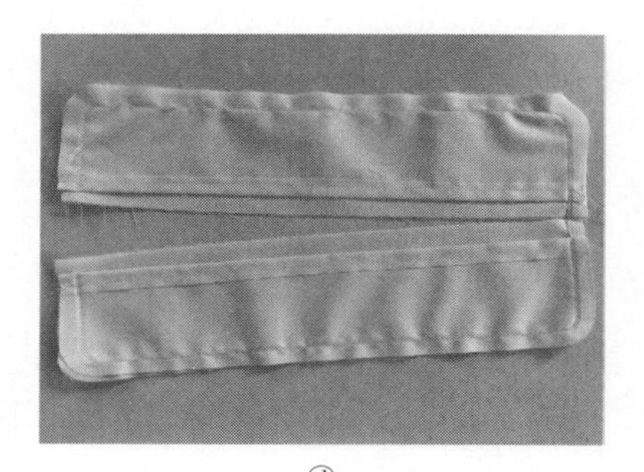

ⓓ

图 7-79 袖克夫模板应用

2. 翻领模板

（1）打开翻领模板样板至第一层，在画样板线位置放置翻领里布，放置里布时对齐中心线和海绵条定位线。

（2）合上第二层模板样板，在领角针上放置翻领角线，对齐画辅助的翻领角线，放置翻领面布，合上第三层模板样板。

（3）将第三层模板样板对齐翻领面布定型树脂衬，定型树脂衬边缘距离第三层模板样板开槽边缘要均匀。

（4）合上第四层模板样板进行缉翻领线，合第四层模板样板时面布不要绷得太紧，车缝缉线时注意翻领领角窝势（图7-80）。

3. 领座模板

（1）打开领座模板样板至第一层，在模板样板上画样板线位置放置领座里布，放

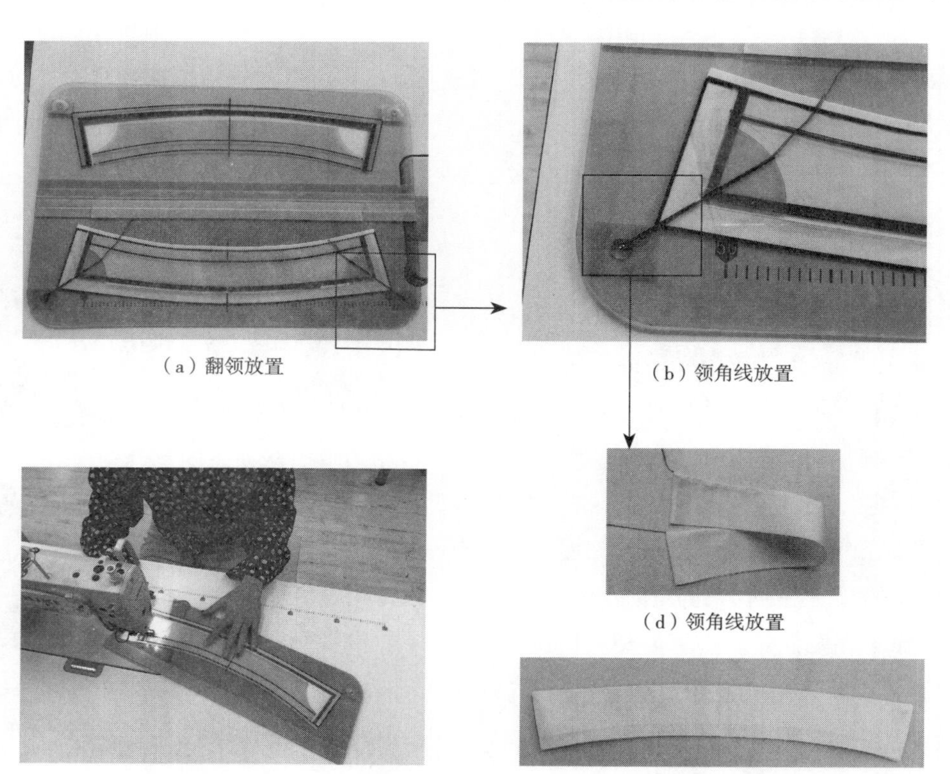

（a）翻领放置

（b）领角线放置

（c）缝制翻领

（d）领角线放置

（e）翻领缝制效果

图 7-80 翻领模板应用

置领里布时对齐中心线和海绵条定位领座止口净样线。

（2）合上第二层模板样板，在海绵条定位翻领处对齐中心线放置成品翻领，放置翻领时控制好翻领与领座止口处弧度，翻领面向下，有窝势的翻领里向上。

（3）合上第三层模板样板，在合第三层模板样板时注意翻领位置不要移动，在第三层模板样板画样板线位置对齐中心线放置领座面布。

（4）合上第四层模板样板缉领座线，缉线完成后在第四层模板样板领净缝线止口处画装领子时的辅助线（图7-81）。

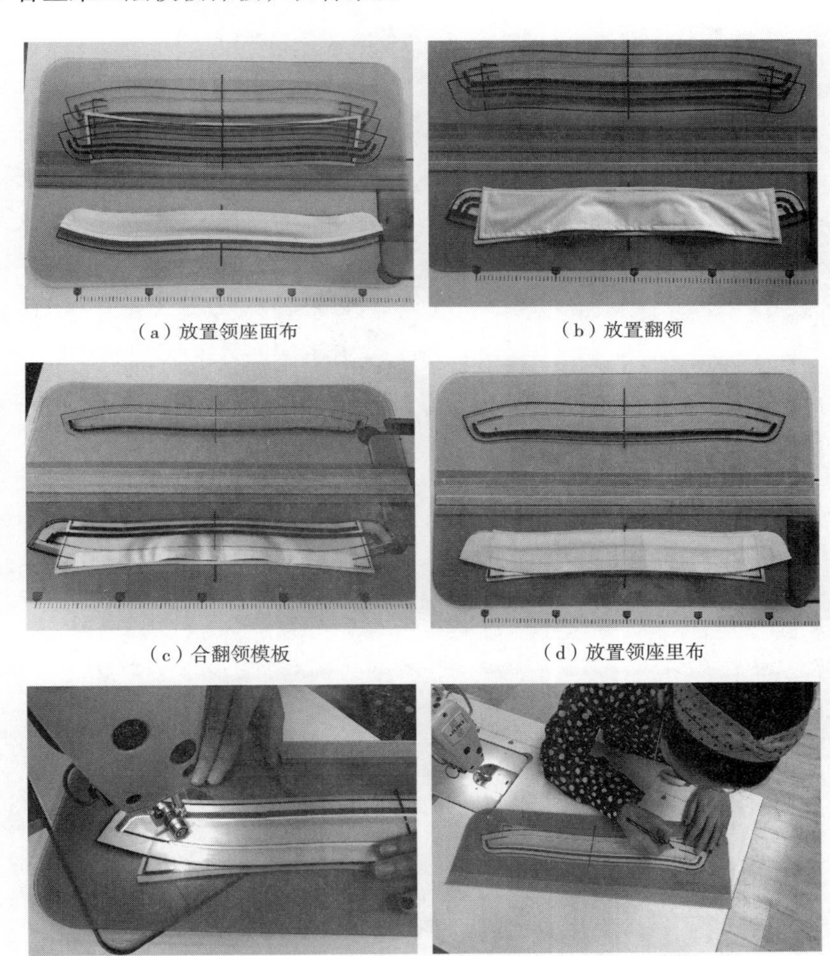

（a）放置领座面布

（b）放置翻领

（c）合翻领模板

（d）放置领座里布

（e）缝制翻领、领座

（f）领座做辅助画标记

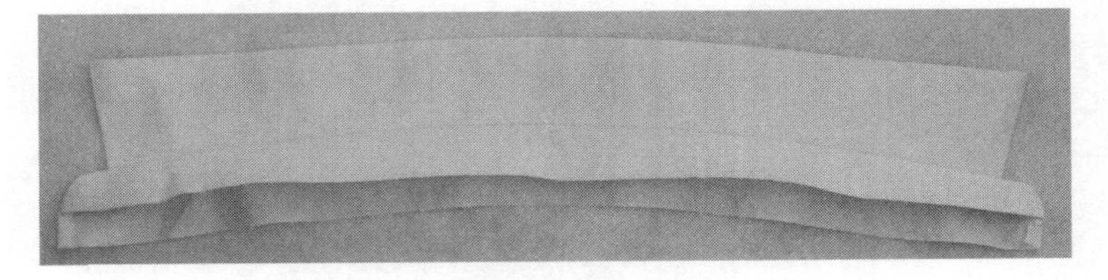

（g）翻领、领座缝制效果

图7-81　翻领、领座模板应用

4. 门襟条模板、门襟模板

（1）打开门襟条模板样板与门襟模板样板，在门襟条模板样板ⓐ画线范围放置门襟条面料，门襟条面料主条反面向上对齐模板样板上画辅助对位主条线。

（2）在门襟条面料上面放置免烫门襟条净样板ⓕ（门襟与门襟条模板样板免烫净样板相同共用），翻折门襟条缝份，同时合上门襟条模板样板ⓑ与门襟条模板样板ⓒ。

（3）在门襟模板样板ⓐ画线位置正面向上放置门襟面料，门襟面料主条对齐辅助画门襟主条线位置，用门襟条模板样板免烫净样板对齐门襟翻折边放置，翻折门襟缝份合上门襟模板样板ⓒ。

（4）最后门襟条模板向门襟模板合上，抽出门襟模板样板免烫净样板车缝缉门襟明线（图7–82）。

（a）放置裁片

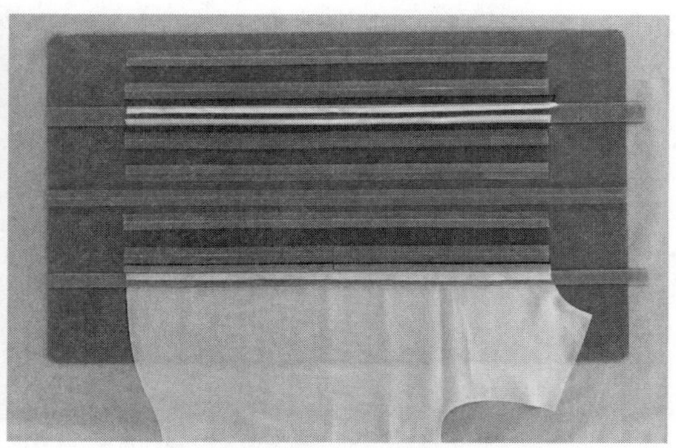

（b）做缝份免烫折边

（c）门襟、门襟条组合

（d）缝制门襟、门襟条

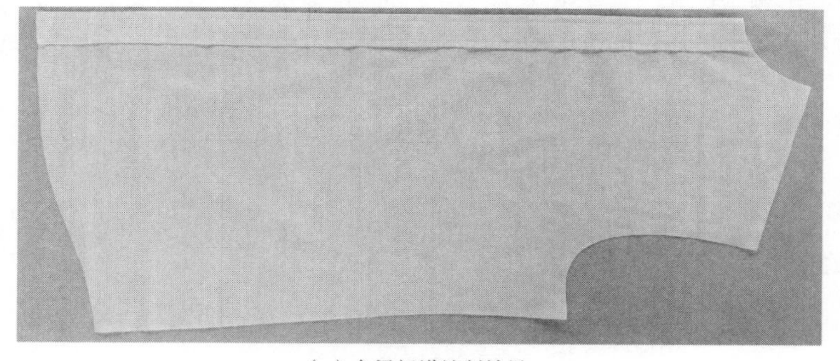

（e）免烫门襟缝制效果

图7–82 门襟、门襟条模板应用

5. 里襟模板

（1）打开里襟模板样板，在里襟模板样板ⓐ和ⓑ画样板线位置反面向上放置里襟面料，里襟面料主条或者剪口对齐模板样板ⓐ画辅助样板线位置。

（2）在面料上放置里襟净样板ⓓ，然后依次向上插入编号2、3、4模板样板翻折里襟面料缝份。

（3）将里襟面料向上沿里襟模板样板免烫板ⓒ边缘翻折180°，合上模板样板ⓐ，抽出里襟模板样板免烫板ⓒ车缝缉里襟明线（图7–83）。

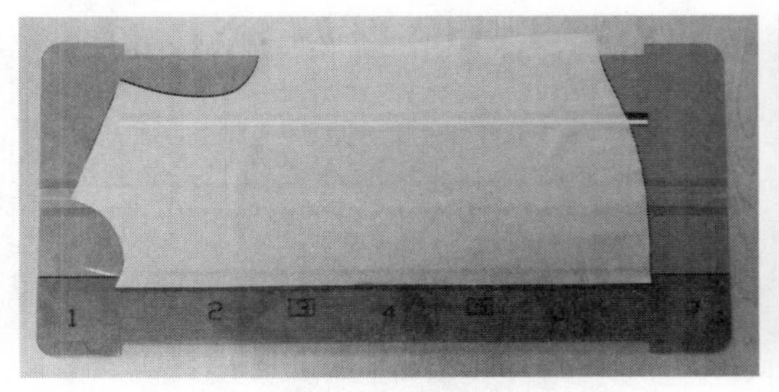

（a）摆放里襟衣片

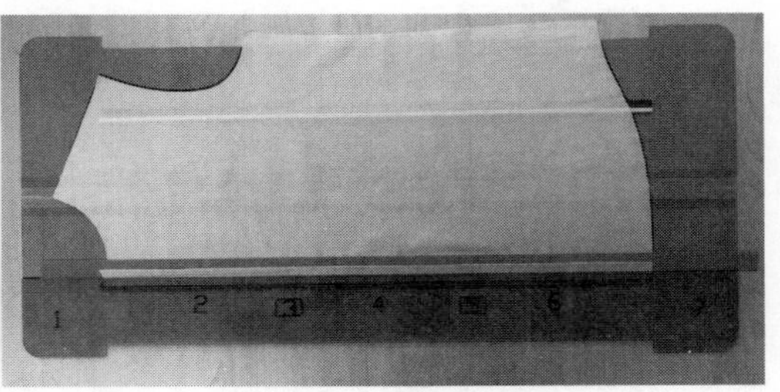

（b）放置里襟免烫板做折边

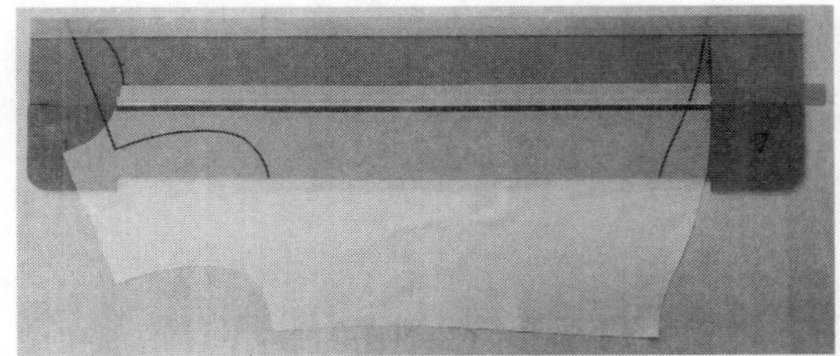

（c）翻折里襟衣片

（e）免烫里襟衣片缝制效果

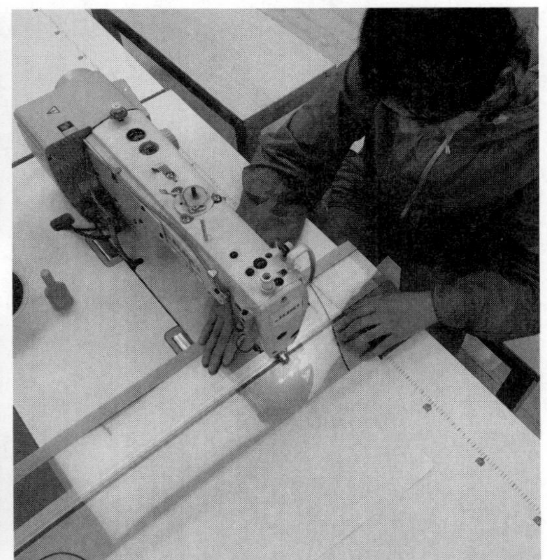

（d）摆放里襟衣片

图7–83　里襟模板应用

6. 袋口折边缝模板

（1）先将模板粘贴固定在缝纫机台板上，粘贴固定时袋口折边条距离袋口折叠插板边缘垂直机针，向袋口条内略偏移止口线宽度1mm。

（2）模板袋口条向上翻起，口袋布裁片反面向上放置于模板之上，口袋布止口对齐模板画止口线处，压下袋口条模板。

（3）向袋布方向推动袋口折叠插板，同时口袋布沿袋口条模板边缘180° 翻折平放，袋布向机针方向沿袋口条模板推送缝制袋布止口线（图7–84）。

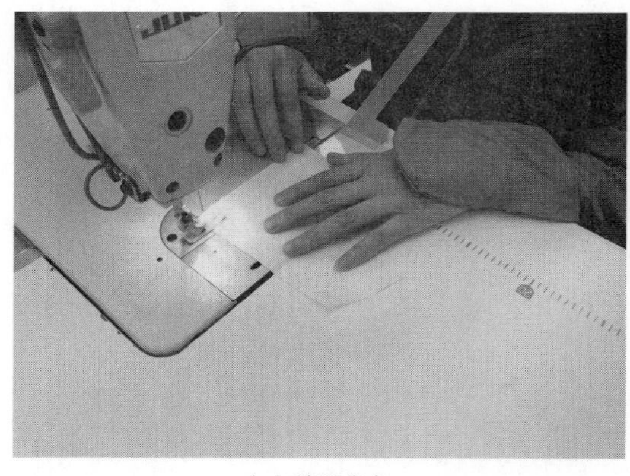

（a）放置袋布

（d）调整袋布位置放袋口免烫条

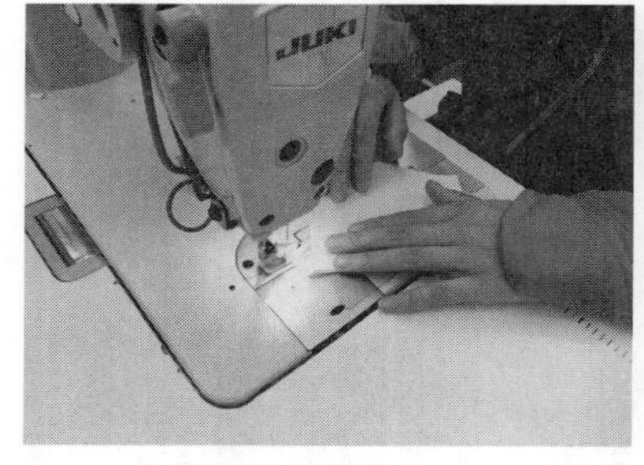

（c）翻折袋布

（d）缉袋口线

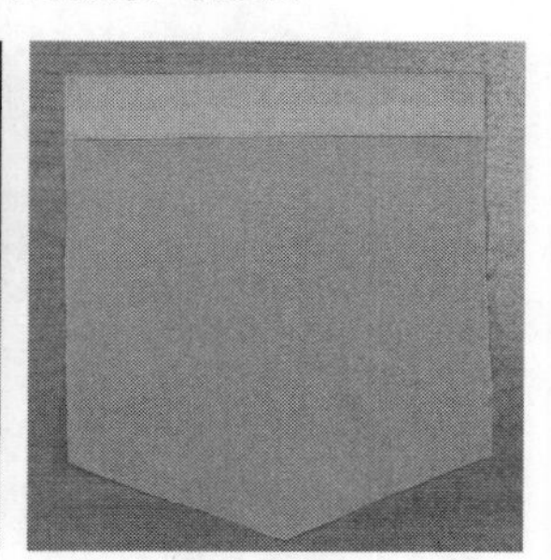

（e）袋口免烫缝制效果

图 7-84　袋口折边缝模板应用

7. 钉胸袋模板

（1）打开钉胸袋模板样板至第一层，在模板样板上画样板线位置放置衣片，在第二层模板样板画胸袋处放置胸袋布，胸袋布止口处对齐第二层模板样板画辅助线。

（2）放置第三层胸袋免烫净样模板样板ⓕ于胸袋布之上，压下第三层胸袋免烫净样模板样板ⓕ，同时向胸袋内插动第三层模板样板ⓒ和ⓓ。

（3）第二层模板合向第一层模板样板，慢速来回取出第三层胸袋免烫净样模板样板ⓕ，向模板样板外侧拉出第三层模板样板ⓒ和ⓓ，车缝钉胸袋明线（图7–85）。

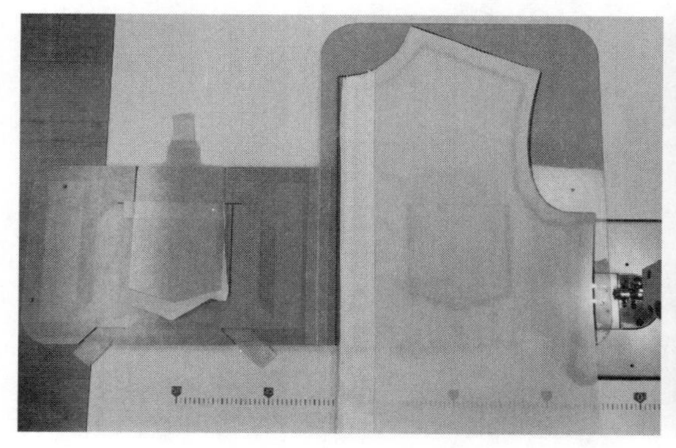

（a）放置门襟衣片和袋布

（b）免烫折叠袋布缝边

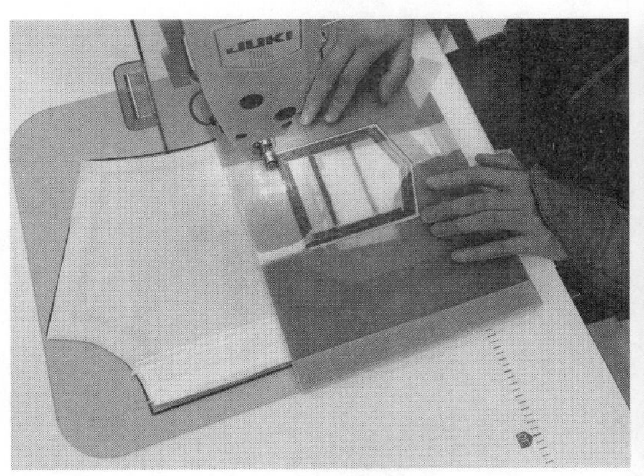

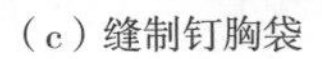
（c）缝制钉胸袋

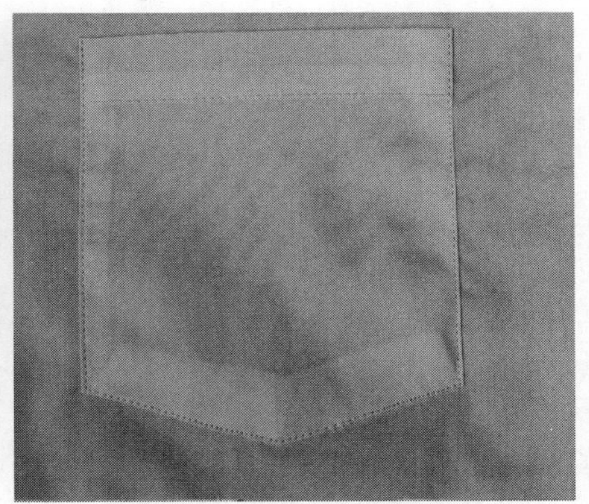
（d）免烫钉胸袋布效果

图 7-85　钉胸袋模板应用

8. 绱袖模板

（1）打开绱袖模板样板至第一层，在模板样板上画样板线位置正面向上放置袖片面料。

（2）合上第二层模板样板，在第二层模板样板上依次反面向下放置衣片袖窿面料，同时合上相应第三层模板样板车缝绢袖窿线（图 7-86）。

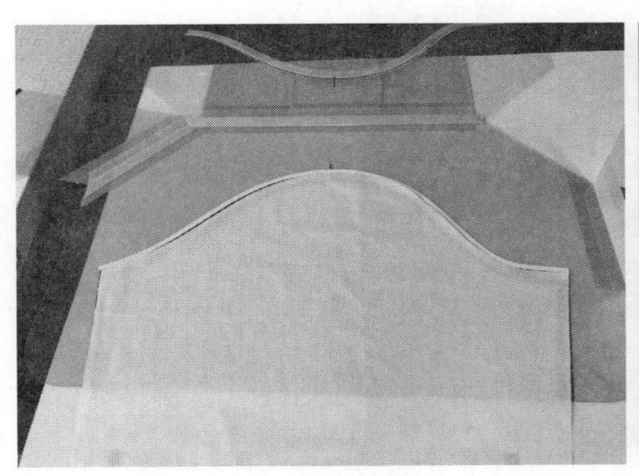
（a）摆放袖片

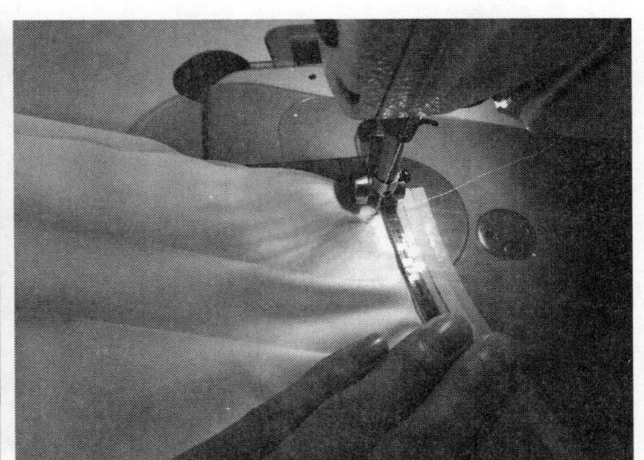
（b）摆放衣片

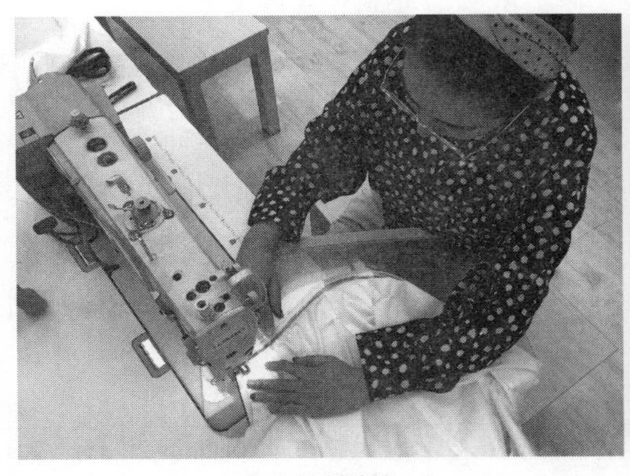
（c）缝制绱袖

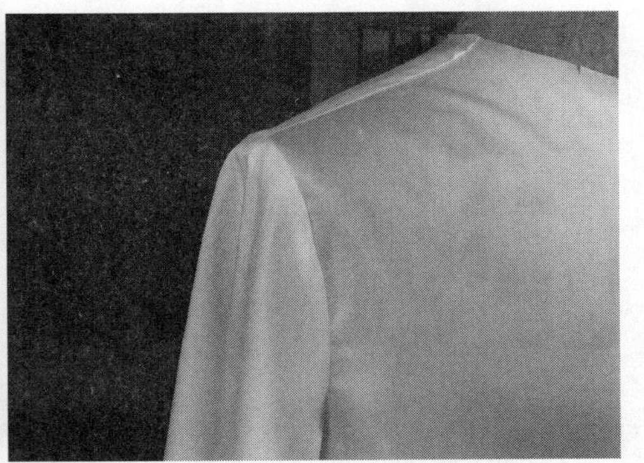
（d）绱袖效果

图 7-86　绱袖模板应用

第四节　数字化模板西装缝制工艺

西装又称“西服”“洋装”。西装广义上指西式服装或西式上装，是相对于“中式服装”而言的欧系服装。西装款式多采用驳领，前中开门襟2~3粒纽扣，圆筒合体袖，是正式场合常穿的服装。西装缝制工艺过程复杂、要求高，本节以男西装为例加以说明。

一、款式特征概述

此西装为半修身平驳领，单排两粒扣，圆角下摆，前身腹部左右各挖一个带盖大袋，左前胸有一个手巾袋，前身左右各收一个腰省，后中破缝，后中下摆开衩，圆装两片袖，袖口有袖衩，钉四粒装饰纽扣（图7–87）。

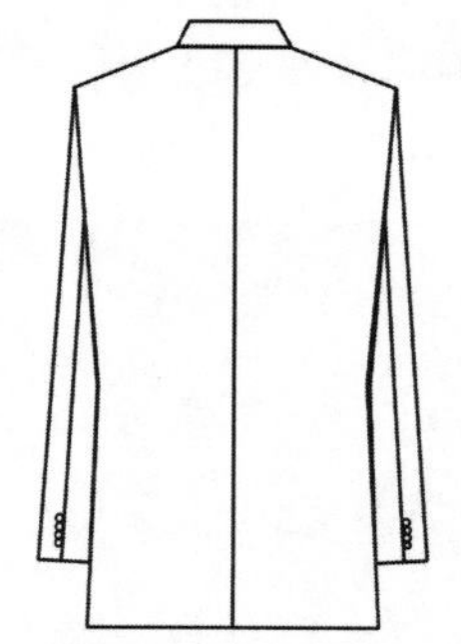

图7–87　男西服款式图

二、结构放缝制

1. **规格设计**　男西服规格尺寸如表7–4所示。

2. **数字化模板缝制放缝**　男西服数字化模板缝制衣身与袖片放缝如图7–88所示，男西服数字化模板缝制零部件放缝如图7–89所示。

三、普通缝制与分析

（1）普通制作门襟驳头效率低，驳头窝势不容易制作控制，左右驳头容易出现不对称。

（2）普通制作领子工艺难度高，缝制技术不容易掌握，画线做辅助标记过多，缝制时效率低。

（3）普通手巾袋制作位置不易控制，挖手巾袋造型制作难度大。

（4）普通挖里袋、证件袋工艺难度高，缝制技术不容易掌握。

（5）普通缉腰省弧度容易扭、拧，左右片板型不容易控制。

（6）普通合后背缝做开衩不能控制后

表7–4　男西服规格尺寸　　单位：cm

号型	胸围（B）	臀围（H）	衣长（L）	背长（BWL）	袖长（SL）	袖口（CW）	低领座宽（a）	翻领宽（b）
170/88A	104	102	72	42.5	58.5	14.5	2.5	3.5

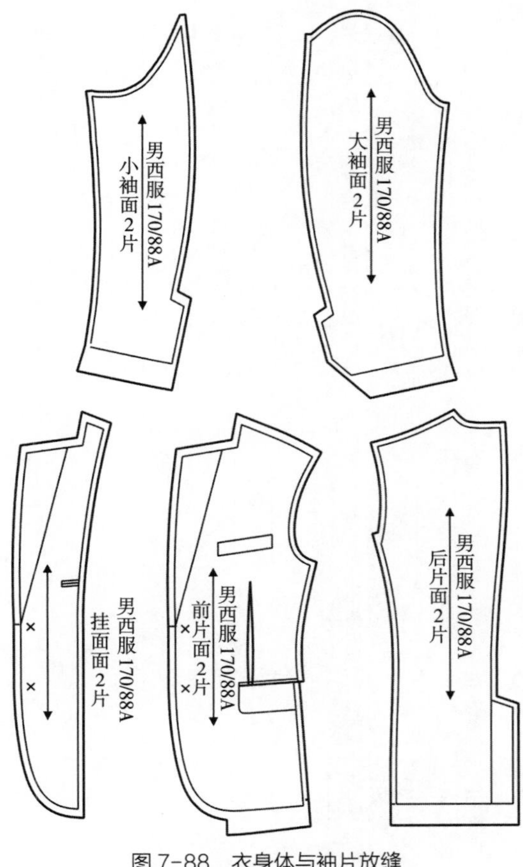

图 7-88 衣身体与袖片放缝

背缝后服装的曲线弧度，工艺缝制繁多。

（7）缝制完成后不能呈现整体服装板型。

四、模板缝制概念

数字化模板缝制西服领、手巾袋、门襟驳头、腰省、合后背缝开衩等工艺部位，可以将工艺繁杂、制作效率低、工艺难度高、缝制技术不容易掌握的工艺制作简单化，效率提升；也可以将普通制作的多个制作动作合并为单一制作动作，减少工艺制作时效率低下的烦琐操作，或者将手工工艺难度高的工艺拆分为多个简单化缝制工艺，从而提升缝制工作效率，提升缝制品质，简化高难度缝制工艺。

五、数字化模板缝制工艺

1. **男西服缝制工艺流程图** 男西服数字化模板缝制工艺流程图如图7-90所示。

2. **数字化西服缝制准备工作** 同牛仔裤缝制准备工作。

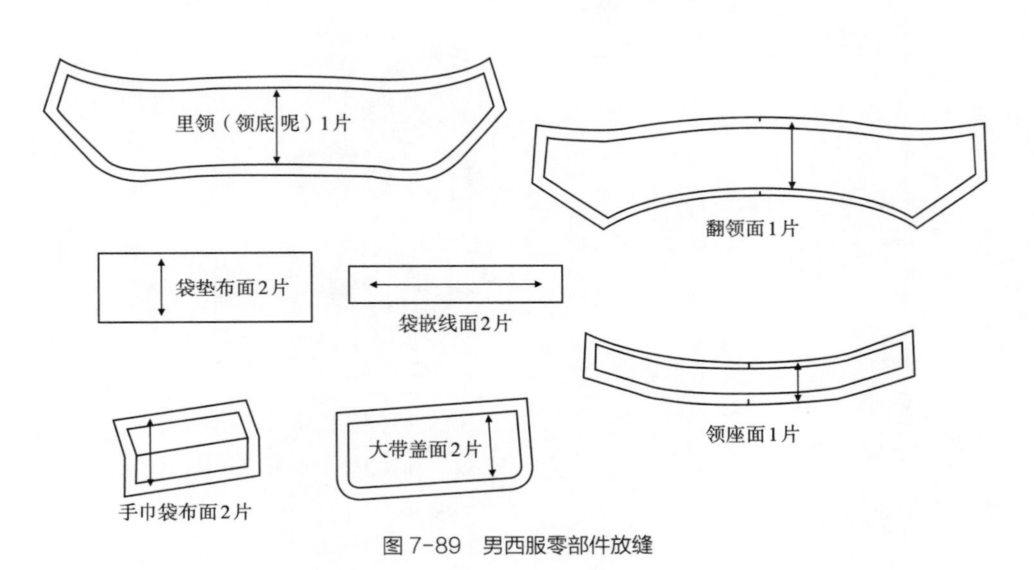

图 7-89 男西服零部件放缝

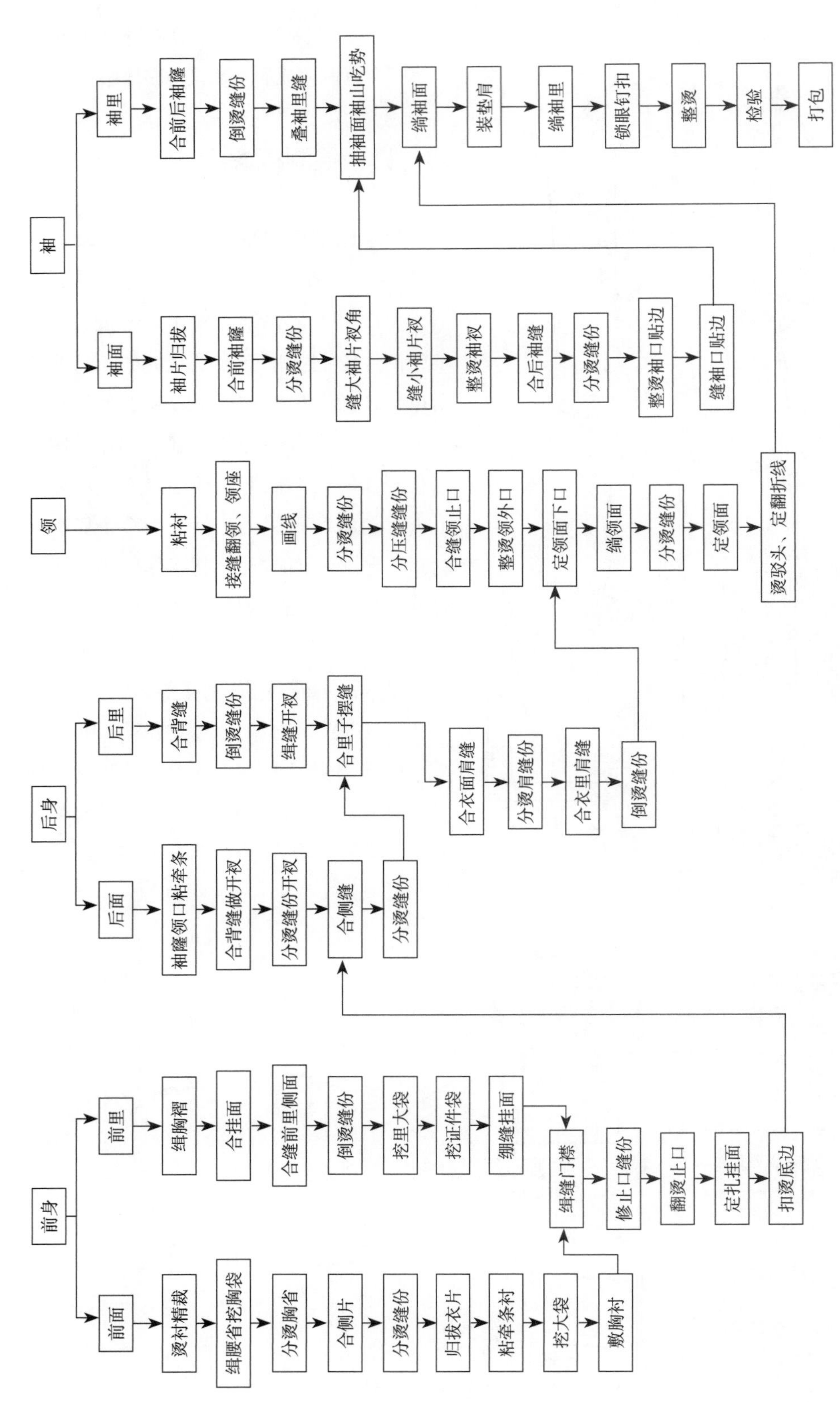

图 7-90　男西服数字化模板缝制工艺流程图

六、数字化模板设计制作

1. 男西服领模板设计制作

（1）模板设计制作：西服领模板设计制作时需要控制好翻领驳头位置窝势量，领面布包裹领底呢，以及绱领后整体领面对领里的吃势，西服领模板样板辅助设计制作如图7–91所示。

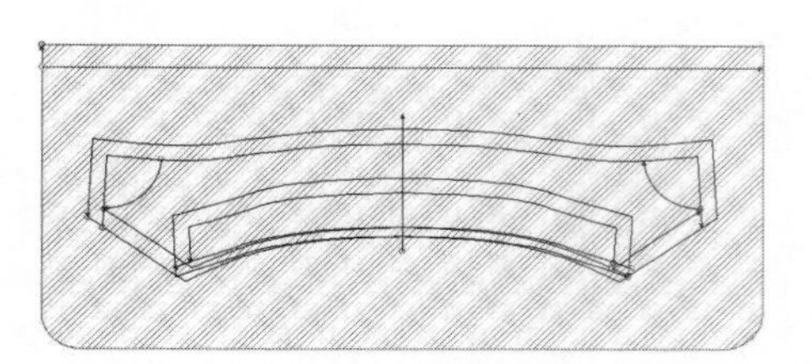

图7–91　西服领模板样板辅助设计制作

（2）辅助设计制作：根据西服领模板缝制的使用，将西服领模板样板从辅助设计制作图中依次单独展开（图7–92）。

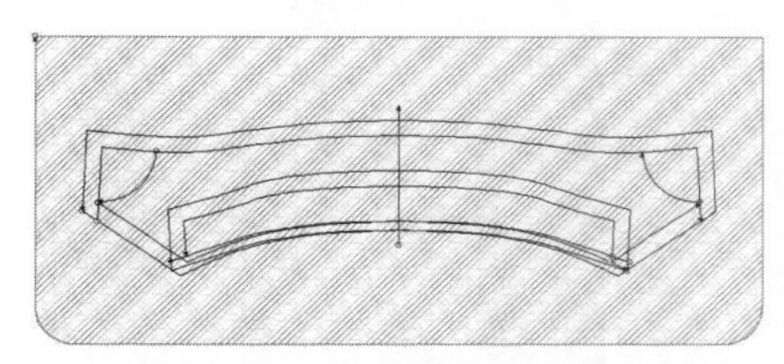

图7–92　西服领模板样板第一层

西服领模板样板第二层粘贴固定边距离小于第一层模板样板（图7–93）。

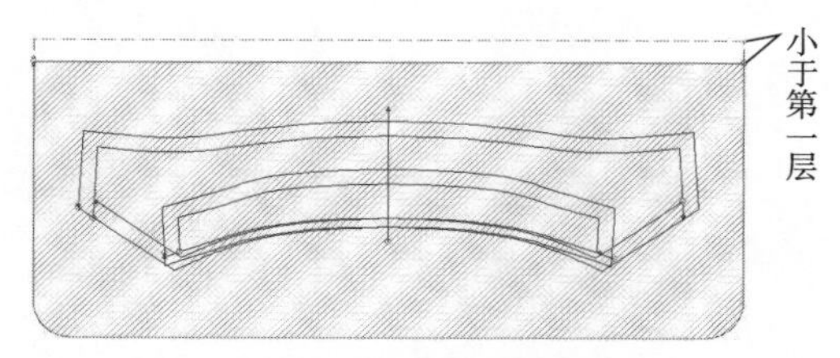

图7–93　西服领模板样板第二层

西服领模板样板第三层如图7–94所示。

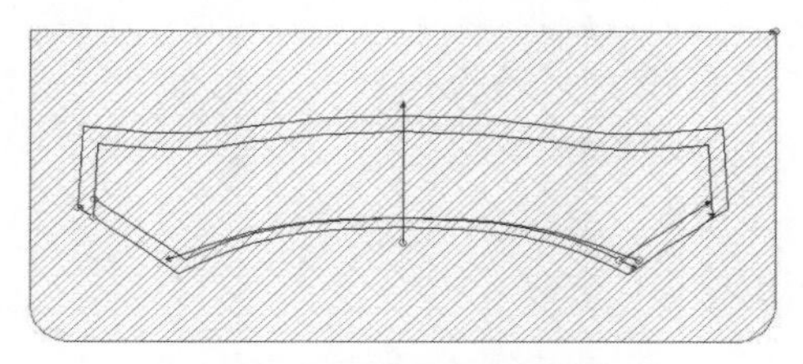

图7–94　西服领模板样板第三层

2. 男西服门襟驳头模板设计制作

（1）模板样板设计制作：西服门襟驳头模板设计制作时需要控制好翻驳头的位置和窝势量，下摆窝势位置和窝势量，同时做辅助缝制画线开槽和辅助缝制开孔（图7–95）。

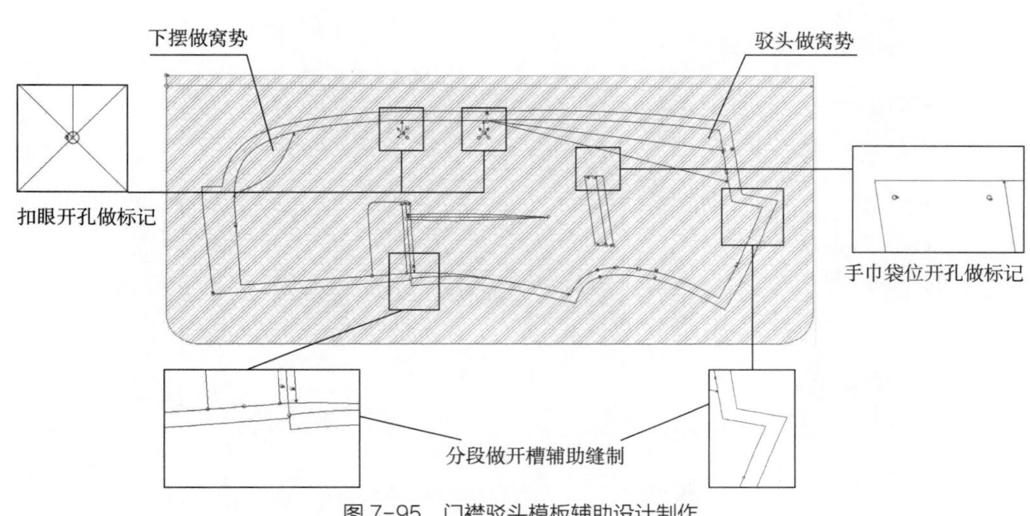

图7–95　门襟驳头模板辅助设计制作

（2）辅助设计制作：根据西服门襟驳头模板缝制的使用，将西服门襟、驳头模板样板从辅助设计制作图中依次单独展开（图7-96）。

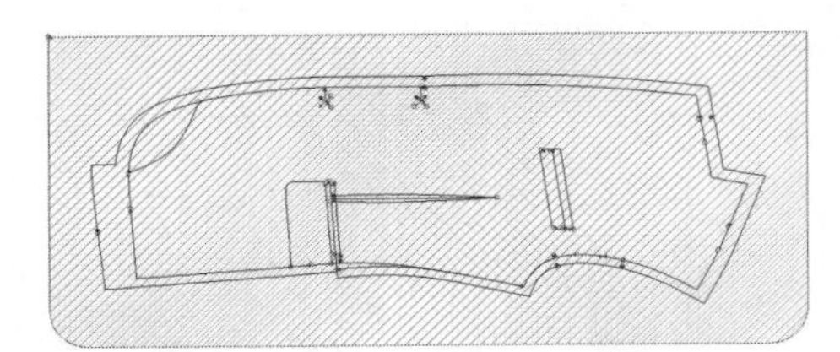

图7-96 门襟驳头模板样板第一层

门襟驳头模板样板第二层如图7-97所示。

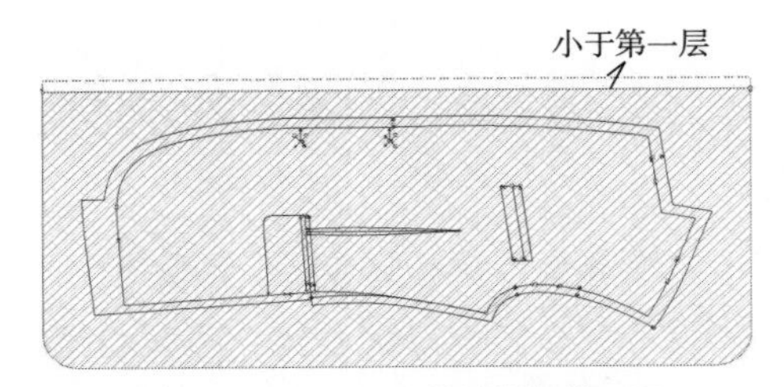

图7-97 门襟驳头模板样板第二层

门襟驳头模板样板第三层如图7-98所示。

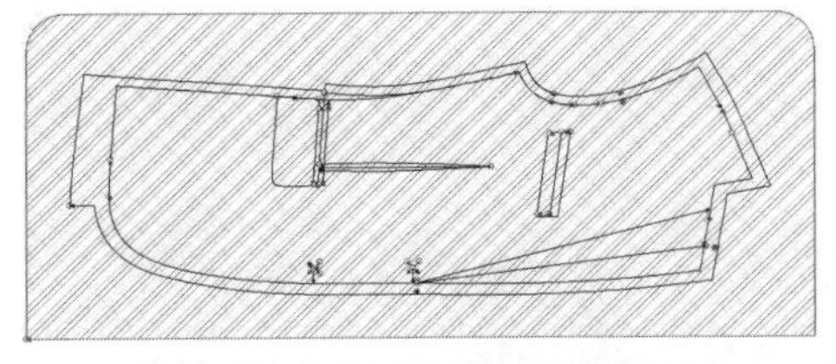

图7-98 门襟驳头模板样板第三层

3. 男西服合后片做衩缝模板设计制作

（1）模板设计制作：合后片做衩缝模板辅助设计制作如图7-99所示。

（2）辅助设计制作：根据模板设计制作的使用，将西服合后片做衩模板样板从辅助设计制作图中依次单独展开（图7-100）。

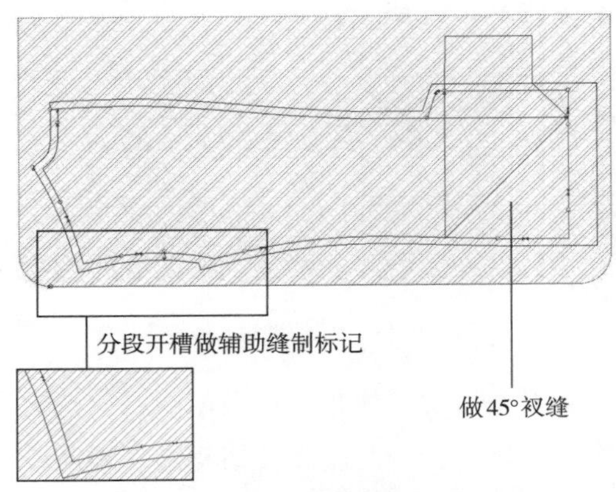

图7-99 合后片做衩缝模板样板辅助设计制作

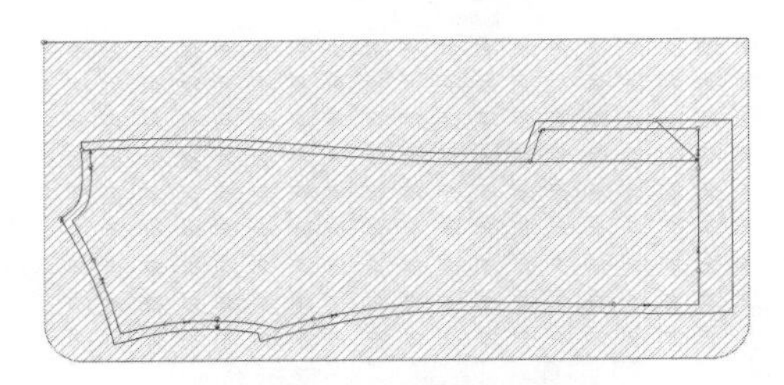

图7-100 合后片做衩模板样板第一层

合后片做衩模板样板第二层如图7-101所示。

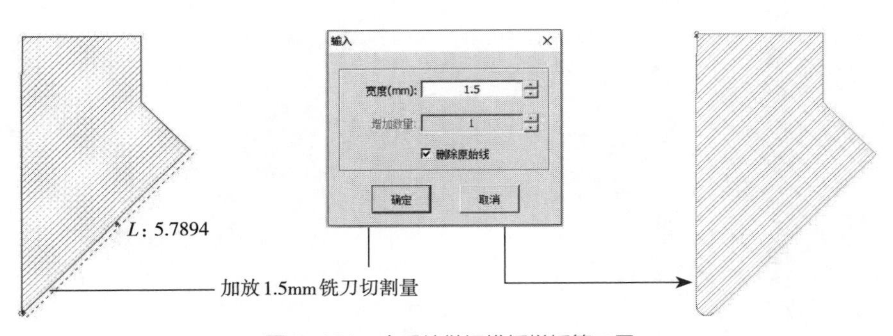

图7-101 合后片做衩模板样板第二层

合后片做衩模板样板第三层如图7-102所示。

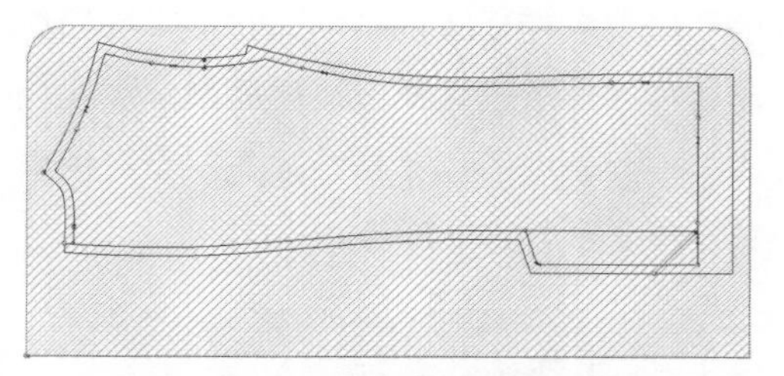

图7-102　合后片做衩模板样板第三层

4. 男西服口袋盖模板设计制作　男西服口袋盖模板设计制作与衬衫袖克夫相同，请参考本章第三节衬衫袖克夫模板设计制作。

5. 男西服领模板设计制作　男西服领模板设计制作与衬衫翻领模板相同，请参考本章第三节衬衫翻领模板设计制作。

6. 男西服挖袋模板设计制作　男西服挖袋模板设计制作与西裤挖袋相同，请参考第六章第四节挖袋模板设计制作。

七、模板样板切割选择

1. 西服领模板

（1）男西服领模板样板第一层PVC胶板选择厚度1.5mm。

（2）男西服领模板样板第二层PVC胶板选择厚度0.5~1mm。

（3）男西服领模板样板第三层PVC胶板选择厚度1.5mm。

2. 门襟驳头模板

（1）男西服门襟驳头模板样板第一层PVC胶板选择厚度1.5mm。

（2）男西服门襟驳头模板样板第二层PVC胶板选择厚度0.5mm。

（3）男西服门襟驳头模板样板第三层PVC胶板选择厚度1.5mm。

3. 合后片做衩模板

（1）男西服合后片做衩缝模板样板第一层PVC胶板选择厚度1.5mm。

（2）男西服合后片做衩缝模板板样第二层PVC胶板选择厚度0.5mm。

（3）男西服合后片做衩缝模板样板第三层PVC胶板选择厚度1.5mm。

八、模板样板切割完成检查核对

西装模板样板切割检查核对如图7-103所示。

步骤同第六章第一节绯裙褶裥模板样板切割完成检查核对。

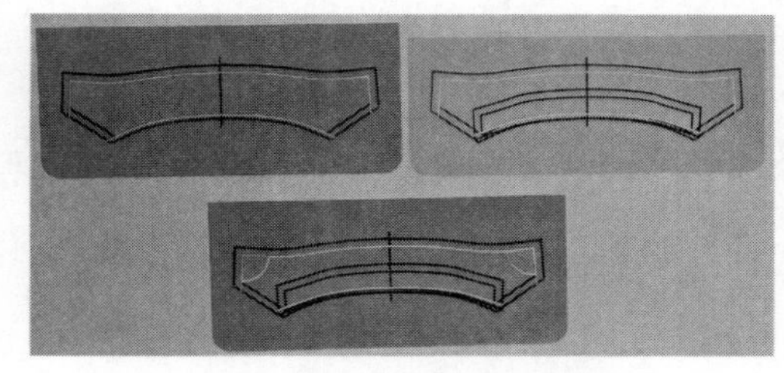

（a）西服领模板样板切割核对

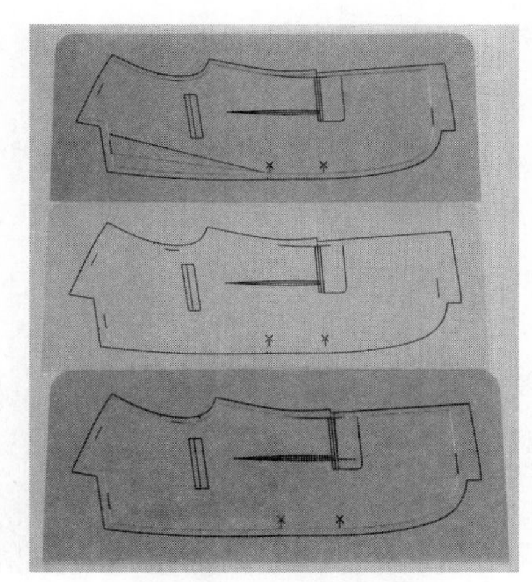

（b）门襟驳头模板样板切割核对

图7-103

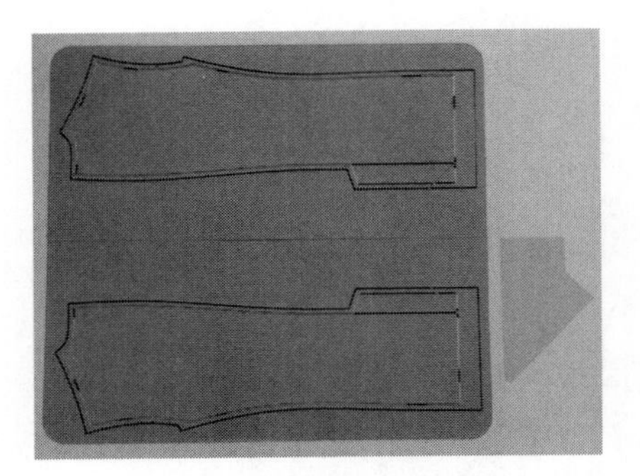

（c）合后片模板样板切割核对

图 7-103　西服模板样板切割核对

九、模板样板粘贴固定

1. **西服领模板**　按照模板设计制作时的步骤、层次依次粘贴固定（图7-104）。

（1）将第一层模板样板与第三层模板样板画线一面向上水平放置，对齐边角用2.5cm布基胶带粘贴固定，合上模板压实布基胶带，外面用3.5cm布基胶带粘贴固定。

（2）打开模板将第二层模板样板画线一面向上放置在第一层模板样板之上，对齐边角开槽，上面用2.5cm布基胶带粘贴固定，压实布基胶带棱角边缘，反面用2.5cm透明胶带粘贴固定。

（3）将第一层模板样板领角切割掉的部分样板保留，在与第二层模板样板接触面粘贴双面胶，然后粘贴固定在第二层领角处做领角窝势，如果窝势不够可以继续单独切割相同样板，然后继续粘贴增加窝势。

（4）在第一层和第三层模板样板画样板线的毛样范围内开槽处粘贴防滑砂纸条，可适当在开槽做辅助画线处粘贴防滑砂纸条。

（5）在第二层模板样板正反面开槽处粘贴砂纸条，砂纸条粘贴时可与第一层和第三层模板样板错位粘贴，在第二层模板样板与第一层模板样板接触面翻领绢线止口处，翻领中心位置粘贴强力双面胶做翻领面料变形后的位置固定。

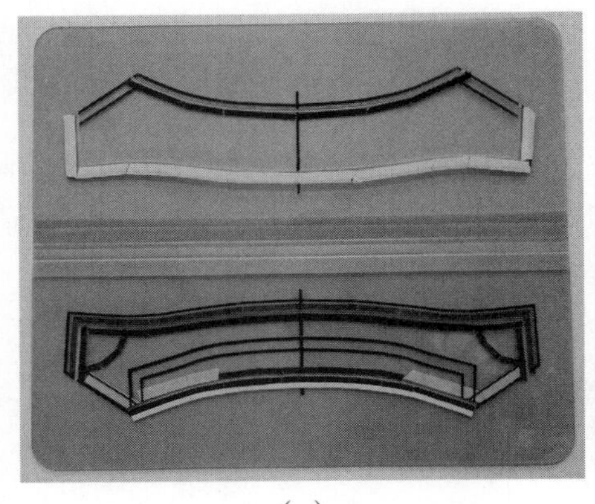

（a）

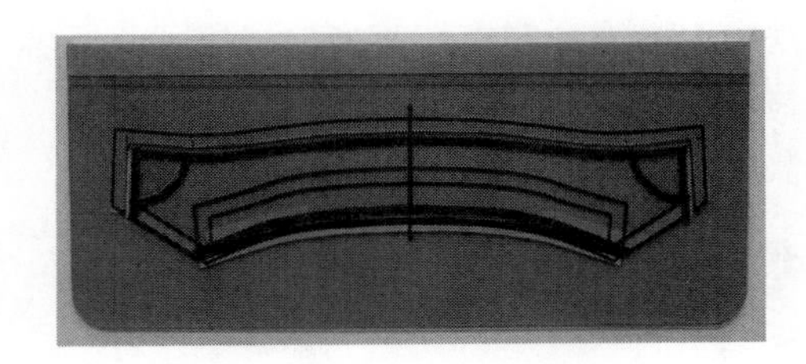

（b）

图 7-104　西服领模板

2. **门襟驳头模板**　按照模板设计制作时的步骤、层次依次粘贴固定（图7-105）。

（1）将第一层模板样板与第三层模板样板画线一面向上水平放置，对齐边角用2.5cm布基胶带粘贴固定，合上模板压实布基胶带，外面用3.5cm布基胶带粘贴固定。

（2）打开模板将第二层模板样板画线一面向上放置在第一层模板样板之上，对齐边角开槽，上面用2.5cm布基胶带粘贴固定，压实布基胶带棱角边缘，反面用2.5cm透明胶带粘贴固定。

（3）将第三层模板样板驳头处切割掉的部分样板保留，在与第二层模板样板接触面粘贴双面胶，然后粘贴固定在第二层驳头处做驳头窝势，如果窝势不够可以继续单独切割相同样板，然后继续粘贴增加窝势。

（4）将第一层模板样板下摆处切割掉的部分样板保留，在与第二层模板样板接触面粘贴双面胶，然后粘贴固定在第二层下摆处做下摆窝势，如果窝势不够可以继续单独切割相同样板，然后继续粘贴增加窝势。

（5）在第一层和第三层模板样板画样板线的毛样范围内开槽处粘贴防滑砂纸条，可适当在开槽做辅助画线处粘贴防滑砂纸条。

（6）在第二层模板样板正反面开槽处粘贴砂纸条，砂纸条粘贴时可与第一层和第三层模板样板错位粘贴。

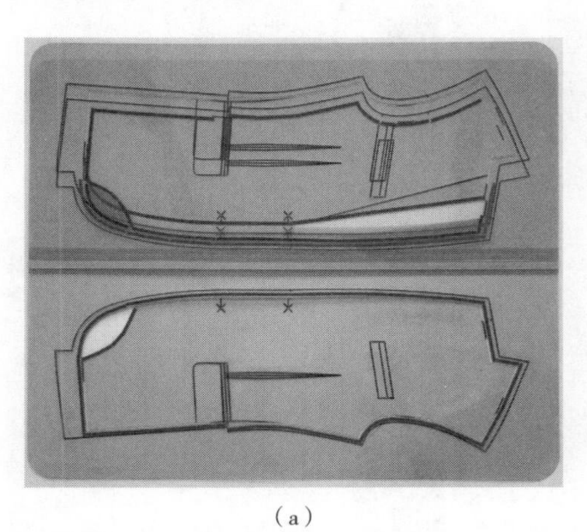

（a）

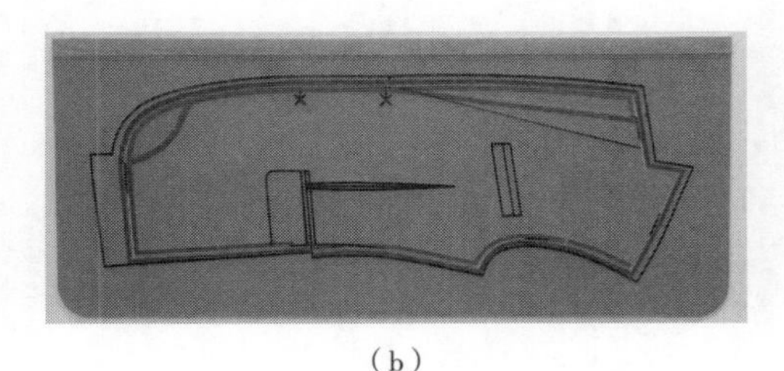

（b）

图7–105　西服门襟驳头模板

3. 合后片做袱模板　按照模板设计制作时的步骤、层次依次粘贴固定（图7–106）。

（1）将第一层模板样板与第三层模板样板画线一面向上水平放置，对齐边角用2.5cm布基胶带粘贴固定，合上模板压实布基胶带，外面用3.5cm布基胶带粘贴固定。

（2）打开模板将第二层模板样板放置在第一层模板样板之上，对齐边角开槽，上面用2.5cm布基胶带粘贴固定，压实布基胶带棱角边缘，反面用2.5cm透明胶带粘贴固定。

（3）在第一层和第三层模板样板画样板线的毛样范围内开槽处粘贴防滑砂纸条，可适当在开槽做辅助画线处粘贴防滑砂纸条。

（4）在第二层模板样板与第三层模板样板接触面开槽边缘与斜边粘贴砂纸条。

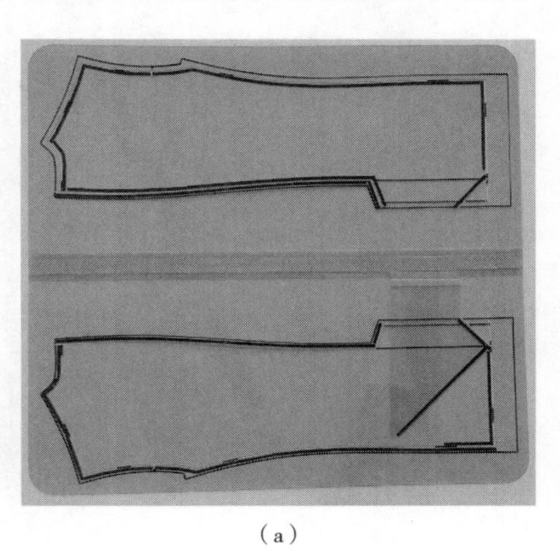

（a）

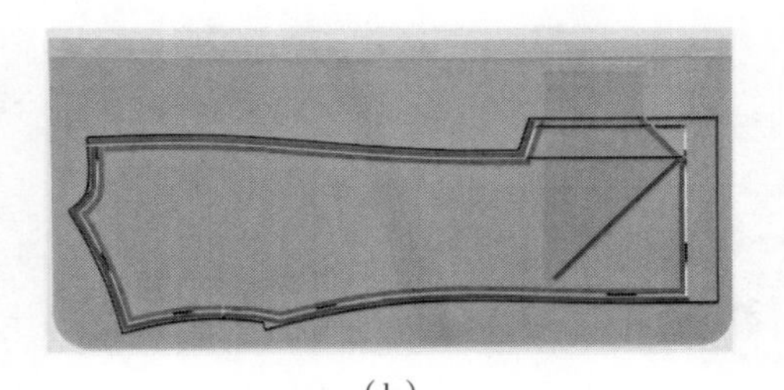

（b）

图7–106　西服合后片做袱模板

十、模板使用

1. **西服领模板**

（1）打开模板样板至第一层，在画翻领样板线位置放置翻领面布，翻领中心对齐画领座样板面料中心固定，翻领止口对齐拼领座时的止口线变形放置固定，翻领绢线部分面料不可变形，合上第二层模板样板。

（2）在第二层模板样板画领座样板处放置领座面料，对齐拼翻领面料止口处，合上第三层模板样板车缝绢线，拼西装领面。

（3）绢线拼缝西装领面完成后打开模板样板第三层水平放置，在第三层画领面样板线处变形放置领底呢料，合上第一、第二层模板样板缝制翻领（图7-107）。

2. **门襟驳头模板**

（1）打开模板样板至第一层，在画样板线位置放置前片面料，合上第二层模板样板。

（2）在第二层模板样板上放置挂面面料，合上第三层模板样板车缝门襟线。

（3）门襟线车缝完成后在模板样板辅助开槽处做缝制时使用的辅助线，以及挖袋辅助定位（图7-108）。

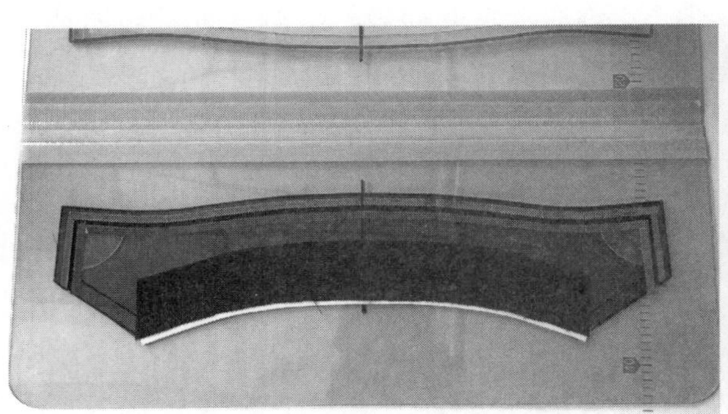

（a）放置翻领与领座

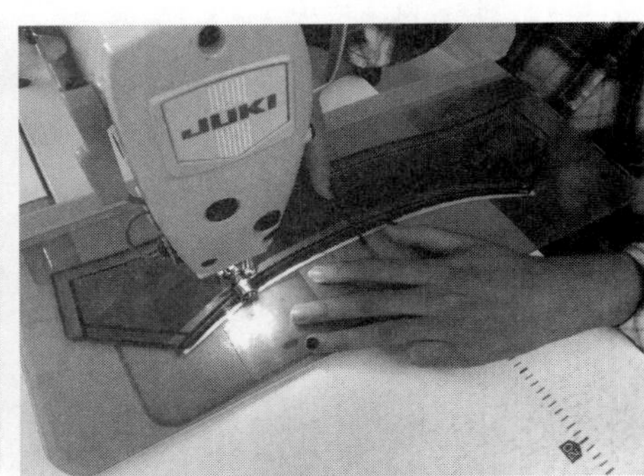

（b）缝制翻领领面

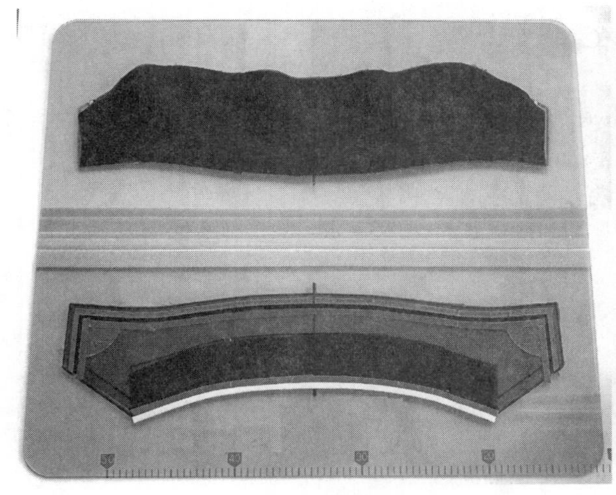

（c）放置面领与领底呢

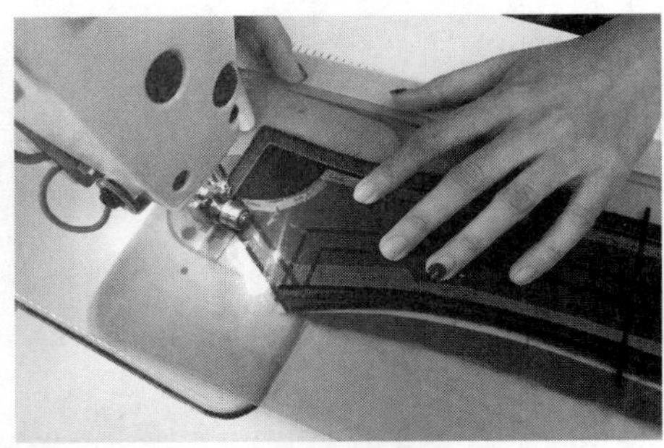

（d）缝制翻领、领座

（e）西装领缝制效果

图7-107　西装领模板应用

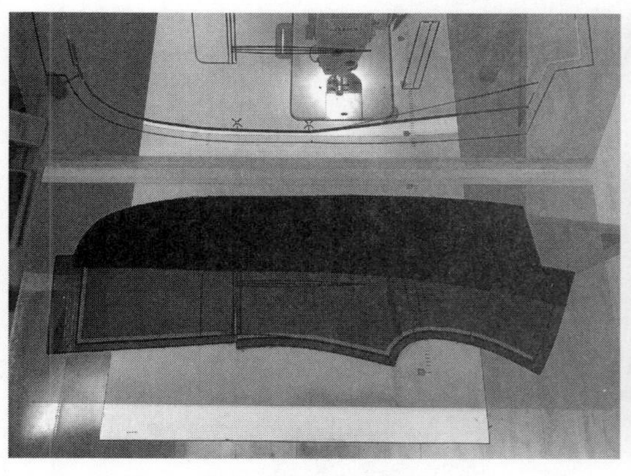

（a）放置门襟与挂面

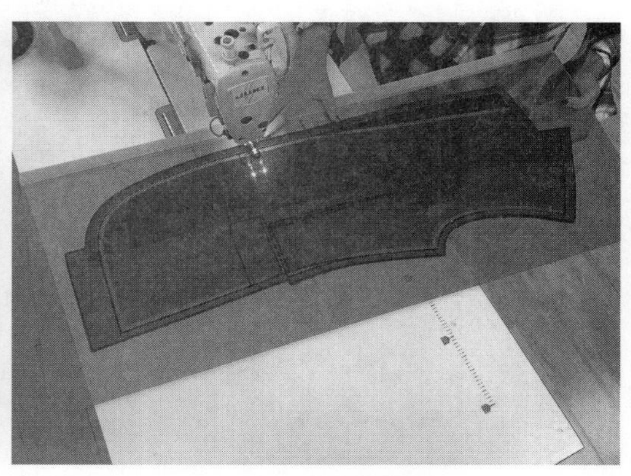

（b）缝制门襟挂面

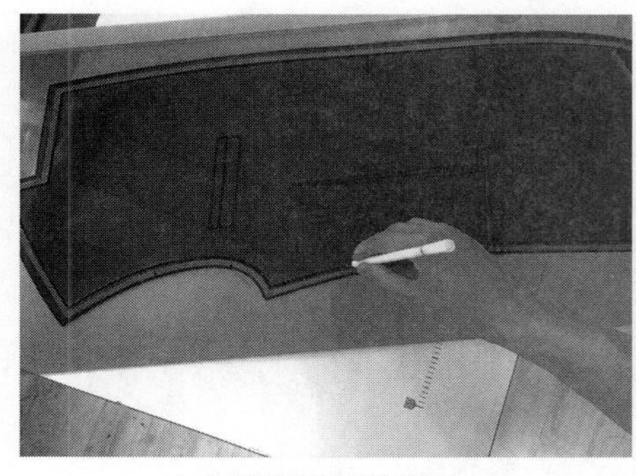

（c）辅助缝制画线做标记

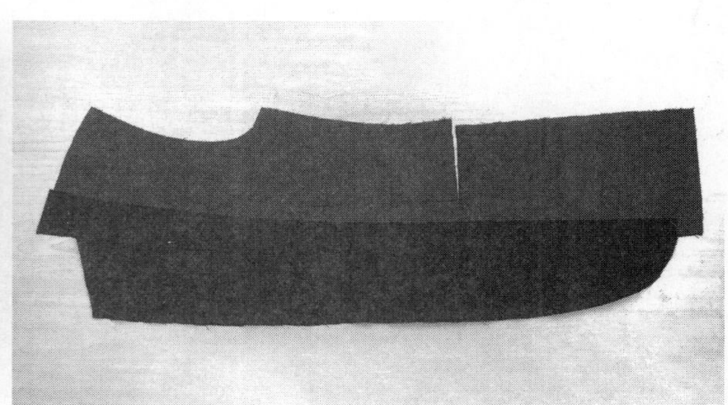

（d）门襟缝制效果

图 7-108　门襟驳头模板应用

3. 合后片做衩模板

（1）打开模板至第一层，在画样板线位置放置左后片面料，合上第二层模板样板，然后在左后片面料上继续放置右后片面料，合上第三层模板样板合缝后片，合缝完后片在辅助开槽处画辅助缝制线。

（2）合完后片后打开模板第三层模板样板，翻折右后片面料，沿第二层模板样板斜边翻折左后片面料，合上第三层模板样板车缝45°开衩（图7-109）。

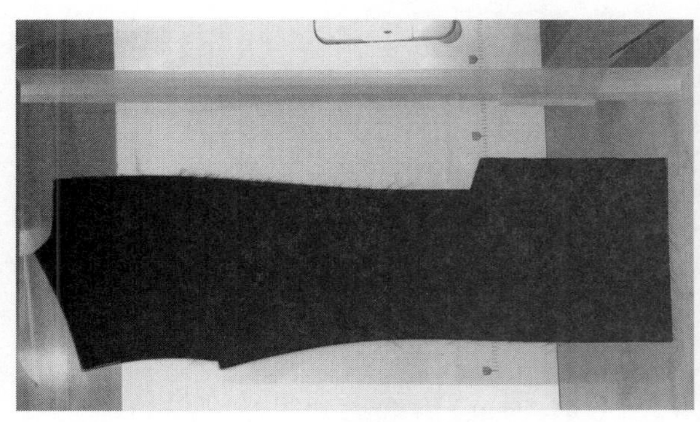

（a）放置后片

（b）缝制后片

图 7-109

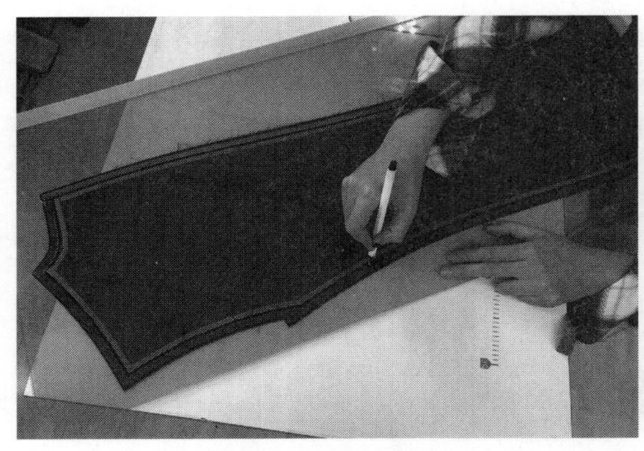

（c）辅助缝制画线做标记

（d）折叠放置后片开衩布

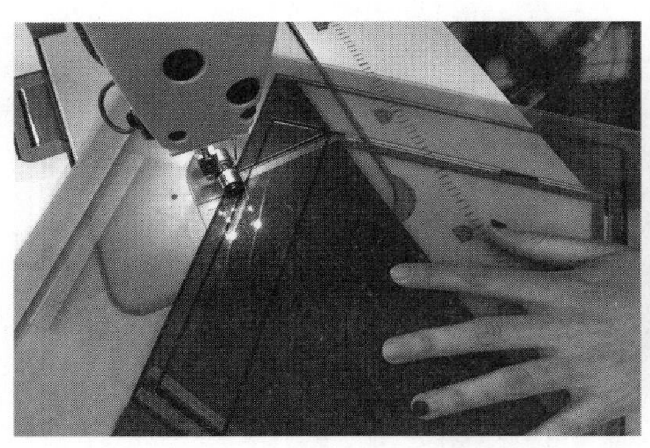

（e）缝制后片开衩

（f）缝制后片开衩效果

图 7-109 合后片做衩模板应用

第五节 数字化模板夹克、拉链衫缝制工艺

夹克是英文Jacket的译音，男女都能穿的短上衣的总称。它造型轻便、活泼，富有朝气，为广大男女青少年所喜爱，夹克是人们现代生活中最常见的一种服装。按照使用功能大致可以分三类：工装夹克、便装夹克、礼服夹克。夹克多翻领，对襟，多用扣子、拉链或扣子（子母扣）拉链搭配使用。

拉链衫一般是针织开门襟类上衣的总称，是人们现代生活中最常见的一种运动休闲服装。款式多以开门襟装拉链，侧开口袋或贴袋为主。

夹克和拉链衫在工艺缝制过程中都有共同特点：开门襟绱拉链，挖侧袋或贴袋，贴后领贴等。本节就综合夹克和拉链衫缝制工艺进行讲解。

一、款式特征概述

此长袖针织拉链衫，造型宽松，领口连帽，穿帽绳，前门襟装拉链，前身左右各一个单嵌线拉链袋，衣身下摆和袖口装罗纹（图7–110）。

图7–110　拉链衫款式图

二、结构图

1. **规格设计**　拉链衫规格尺寸如表7–5所示。

2. **数字化模板缝制放缝**　拉链衫数字化模板缝制衣身面料放缝如图7–111所示，拉链衫数字化模板缝制衣身零部件放缝如图7–112所示。

表7–5　拉链衫规格尺寸

单位：cm

号型	前衣长（*L*）	后衣长（*L*）	胸围（*B*）	领宽（NW）	袖长（SL）	袖口（CW）	肩宽（*S*）
170/88A	69	71	104	19	62	26	49

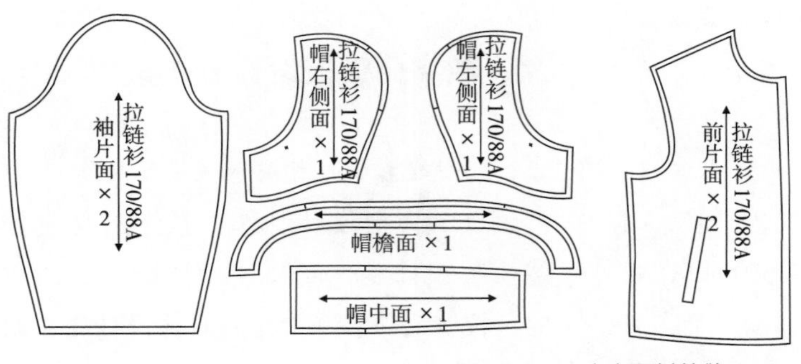

图7–111　衣身面料放缝

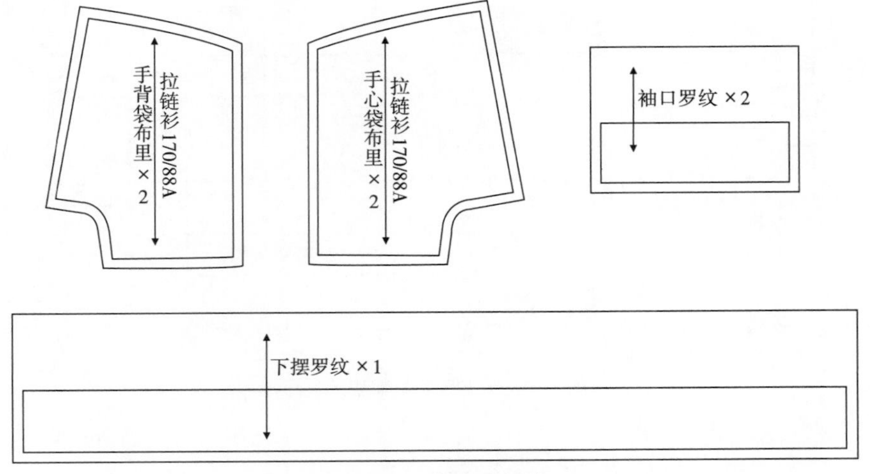

图7–112　零部件放缝

三、普通缝制分析

（1）普通缝制拉链口袋工艺繁杂，难度高，效率低。

（2）普通缝制拉链口袋工艺难度高、效率低。容易扭、拧，左右拉链口袋位置、距离不对称。

（3）普通缝制前门襟拉链工艺难度高、效率低。

（4）普通缝制前门襟拉链，缝制技术不容易掌握，门襟吃势不容易控制。

（5）普通缝制前门襟拉链容易扭、拧，左右门襟成品不对称。

（6）缝制完后不能呈现整体服装板型。

四、模板缝制概念

数字化模板缝制拉链衫拉链侧袋、门襟拉链等工艺，可以将工艺繁杂、制作效率低、手工工艺难度高、缝制技术不容易掌握的工艺制作简单化，效率提升。也可以将普通制作的多个动作合并为单一制作动作，减少制作时效率低下的烦琐操作，或者将普通难度高的工艺拆分为多个简单化缝制工艺，从而提升缝制工作效率，提升缝制品质，简易高难度缝制工艺。

五、数字化模板缝制工艺

1. 拉链衫缝制工艺流程图 拉链衫缝制工艺流程图如图7–113所示。

2. 拉链衫缝制准备工作

同牛仔裤缝制准备工作。

六、数字化模板设计制作

1. 拉链衫拉链挖袋模板设计制作

（1）模板设计制作：拉链衫拉链挖袋模板设计制作时要注意拉链拉头的方向，拉链头位置和大小，具体设计制作如图7–114所示。

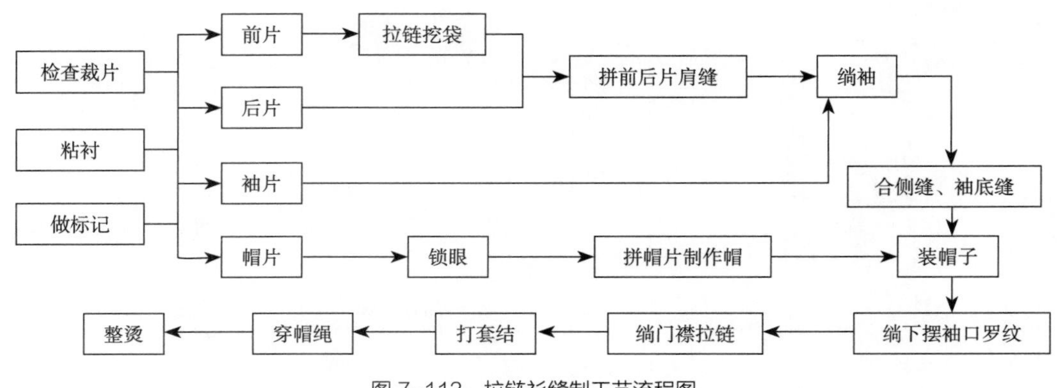

图7–113 拉链衫缝制工艺流程图

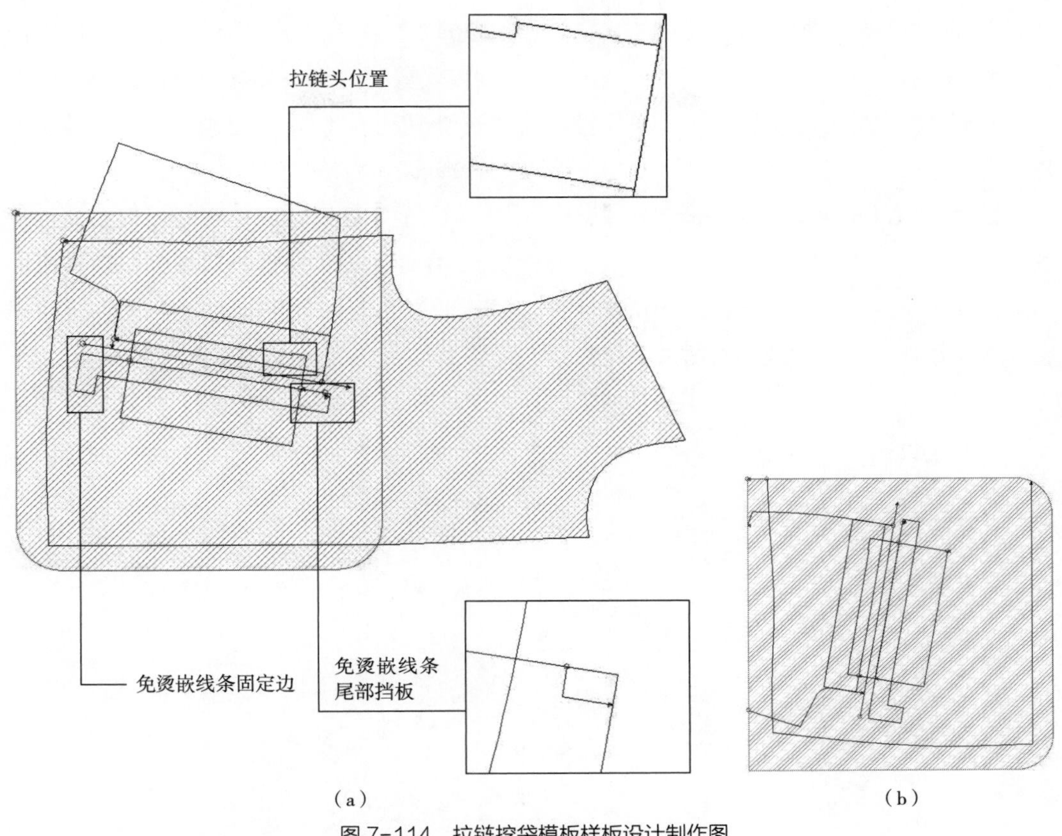

图 7-114　拉链挖袋模板样板设计制作图

（2）辅助设计制作展开：根据模板设计制作的使用，将西服合后片做衩模板样板，从辅助设计制作图中依次单独展开（图7–115）。

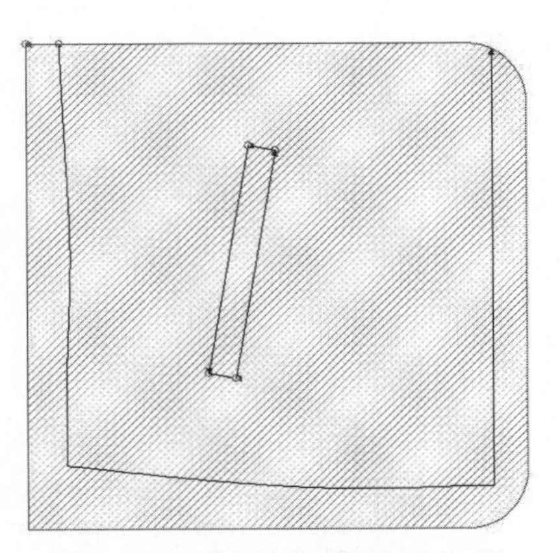

图 7-115　拉链挖袋模板样板第一层

拉链衫拉链挖袋模板样板第二层如图7–116所示。

拉链衫拉链挖袋模板样板第三层如图7–117所示。

2. **数字化拉链衫绱门襟拉链模板设计制作**

（1）模板设计制作：拉链衫绱门襟拉链模板设计制作可以在成品之前设计制作，也可以在半成品时开始设计制作。使用做缩率吃势后的样板数据进行拉链衫的门襟拉链模板设计制作，门襟左右片拉链模板开槽间距不宽于领圈长度（图7–118）。

（2）辅助设计制作展开：根据模板设计制作使用，将拉链衫门襟绱拉链模板样板，从辅助设计制作图中依次单独展开（图7–119）。

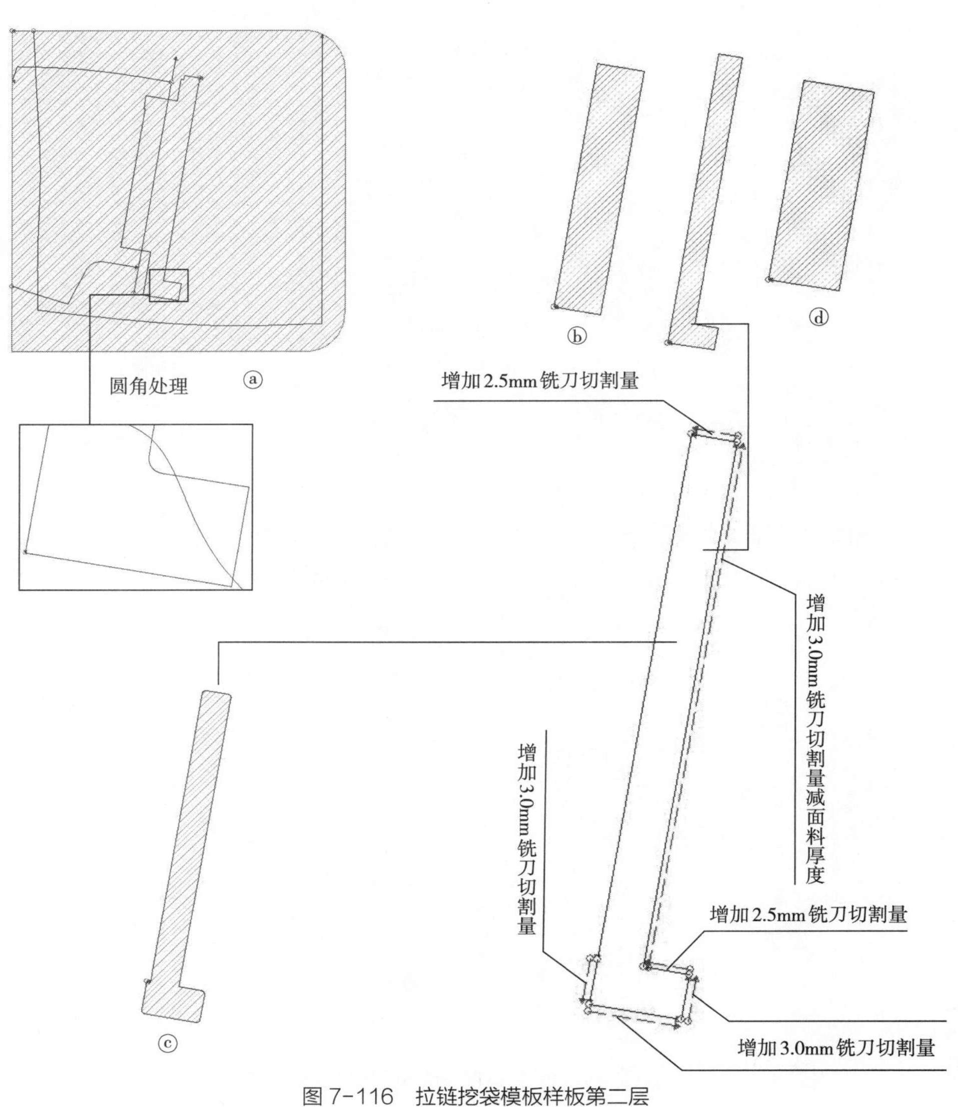

图7–116　拉链挖袋模板样板第二层

数字化门襟拉链模板样板第二层设计制作展开如图7-120所示。

数字化门襟拉链模板样板第三层如图7-121所示。

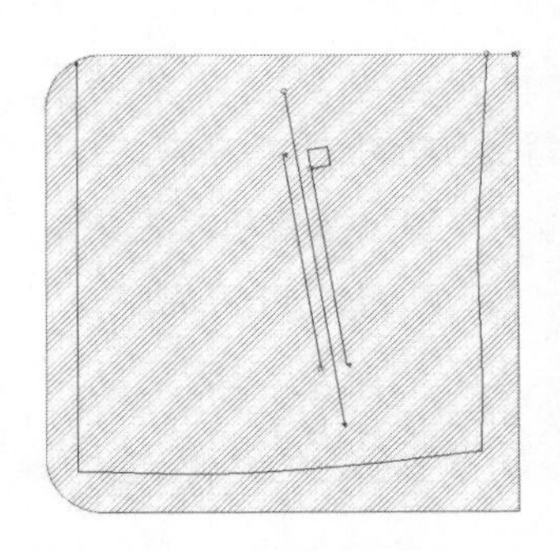

图7-117　拉链挖袋模板样板第三层

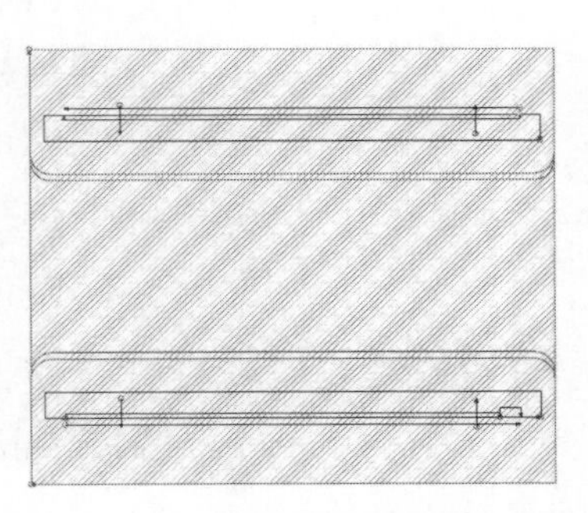

图7-118　产品门襟拉链模板样板设计制作

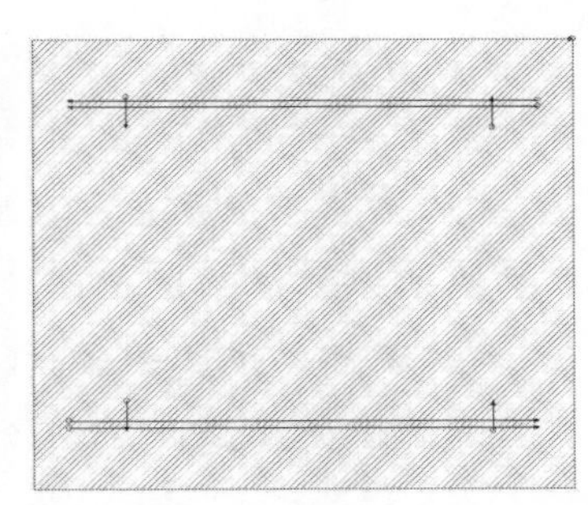

图7-119　数字化门襟拉链模板样板第一层

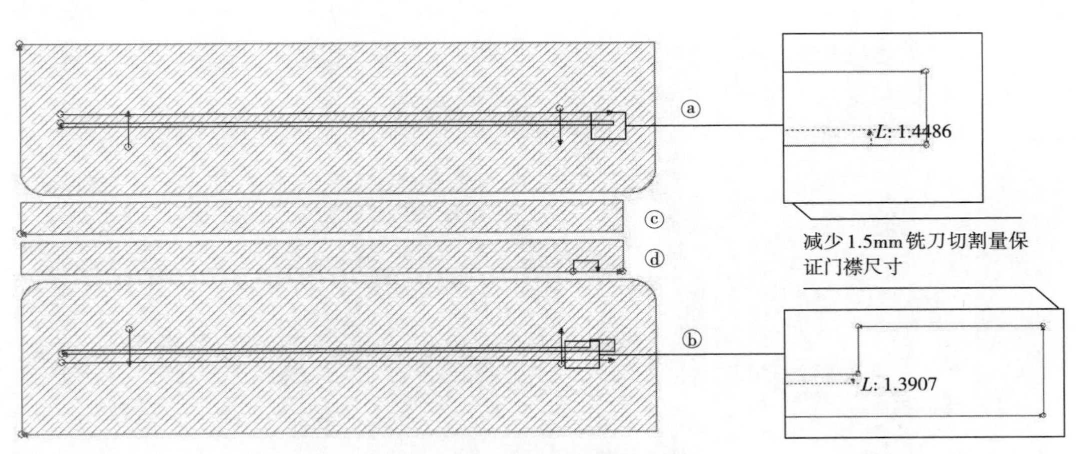

图7-120　拉链衫门襟模板样板第二层

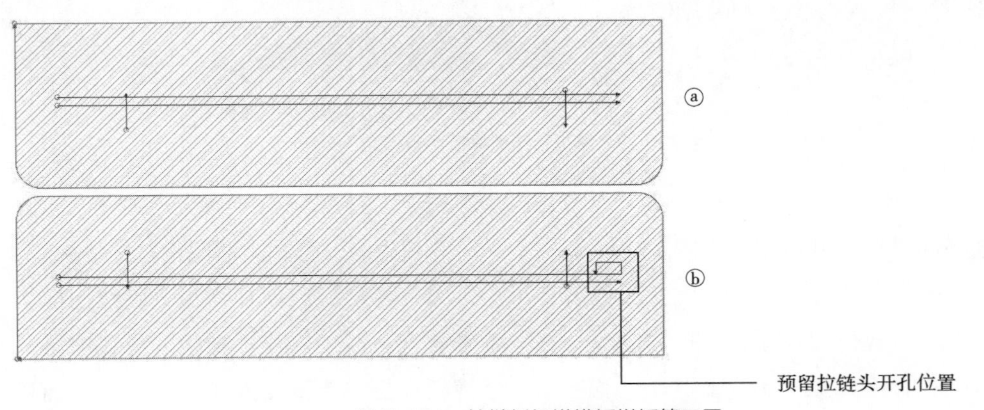

图7-121　拉链衫门襟模板样板第三层

七、模板样板切割选择

1. 拉链挖袋模板

（1）拉链衫拉链挖袋模板样板第一层PVC胶板选择厚度1.5mm。

（2）拉链衫拉链挖袋模板样板第二层ⓐ的PVC胶板选择厚度1.5mm。

（3）拉链衫拉链挖袋模板样板第二层ⓑ、ⓓ的PVC胶板选择厚度0.5mm。

（4）拉链衫拉链挖袋模板样板第二层ⓒ的PVC胶板选择厚度1mm。

（5）拉链衫拉链挖袋模板样板第三层PVC胶板选择厚度1.5mm。

2. 绱门襟拉链模板

（1）拉链衫绱门襟拉链模板样板第一层PVC胶板选择厚度1.5mm。

（2）拉链衫绱门襟拉链模板样板第二层ⓐ、ⓑ的PVC胶板选择厚度1.5mm。

（3）拉链衫绱门襟拉链模板样板第二层ⓒ、ⓓ的PVC胶板选择厚度0.5mm。

（4）拉链衫绱门襟拉链模板样板第三层ⓐ、ⓑ的PVC胶板选择厚度1.5mm。

八、模板样板切割完成检查核对

拉链衫模板样板切割检查核对如图7–122所示。

具体步骤同第六章第一节绢裙褶裥模板样板切割检查核对。

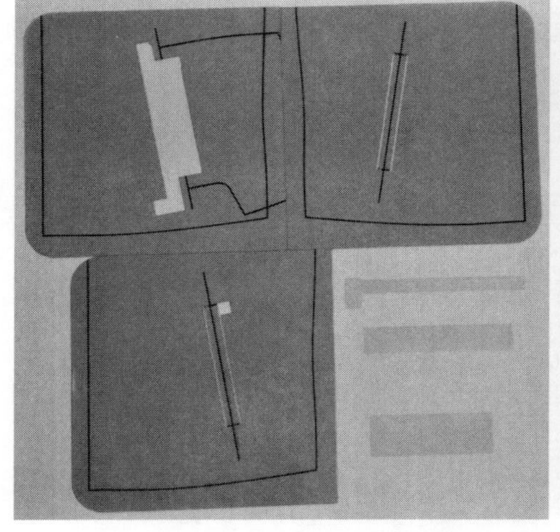

（a）单嵌线拉链挖袋模板样板切割核对

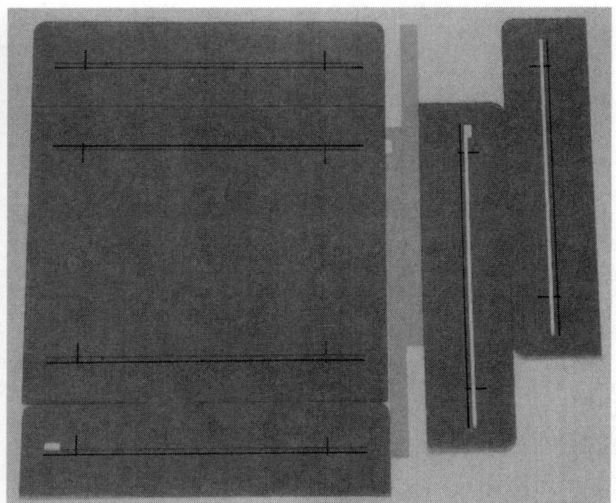

（b）绱门襟拉链模板样板切割核对

图7–122　拉链衫模板样板切割核对

九、模板样板粘贴固定

1. 拉链挖袋模板　按照模板设计制作时的步骤层次依次粘贴固定（图7–123）。

（1）先在第二层模板样板ⓑ与ⓐ接触面粘贴双面胶，然后对齐第二层模板样板ⓐ的开槽边缘，将其粘贴固定在接触面。

（2）将第二层模板样板ⓐ画线面向上水平放置，第二层模板样板ⓒ放置在第二层模板样板ⓐ免烫袋嵌线位置，正反面用布基胶带粘贴固定。

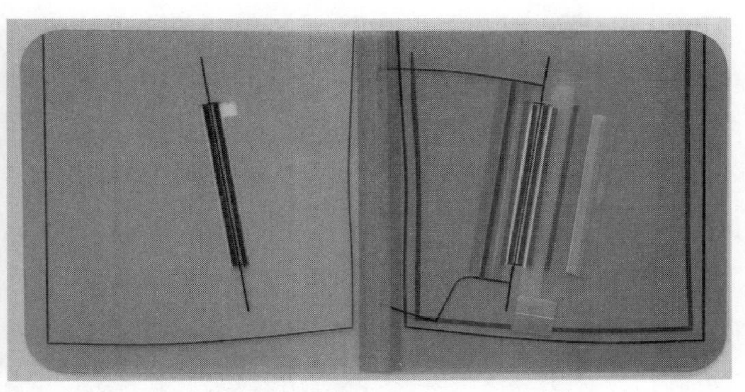

图 7-123　拉链衫挖单嵌线拉链口袋模板

（3）将第二层模板样板ⓓ沿袋嵌线免烫条开槽边缘重叠放置，正面用2.5cm布基胶带粘贴固定，压实布基胶带棱角边缘，反面用2.5cm透明胶带粘贴固定。

（4）将第一层模板样板画线面向上水平放置，第二粘贴固定完成后把模板样板反面向上水平放置，与第一层模板样板对齐边角，用2.5cm布基胶带粘贴固定，合上模板样板压实布基胶带。

（5）第三层模板样板水平放置，对齐粘贴固定好的第一、第二层模板样板边缘，用2.5cm布基胶带粘贴固定，合上模板样板压实布基胶带，反面用3.5cm布基胶带粘贴固定。

（6）在第一层模板样板上画样板线和挖袋开槽边缘粘贴防滑砂纸条，在第二层模板样板与第一层模板样板接触面开槽边缘与第一层模板样板错位粘贴防滑砂纸条。

（7）在第二层模板样板ⓓ与第二层模板样板ⓐ接触面适当粘贴强力双面胶，增强对免烫袋嵌线条的压力。

（8）可适当在第三层模板样板挖袋线开槽中间粘贴固定相同宽度的加厚海绵条，或者与第二层模板样板使用相同厚度、宽度的PVC材料，使实际模板在车缝时表面平整以便更容易车缝，同时在加厚面粘贴防滑砂纸条。

2. 绱门襟拉链模板　按照模板设计制作时的步骤层次依次粘贴固定（图7-124）。

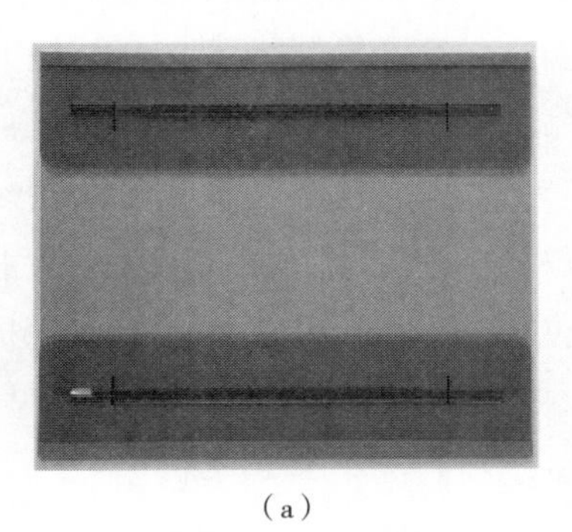

（a）

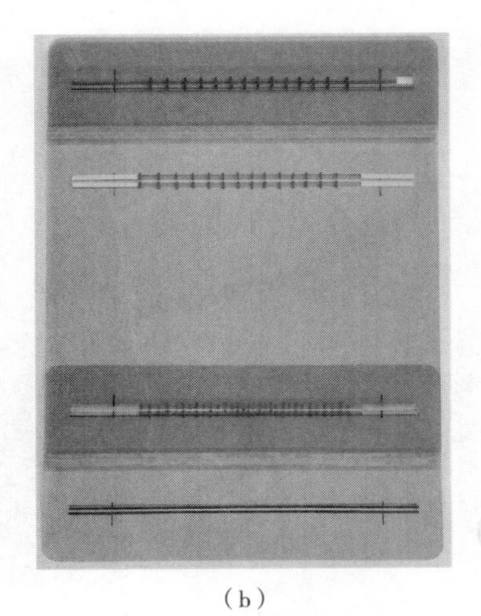

（b）

图 7-124　拉链衫绱门襟拉链模板

（1）在第二层模板样板ⓑ和ⓒ与第二层模板样板ⓐ和ⓓ接触面全部粘贴固定强力双面胶，然后在第二层模板样板ⓑ和ⓒ对齐第二层模板样板ⓐ和ⓓ门襟绱拉链开槽边缘粘贴固定。

（2）将第一层模板样板水平向上放置，使粘贴固定完成的第二层模板样板ⓐ和ⓓ反面向上，对齐第一层模板边缘，用2.5cm布基胶带粘贴固定，合上模板样板压实布基胶带。

（3）第三层模板样板ⓐ和ⓑ水平向上放置，分别对齐粘贴固定好的第一、第二层模板样板边缘，用2.5cm布基胶带粘贴固定，合上模板样板压实布基胶带。反面用3.5cm布基胶带粘贴固定。

（4）在第一层模板样板两开槽内外边缘粘贴固定门襟面料缝份的强力双面胶。

（5）第二层模板样板与第一层模板样板接触面开槽边缘，错位分段粘贴固定门襟绱拉链时吃势的海绵条或者PVC原材料。

（6）在第二层模板样板反面粘贴防滑砂纸条。

（7）可适当在第三层模板样板接触第二层模板样板开槽边缘，压拉链布位置粘贴固定相同宽度的加厚海绵条，或者与第二层模板样板使用相同厚度、宽度的PVC材料，使实际模板在车缝时表面平整以便更容易车缝，同时在加厚面粘贴防滑砂纸条。

十、模板使用

1. 拉链挖袋模板

（1）打开模板样板至第一层在画样板线位置放置前片面料，合上第二层模板样板。

（2）在第二层模板样板挖袋位置重叠放置拉链、手心袋布或者车缝好的手心袋布和拉链，另一边放置免烫袋嵌线，以免烫袋嵌线条模板样板边缘翻折，同时下压合上第二层模板样板ⓓ压板。

（3）合上第三层模板样板缉拉链挖袋线模板（图7-125）。

2. 绱门襟拉链模板

（1）打开模板样板至第一层，在门襟绱拉链开槽边缘对齐缝份和对位线，先放置右前片，依次固定好门襟缝份和大身面料，合上第二层模板样板ⓐ。

（2）在第二层模板样板门襟绱拉链开

（a）放置袋嵌线、拉链

（b）放置手心袋布

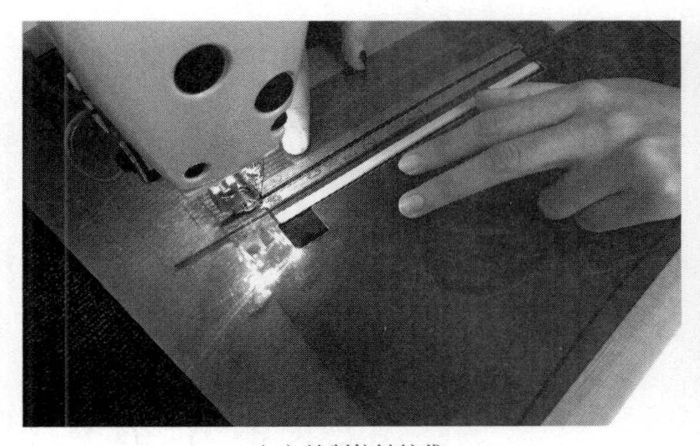
（c）缝制拉链挖袋

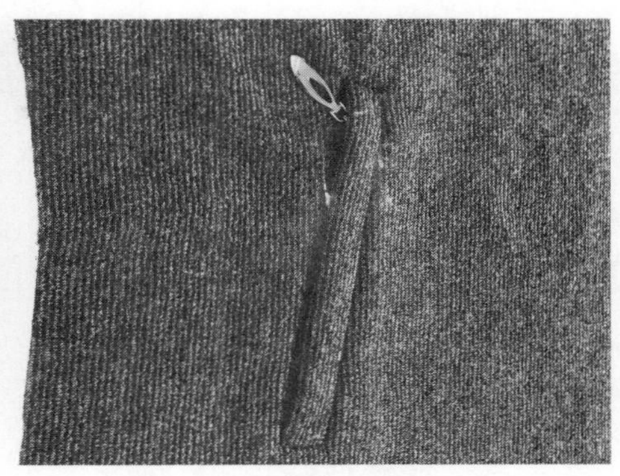
（d）拉链挖袋效果

图 7-125　拉链挖袋模板应用

槽处放置右前片拉链，拉链齿边缘必须靠齐第二层模板样板开槽边缘，固定好拉链布。

（3）合上第三层模板样板车缝绱右前片门襟拉链。

（4）左前片绱门襟拉链模板车缝使用方式与右前片绱门襟拉链车缝方式相同（图 7-126）。

（a）放置衣片

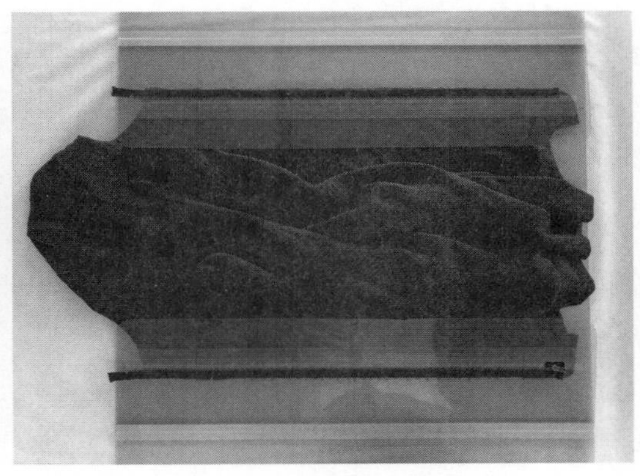
（b）放置拉链

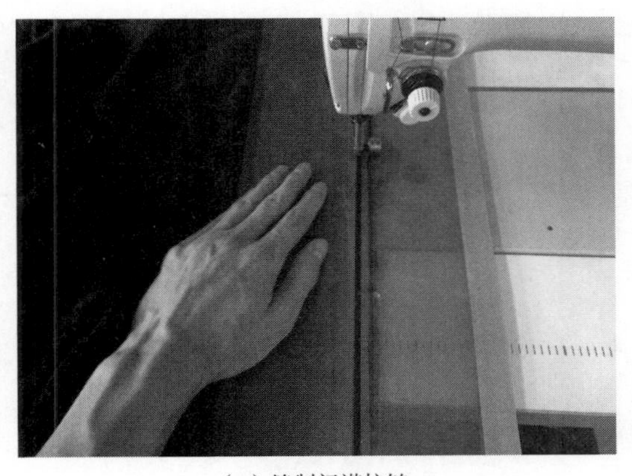
（c）缝制门襟拉链

（d）门襟绱拉链效果

图 7-126　绱门襟拉链模板应用

第八章　数字化组合模板缝制工艺

教学目的：

通过教学，使学生了解服装数字化组合模板缝制工艺的内容及原理，熟悉服装数字化组合模板工艺设计制作原理，熟练掌握服装数字化组合模板工艺应用的原理和方法。

教学要求：

1. 详细阐述服装模板与数字化模板组合工艺的内容及原理；2. 详细介绍服装数字化组合模板工艺开发设计、模板材料选择及切割、粘贴组装固定；3. 结合实际分析服装数字化模板缝制工艺和实际操作方法。

数字化组合模板，是将同一款服装中各缝制工艺的独立缝制应用模板整合，在一副服装模板上设计制作出多个相关联缝制应用的独立模板，这种组合式的服装模板设计制作与缝制应用有四个优势：

（1）可以大大节约服装模板所需要的原材料PVC胶板的投入，同时减少PVC胶板残余废料的处理，减少对环境的污染。

（2）提高服装模板在切割时原材料的使用率，减少排料切割的浪费。

（3）减少多个独立模板车缝工位的投入，去除多个独立缝制工位上不必要的时间动作浪费，提高整体工作效率。

（4）多个独立模板车缝工位的整合应用更容易对服装缝制品质进行管控，减少车缝工位投入的同时更容易分工流水线，使流水线更顺畅、更均衡，也改变了独立模板车缝工位因服装缝制工艺时间长短不同，对流水线造成的积压，使整个流水线顺畅均衡。

第一节　数字化下装组合模板缝制工艺

一、款式特征概述

数字化下装组合模板以西裤组合模板为例，款式特征参考第六章第四节。

二、结构图

结构图参考第六章第四节。

三、手工缝制分析

手工缝制分析参考第六章第四节。

四、模板缝制概念

数字化下装组合模板缝制是将同一平面缝制的独立服装模板整合，裤片侧前插袋、前门襟等工艺均可以将独立车缝使用的模板整合做成组合模板，这种组合模板可以使复杂缝制工艺简单化，提高整体的缝制效率，提高和统一需要对位缝制处的工艺质量，更好地控制服装裁片形状，使衣片表面缝制更均匀，降低缝制工艺难度，使用数字化模板缝制更能呈现整体服装板型。

五、数字化下装组合模板缝制工艺

1. **男西裤数字化缝制工艺流程图**　男西裤数字化缝制工艺流程图如图8-1所示。

2. **西裤数字化组合模板缝制准备工作**　同牛仔裤缝制准备工作。

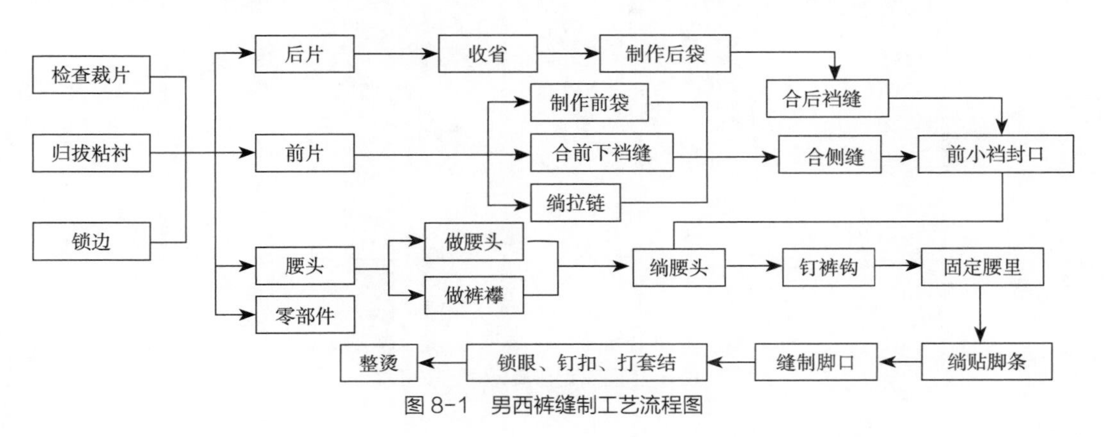

图8-1　男西裤缝制工艺流程图

六、数字化模板设计制作

男西裤模板化工艺缝制可以将前片斜插袋、前片收裥、绱门襟拉链的模板组合设计制作。左前片与右前片组合模板在车缝制作斜插袋、前片收裥缝制工艺时可以共用，左前片缝制斜插袋、前片收裥模板样板层需要单独设计制作模板，且单独缝制。

1. **男西装组合模板样板设计制作**　数字化男西裤组合模板辅助设计制作时，需要使用电子版本的样板进行模板样板的设计制作（图8-2）。

2. **辅助设计制作模板样板展开**　根据模板设计制作的使用，将下装组合模板样板从辅助设计制作图中依次单独展开。

（1）男西裤组合模板样板第二层ⓐ、ⓑ、ⓒ、ⓓ、ⓔ在粘贴固定时需要依次粘贴固定，粘贴固定位置需要非常精确，可以在组合模板样板第一层画出相应粘贴固定的位置（图8-3）。

（2）第二层模板样板ⓐ、ⓑ、ⓒ、ⓓ在实际车缝时主要做收活褶裥的折边对位，模板样板切割完成后需要粘贴固定在第一层和第三层画辅助样板线位置，模板样板在实际切割过程中会切割掉1/2的铣刀宽度，所以需要在辅助模板样板的外围加1/2的铣刀宽度（图8-4）。

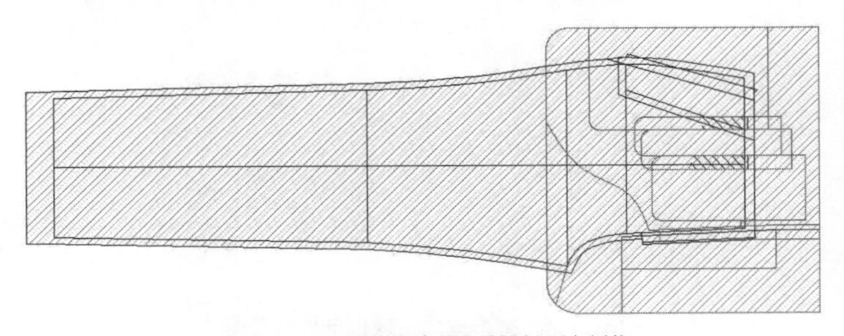

图8-2　男西裤组合模板辅助设计制作

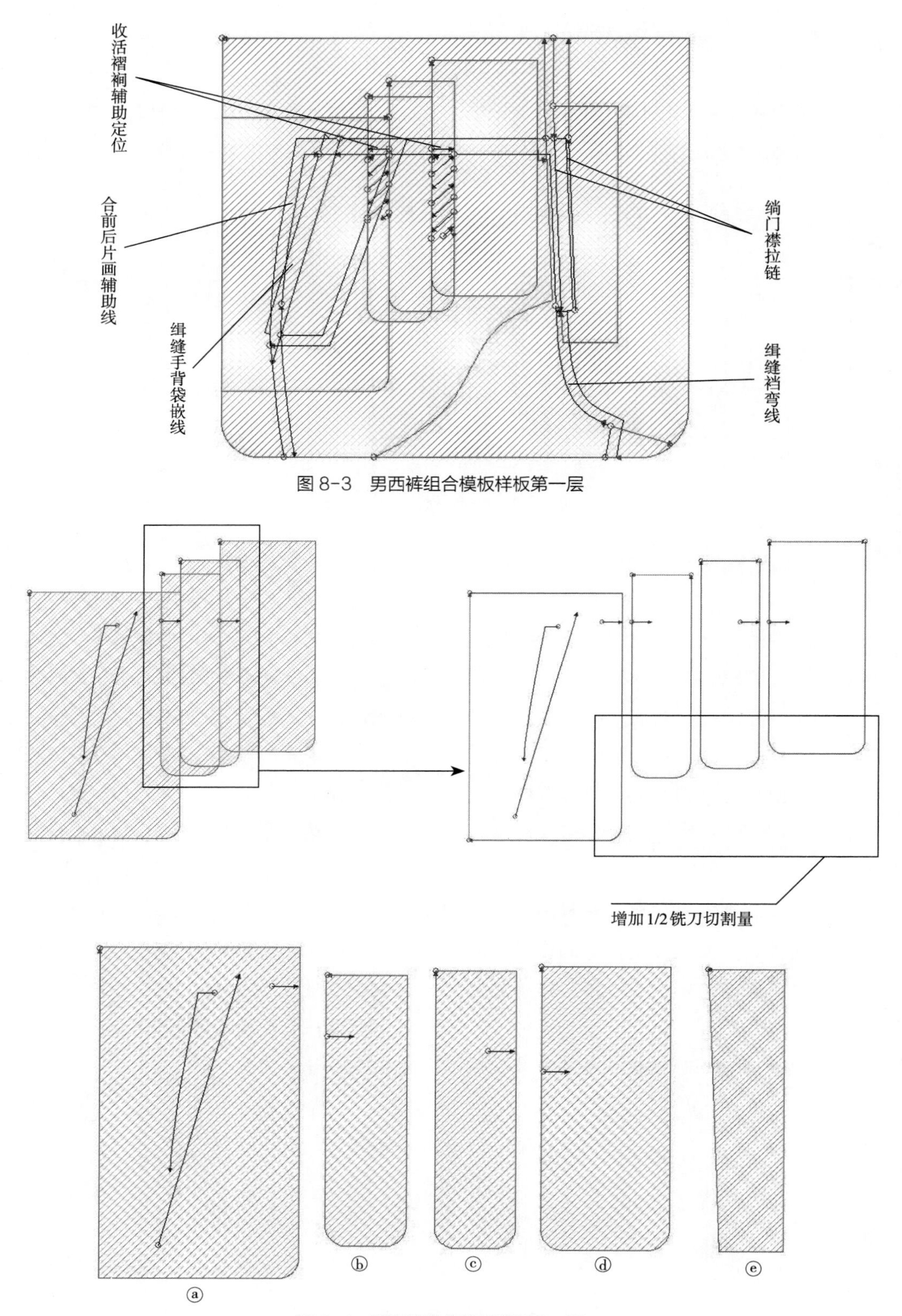

图 8-3　男西裤组合模板样板第一层

图 8-4　男西裤组合模板样板第二层

（3）男西裤组合模板样板第三层，根据实际使用要求做单独辅助展开（图8-5）。

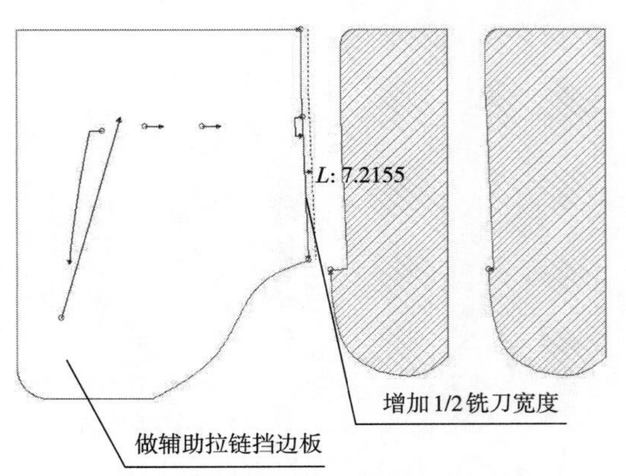

图8-5　男西裤组合模板样板第三层辅助展开

（4）男西裤组合模板样板第三层如图8-6所示。

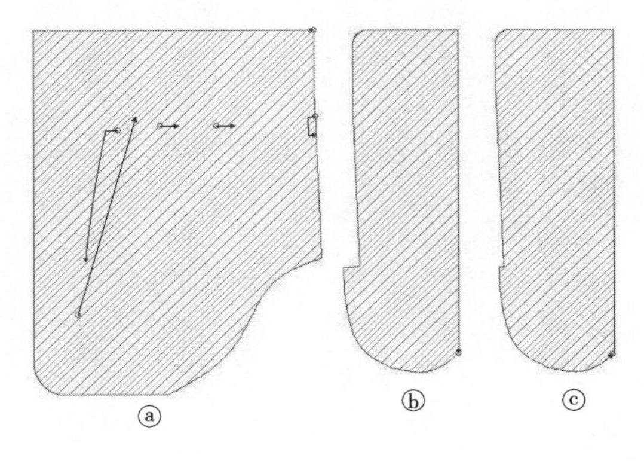

图8-6　男西裤组合模板样板第三层

七、模板样板切割选择

（1）男西裤组合模板样板第一层PVC胶板选择厚度1.5mm。

（2）男西裤组合模板样板第二层ⓐ、ⓑ、ⓒ、ⓓ、ⓔ胶板选择厚度0.5mm。

（3）男西裤组合模板样板第三层ⓐ胶板选择厚度1~1.5mm。

（4）男西裤组合模板样板第三层ⓑ、ⓒ胶板选择厚度1mm。

八、模板样板切割完成检查核对

男西裤组合模板样板切割检查核对如图8-7所示。其余步骤同第六章第一节绢裙褶裥模板样板切割检查核对。

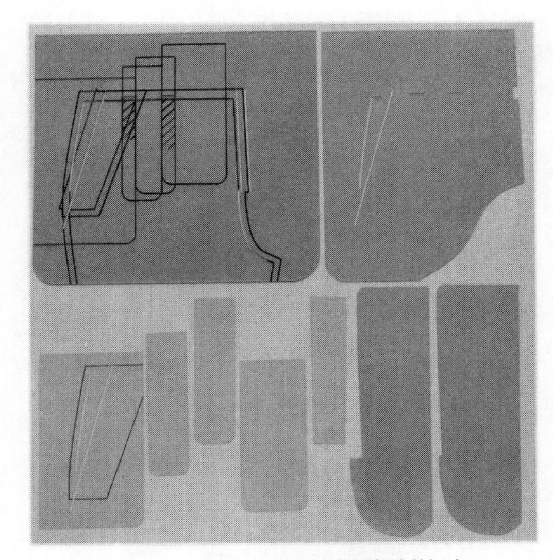

图8-7　下装组合模板样板切割核对

九、模板样板粘贴固定

按照模板设计制作时的步骤层次依次粘贴固定（图8-8）。

（1）先将模板样板按顺序排放好，依次粘贴固定。

（2）将第一层模板样板画样板线面向上水平放置，第二层模板样板ⓐ、ⓑ、ⓒ、ⓓ依次重叠放置在第一层模板样板画辅助线的位置，对齐开槽边与辅助线，用2.5cm

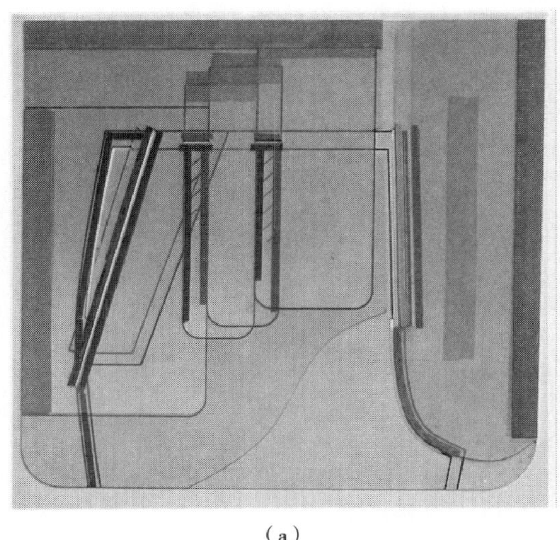
（a）

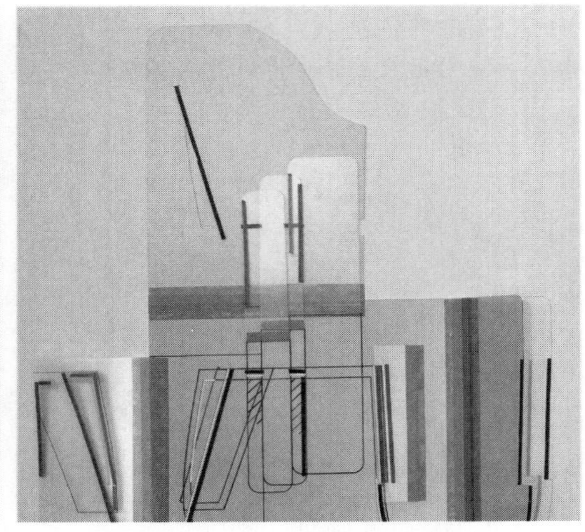
（b）

图 8-8 男西裤组合模板

布基胶带依次粘贴固定，压实粘贴固定的布基胶带棱角，反面用2.5cm透明胶带粘贴固定。第二层模板样板ⓔ对齐第一层模板样板门襟拉链开槽边缘，用2.5cm布基胶带依次粘贴固定，压实粘贴固定的布基胶带棱角，反面用2.5cm透明胶带粘贴固定。

（3）将第三层模板样板ⓐ水平放置，对齐粘贴固定完成的第一、第二层模板样板顶端边角，正面用2.5cm布基胶带依次粘贴固定，压实粘贴固定的布基胶带。反面用3.5cm布基带粘贴固定。

（4）将第三层模板样板ⓑ水平放置，对齐粘贴固定完成的第一、第二层模板样板右端边角，正面用2.5cm布基胶带依次粘贴固定，压实粘贴固定的布基胶带。将第三层模板样板ⓒ水平放置，对齐粘贴固定完成的第一、第二层模板样板右端边角，正面用2.5cm布基胶带依次粘贴固定，压实粘贴固定的布基胶带，三层模板样板反面用3.5cm布基带同时粘贴固定。

（5）在全部三层模板样板开槽边缘处粘贴固定防滑砂纸条，三层模板粘贴固定滑砂纸条时可以错位粘贴固定。

（6）在第二层模板样板边缘粘贴固定防滑砂纸条。

（7）在第二层模板样板ⓔ拉链开槽边缘接触第三层模板样板处粘贴强力双面胶，在第三层模板样板ⓑ开槽边缘先粘贴1mm厚度的海绵条加厚，再在海绵条上粘贴防滑砂纸条。

（8）粘贴固定完成后检查是否正确标准。

十、模板使用

（1）打开模板样板至第一层，先放置右前片裤裁片在模板样板画线位置，合上第二层模板样板ⓐ，在右前片斜插袋位置处重叠放置车缝完成后的右前侧斜插袋手背袋布与袋垫布裁片，合上模板样板车缝缉右前片斜插袋手背袋口暗线。

（2）车缝缉暗线右前片斜插袋手背袋

口完成后打开模板，重新在模板样板上画线位置放置车缝完成后的前侧斜插袋手心袋布与袋垫布，然后重叠放置右前片裤裁片在模板样板画线位置，合上第二层模板样板ⓐ，依次按Z字形翻折裤裁片并依次合上第二层模板样板ⓑ、ⓒ、ⓓ，最后合上第三层模板样板车缝辅助活褶裥定位。

（3）车缝完成辅助活褶裥定位后可以继续车缝斜插袋口裤侧缝辅助定位线，或者取出模板样板用划粉或笔在反面画出侧缝拼合时的辅助线。

（4）前侧斜插袋和收褶辅助缝完成后，打开右前片模板样板第三层ⓑ、ⓒ，靠齐第三层模板样板ⓐ边缘放置门襟拉链，拉链布固定在第二层模板样板ⓔ上，合上模板样板缝制裤前片里襟拉链暗线。

（5）裤前片里襟拉链暗线缝制完成后打开模板样板第三层ⓑ、ⓒ，拉链沿缝制暗线翻折180°，在右前片上重叠放置左前片，合上模板样板缝制裤片前裆弯，前裆弯缝制时注意不要缝上拉链布边角。

（6）前裆弯缝制完成后打开模板样板第三层ⓑ、ⓒ，掀开粘贴在模板样板第二层ⓔ上的拉链布，将拉链正面向上平放置，裤片里襟重叠放置在拉链上，合上模板样板第三层ⓑ，缝制拉链与里襟（图8-9）。

（a）放置裤片、袋布

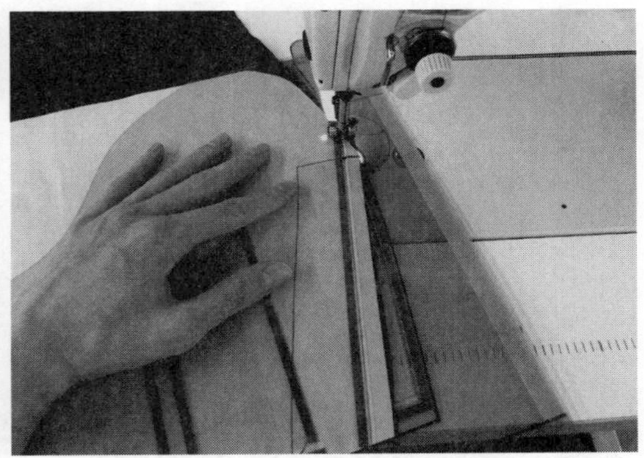

（b）缝制袋口

（c）折叠放置褶裥

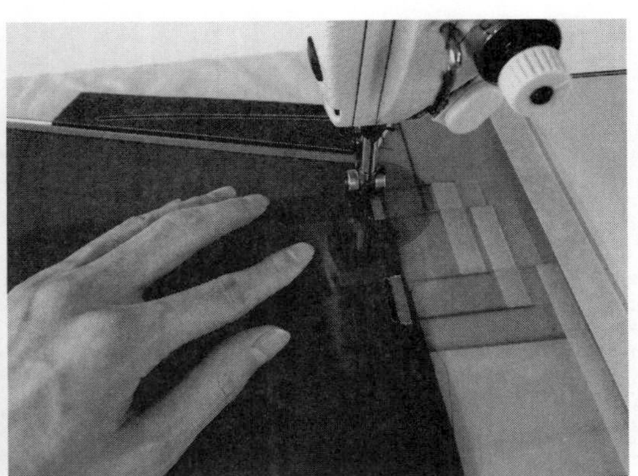

（d）辅助缝制定位褶裥

图8-9

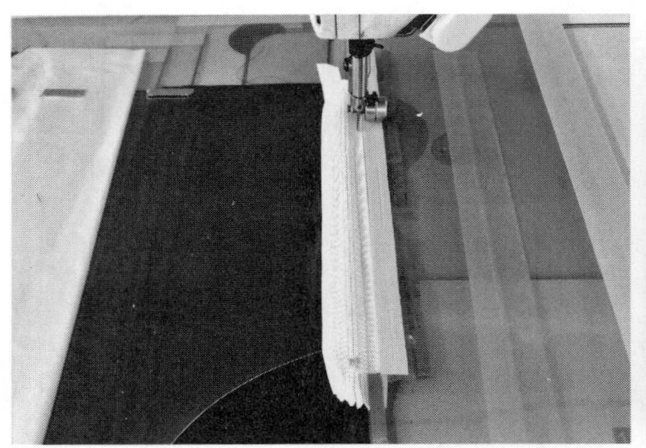

（e）缝制里襟拉链

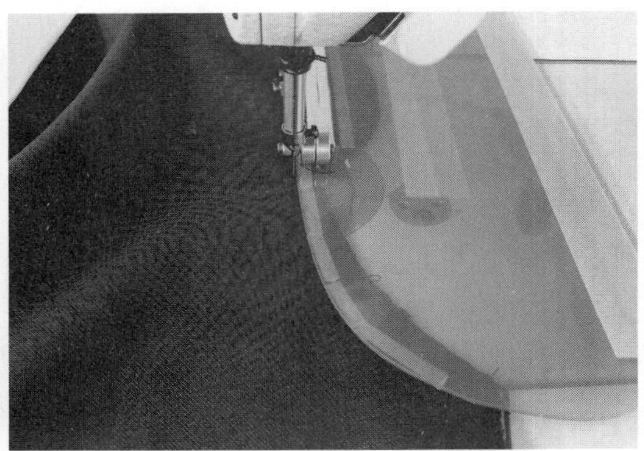

（f）缝制前裆弯

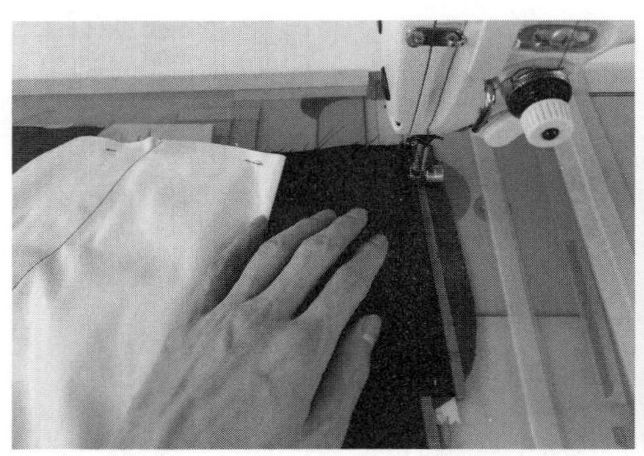

（g）缝合门襟与拉链

（h）男西裤缝制效果

图 8-9　男西裤组合模板应用

第二节　数字化羽绒服组合模板缝制工艺

一、羽绒服模板缝制应用款式特征分析

羽绒服工艺缝制在单独数字化模板缝制中主要应用有绗线模板、挖袋模板、绱门襟拉链模板、门襟牌等。其中数字化模板缝制时可以简单快速组合应用的有绗线与挖袋模板的组合（图8-10）。

图 8-10　羽绒服组合模板款式

二、结构图

数字化羽绒服组合模板结构图参考第七章第一节。

三、数字化下装组合模板缝制工艺

1. **羽绒服数字化缝制工艺流程图**　羽绒服数字化缝制工艺流程图如图8-11所示。

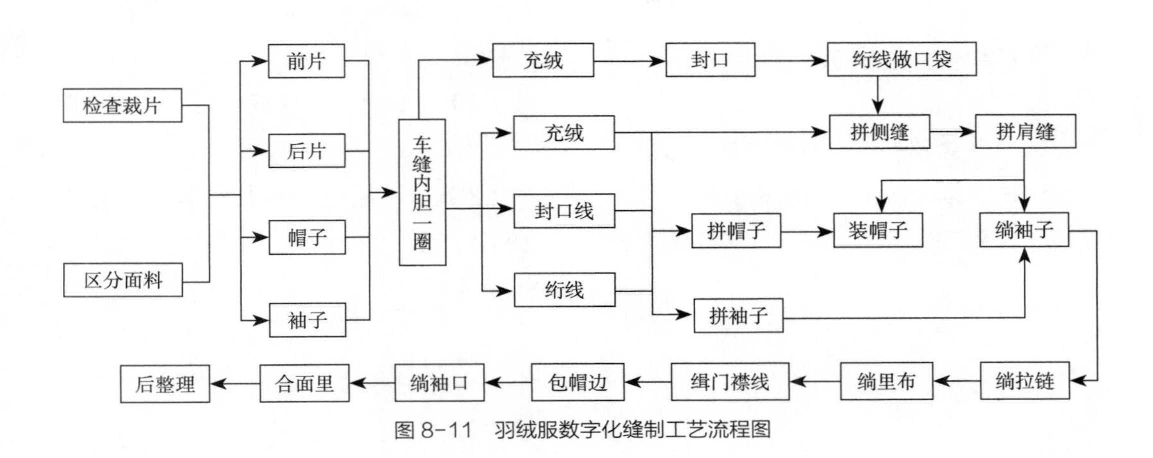

图8-11　羽绒服数字化缝制工艺流程图

2. **羽绒服数字化组合模板缝制准备工作**　同牛仔裤缝制准备工作。

四、普通缝制分析

（1）普通缝制羽绒服的绗线工艺要先在需要绗线的裁片上做出绗线标记（包括画线、扫粉、擦肥皂等）。

（2）普通绗线正常情况需要一个工位对裁片做缝制圈片标记，一个工位充羽绒封口，一个工位拍充羽绒均匀后缉缝绗线。模板绗线正常情况需要一个工位对裁片做缝制圈片标记，一个工位充羽绒封口，一个工位拍充羽绒均匀后车缝绗线。

（3）普通绗线与模板绗线同样需要三个工位完成绗线工艺，普通绗线时工位拍充羽绒均匀后车缝绗线效率比较低，绗线质量差，且只能车缝单一简单的绗线，不能适应现代化生活对羽绒服绗线类服装工艺的多样化变化、个性化需求。

（4）普通批量化绗线品质不能达到统一标准。

（5）在绗线完成的羽绒服上挖袋工艺难度大。

（6）羽绒裁片绗线完成后比较饱满力挺，挖袋位置不能很好地控制，挖袋完成后不能保证单件服装挖袋部位各项尺寸正确。

五、模板缝制概念

羽绒服数字化组合模板设计制作可以解决普通缝制时的工艺难度，绗线和挖袋缝制组合克服了单一性模板缝制应用范围的局限性，同时降低了模板耗材的成本。这不仅适应现代化生活对羽绒服绗线类服装工艺的多样化变化、个性化需求，而且减轻了工位缝制劳动，使批量化缝制品质达到统一标准，提升效率。绗线缝制和挖袋缝制可以组合模板设计，缝制生产时可以同时完成单件服装的绗线和挖袋工艺制作。

六、数字化组合模板设计制作

1. **模板设计制作** 羽绒服数字化组合模板设计制作，加外框线间距要包括所有模板样板灵活使用的距离。挖袋模板样板设计制作时要包括挖袋距离，边框线距离需要在两条绗线之间（图8-12）。

2. **辅助设计制作展开**

（1）根据模板设计制作的使用，将羽绒服组合模板样板从辅助设计制作图中依次单独展开（图8-13）。

（2）羽绒服组合模板样板第二层如图8-14所示。

（3）羽绒服组合模板样板第三层如图8-15所示。

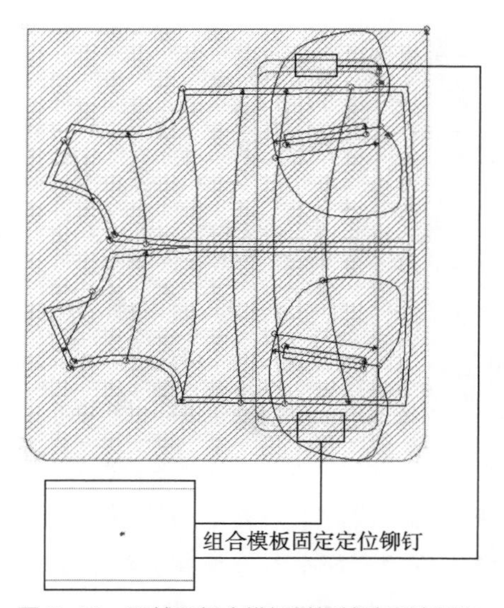

图8-12 羽绒服组合模板样板辅助设计制作

图8-13 羽绒服组合模板样板第一层

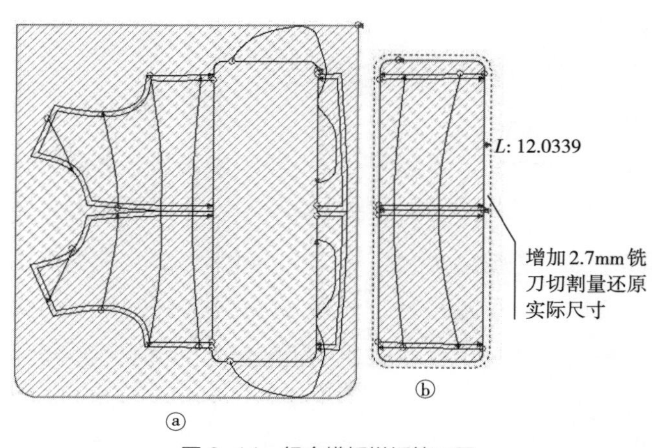

图8-14 组合模板样板第二层

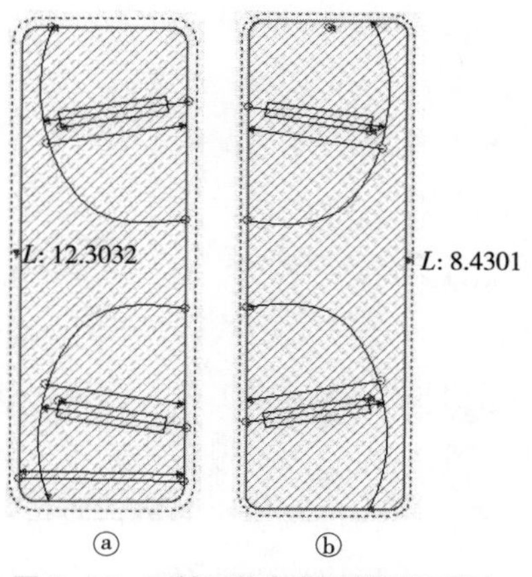

图8-15 羽绒服组合模板样板第三层

七、模板样板切割选择

（1）羽绒服组合模板样板第一层PVC胶板厚度1.5mm。

（2）羽绒服组合模板样板第二层ⓐPVC胶板厚度1.5mm。

（3）羽绒服组合模板样板第二层ⓑPVC胶板厚度1.5mm。

（4）羽绒服组合模板样板第三层ⓐPVC胶板厚度1.5mm。

（5）羽绒服组合模板样板第三层ⓑPVC胶板厚度1.5mm。

八、模板样板切割完成检查核对

羽绒服组合模板样板切割核对如图8-16所示。具体步骤同第六章第一节绢裙褶裥模板样板切割检查核对。

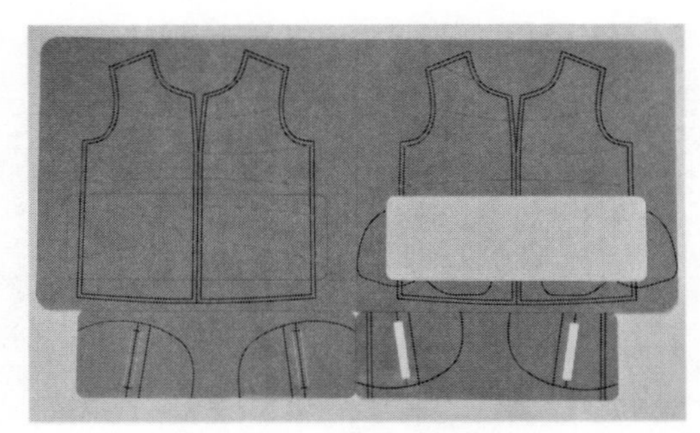

图8-16　羽绒服组合模板样板切割核对

九、模板样板粘贴固定

按照模板设计制作时的步骤、层次依次粘贴固定（图8-17）。

（1）将模板样板第一层与模板样板第二层ⓐ刻字画线面水平向上放置，对齐边角用2.5cm布基胶带粘贴固定，合上模板压实布基胶带，外面用3.5cm布基胶带粘贴固定。

（a）

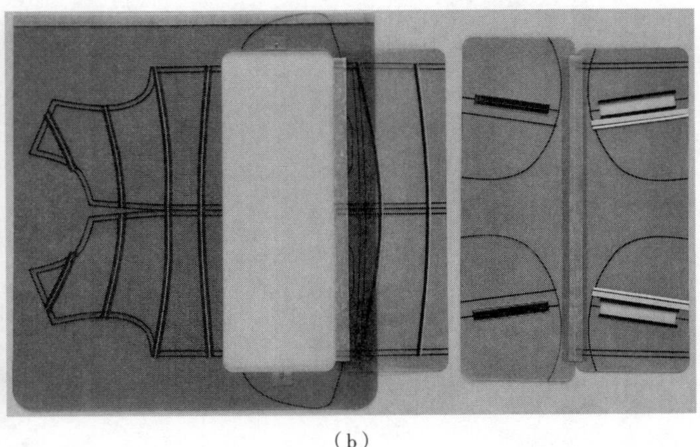

（b）

图8-17　羽绒服组合模板

（2）将第二层ⓑ模板样板放置在第二层ⓐ模板样板相应位置，直接用2.5cm布基胶带粘贴固定，压实布基胶带，翻开模板反面用2.5cm透明胶带粘贴固定。

（3）将模板样板第三层ⓐ与模板样板第三层ⓑ刻字画线面水平向上放置，对齐边角用2.5cm布基胶带粘贴固定，合上模板压实布基胶带，外面用3.5cm布基胶带粘贴固定。

（4）在模板样板第二层ⓐ开铆钉孔位置安装固定定位组合应用模板的铆钉。

（5）在第一层模板样板与第二层ⓑ模板样板接触面粘贴防滑砂纸条，羽绒服裁片缝制缩率较大时，可以在相应的缝份边角粘贴强力双面胶，或者加装大头钉增强裁片在模板样板上的固定性。

（6）在第二层ⓐ模板样板画袋嵌线位置粘贴与袋嵌线条相同厚度的定位海绵条，袋嵌线条位置粘贴强力双面胶。

（7）在第三层模板样板开槽边缘粘贴防滑砂纸条。

十、模板使用

（1）打开模板样板至第一层，在画样板线位置放置固定绗线裁片，合上第二层模板样板缝制绗线。

（2）打开模板样板第三层，在第二层ⓐ模板样板上放置袋布和袋嵌线，合上第三层模板样板。

（3）绗线完成后打开模板样板第二层ⓑ，在相应位置放置固定好的放置完袋布和袋嵌线的模板，缝制挖袋（图8-18）。

（a）放置衣片

（b）衣片绗线

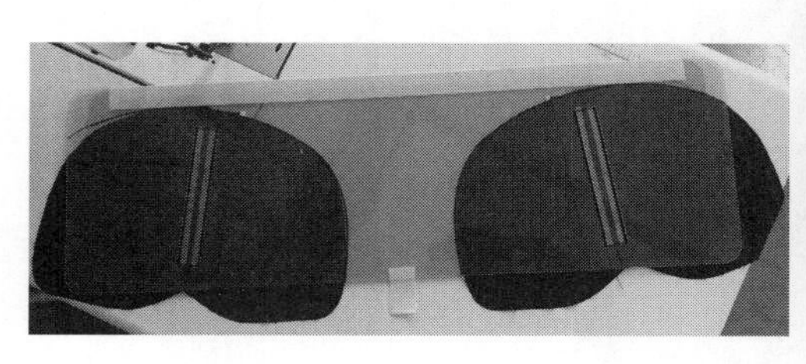

（c）放置袋嵌线袋布

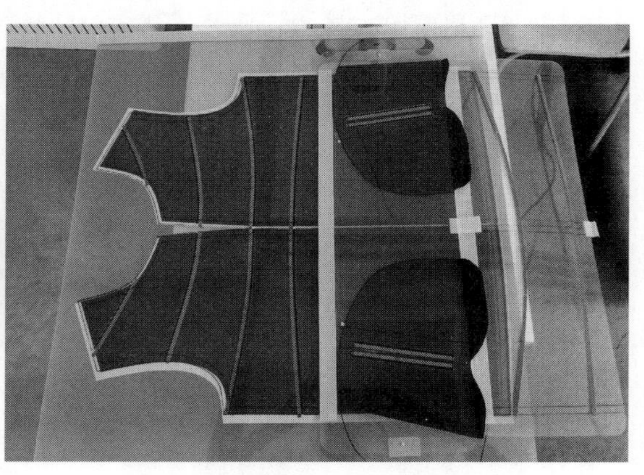

（d）放置袋嵌线袋布模板

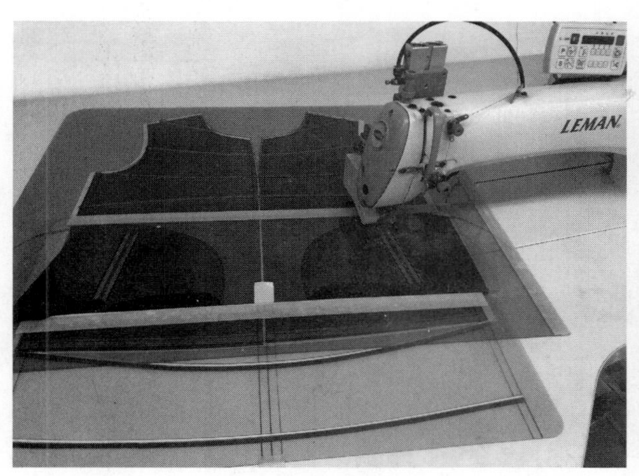

（e）缝制挖袋

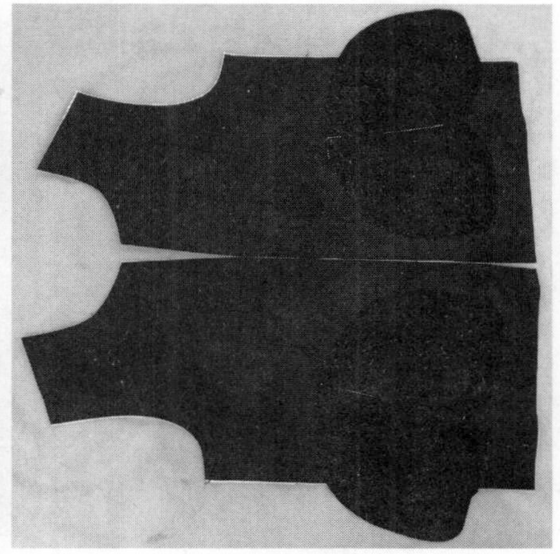

（f）前片缝制效果

图 8-18　羽绒服组合模板应用

第三节　数字化短袖女衬衫组合模板缝制工艺

一、短袖女衬衫模板缝制应用款式特征分析

此短袖女衬衫为立翻领，有六粒纽扣，前身腋下收胸省，外观较为合体修身，前后身略收腰，短袖，袖口有撞色贴条，圆下摆（图8-19）。

图 8-19　短袖女衬衫款式图

二、结构图

1. **规格设计**　短袖女衬衫规格尺寸如表8-1所示。

2. **数字化模板缝制放缝**　女士短袖衬衫数字化组合模板缝制面料放缝如图8-20所示。

表8-1 短袖女衬衫规格尺寸

单位：cm

号型	衣长（*L*）	胸围（*B*）	腰围（*W*）	臀围（*H*）	肩宽（*S*）	袖长（SL）	袖口（CW）
160/84A	56	92	76	96	39	19.5	30

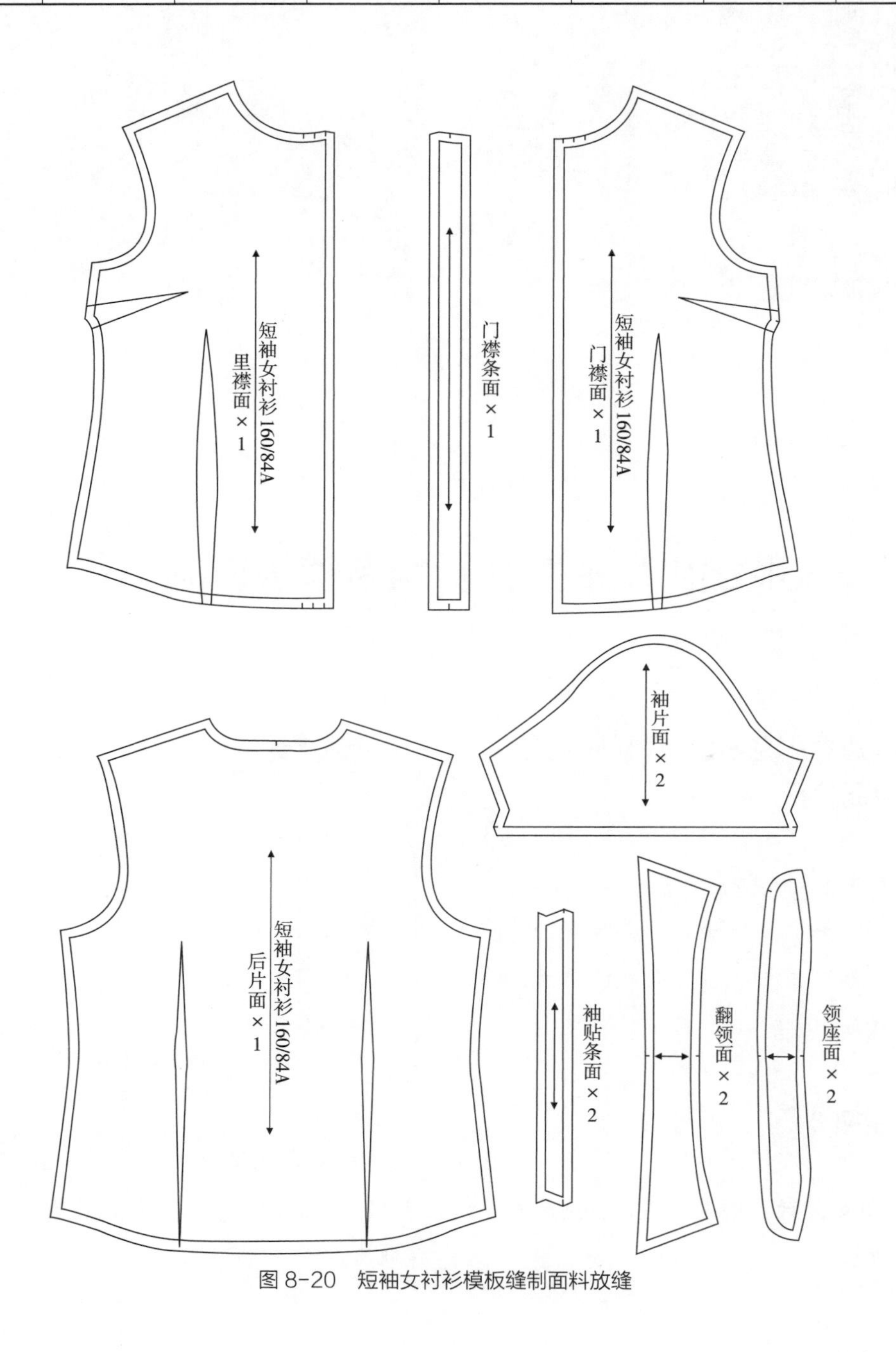

图8-20 短袖女衬衫模板缝制面料放缝

三、数字化短袖女衬衫组合模板缝制工艺

1. **短袖女衬衫数字化缝制工艺流程图**　短袖女衬衫数字化缝制工艺流程图如图8-21所示。

2. **数字化短袖女衬衫缝制准备工作**　同牛仔裤缝制准备工作。

四、普通缝制分析

（1）普通缝制短袖女衬衫收腋下胸省、腰省需要提前做省位标记，准备工作烦琐，收省位标记多，容易漏做标记，尺码多，做收省位标记时容易混淆。

（2）做收省位标记的记号不容易去除，污染衣物，或者收省位标记记号在缝制时不容易覆盖住，出现收省位标记记号外露。

（3）收省位大小、高低、距离不容易控制，容易出现左右片收省位偏移不对称，省位长短不一，收省不平整容易扭曲，省尖容易有泡、坑，曲面不圆顺。

（4）制作门襟、里襟需要先扣烫门襟条折边，沿门、里襟折边扣烫缝份，准备工作烦琐，止口不易顺直。

（5）门襟贴边宽度不均匀，容易拧、皱。

五、模板缝制概念

短袖女衬衫数字化组合模板缝制的前片，可以在同一幅模板上同时进行缝制收腋下胸省、腰省等缝制工艺，无须复杂烦琐的缝制准备工作，无须提前做收省位位置标记，无须对齐门、里襟，门襟条做扣烫，多种缝制工艺同时缝制完成。保证左右片收省位置、省大小、收省长度相同，对称。收省完成后省平整，无扭曲，省尖无泡、坑，曲面圆顺。门、里襟贴边宽度均匀，不拧，不皱。

六、数字化组合模板设计制作

1. **模板设计制作**　短袖女衬衫数字化组合模板设计制作如图8-22所示。

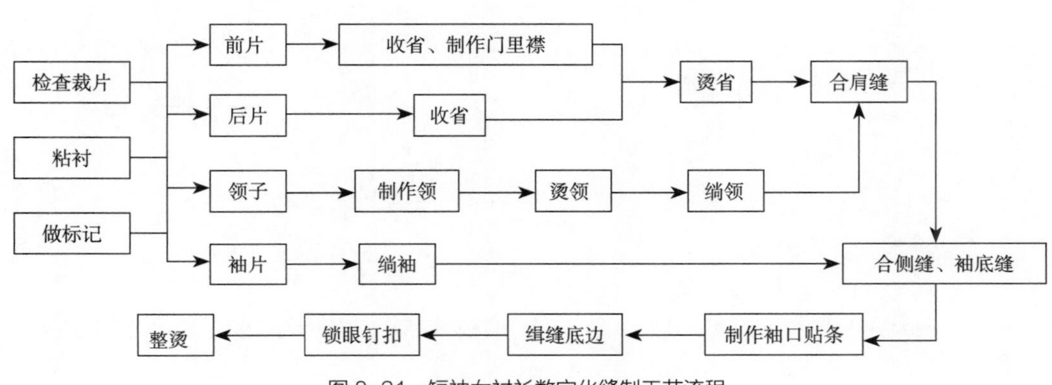

图8-21　短袖女衬衫数字化缝制工艺流程

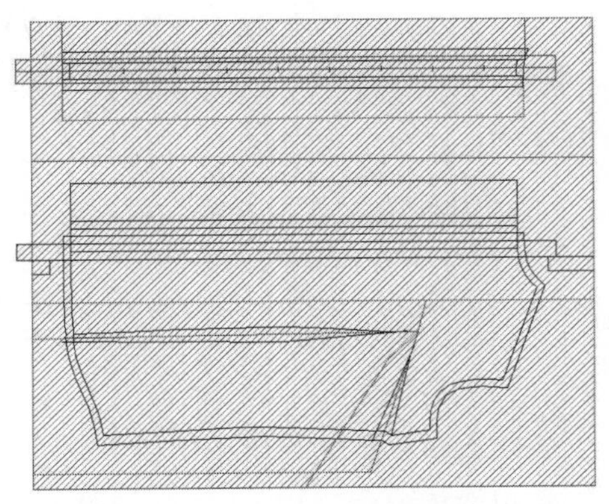
图8-22 短袖女衬衫组合模板辅助设计制作

2. 辅助设计制作展开

（1）根据模板设计制作的使用，将短袖女衬衫组合模板样板从辅助设计制作图中依次单独展开（图8-23）。

（2）短袖女衬衫组合模板辅助设计制作展开后，对门襟条部分模板样板做修改，达到实际使用需求（图8-24）。

（3）短袖女衬衫组合模板样板门襟条部分展开如图8-25所示。

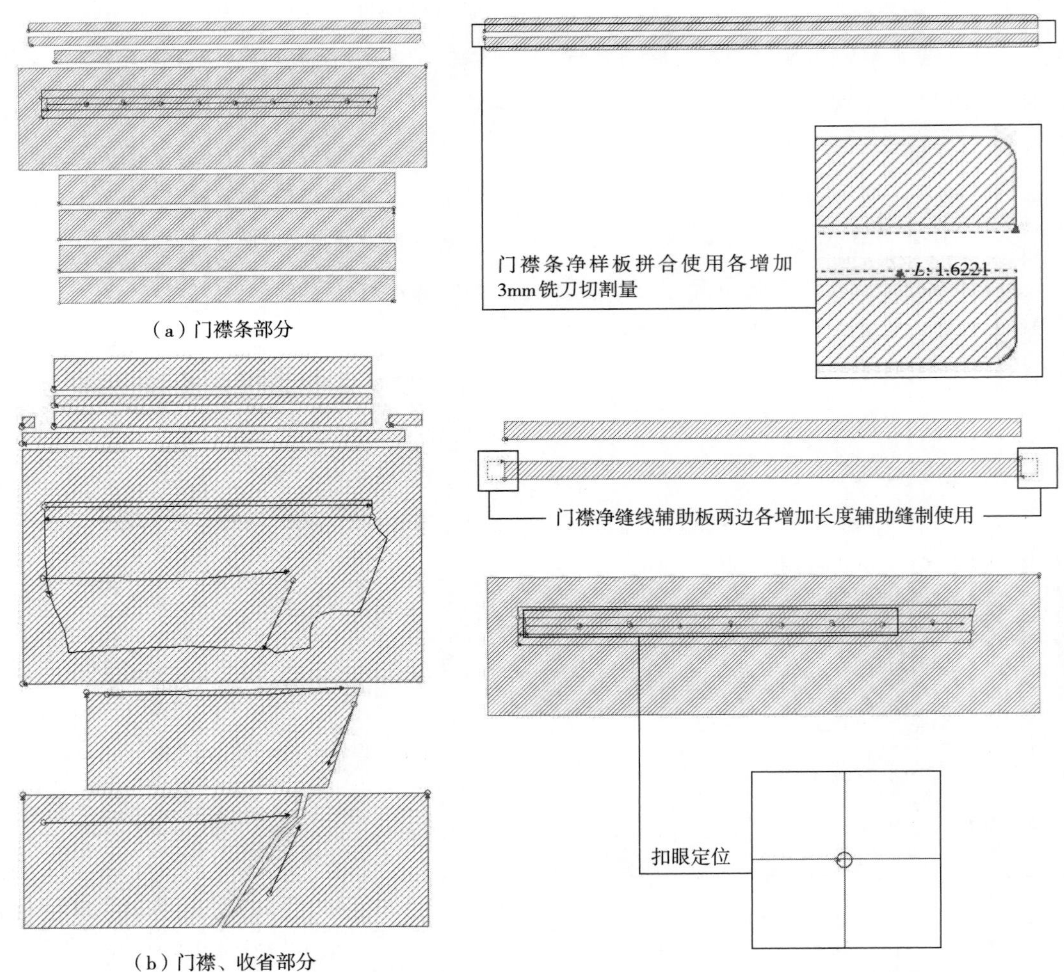

图8-23 短袖女衬衫组合模板辅助设计制作展开

图8-24 短袖女衬衫组合模板门襟条部分展开修改

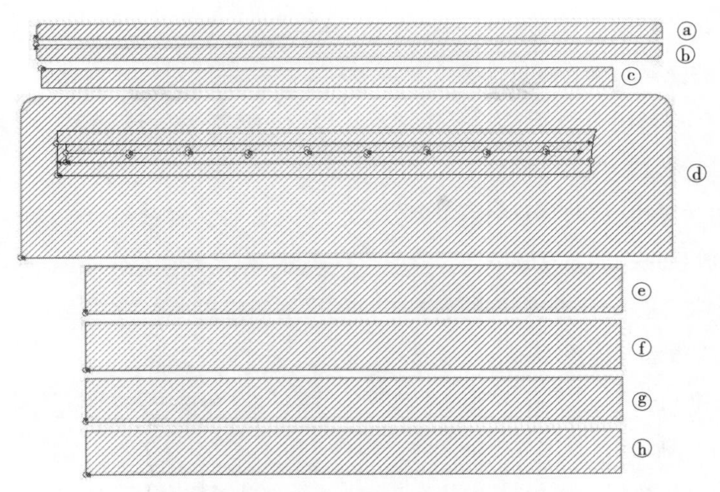

图 8-25　短袖女衬衫组合模板样板门襟部分

（4）短袖女衬衫组合模板辅助设计制作展开后对收省模板样板做修改，达到实际使用需求（图8-26）。

（5）短袖女衬衫组合模板样板门襟收省部分展开如图8-27所示。

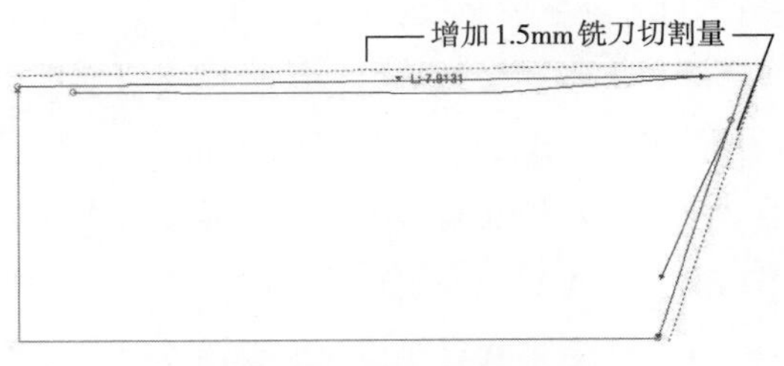

图 8-26　收省位辅助样板

七、模板样板切割选择

（1）短袖女衬衫组合模板样板门襟条部分ⓐ环氧树脂板选择厚度0.5mm。

（2）短袖女衬衫组合模板样板门襟条部分ⓑ环氧树脂板选择厚度0.5mm。

（3）短袖女衬衫组合模板样板门襟条部分ⓒ PVC胶板选择厚度0.5mm。

（4）短袖女衬衫组合模板样板门襟条部分ⓓ PVC胶板选择厚度1.5mm。

（5）短袖女衬衫组合模板样板门襟条部分ⓔ PVC胶板选择厚度0.5mm。

（6）短袖女衬衫组合模板样板门襟条部分ⓕ PVC胶板选择厚度0.5mm。

（7）短袖女衬衫组合模板样板门襟条部分ⓖ PVC胶板选择厚度1.5mm。

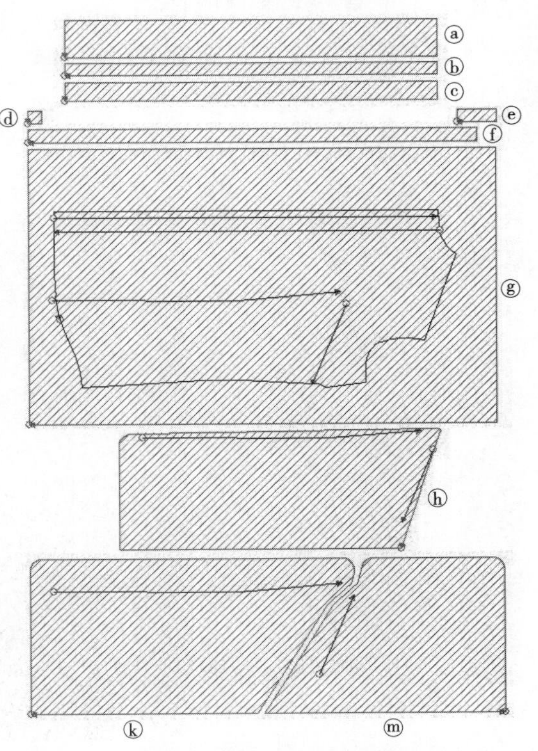

图 8-27　短袖女衬衫组合模板样板门襟收省部分

（8）短袖女衬衫组合模板样板门襟条部分ⓗ PVC胶板选择厚度1.5mm。

（9）短袖女衬衫组合模板样板门襟收省部分ⓐ PVC胶板选择厚度0.5mm。

（10）短袖女衬衫组合模板样板门襟收省部分ⓑ PVC胶板选择厚度0.5mm。

（11）短袖女衬衫组合模板样板门襟收省部分ⓒ PVC胶板选择厚度1mm。

（12）短袖女衬衫组合模板样板门襟收省部分ⓓ、ⓔ PVC胶板选择厚度1mm。

（13）短袖女衬衫组合模板样板门襟收省部分ⓕ环氧树脂板选择厚度0.5mm。

（14）短袖女衬衫组合模板样板门襟收省部分ⓖ PVC胶板选择厚度1.5mm。

（15）短袖女衬衫组合模板样板门襟收省部分ⓗ PVC胶板选择厚度0.5mm。

（16）短袖女衬衫组合模板样板门襟收省部分ⓖ PVC胶板选择厚度1.5mm。

（17）短袖女衬衫组合模板样板门襟收省部分ⓚ PVC胶板选择厚度1.5mm。

（18）短袖女衬衫组合模板样板门襟收省部分ⓜ PVC胶板选择厚度1.5mm。

八、模板样板切割完成检查核对

短袖女衬衫组合模板样板切割核对如图8-28所示。具体步骤同第六章第一节缉裙褶裥模板样板切割检查核对。

九、模板样板粘贴固定

按照模板设计制作时的步骤、层次依次粘贴固定（图8-29）。

（1）在门襟条部分模板样板ⓒ接触模板样板ⓓ一面粘贴双面胶，将模板样板ⓒ对齐模板样板ⓓ两开槽线边缘，粘贴固定在模板样板ⓓ两开槽线中间。

（2）在门襟条部分模板样板ⓖ、ⓗ两面粘贴双面胶，先对齐模板样板ⓔ、ⓕ边缘粘贴固定，另一面粘贴双面胶面，以模板样板ⓔ、ⓕ边缘对齐模板样板ⓓ开槽边缘粘贴固定。

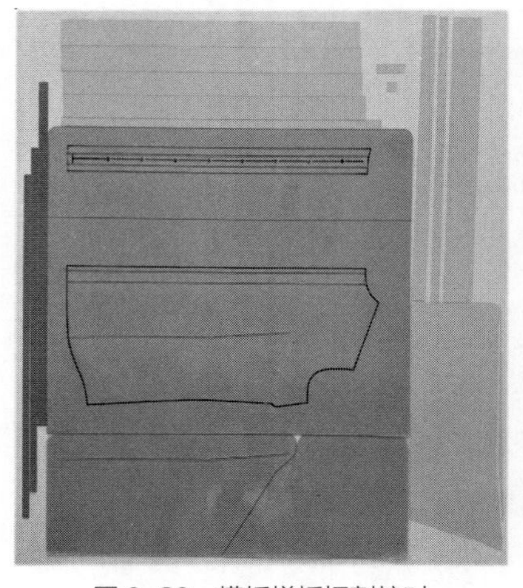

图8-28　模板样板切割核对

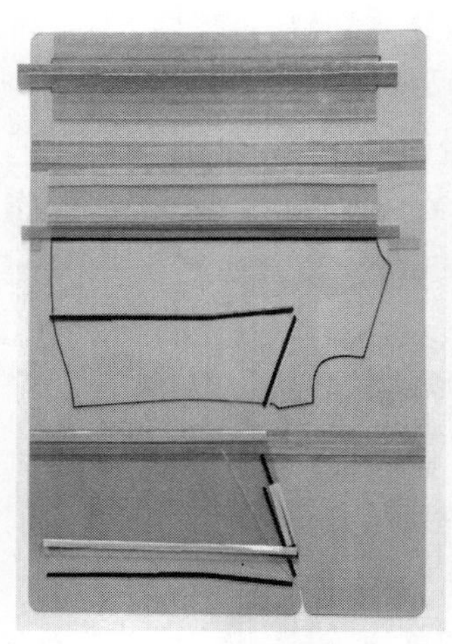

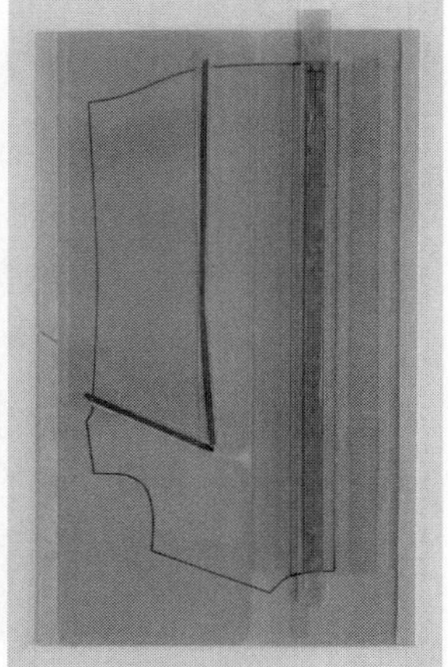

图8-29　女衬衫门襟组合模板

（3）将门襟条部分模板样板ⓐ、ⓑ水平放置，对齐边角用2.5cm透明胶带粘贴，压平双面胶后向内对折，反面用2.5cm布基胶带粘贴固定。

（4）在门襟条部分两条开槽线边缘粘贴防滑砂纸条。

（5）在门襟部分模板样板ⓒ、ⓓ、ⓔ接触模板样ⓖ面粘贴双面胶，将模板样板ⓒ先对齐模板样板ⓖ开槽边缘粘贴固定，模板样板ⓕ靠齐模板样板水平放置，模板样板ⓓ、ⓔ靠齐模板样板ⓕ边缘粘贴固定在模板样板ⓖ相应位置。

（6）将门襟部分模板样板ⓐ、ⓑ水平放置对齐边角，用2.5cm透明胶带粘贴，压平双面胶后向内对折，反面用2.5cm布基胶带粘贴固定。

（7）将门襟部分模板样板ⓑ边缘对齐模板样板ⓖ开槽边缘，用2.5cm布基胶带粘贴，压平布基胶带棱角，反面用2.5cm透明胶带粘贴。

（8）在门襟部分模板样板ⓒ与模板样板ⓑ接触面棱角边粘贴双面胶，为模板样板ⓐ、ⓑ覆盖加强之用。

（9）在门襟部分模板样板ⓑ与模板样板ⓖ接触面边缘粘贴马尾衬。

（10）将门襟部分模板样板ⓗ重叠放置在模板样板ⓖ之上，对齐边角开槽，正面用2.5cm布基胶带粘贴，压平布基胶带棱角，反面用2.5cm透明胶带粘贴。

（11）门襟部分模板样板ⓚ、ⓜ与模板样板ⓖ水平向上放置，对齐边角，正面用2.5cm布基胶带分段粘贴固定，压平布基胶带，合上模板反面用3.5cm布基胶带分段粘贴固定。

（12）在门襟模板样板ⓗ与模板样板ⓖ接触面开槽边缘粘贴马尾衬，在模板样板ⓗ与模板样板ⓚ、ⓜ开槽内边缘粘贴防滑砂纸条。

十、模板使用

打开模板在门襟条处放置门襟条面料裁片，对齐门襟条主条线或者剪刀口，将门襟条免烫净样模板样板ⓐ、ⓑ呈下凹形状放置在门襟条面料裁片之上，下压门襟条免烫净样模板样板ⓐ、ⓑ做门襟条免烫折边。

在门襟模板样板画线位置放置面料裁片，在面料裁片门襟缝边重叠放置免烫门襟折边条，同时下压辅助门襟折边模板样板ⓑ，合上模板样板拉出两块门襟免烫条模板样板缝制衬衫门襟。

门襟缝制完成后打开门襟条部分模板样板，将门襟裁片模板样板ⓗ马尾衬边缘向上翻折合上模板样板ⓚ，先缝制衬衫门襟裁片腰省，衬衫门襟裁片腰省缝制完成后打开模板样板ⓚ，将门襟裁片模板样板ⓗ马尾衬边缘再次向上翻折合上模板样板ⓚ，缝制衬衫门襟裁片腋下省位（图8-30）。

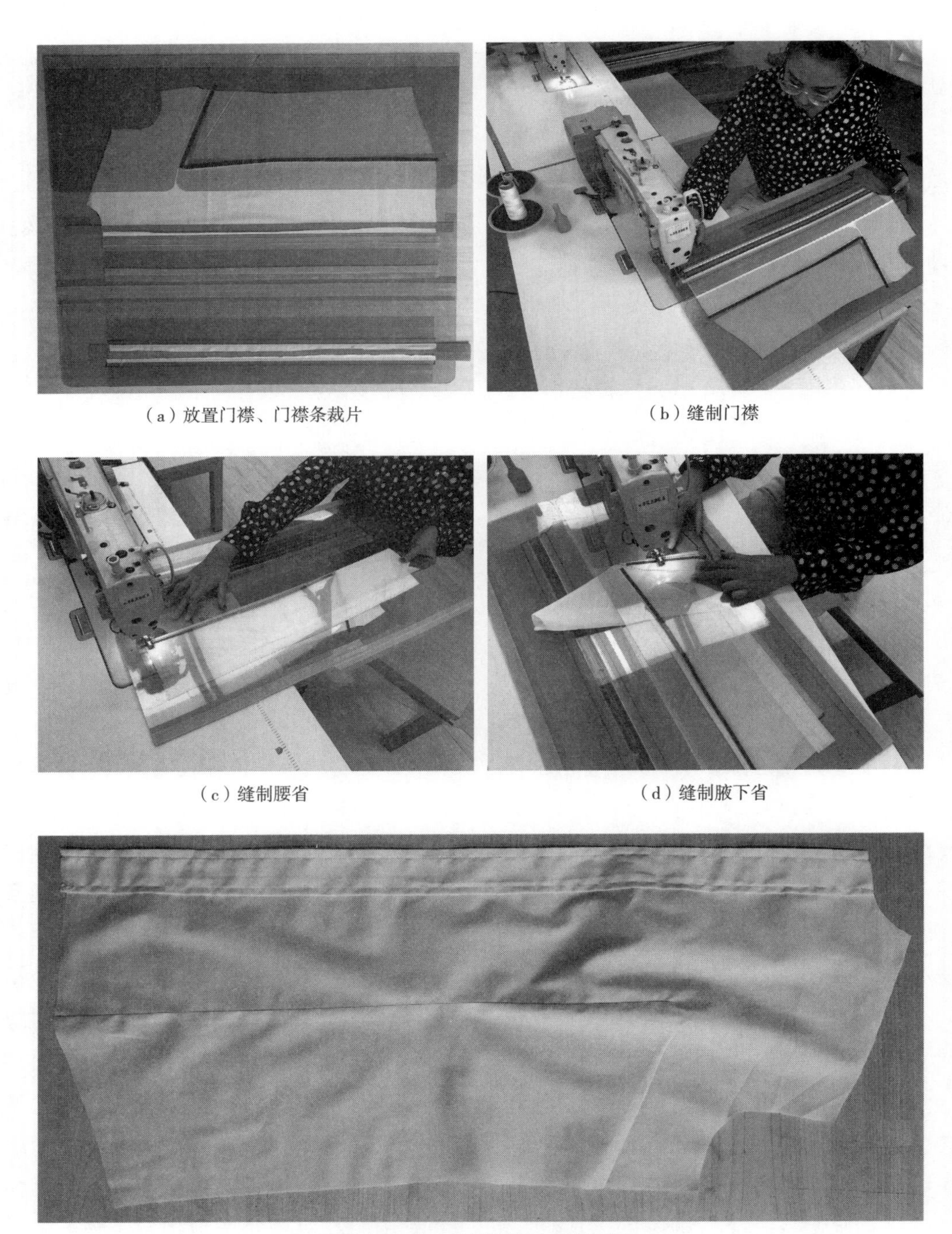

（a）放置门襟、门襟条裁片

（b）缝制门襟

（c）缝制腰省

（d）缝制腋下省

图 8-30　女士衬衫门襟组合模板应用

第四篇　实践篇

第九章　案例解读

教学目的：

了解国内代表性服装智能生产品牌企业的运作。

教学要求：

1. 介绍品牌企业数字化生产的现状；2. 结合实际探讨品牌数字化制造趋势。

第一节 北京威克多制衣中心

一、品牌简介

北京威克多制衣中心成立于1994年，是一家集高级成衣设计、生产及销售于一体的大型现代化服装企业，其主营中高档男装及配饰，有“VICUTU”（威可多）、“GORNIA”（格罗尼雅）和“VGO”（微高）三个男装品牌，主导产品为西装、大衣、休闲便装、T恤等。威克多总部设在北京市大兴区，现有员工2400人，拥有四条西服生产线和八条时装生产线，年产量超过130万件。威克多在全国36个省会城市、直辖市及特区设立了分公司，全国有610家店铺，其中自营店铺为550家。企业严格优选合作伙伴，并给予全力支持，已在全国建立了完整、顺畅的营销网络年销售额近20亿。

近年来威克多制衣开辟了电子商务销售模式。2014年公司入围APEC会议领导人服装设计研发工作，获得了2014年亚太经合组织会议领导人服装“突出贡献奖”。

二、威克多模式

1. **品牌架构清晰** 威克多始终坚持自己的设计理念和设计风格，创立之初，其定位就是为中国精英阶层的男性提供中高端西装，并且西装的风格全部都是欧洲古典的绅士风格。这种风格一直延续下来，加之不断创新，从而形成了品牌特有的设计风格。这不仅有利于威克多的品牌形象识别，而且其背后隐藏的附加值，为威克多创造了巨大的收益。威克多以年龄、收入和社会阶层三个维度作为细分市场的依据，使其目标市场更加明确，从而其研发产品的方向也更加明确。

1994年，威克多制衣中心自主创立的第一个品牌VICUTU，品牌名称源于英文“VICTOR”，象征着对胜利与成功的追求。VICUTU品牌将意大利时装的精细流畅制衣工艺与东方人的体型特征相结合，为中国男士打造出极其舒适挺括的男装。在产品上，VICUTU品牌又进一步做了细分——红标、蓝标、轻户外、配饰。V红标系列更加时尚有活力，适合年轻人的风格；V蓝标系列则是成熟稳重，更加倾向于商务形象。FOCUS系列脱胎于红标产品的户外服饰，传承了红标年轻、时尚、舒适的一贯风格，又创造性地体现出更多作为休闲、旅行、户外活动等实用性功能的特点。配饰系列集红标和蓝标的风格特点于一身，不仅年轻时尚、风格新颖，又不失成熟稳重、奢华优雅，经典造型涵盖了包括皮鞋、皮带、手包、提包、背包、钱包等多种品类。品牌VICUTU作为西服板型技术的引领者，经过多年创意，致力于为中国男士提供崭新的穿衣理念，已经发展成为中国男装品牌的引领者。

2002年GORNIA品牌建立，GORNIA以专属、独享为品牌使命，融合了睿智而坚韧的王者气度，展现出优雅绅士的浪漫情怀。设计风格力求简约而极致，在不断创新的款式中力求简洁，重塑经典，致力于服装、剪裁与人体结构的完美贴合。选材精良，与意大利、英国顶级的面料商深入合作，从纱线纤维的起始就注定了其优良的基因。配合德国、意大利等尖端生产设备，为产品品质提供基础保障。包含皮具、针织、机织、西装系列。其中，皮具系列选挑世界顶级的皮料，浸渍过精油的格罗尼亚翡冷翠皮革，闪烁出日本漆器特有的幽深微光，创造出基于皮革的彪炳语言，以传统手工设计和款式的新颖展现卓越的巨匠之风。GORNIA机织秉承意大利高级时装文化精髓，注重将中西方时尚完美融合，利用上乘的面料通过高级制作师的精心雕琢，细致剪裁，打造高端、时尚、商务休闲的男装。GORNIA针织衣品，用柔软珍贵的纤维，经过顶级意大利纺纱织造工艺，在灵感迸发的过程中，化身奢华细腻的高端产品，限量奢华材质的运用体现在良品细节中，低调内敛中尽显华奢。GORNIA西装，将传统意大利西装工艺和现代流行元素巧妙结合，选用优质的美利奴高支羊毛，品质考究，做工精良，剪裁适宜，是个性与艺术性完美结合的作品。

2008年企业推出了高级定制服务，定制的精髓来自独有的设计、精确的立体裁剪和精细的手工艺。私人定制西装需要甄选顶级面料，精工细作，每一个细节都体现出制作者和穿着者的细腻心思，达到身形与气质的完美契合。私人定制的面料工艺极为考究，利用全球化的原料采购系统和高效的信息化交流，从世界各地的供应商中精选出品质上乘、风格时尚的面料，以确保每套定制西装都呈现出卓尔不凡的质感和舒适的穿着体验，以折射出客户尊贵的气质和品位。包括ZEGNA、CERRUTI1881等全球著名面料供应商都是威克多的合作伙伴。

旗下VGO（微高）品牌诞生于2013年9月。面向更年轻、更奔放、对艺术和个性更有追求的年轻人。品牌期望成为具有先锋艺术审美的都市青年的图腾符号。“VGO”是威克多最年轻的品牌，精致休闲男装VGO在国际时尚潮流中独树一帜，打造全新的时尚生活方式。

2. **技术系统精进** 威克多是津京冀第一个成功搬迁至衡水工业新区的、规模最大的服装企业。占地300余亩的产业基地由阿普贝思设计，生产中心下设正装技术部、时装技术部、正装工艺技术科、时装工艺技术科、IE技术部、设备科、正装生产部、时装生产部、储运部等部门，严谨的部门架构、精细的职责分工，只为做一件尽善尽美的服装，生产中心紧跟工业4.0模式，与世界领先工业生产模式并进，先后引进西服、西裤模板机器，时装层次流，以及正装全自动吊挂系统、MTM定制系统等，建立成为信息化、标准化、智能化的生产基地。并打破常规的生产管理模式，由“以人定款”转变为“以款定人”的柔性流水线。

随着标准化、自动化、信息化、智能化的生产模式不断流行，威克多产业园形成了模块化模板生产，独立的模板技术部门将模板技术（图9-1）应用到正装西服、休闲外套的各个部位，提升效率降低成本的同时更是对质量的精益求精。

图9-1 模块化模板生产

时装层次流经过工艺技术科、技术部等专业团队的测试，将原有人为干预的拉动式生产模式改变为系统自动的推动式生产模式（图9-2），大大提升了生产效率与产品质量，无论是模板应用还是层次流都是服装制造业中领先的生产模式，同时也是自有工厂的产物。自有工厂是对产品风格、产品质量与顾客服务的保障。

率先引进的MTM个性定制系统（图9-3），涵盖国际一线面料资源，提供最新面料；数以百种款式工艺选项，顾客可根据自己喜好自主选择面料花型、款式。同时MTM下单界面分为2D/3D两种界面，而自动试衣软件能在短短的几秒钟内展现顾客定制的服装效果，大大提升顾客体验，为顾客提供适合自己的个性化服装定制。

图9-2 推动式生产模式

图9-3 MTM个性定制系统

同时，服装定制周期、服装派送领取方式都以顾客需求为中心，达到真正意义上的个性化服装定制。通过“互联网+服装定制”，从客户下单到进口面料自动生成采购，与国外一线面料供应商打通采购，到智能样板处理系统、自动裁床、智能车间、智能物流，最后到客户手中，都通过网络进行操作，实现了根据销售安排订单，根据订单安排生产计划，简化了公司计划管理的工作，增强了企业快速应对市场变化的能力，如图9-4所示。

图9-4 MTM系统单号

领先行业的智能样板处理系统，根据顾客订单，可以将顾客需要的款式样片自由组合，自动抓取，而且根据顾客的体型特征样板自动变化，摒弃了传统的人工调板的时间浪费与信息的准确性。同时为顾客存储专属样板，如图9-5所示。

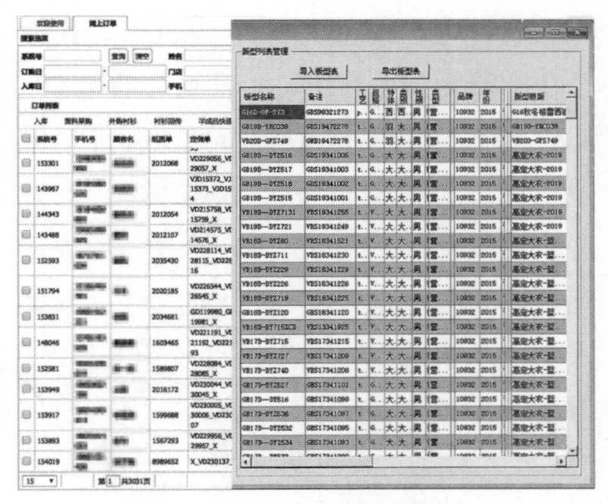
图 9-5　智能样板处理系统

智能车间建立了企业工艺单模型标准（图9-6），规范高效。车间员工通过扫描枪即可显示该工位需要进行操作的工艺内容，极大提高了工作效率。

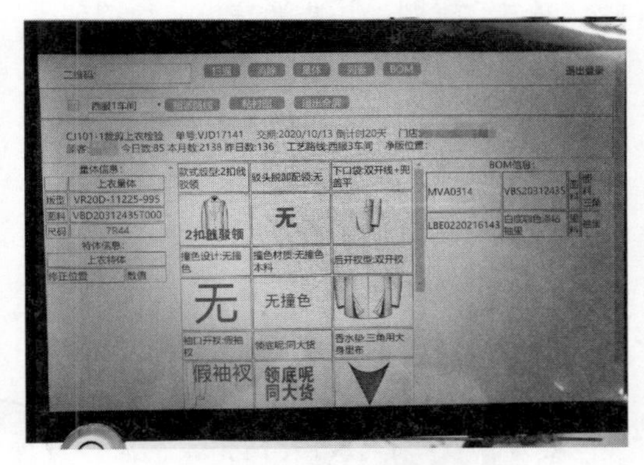

图 9-6　企业工艺单模型标准

同时，通过智能车间与SAP报工系统对接，有效控制生产订单加工的整个过程，从订单创建、发料、报工、入库等环节，及时了解服装在线情况，确保顾客订单的准确与及时。

通过数据中心的建立，完成了指定的必须输入数据域、数据结构和有效性审核、跨模块数据引用等内容的标准化，保证数据和信息的完整性，完善了企业管理中的数据存储，提升了决策质量，提高了企业的技术水平和经营效益。强化大数据运用，以大数据分析实现款式全定制，并根据顾客每次定制的体型变化，在保留顾客数据的基础上进行优化，为顾客再次定制提供保证。

企业坚定不渝地追求产品质量领先、企业管理水平领先、客户服务水平领先、创新水平领先。先后与杰尼亚工艺师、BURBERRY设计总监华莱士进行技术工艺与创意研发，公司技术团队由行业知名板型师组成，近年来威克多的西服产品秉承以技术支持创意，在廓型、结构、工艺方面不断创新研发，创造行业独有健身板、零压力立体肩、搭袖山工艺等技术，使品牌得到市场的肯定，也使得西服产品家喻户晓。同时，引入模板机，技术部、生产部、设备科形成技术团队，将工序工艺操作标准化转化成模板操作，制作属于自己DNA的特有技术工艺。经过二十余年的沉淀，技术工艺创新方面已达到国际领先水平，且坚定不移地朝着更高的方向发展。

目前，企业正在构建3D智能自主设计定制平台，打通消费者和设计师之间的壁垒。在满足个性化需求的大规模定制基础上，满足设计师创业平台上的生产保障。到2020年底，目标成为国内高档品牌男装个性定制生产线标杆。

3.“产业转移”战略下的品牌新生

北京威克多制衣中心积极响应国家号召，加快了工厂的外迁与建设布局。从2012年起，威克多就签署了有关产业转移的战略协议，并于2014年开始破土建设了河北衡水生产基地，到2015年已完成主体搬迁工作，只用了18个月即完成了生产基地的建设，至此北京威克多制衣中心正式落户河北衡水工业新区创意产业园（河北格雷服装创意产业园）。

园区内厂房由三幢大楼组成，从布料仓储到制作流水线，再到成衣仓储，实现了无缝对接。在建设过程中，所有硬件设施和技术装备都进行了升级改造，引进了一批意大利、美国、德国具备国际领先水平的高端生产设备和计算机服装专用系统，建成了国内制衣业"科技含量、作业精度和效率"都远超同行且性价比较高的服装生产线（图9-7），西服部分理化指标达国内先进水平，部分理化指标已达到国际先进水平。2017年6月，高级定制车间在衡水高新区投入使用。威克多上线智能制造生产定制平台，消费者可使用智能手机在线自主设计、实时下单，消费者需求直接驱动工厂智能生产。园区的功能区间包括设计研发中心、人才培训中心、时尚传媒中心和商业展示交流中心，以及销售区、时尚服装艺术博物馆区，是集研发、设计、生产和服务于一体的具有国际顶尖水平的高端服装制造基地。

北京威克多制衣中心作为总部和设计中心，主要承担设计职能。而"衡水格雷服装创意产业园"与总部职能互补，作为企业的研发和生产中心，升级后的4条西服生产线、2条西裤流水生产线和8条时装生产线，全部落户衡水，是与国家宏观战略布局相关的，符合首都部分功能向周边地区外溢、经济结构不断优化升级的新要求。从北京来看，北京威克多迁入河北，符合首都作为全国政治中心、文化中心、对外交流中心和科技创新中心的城市战略定位；从河北来看，威克多的劳动密集型生产线迁入衡水不仅解决了企业的劳动力资源短缺和稳定的问题，亦促进了衡水当地的就业，并带动了当地的经济发展。完成生产环节搬迁之后，为深化两地联动机制，威克多不断强化企业在京、衡两地于技术、开发、财务、人力、后勤等方面的管理协同效应。例如，在管理方面，财务、人力和后勤等职能依然由总部进行垂直管理，每天均有通勤车往来于两地以增强两地人员的交流。在业务方面，威克多利用现有的信息技术来提升了业务管理互联网信息化，并在设计、研发等环节通过信息系统向生产环节进行转化以提高工作效率，较大程度地节省了两地交通成本和沟通成本。总体看，外迁不仅给衡水带来了较大的经济效益，北京衡水两地生产和研发的协同发展也推动了威克多的产业结构调整和升级，同时也开创了一套行之有效的实践经验；同时，京津冀协同发展也为威克多带来了新的发展机遇，威克多不仅借此实现了硬件软件的全面提升，同时提高了企业品牌的市场竞争力。

图9-7　制衣工厂全面升级（格雷科技）

第二节　青岛酷特智能股份有限公司

一、品牌简介

青岛酷特智能股份有限公司的核心品牌是协同全球资源引领定制消费文化的酷特云蓝，如图9-8所示，这是一个全球定制服装供应商品牌、企业治理品牌、个性化定制时尚品牌，拥有“REDCOLLAR”（红领）、“CAMEO”（凯妙）、“R.PRINCE”（瑞璞）、“RCOLLAR”等定制品牌，为国内市场及美国、澳大利亚等海外市场提供个性化定制智能制造服务。同时还是一个帮助传统企业转型升级的工程品牌，致力于实现制造体系智能化和管理系统生态化。

Cotte Yolan

图9-8　酷特云蓝品牌LOGO

青岛酷特智能股份有限公司成立于2007年，注册资本1.8亿元人民币，拥有3000多名员工，形成了以西装厂、衬衣厂和西裤厂为主的三个专业智能制造工厂，产品品类覆盖个性化定制男装和女装。酷特智能坚持“成为有益于社会文明进步的百年企业”的企业愿景，以“践行科学的企业治理思想，创造全新的价值体系”为使命，专注研究实践“互联网+工业”，经过多年转型实战，形成了以“大规模个性化定制”为核心的酷特智能模式，总结出一套传统企业转型升级的解决方案，创造性地提出了以“个性化定制”模式展开的消费者直接对接工厂的C2M商业生态。酷特智能的实践，颠覆了传统的商业基因、业务基因、管理基因、制造基因，形成了“酷特云蓝企业治理体系”，由传统服装企业进化成为平台生态的时代企业，如图9-9所示。

图9-9　酷特智能工厂内景

近年来，酷特智能得到了很多政策和舆论资源支持，央视《大国重器》《辉煌中国》《超级工程》和《新闻联播》都重点报道过，这是社会和公众对品牌的肯定，也是对中国智能制造的肯定。

二、酷特智能模式

1. **工业化的效率和成本完成个性化商品的大规模定制** 酷特智能董事长张代理自2003年起，就主张生产制造个性化服装，而传统的定制对于人工过于依赖，且耗时长、效率低、成本高。而张代理的目标是要通过信息化与工业化深度融合的手段建设个性化定制服装的流水线，用工业化的手段、效率及成本实现个性化服饰产品的大规模定制。现在，酷特智能实现了服饰商品定制全流程的信息化、智能化，把互联网、物联网等信息技术融入大批量生产中，在一条流水线上制造出灵活多变的个性化商品。同时形成了需求数据采集、将需求转变成生产数据、智能研发和设计、智能化计划排产、智能化自动排版、数据驱动的价值链协同、数据驱动的生产执行、数据驱动的质检体系、数据驱动的物流配送、数据驱动的客服体系及完全数字化客服的运营体系。酷特智能目前具有千万级服装板型数据，数万种设计元素点，能满足超过百万万亿种设计组合。

为了更快更好解决大批量定制服装中的人体数据采集问题，张代理研发了“三点一线”的量体方式来形成规模化和标准化的用户数据，这种三点一线坐标量体法，基于人体上一些关键的坐标点：肩端点、肩颈点、颈肩端、中腰水平线……量体师只需要五分钟、采集人体19个部位的22个尺寸，就能掌握合格的人体数据。而这套标准化的方法，任何没有相关经验的人都可能通过短期培训具备精准测量人体数据的能力，培训所需的时间仅为五个工作日。

制板环节是服装设计、加工与生产中颇为关键的一步，它关乎整套服装的造型。要实现工业化的效率，满足大批量定制的需求，就不可能使用传统制板方式。所以，以工业化的智能手段、大数据系统完成信息化制板，是完成大批量个性定制服装需要攻克的一大难关。

经历多年大数据的搜集和沉淀，酷特智能建立了量体、板型、工艺和BOM四大数据库，完成了百万亿量级的数据的收集和整理，可以满足99.99%的人体个性化定制需求。酷特智能的这四大数据库建立从产品研发、人体数据采集、智能匹配、柔性制造的个性化产品全生命周期彻底解决方案。现在随着用户体型数据的输入，驱动系统内近10000个数据的同步变化，能够满足驼背、凸肚、坠臀、肌肉发达等113种特殊体型特征的定制，覆盖用户个性化设计需求。

2. **数据驱动的智能工厂** 与传统服装厂不同的是，酷特智能的流水线上的面料、颜色、板型等均不一样。每一件定制服装的面料、刺绣图案、扣子、颜色等数十个细节的不同工艺需求都显示在工人面前的小小屏幕上。酷特智能已不再是一家普通的服装工厂，而是一家以大数据驱动的智能工厂，每一个环节背后都隐藏着重要的数据。

以数据作为核心驱动力，酷特智能工厂从用户在线设计、下单、生产、物流、客服，所有定制数据的传输全部数字化。用户定制需求通过C2M平台提交，系统自动生成订单信息，订单数据直接进入酷特智能自主研发的数据库。智能工厂C2M平台在生产节点进行任务分解，以指令推送的方式将订单信息转换成生产任务并分解推送给各工位。生产过程中，每一件定制产品都有其专属的电子芯片，并伴随个性化生产的全流程。每一个工位都有专用终端设备，从互联网云端下载和读取电子芯片上的工艺信息。通过智能物流系统等，解决整个制造流程的物料流转；通过智能取料系统、智能裁剪系统等，实现个性化产品的大流水线生产。基于物联网技术，多个信息系统的数据得到共享和传输，打通了信息孤岛，打破了企业边界，多个生产单元和上下游企业通过信息系统传递和共享数据，实现整个产业链的协同生产，如图9-10所示。

酷特智能实现了个性化服装1件起定制，7个工作日的交付周期，相对于传统服装定制周期缩短了至少3倍的时间。

酷特智能要将C2M的个性化数据和流水线生产结合起来，实现个性化服装的批量化生产，主要引入的工具是RFID（射频识别）技术。客户的人体数据采集完成后，会传输到酷特智能的数据平台上，RFID制卡人员把全部数据录入到一个电子标签内。此后，这个像身份证一样的标签会跟随与其相对应的那件衣服一直走完全部的生产流程。例如，裁剪人员通过小屏幕获

图9-10 酷特智能——个性化定制服装的设计、下单、生产

取面料需求，并根据实际要求对裁床进行操作，完成自动裁剪，如图9-11所示。裁剪后的每一块部件面料上都有射频电子标签，扫描标签，之后每道加工工序的工人通过刷卡读数，小屏幕显示的操作指令，来完成诸如缝制、钉扣、刺绣、熨烫等具体操作。RFID（射频识别）技术的应用，对工厂内工作流程的合理分配、生产效率的提升、个性化需求的满足都具有重要作用。

图9-11 酷特智能自主研发的裁床

3. 直接面向用户需求的C2M商业业态 酷特智能创新以自主研发的在线定制直销平台——C2M平台为基础，构建了以“用户需求”直接驱动制造企业有效供给的电商新模式。凭借工业效率的个性化定制，以及省去中间商的端到端模式，酷特智能的定制服装达到了很高的性价比。对企业来说，顾客下单后，工厂才进行生产，没有资金和货品积压，运营简单，实现了按需生产、有效供给、零库存，是供给侧结构性改革的典型样本。

C2M平台是用户的线上入口，也是大数据平台，支持多品类多品种的产品在线定制。实现了从产品定制、交易、支付、设计、制作工艺、生产流程、后处理到物流配送、售后服务全过程的数据化驱动和网络化运作。

目前，酷特智能的订单主要来自两个平台：一是大众创业平台，酷特智能为服装行业的创业者提供供应链服务，创业平台包括研发系统、供应体系和培训体系。创业者可以应用其软件进行服装设计；可以通过供应体系进行面料的采购，并进行下单、生产、物流、客服等一整套操作；还可以在培训体系中得到专业的培训。这一平台支持了很多优秀的创业者，也解放了他们的双手，从产业链上解除了他们的后顾之忧。创业者得以专注于自己品牌的经营，充分发挥想象空间。二是“酷特云蓝”，一款直接针对终端消费者的APP，它让品牌面对消费者，工厂可以直接从平台上获取订单。“酷特云蓝”作为移动互联网应用程序，服务于个体客户。通过简便的操作，使用者就可以在手机端、Pad端选择喜欢的服装款式，并进行个性化的定制。“酷特云蓝”目前提供男装、女装两大品类，包括西装、西裤、衬衫、马甲、大衣、风衣、西裙等款式。“酷特云蓝”还提供了可供选择的面料、板型细节（如领口样式、口袋样式、扣子样式等），用户还可以选择喜爱的文字，作为个人的标签，以刺绣的方式体现在衣服上，刺绣的部位（如领口、袖口、内衬等）也可以选择。在APP操作上，用户可以从价位选择开始定制，也可以从款式选择开始定制。例如，如果用户选择“男士黑色纯羊毛套装、2980.00”进入到定制页面，页面中提供修改部位、更换面料、添加刺绣等选择。如果用户从定制界面进入，选择

"大衣、5980.00—9980.00"，用户可以自行确定基础样式、选择面料、魔幻定制。客户一键预约量体裁衣，在线下享受量体师的一对一服务。

C2M具有很大的拓展性，酷特智能将其打造成"跨界别、多品类、企业级"的跨境电商定制直销平台，即除服装外，其他类别的产品也可以实现在线定制。全球客户在C2M平台上提出定制产品需求，平台将零散的需求进行分类整合，分别链接平台上运作的N个工厂，完成定制产品的大规模生产和配送，凝聚出制造和服务一体化，跨行业、跨界别的庞大产业体系。

4. 以满足用户需求为中心的"酷特云蓝企业治理体系" 酷特智能的互联网转型，形成了支撑新业态和新模式的"酷特云蓝企业治理体系"。"源点"从战略上指的是"愿景"，从战术上指的是"需求"。所有行为以需求为源点，靠需求来驱动，整合和协同价值链资源，最终满足源点需求。"酷特云蓝企业治理体系"将企业全员面向"源点需求"。将原本的层级部门转变成为资源提供的平台。各岗位以提高客户最佳体验和满足客户需求为源点，并以利润最大化作为其绩效主要指标。实行互联网思维下的网格化的组织架构和"端到端"的运作机制，打破部门、突破科层，完全由需求数据驱动整个价值链条。各个岗位节点以满足需求为目的，改变因部门分工割裂造成的视线"向上看"的局限，实现不再紧盯领导，不再维护部门利益，更多地关注本流程、本节点客户的需求。

现在，酷特也将部分企业重心放在输出解决方案上，利用自行研发的"酷特云蓝企业治理体系"为传统制造业升级改造提供彻底的解决方案，帮助传统工业升级为互联网工业，实现"零库存、高利润、低成本、高周转"的运营能力。BOM（物料清单系统）、MES（制造执行系统）、APS（高级生产排程系统）、OMS（订单管理系统）、WMS（仓库管理系统）、SCM（供应链管理系统）、ERP（企业资源计划）等都是SDE输出的技术体系。在高效的运用和管理逻辑下，它们发挥了很大的效能。目前，已经有建材、电子产品、摩托车、自行车、化妆品、家具、机械等多个行业的近百家试点企业应用酷特智能的解决方案。

酷特智能以用户需求为出发点，按需生产的模式恰恰与国家供给侧结构性改革相契合。酷特智能作为供给侧改革的实践者，创造了健康的价值链条，为企业探寻发展的新动力提供了一条可行性极高的路径。与传统的封闭建厂不同，酷特智能是一座现实版大学，它敞开大门，生产车间中随处可见的展示牌，提炼了酷特个性化定制过程的技术精华，欢迎政府、企业、研究机构的嘉宾来访学习参观。酷特智能与中国互联网协会整合国内的网络运营商、服务提供商、设备制造商、系统集成商及科研、教育机构等，共同成立了研究院，着力为企业转型升级提供更加专业有效的解决方案，同时帮助地方政府搭建转型升级和交流的服务平台。

第三节　亨嵘工厂数位进化

1953年，处在快速发展期的中国台湾，成衣加工厂与家庭代工厂布满大街小巷，直到1986年大型工厂因劳动成本不断上升高工资低投报率，为了公司的生存与永续经营，因而纷纷在中国大陆以及东南亚设厂。2000年左右，中型工厂经过观望后搬迁潮达至巅峰，然而在当时仍有许多驻守在中国台湾营运生产的工厂，一方面认为台湾仍有地理优势，另一方面出于对与自己打拼奋斗的员工的未来种种因素的考虑，决定继续运营下去，位于台湾东北兰阳平原的罗东小镇上的亨嵘国际有限公司（前身为翊升企业有限公司）即是选择留在台湾生产的典型代表。

翊升企业（亨嵘公司前身）是由林志炼先生于20世纪90年代建厂，全盛时期厂内与外包生产共400~500人，在当时所有员工从早上8点工作到晚上10点，遇到出口旺季的时候更是没日没夜地赶工。2000年初期生产订单虽然减少，但对翊升企业而言尚能维持公司获利。在中国大陆及东南亚生产质量稳定，产能逐渐提升后，外销出口订单瞬间快速转移至中国大陆及东南亚（因为人工成本相对便宜），2010年初工厂越来越难经营，此时林志炼先生年事已高，长年辛劳身体发出警讯，于机械研发设计公司工作的儿子林庭纬自小也是在成衣工厂内长大，深深了解父亲的信念与从未放弃成衣厂的心，与妻子沟通后毅然放弃高薪返乡接掌工厂。

接掌初期庭纬亲力亲为参与每个工段的工作，不只是了解工厂整个运作，更是分析每个工段瓶颈，思考改善方式，深思唯有活化工厂改革转型才能生存。因此，首先要解决当下接单款式设计、打样、放缩、排料作业时间冗长的问题。庭纬先购入Gerber CAD系统，加速样板放缩、精确排板时间，前段接单用料裁剪效能步入正轨后，整个前段工时缩短约两个星期的时间。此后，庭纬开始全力投注到缝制生产端的改进，但厂内员工平均年龄高（平均年龄60~65岁），且招募新人也几乎不可能，新进员工的技术养成追赶不上老化的劳力，后虽陆续引进外籍劳工以应对急需的人力缺口，但仍有训练的阵痛期与沟通不易的盲点，如此工厂生产管理与质量皆难以控制，庭纬坚守父亲对家乡的坚持，完全使用在地员工，因此提升缝制工段的质量更加艰辛，庭纬苦思如何突破。2017年末，通过台湾东洋纺设备资深销售经理林宏基先生介绍认识模板缝制概念，让庭纬看到曙光，开始努力研究，林经理看到庭纬如此积极用心，引荐宁波经纬数控设备有限公司（经纬科技）模板缝制专家周厚东老师给庭纬，庭纬立即前往宁波拜会周老师学习模板缝制技术，周老师感受到庭纬的积极与认真，也为让庭纬能快速返回台湾，将为期2周的培训课程密集压缩于3天内结束培训，期间周老师倾囊相授模板所需的观念与技法，培训期间台湾厂房也正积极添购设备入厂，就等庭纬回台后可以立即投入使用。

回台后庭纬直接将生产订单工段加入模板制作，此时厂内组长员工对模板缝制产生排斥，也对制作时间效能提出质疑，庭纬以实际操作来证明模板缝制的可行性，在花费数月时间减少厂内的异议后，让员工看到模板的优点并开始全力投入模板缝制，这是非常不容易的事情，庭纬以无比的毅力投入更让工厂全体同仁凝聚改革决心，如图9-12所示。

产线模板缝制化后，庭纬看到产线质量稳定率提升至95~98个百分点，且有空余的产能可以接单为其他工厂代工缝制，2019年再添加2台自动模板机加速产能，庭纬看到未来缝制之复杂工段是模板主轴（模板有免去长时间训练、快速上手、质量稳定等浅而易见的优点），其他缝制机台（平车、贴合……）为辅，除了将工厂人员配置重新调动……以母鸡带小鸡概念交叉学习外，自己更是以所专长的机械拆解结构概念，看待每一个缝制工段，将周老师所叮咛的注意事项谨记在心，潜心专研制作模板，目的不光是为自家工厂，更是想为服装缝制产业付出一份心力。

近年来客户下单形态和过往有着很大的不同，从大批量走向分批出货。大批量生产强调生产效率，产线一次能生产的数量越多越好，分批出货则是小批量生产，着重的是生产弹性，然而产线必须具备随时调整、生产不同产品的能力。而要实现弹性调度产线的目标，唯有透过数字转型，从搜集生产现场的数据开始，再借由信息分析找出提高弹性的方法，如此不只能满

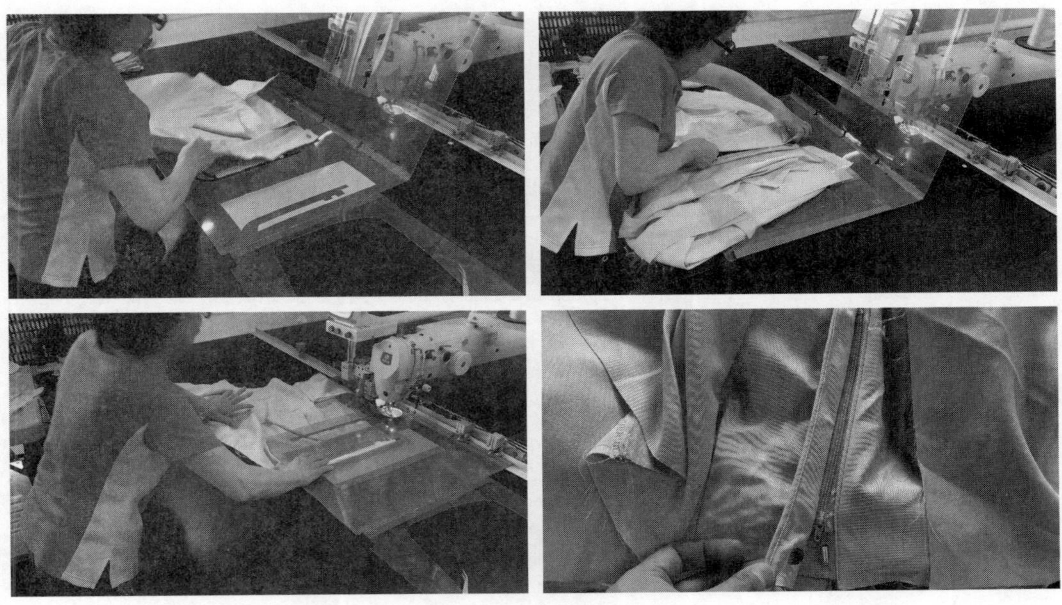

图9-12 门襟拉链制作
（图片来源：亨嵘国际有限公司）

足客户小批量交货的需求、降低换线成本，同时还能更清楚掌握订单的生产状况，如生产进度、产品良率等信息，拉高与同业间的竞争门槛（TechOrange科技报橘网站）。市场逐渐进入个性消费时代，消费者对服装款式、质量等要求越来越高，产品的工艺变得更加复杂，但交货期却越来越短。订单逐渐从单品项、大批量走向多品项、小批量。留在台湾的服装企业难以倚靠规模生产而获取利润，未来会被“在地生产，在地消费”的模式逐渐取代，亨嵘公司转型进化投注模板缝制因应了小批量的订单和小巧多元机动式的自动机台生产模式，在一片劳力的老化、人才断层的哀声下，产生出新的契机，未来除了缝制智能化，生产精进效益会慢慢显现外，产品稳定性相较于传统工法会有长足的提升。

服装模板技术可以说是当下先进的缝制工艺技术，台湾早先外移的工厂都已广泛应用模板技术，在台湾的服装生产多为小批量精致化订单，生产制程着重的是产品完整稳定性，且使用模板缝制前置模板裁切制作材料与制作成本，都要由订单上收回成本着实不容易，这些因素是台湾模板缝制起步晚的原因。近年来因人才断层让留在台湾的中小服装企业，不得不陆续引用与学习模板缝制技术。

服装模板的应用改变了企业服装加工的作业方式，缝制流程不再因人员技术熟练度、车缝缺工等不定变因而随时调整变更排程，使用模板缝制让企业建立标准化作业流程，完善产品质量，模板缝制使工段稳定性与生产时间有了显著的提升，如表9-1所示，有2年以上缝制经验的传统缝制人员在烦琐的“单双嵌线挖袋”工段上仅有70%良率，反之只有些微缝制经验的模板缝制组则有98%良率的稳定量，明确说明模板缝制的生产模式可缩减缝制人员的技术培养时间，准确完成缝制产品，进而有统一生产工艺标准、顺畅的生产线排程与稳定的生产质量等优点。

因广泛的交流平台让模板缝制技术通过平台分享，整个模板缝制技术急速提升，从最初简单的制程加工技术（袋盖、领片等）的应用发展到现在几乎可以完成所有复杂过程的缝制成品（裤裆拉链、门襟拉

表9-1　制程工段分析

项目	袋盖/领片		免烫订口袋		背龟		单双嵌线挖袋		门襟拉链	
	缝制时间	稳定量	缝制时间	稳定量	缝制时间	稳定量	缝制时间	稳定量	缝制时间	稳定量
传统A组（缝制经验2~5年）	0.45	80	1.1	90	0.81	85	1.4	70	1.00	80
模板B组（缝制经验0~0.5年）	0.34	98	0.74	98	0.6	95	1.145	98	0.67	96
效能分析（A，B）	32.4%	18.4%	48.6%	8.2%	35%	10.5%	25.5%	28.6%	49.2%	16.7%

注　以上模板缝制无须人工点位、画线前期工作，模板缝制速度取决于摆放衣片效率。免烫系列根据款式要求取决。
缝制时间：相同缝制动作记数5次时间的平均值，单位：分钟。
稳定量：以100件数量交由A组、B组与模板组缝制后，由QC检核质量合格数量，单位：件。
效能分析—缝制时间：B组相对于A组之效能分析公式—（A组－B组）/B组×100%。
效能分析—稳定量：B组相对于A组之效能分析公式—（B组－A组）/A组×100%。
数据源于工厂记录。

链等）与多任务段组合完成。模板缝制的主体“模板”切割制作更由手工切制到自动化机台切割，与相搭配的缝纫从一般平车缝制到自动化自由设计应用特种针法突破传统缝纫针迹模式。设备制造商努力不懈研发改进推出新机台，完整实现了数字自动化、产品的同等质量化、标准化、程序化，提高了企业的整体生产效率，更加科学和精准地安排流水作业的合理化、精准化、程序化，从而有效控制生产成本，减轻生产人员的工作压力，获得企业效益，提升企业形象，从而提高企业的生产竞争力（新浪博客网站《第四代自动模板缝制系统带来的革新》）。总体而言模板缝制系统的出现，翻转了服装缝制生产，带给企业显著的经济效益，服装流行变化一再推陈出新，因此身于成衣产业思维随时要保持在“change”才能于领先地位。

参考文献

[1]周晓梅,郑伟发. 企业管理信息化 [M]. 武汉:华中科技大学出版社,2012.

[2]史蒂芬・哈格,梅芙・卡明斯. 哈格管理信息系统 [M]. 严建援,刘云福,王克聪,等,译. 北京:中国人民大学出版社,2009.

[3]石焱,辛德强,张恒嘉. ERP 客户关系管理实务 [M]. 北京:清华大学出版社,2012.

[4]陈启申. 成功实施 ERP 的规范流程:知理・知彼・知己・知用 [M]. 北京:电子工业出版社,2009.

[5]唐东平,黄馨逸. ERP 原理与应用:基于价值网的供应链整合观点 [M]. 广州:华南理工大学出版社,2012.

[6]李健,王颖纯. 企业资源计划(ERP)及其应用 [M]. 3 版. 北京:电子工业出版社,2011.

[7]陈启申. ERP:从内部集成起步 [M]. 3 版. 北京:电子工业出版社,2014.

[8]谢红. 服装企业资源计划 [M]. 上海:东华大学出版社,2010.

[9]凌红莲. 数字化服装生产管理 [M]. 上海:东华大学出版社,2014.

[10] 戴耕,驾宪亭. 智能服装 CAD 基础与应用 [M]. 北京:中国纺织出版社,2011.

[11] 郑惠美. 计算机服装打版放缩应用技术 Accumark Workshop 7.6[M]. 台北:全华图书股份有限公司,1999.

[12] 刘瑞璞. 服装纸样设计原理与应用:女装编 [M]. 北京:中国纺织出版社,2008.

[13] 刘瑞璞. 服装纸样设计原理与应用:男装编 [M]. 北京:中国纺织出版社,2008.

[14] 张繁荣,刘峰. 服装工艺 [M]. 3 版. 北京:中国纺织出版社,2017.

[15] 陈迪,王厉冰. RFID 在服装企业供应链管理中的应用 [J]. 服装学报,2017,2(5):35-39.

[16] 张玉斌,刘艳华,胡玉良,张威. 大规模服装定制与智能生产系统网络集成 [J]. 天津纺织科技,2018(4):26-28.

[17] 盛志飞. 服装生产中的数字化制造技术 [J]. 科技与创新,2016(15):140.

[18] 廖伍代,马永远,梁晓松,周军 . 基于大数据的服装智能制造系统生产调度优化初探 [J]. 科学技术与创新,2019(1):89-90.

[19] 李依璇,杜劲松,陈建,戴玉芳,荀培莉. 纺织服装生产可视化智能管理研究进展 [J]. 上海纺织科技,2019,47(2):7-10,33.

[20] 陈美,李敏,熊棕瑜,杨以雄,刘诗萦. 服装生产供应链绩效评价体系构建与案例探析 [J]. 毛纺科技,2018,46(12):6-12.

[21] 史建生. 数字化服装生产制造技术 [J]. 江苏丝绸,2013(6):34–38.

[22] 田平. 云制造环境下的企业会计业务流程再造——以美特斯邦威公司为例 [J]. 财会通讯,2018(13):16–21.

[23] 王慧颖. 全渠道模式下服装企业销售物流系统优化研究 [J]. 物流技术,2016,35(5):29–33.

[24] 王霄凌,吴俊,陈方明. 面向服装产品开发流程的 PDM 系统 [J]. 化纤与纺织技术,2018,47(4):40–45.

[25] 上官玮玮. 基于 PDM 技术的服装设计信息资源平台的构建 [J]. 自动化与仪器仪表,2018(10):162–164.

[26] 常迪,裘建新,许鉴,周诚,贾冰冰,杨迎. 面向服装设计信息资源平台的 PDM 技术 [J]. 上海工程技术大学学报,2014,28(1):76–81.

[27] 沈芬,厉旗,尚笑梅. 服装企业实施 CRM 的现状及解决方案研究 [J]. 现代丝绸科学与技术,2013,28(1):17–19.

[28] 谢晶. 基于服装品牌的客户关系管理方法探究 [J]. 现代营销(经营版),2019(5):168.

[29] 零点研究咨询集团. 主动强关系的构建与管理,服装企业 CRM 的新模式 [J]. 市场研究,2015(9):1.

[30] 马芳,刘雅玲,李晓英. 零售“多元”服装品牌企业 CRM 体系调查与分析 [J]. 上海纺织科技,2015,43(9):88–90.

[31] 孙蕊. CRM 在企业管理运用的经济学分析 [J]. 时代经贸,2018(12):19–20.

[32] 田硕. 大数据时代 CRM 向信息化、智能化的转型发展研究 [J]. 中国商论,2018(26):12–13.

[33] 赵毅平. 酷特的模式创新:数据驱动的大规模服装个性定制 [J]. 装饰,2017(1):26–30.

[34] 王文宁. 服装生产流程管理及优化 [J]. 现代经济信息,2018(14):376.

[35] 范福军,桂镜茜,李雅婷,余琳,胡冰. 服装生产流程管理及优化 [J]. 化纤与纺织技术,2014,43(1):42–45.

[36] 涂晓明. 服装生产流程管理及优化 [J]. 纺织报告,2015(7):51–52, 62.

[37] 王丽萍,李创,汤兵勇. 世界纺织产业发展特征及发展动力机制研究 [J]. 国际纺织导报,2005(11):4, 6–8, 15.

[38] 霍美霖,余红婷. 现代科技对纺织服装产业的影响及中国服装产业发展策略 [J]. 武汉纺织大学学报,2017,30(4):9–12.

[39] 王璐璐,王军,伞文,白晓帆,毕聪颖,周紫浩,姚彤. 数字化服装设计的发展与技术创新研究 [J]. 山东纺织科技,2016,57(5):35–38.

[40] 郭东梅. 服装 CAD 技术发展趋势探究 [J]. 科学咨询(决策管理),2008(10):70.

[41] 王大康,刘永峰,石亚宁. 智能化 CAPP 系统的工艺决策 [J]. 北京工业大学学报,2003(2):129–132.

[42] 黄灿艺. 服装 CAPP 的发展现状与趋势 [J]. 轻纺工业与技术,2011,40(2):34–35, 71.

[43] 闻力生. 服装企业智能制造的实践 [J]. 纺织高校基础科学学报,2017,30(4):468–474.

[44] 张华. 基于服装智能制造,立体裁剪样板数字化修正研究 [J]. 西部皮革,2019,41(5):124–125.

[45] 吴龙. RFID 技术在服装行业智能制造中的应用 [J]. 西安工程大学学报,2019,32(1):31–37.

[46] 王凤丽. 数字化服装的发展趋势 [J]. 山东纺织科技，2004(4)：42-44.

[47] 邹平. CAD 技术在现代服装领域中的应用及发展趋势 [J]. 浙江纺织服装职业技术学院学报，2007(1)：15-18.

[48] 于述平，郭斐. 浅析服装成衣工艺——排料 [J]. 商场现代化，2010(28)：95.

[49] 游东东. X 服装公司供应链管理环境下采购管理研究 [D]. 上海：东华大学，2017.

[50] 颜科. OTC 服装公司供应链管理优化研究 [D]. 成都：西南交通大学，2018.

[51] 陈迪. 服装企业全渠道模式下的供应链协同策略研究 [D]. 青岛：青岛大学，2018.

[52] 杨子威. 服装制造企业 ERP 实施中的业务流程优化研究 [D]. 杭州：浙江理工大学，2018.

[53] 陈娟. ERP 在服装企业的应用研究 [D]. 南昌：南昌航空大学，2017.

[54] 应晓波. 北京华联集团仓储业务流程重组研究 [D]. 上海：东华大学，2017.

[55] 贾冰冰. 高端女礼服数字化定制技术 [D]. 上海：上海工程技术大学，2014.

[56] 高丽. 中国服装行业发展战略研究 [D]. 武汉：华中科技大学，2011.

[57] 唐舟艾. 虚拟模特着装动态表达研究 [D]. 北京：北京服装学院，2008.

[58] 杨允出. 基于产品管理的服装 CAPP 系统研究 [D]. 天津：天津工业大学，2004.

[59] 张萍萍. 三维服装仿真系统建置与应用之研究——以衬衫长裤为例 [D]. 新北：辅仁大学，2018.

[60] 百度文库. 博克服装 CAD 制版说明操作手册 [EB/OL]. [2013-1-12]. https://wenku. baidu. com/view/ac86d0b6f121dd36a32d82ae. html，2013-1-12.

[61] 王成果. 河北格雷服装打造“互联网 + 服装定制”新模式 [EB/OL]. [2018-1-11].http://news.ef360.com/Articles/2018-1-11/368766. html.

[62] 杨欣. 借力京津资源提速产业协作　河北省服装产业迈向时尚高端 [EB/OL]. [2017-11-6]. http://m.hebnews.cn/jingji/2017-11/06/content_6671530.htm.

[63] 王燕青，李亚男. 张代理和他的工厂革命：智能工厂转型成标杆. [EB/OL]. [2019-9-17]. https://new.qq.com/omn/20180917/20180917A0IP83.html.

[64] 李圆，单芳. 记者体验：智订“我”衣 [EB/OL]. [2015-7-10]. http://pic. people. com. cn/n/2015/0710/c1016-27283692-5. html.

[65] 新浪微博. 第四代自动模板缝制系统带来的革新 [EB/OL]. [2013-10-15]. http://blog. sina. com. cn/s/blog_e4ebc1b20101c08n. html.

[66] GERBER 公司网站 [EB/OL]. [2017-10-5]. http://www. gerbertechnology. com/about/history/.

[67] TechOrange科技报橘网站财团法人信息工业策进会[EB/OL]. https://buzzorange. com/techorange/2019/09/23/smart-manufacturing-on-production-line/，2019-9-23.

[68] VICUTU 官方网站 [EB/OL]. http://www. vicutu. com/.

[69] 酷特智能 [EB/OL]. http://www. kutesmart. com.

[70] 经纬科技 [EB/OL]. ：www. jingwei. com. cn.